参数化之『道』——Grasshopper & C#的逻辑世界

张东升 尹武先 张峥 陈梓绵 宁彤彤 著

中国建筑工业出版社

图书在版编目（CIP）数据

参数化之“道”：Grasshopper & C#的逻辑世界/张东升等著. —北京：中国建筑工业出版社，2020.2
ISBN 978-7-112-25869-7

Ⅰ. ①参…　Ⅱ. ①张…　Ⅲ. ①建筑设计-计算机辅助设计-三维动画软件　Ⅳ. ①TU201.4

中国版本图书馆 CIP 数据核字（2021）第 024860 号

随着建筑行业对高级计算机辅助设计的要求越来越高，理解 CAD、CAM 软件几何物体建模背后的逻辑，是建筑行业从业人员亟须解决的问题。本书是一本面向无 Grasshopper 基础、无编程基础的参数化入门与二次开发书，由具有丰富实战经验的一线工程师编写而成。从算法辅助设计讲起，帮助读者理解与学习几何物体在建模软件中运行与实现的逻辑；到面向对象编程语言 C#的入门学习，使读者踏入计算机编程程序语言大门，并将两者融会贯通。本书内容精炼，具有较强的指导性，可供建筑行业设计人员、研究人员及高校师生参考使用。

责任编辑：王砾瑶
责任校对：党　蕾

参数化之“道”——Grasshopper & C#的逻辑世界
张东升　尹武先　张峥　陈梓绵　宁彤彤　著

*

中国建筑工业出版社 出版、发行（北京海淀三里河路 9 号）
各地新华书店、建筑书店经销
霸州市顺浩图文科技发展有限公司制版
北京建筑工业印刷厂印刷

*

开本：787 毫米×1092 毫米　1/16　印张：18½　字数：462 千字
2021 年 2 月第一版　　2021 年 2 月第一次印刷
定价：**69.00** 元
ISBN 978-7-112-25869-7
(36529)

前言

如今建筑行业，对参数化建模、程序语言应用开发、人工智能等领域的需求越来越高，如何做好更高级的计算机辅助设计，如何理解 CAD、CAM 软件几何物体建模背后的逻辑，都将是建筑行业从业者、学生、老师亟须解决的难题。本书即以此为出发点，从算法辅助设计讲起，帮助读者理解与学习几何物体在建模软件中运行与实现的逻辑；到面向对象编程语言 C# 的入门学习，使读者踏入计算机编程程序语言大门，并将两者融会贯通。这是一本面向无 Grasshopper 基础、无编程基础的参数化入门与二次开发书籍，阅读完此书后，读者将具有：

1. Grasshopper 参数化建模与可视化编程能力；
2. 对计算机辅助设计软件中的几何物体的各种性质、计算实现方法的全方位掌握；
3. 简单到中阶使用 C# 语言独立编写程序的能力；
4. 使用编程语言对现有参数化建模软件进行功能拓展的二次开发能力。

第 1 章是参数化建模的历史和定义概述，使读者能对众说纷纭的参数化设计概念有个明晰的认知，对何为参数化，为何参数化有较为全面理解。第 2 章为 Grasshopper 入门章节，将从基础几何学入手来帮助读者深入浅出地了解 Grasshopper 背后的原理和使用方法，结合实际案例，讲解每个运算器的使用方法与运算逻辑，在每节最后还有复杂案例来帮助读者综合使用各个运算器。使读者能在学习后不仅可以独立编写 Grasshopper 参数化脚本，同时能对相关实际工程问题、几何逻辑问题有的放矢地提出解决方案。第 3 章是 C# 语言入门章节。C# 是一种简洁、现代、面向对象且类型安全的编程语言，该语言语法简洁、易于上手，同时具有很好的灵活性与兼容性，因此本书采用 C# 语言来进行基于 Grasshopper 平台的二次开发。本书将从 .Net 语言库开始，具体讲解基础语法、数据类型、方法等内容，使零基础的读者可以对这门面向对象编程语言进行详细、系统地认知与练习，方便以后的深度学习与独立开发。第 4 章以 Grasshopper 软件作为目标平台，使用 C# 语言二次开发，扩展原有的可视化编程功能，使读者对参数化建模、关联性逻辑建构和程序语言得到更深的理解与提高，并结合案例进行详细讲解，为全面掌握参数化设计的基础、设计方法和流程打下良好基础。

目　　录

1　绪论 ………………………………………………………………………… 1

1.1　技与术的讨论　Parametric VS Algorithm ………………………………… 2

1.1.1　参数化是什么　What is Parametric ………………………………… 2

1.1.2　算法是什么　What is Algorithm ……………………………………… 7

1.1.3　如何理解参数化主义（Parametricism） ……………………………… 12

1.2　平台简介……………………………………………………………………… 13

1.2.1　Rhinoceros 软件………………………………………………………… 13

1.2.2　Grasshopper 插件 ……………………………………………………… 14

1.2.3　C#语言 ………………………………………………………………… 14

1.2.4　Visual Studio 软件 …………………………………………………… 15

2　Grasshopper ……………………………………………………………… 16

2.1　Grasshopper 简介 …………………………………………………………… 17

2.1.1　安装……………………………………………………………………… 17

2.1.2　界面介绍………………………………………………………………… 17

2.1.3　画布……………………………………………………………………… 19

2.1.4　运算器…………………………………………………………………… 21

2.1.5　显示和控制……………………………………………………………… 26

2.1.6　Grasshopper 的程序流 ………………………………………………… 29

2.2　基础几何概念与术语介绍　Basic Geometry ……………………………… 31

2.2.1　网格　Mesh …………………………………………………………… 32

2.2.2　非均匀有理基准样条　Nurbs ………………………………………… 35

2.2.3　边界表示法　Brep …………………………………………………… 36

2.3　深入理解 Nurbs　Nurbs in Depth ………………………………………… 37

2.3.1　Nurbs 曲线……………………………………………………………… 38

2.3.2　Nurbs 曲面……………………………………………………………… 53

2.4　变动控制　Transformation ………………………………………………… 78

2.4.1　普遍概念………………………………………………………………… 78

2.4.2　向量……………………………………………………………………… 78

2.4.3　欧几里得变换…………………………………………………………… 82

2.4.4　仿射变换………………………………………………………………… 84

2.4.5　变形……………………………………………………………………… 87

2.4.6 案例 …… 89
2.5 数学 Math …… 110
2.5.1 区间 Domain …… 110
2.5.2 运算符 Operators …… 114
2.5.3 脚本 Script …… 119
2.6 列表 List …… 123
2.6.1 List 的定义 …… 124
2.6.2 数据间的运算逻辑 Data Matching …… 124
2.6.3 列表管理 List Management …… 127
2.6.4 列表可视化 List Visualization …… 138
2.6.5 案例 …… 140
2.7 树形数据 Data Tree …… 147
2.7.1 树形数据的定义 What is Data Tree …… 147
2.7.2 树形数据的可视化 Data Tree Visualization …… 150
2.7.3 树形数据的管理 Data Trees Management …… 151
2.7.4 案例 …… 156
2.8 深入理解 Mesh Mesh in Depth …… 173
2.8.1 多边形网格 Polygon Mesh …… 173
2.8.2 几何和拓扑 …… 173
2.8.3 创建网格 Creating Mesh …… 176
2.8.4 SubD 网格细分：Weavebird …… 181
2.8.5 案例：曲率图案网格 …… 185

3 C#语言基础 …… 192

3.1 C#编程语言基础 …… 193
3.1.1 .NET 框架 …… 193
3.1.2 类和命名空间 …… 195
3.2 语言基础 …… 196
3.2.1 变量和类型 …… 196
3.2.2 注释 Comments …… 198
3.2.3 标识符 Identifier …… 199
3.2.4 关键字 Keyword …… 199
3.2.5 操作符 Operators …… 200
3.2.6 表达式 Expression …… 201
3.3 数据类型 …… 202
3.3.1 变量 Variable …… 202
3.3.2 常量 Constant …… 203
3.3.3 结构 Sturct …… 204
3.3.4 枚举 Enum Type …… 204

3.3.5 数组 Array …… 205
3.3.6 字符串 String …… 208
3.3.7 委托 Delegate Type …… 208
3.4 基本语句 …… 208
3.4.1 选择语句 …… 208
3.4.2 循环语句/迭代语句 …… 212
3.4.3 跳转语句 …… 214
3.5 方法 …… 215
3.5.1 声明方法 …… 215
3.5.2 参数 …… 217
3.5.3 常用方法 …… 219

4 二次开发入门 …… 223

4.1 安装要求 …… 224
4.1.1 配置要求 …… 224
4.1.2 安装 Visual Studio …… 224
4.1.3 Grasshopper 组件模板 …… 224
4.2 Hello Grasshopper——第一个插件 …… 225
4.2.1 新建项目 New Project …… 226
4.2.2 插件的组成 …… 229
4.2.3 程序编译 Build …… 230
4.2.4 脚本的结构 …… 233
4.2.5 进一步修改插件 …… 234
4.2.6 编译并执行 Build And Run …… 237
4.2.7 程序调试 Debug …… 237
4.2.8 进一步修改和 Rhinoceros 即时重载 …… 239
4.3 从 0 开始构建 Grasshopper 插件 …… 240
4.3.1 新建项目 …… 240
4.3.2 添加引用（Kernel. GH_Componnet） …… 242
4.3.3 代码修改 …… 244
4.3.4 属性设置 Properties …… 248
4.3.5 编写程序逻辑 …… 252
4.3.6 编译并运行 Build and Run …… 254
4.4 应用案例 …… 255
4.4.1 配置要求 …… 255
4.4.2 案例一：图像纹理转换生成 …… 255
4.4.3 案例二：地形自动生成 …… 260
4.4.4 案例三：连廊自动生成 …… 269

参考文献 …… 290

1 绪论

1.1 技与术的讨论 Parametric VS Algorithm

1.2 平台简介

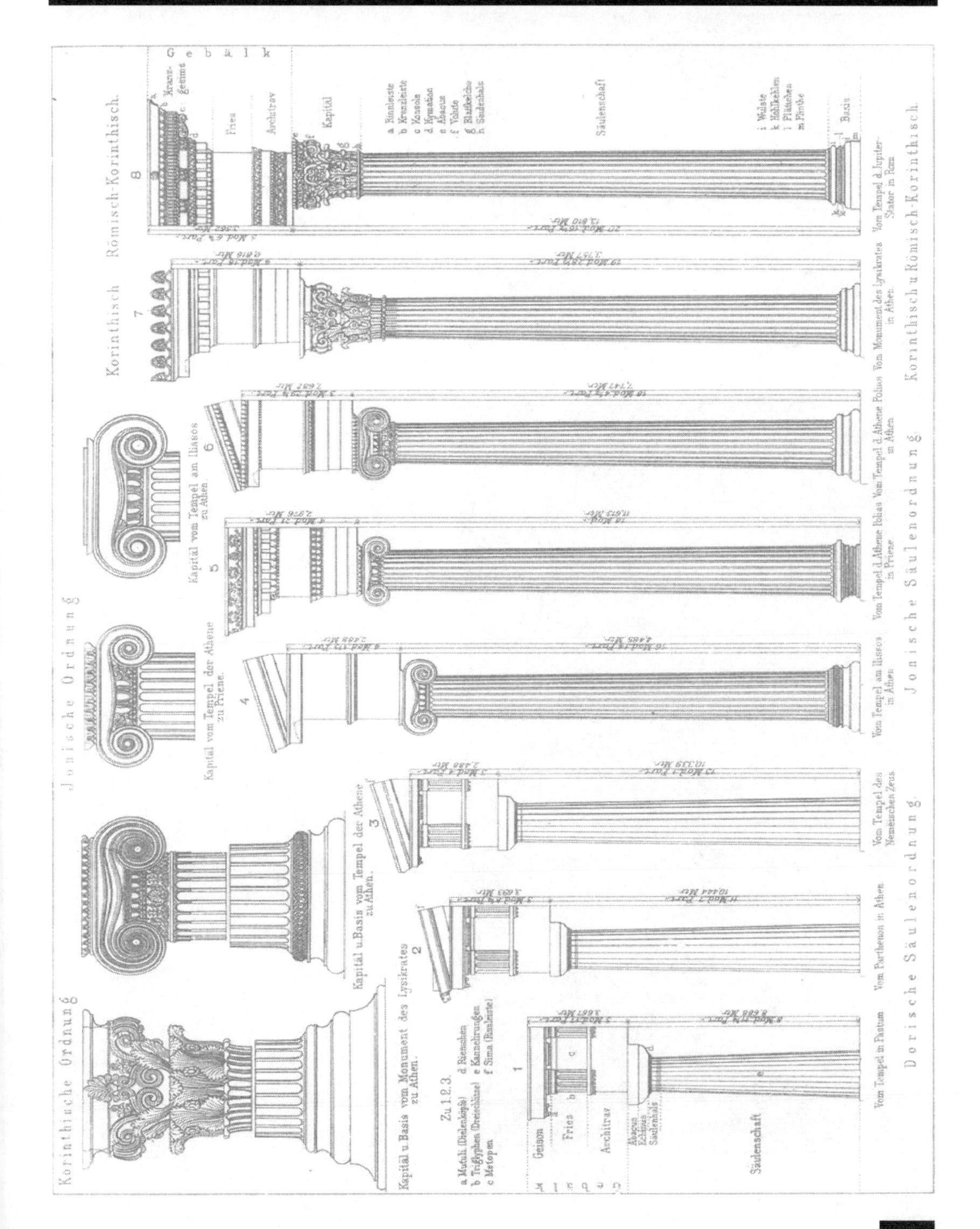

1.1 技与术的讨论 Parametric VS Algorithm

1.1.1 参数化是什么 What is Parametric

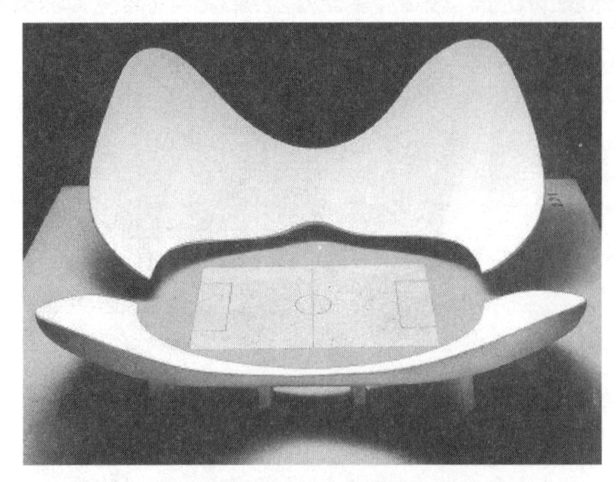

图 1.1-1 路易吉·莫雷蒂的体育馆模型

图 1.1-2 路易吉·莫雷蒂的体育馆图纸

参数化究竟是什么？可能并没有一个明确的定义，很多初学建筑的学生常把“参数化”与异型、非线性对等。又或者，扎哈·哈迪德（Zaha Hadid）的作品即是参数化，马岩松的作品即是参数化，所有标新立异不方方正正的建筑都是参数化，这可能是自这个名词诞生以来产生的最大误解。

通常认为，参数化一词来源于意大利建筑师路易吉·莫雷蒂（Luigi Moretti）在 1940s 提出的“*Architettura Parametrica*”。他在 1940～1942 年间，以此为题研究了建筑设计与参数化等式之间的关系。在 1960 年后，在 610 IBM 计算机的帮助下，他在第十二届米兰三年展展出了参数化设计的体育馆——*Progetti-di-strutture-perlo-sport-e lo spettacolo*（如图 1.1-1 和图 1.1-2 所示）。

也就是说，参数化的诞生与计算机的发展可谓是息息相关。本文将从**技**（工具）与**术**（方法）两个方面讨论参数化建筑的历史。

交互媒介的变化

从古希腊古罗马，文字的表述对柱式与神庙建造的规定，以及后来的图绘作为设计师的基本沟通工具，从文艺复兴的透视法，到现代主义的等轴测图，表达的介质在进步，表达的方法在更迭，表达的信息越来越具象精确。而计算机的出现，则为建筑设计提供了一种新的可能性。

《建筑十书》｜公元前13～15年

古罗马时期，维特鲁威的《建筑十书》(De Architectura)，详细记载了一系列关于城市规划、神庙、住宅、柱式等建造的规范和方法（如图1.1-3所示）。由于是手抄本，所以，在解释如何建造一个柱时，他描述了种种各部分间的比例与规定。但却无法提供任何图示样本，从编程角度来讲，他留下的是一个“类集”，即一系列本质相同却外观各异的结果。

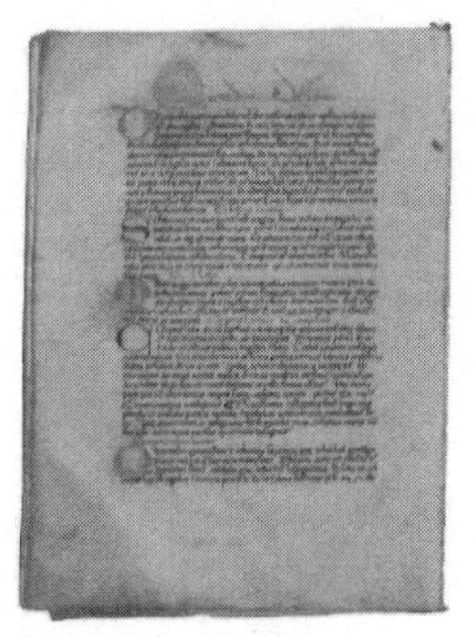

图1.1-3 《建筑十书》原稿

图1.1-4 哥特教堂内部

中世纪｜5～15世纪

中世纪的表达方式大抵相同（手工匠人的口述传承），所以一个哥特建筑的各个组成部分（肋骨拱、柱头、侧廊的开窗等）都大抵相似，却各个不同，它们都隶属于同一个类，却衍生出不同的结果（如图1.1-4所示）。

文艺复兴｜14～17世纪

自文艺复兴之后，印刷图纸代替了口述的规则，而透视学的发展也让建筑的表达更加具象。生成式的规则变成了完全可重复的视觉模型（如图1.1-5所示）。

图1.1-5 达·芬奇《维特鲁威人》

图 1.1-6 纺纱机与女工

工业革命｜1760～1840

工业革命后带来的大批量生产，进一步推动了表达介质的变化，从手工绘制的图纸变为了立体实物、模具，现代技术的精准、大批量复制代替了过去图绘、个人手工艺带来的微差与多样性（如图 1.1-6 所示）。

信息时代｜21 世纪

Sketchpad｜1963

1963 年美国计算机科学家伊凡·苏泽兰（Ivan Sutherland）开发的 Sketchpad，定义为“机器图形交流系统”，创造了第一个互动式计算机辅助设计程序（Computer-Aided-Design/CAD）。Sketchpad 为测试人机交互而设计，允许设计师用一个光笔作为输入画出基础的初始图形：点、线、弧线（如图 1.1-7 所示）。该程序拥有现在一些典型的 CAD 程序操作，比如：图块管理，视野缩放和捕捉。

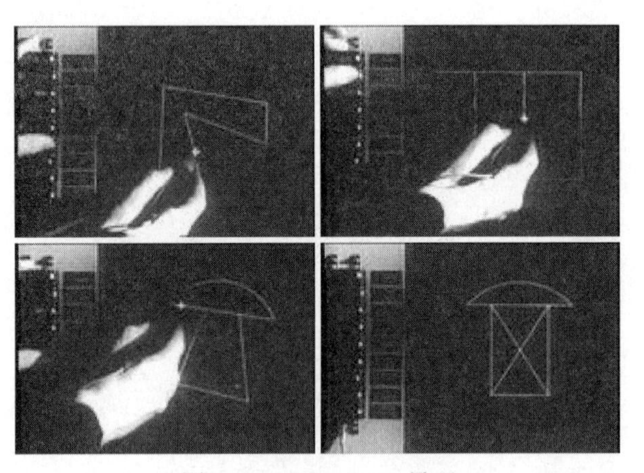
图 1.1-7 Sketchpad 界面

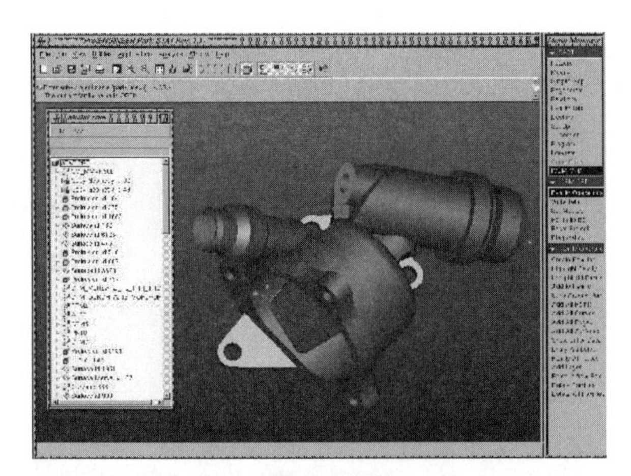
图 1.1-8 Pro/ENGINEER 界面

Pro/ENGINEER

1987 年，Samuel Giesberg 开发推出了用于机械系统设计的软件。该程序允许用户将用户输入约束控制的三维参数化组件关联起来。比如，为一个铆钉和其对应的钉孔创建联系。用户改变铆钉输入尺寸会应用一系列递进传播的修改器，同时更新了三维模型和二维的输出。Pro/ENGINEER 减少了设计变更的成本，克服了三维模型的僵硬约束（如图 1.1-8 所示）。

Digital Project

Digital Project 是一个基于达索公司 CATIA V5 的计算机辅助设计软件应用程序，由 Gehry Technologies 开发，Gehry Technologies 是 Frank Gehry 拥有的技术公司。Gehry Technologies 向 CATIA 中加入了适合建筑行业使用的功能。其数字项目最著名的是毕尔巴鄂古根海姆博物馆（如图 1.1-9 所示）。

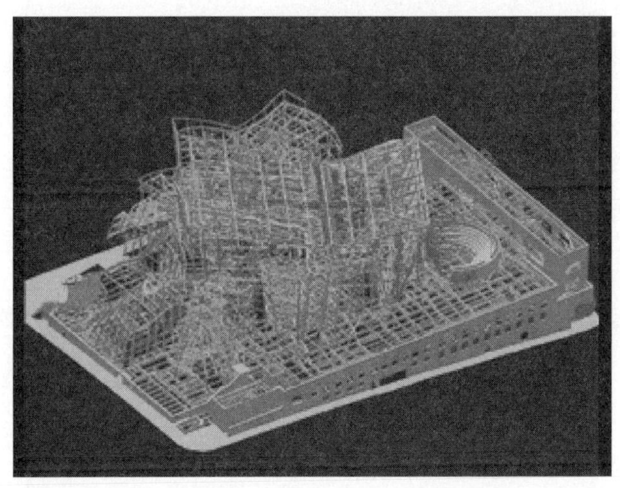

图 1.1-9 DP 软件中的毕尔巴鄂古根海姆博物馆模型

可视化编程

早期 CAD 软件都偏向于“精准表达几何物体”，也就是将原有图绘的过程电子化(其实现在大抵也如此)。而真正的“参数化”则是通过动画软件引入的。动画基于软件(Animation-based-software）如 Maya，3d Max 是参数化软件的先驱。动画软件有限的历史记录功能可以带来有限的关系构建建模，所以这些软件的参数化应用即其脚本语言的编写（Maya 的 Mel，3d Max 的 MAX-script，如图 1.1-10 和图 1.1-11 所示），而这种途径产生的结果是生成式的。

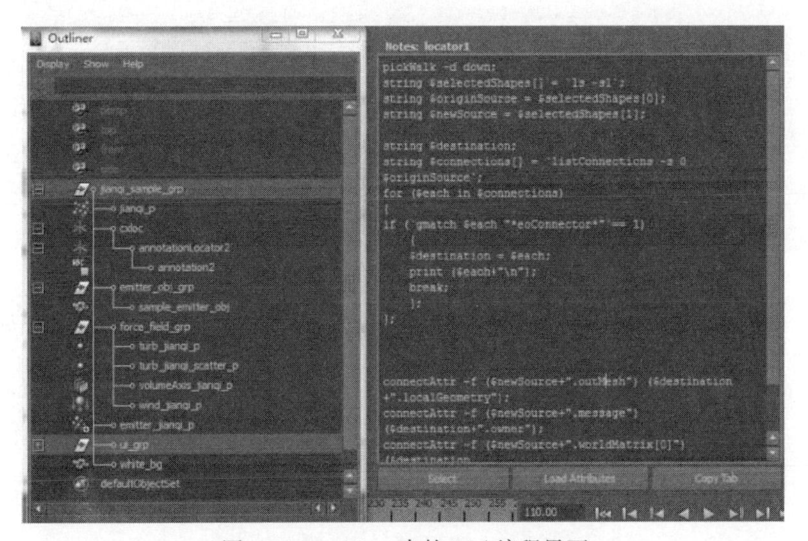

图 1.1-10 Maya 中的 Mel 编程界面

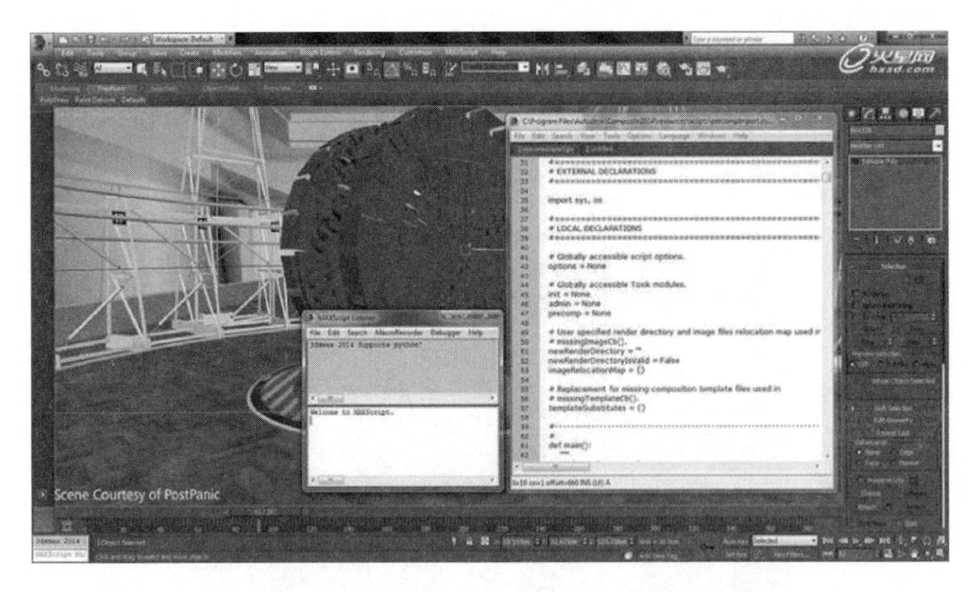

图 1. 1-11　3d Max 中的 Max-script 编程界面

让设计师接触到参数化的则是可视化编程的普及，其节点图示大大简化了编写脚本的过程，并让关系构建变得直观。Sutherland 的 Sketchpad 表达了绘画过程中所有的约束，通过一种特殊的图解——流程图，用户不仅可以将关联关系树可视化。而且操作图表便能在图面上立即得到产生的效果。基于节点的程序有 Bentley System 的 Generative Components 和 Robert McNeel&Associates 的 Grasshopper，这两个程序允许用户关联参数化基本形来建立复杂的几何物体（如图 1. 1-12 和图 1. 1-13 所示）。

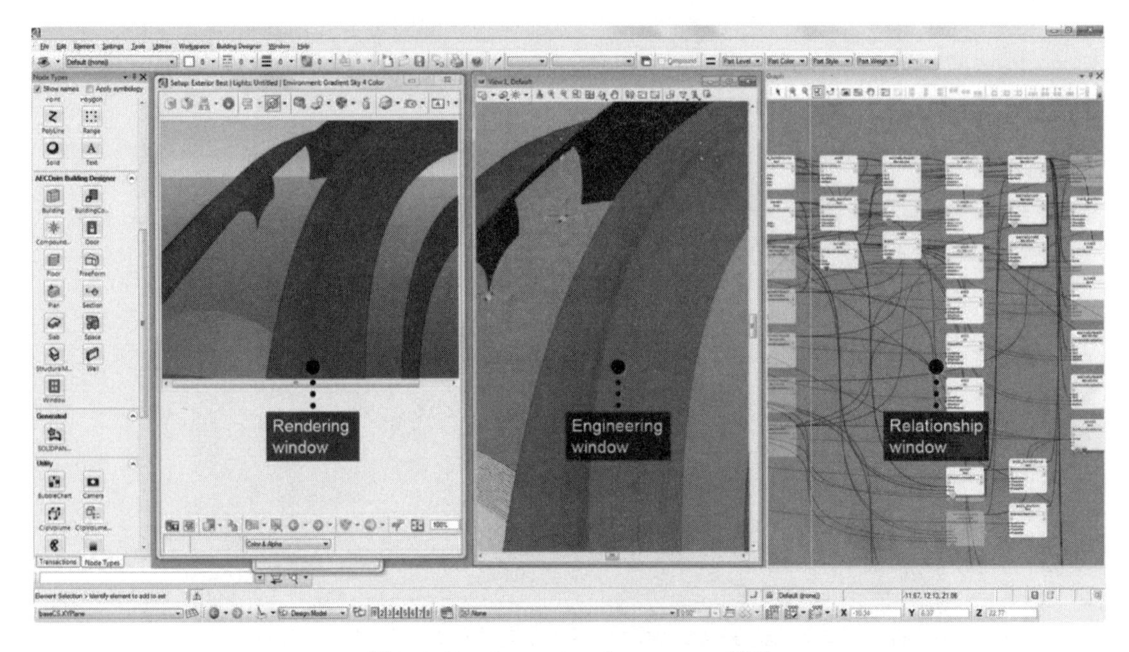

图 1. 1-12　Generative Components 界面

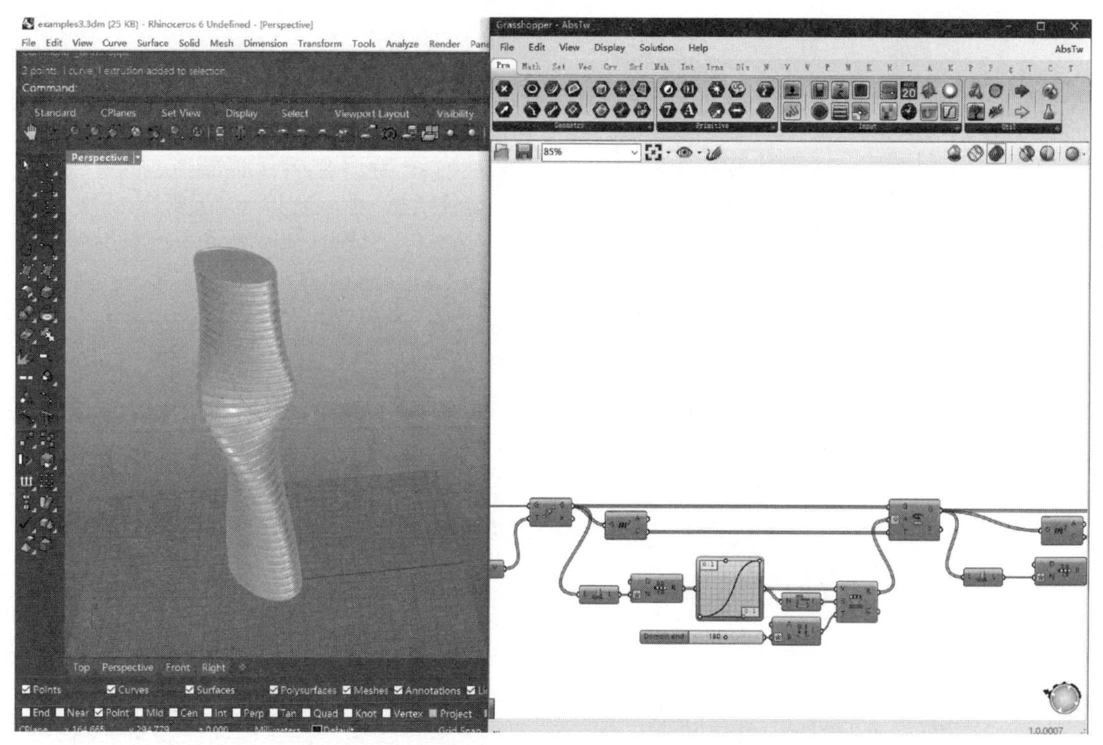

图 1. 1-13 Rhinoceros 中的 Grasshopper 编程界面

1. 1. 2 算法是什么 What is Algorithm

历史

可能长久以来，建筑从表达方法上，指导建造的图纸，便是一种累加的逻辑。墙、柱、门、窗相互独立，互不关联。而参数化的产生，提供了另一种思路，即从累加到相关联的逻辑，各个部分与整体关联为系统，各个子系统之间有强关联，一个参数的改变带来的是全局的动荡，单单从这方面来讲大大加强了建筑的逻辑性与方案变动的便利性。可正是基于“可参”，也让建筑师们看到了基于计算机、参数化的设计新的可能，也就是，计算机可以通过关系的制定，将众多内外因素作为参数关联入建筑模型的构建中，而这种复杂程度是人力难以掌控的，计算机却可以完美地通过等式解决多目标的优化方案。这就是另一个关键的名词，算法辅助设计（Algorithm Aided Design）。

其实从规则的制定上来看，不论是古典柱式、中世纪建筑，还是今天的参数化建筑，都是生成式、基于规则、在限定内产生无穷可能的设计方法。

比如维特鲁威在《建筑十书》第三、四章详细讲解了庙宇与柱式建造的规则，他认为，建筑要达到“匀称”的关键在于它的局部、整体都以一个必要的构件作为度量单位（底柱径）（如图 1. 1-14 所示）。

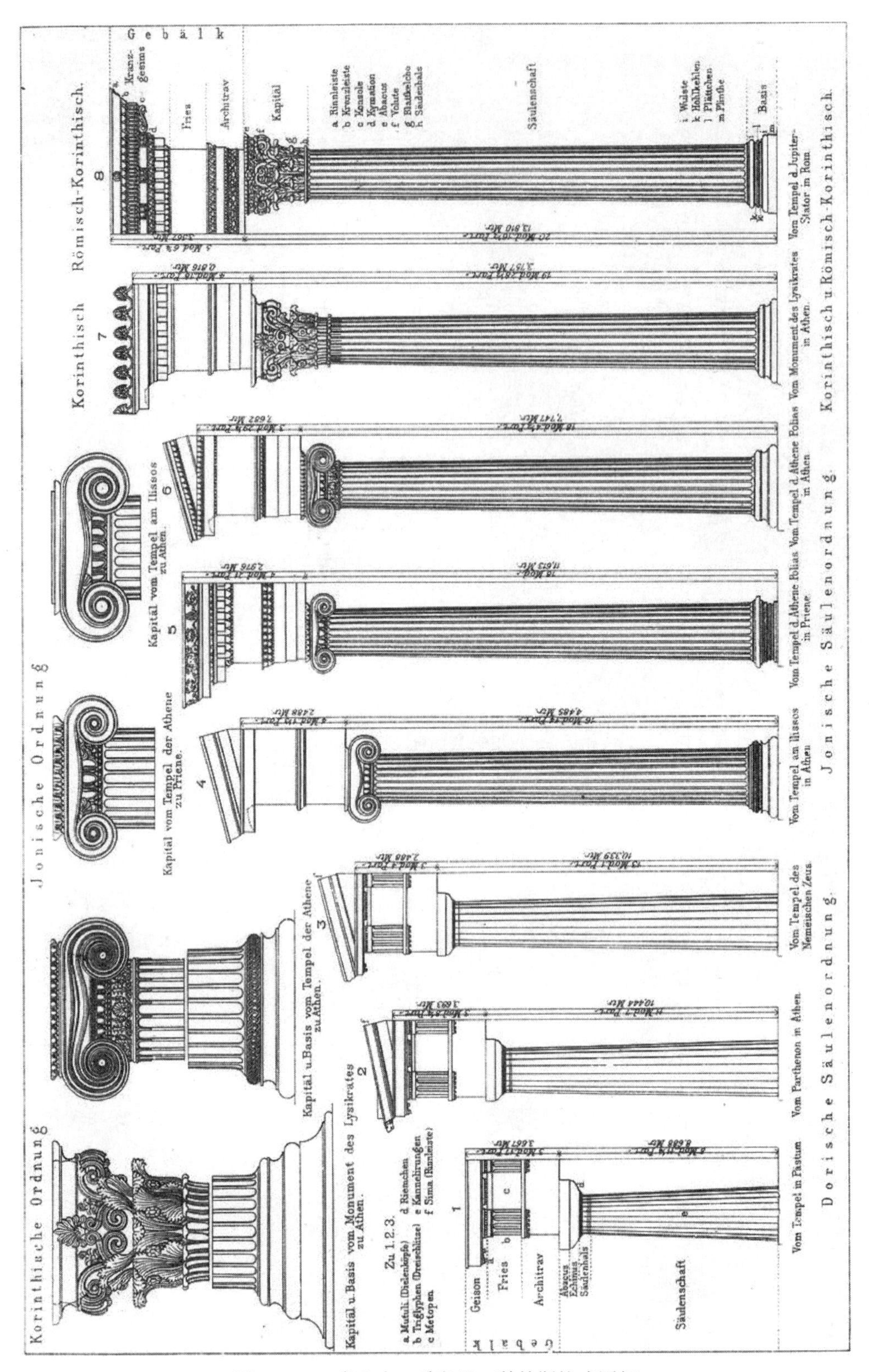

图 1.1-14　多立克、爱奥尼、科林斯柱式图解

而后柯林·罗（Collin Rowe）在《理想别墅的数学》中分析了文艺复兴时期建筑师帕拉迪奥 Malcontena 别墅与现代主义大师柯布西耶的 Stein 别墅，两者平面中都回归了古典的比例几何关系（如图 1.1-15 所示）。

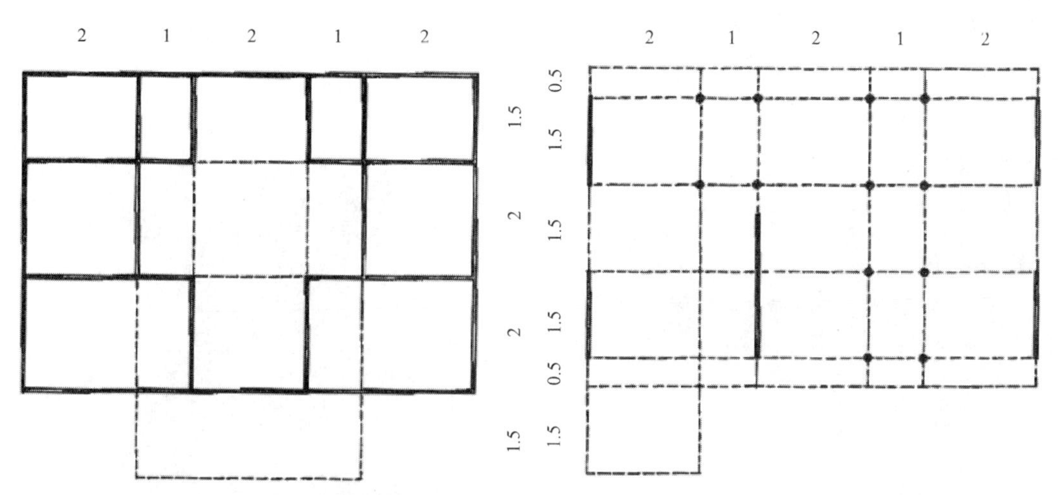

图 1.1-15 《理想别墅的数学》Malcontena 别墅与 Stein 别墅的对比

柯林·罗（Collin Rowe）的学生彼得·艾森曼（Peter Eissenman）则更进一步将建筑提炼为建筑自身形式生成的逻辑，其过程性的图解更贴近了今天参数化所表达的生成式设计（如图 1.1-16 所示）。

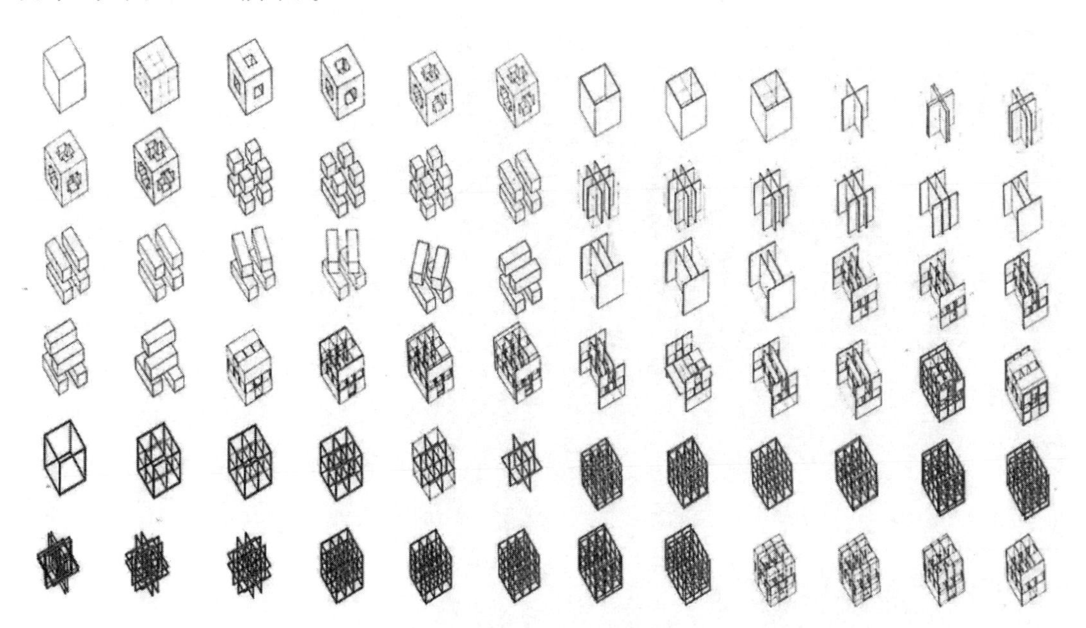

图 1.1-16 House IV 图解

而在前计算机时代，建筑先驱如安东尼奥·高迪（Aotonio Gaudi），弗雷·奥托（Frei Otto）就已经通过制作物理模型的方法来为复杂曲面找形，通过多参数参与的荷载计算，将复杂曲面建筑精确建造出来。

安东尼奥·高迪

在高迪（Gaudi）43年的职业实践中，他从历史主义者演变为有机主义者，最终通过对交叉双曲抛物面（intersecting hyperbolic paraboloids）和旋转双曲面（Hyperboloids of revolution）的融合，得到任意定义地下的参数化建筑设计。对几何的严格使用，使他成为一名几何学者（如图1.1-17和图1.1-18所示）。

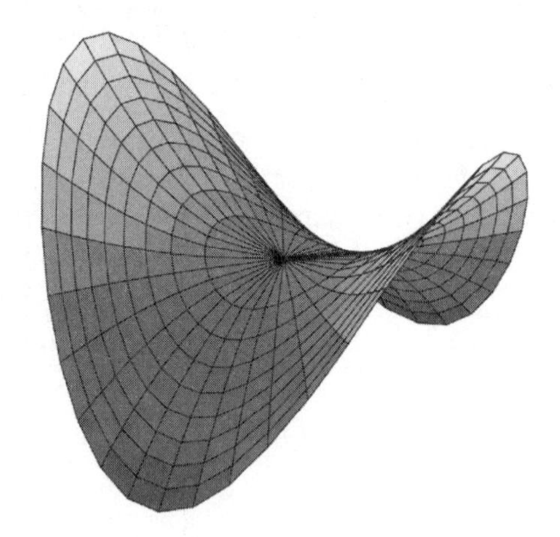

图1.1-17 交叉双曲抛物面

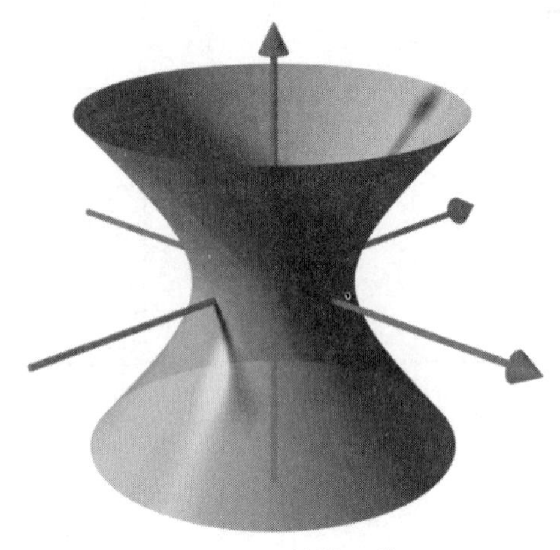

图1.1-18 旋转双曲面

图1.1-19 巴塞罗那教堂倒置模型

在巴塞罗那教堂（ColòniaGüell Chapel）的设计中，他在旁边建造了一个1∶10比例模型，高度为4米（13英尺）的建筑物。在那里，他建立了一个模型，上面挂着装满铅弹的小袋子。在固定在天花板的绘图板上，他画了教堂的平面图，并且他从建筑物柱子的支撑点和墙壁的交叉点上挂上绳子（用于悬链线）和铅弹（重量）。这些重量在拱门和拱顶中产生了悬链曲线。然后他拍了一张照片，当倒置时，显示了高迪正在寻找的柱子和拱门的结构（如图1.1-19所示）。

弗雷・奥托(Frei Otto)

作为 2015 年普利茨克奖获得者，弗雷・奥托因使用轻质结构而闻名，特别是拉伸和膜结构，而他运用物理模型对于一系列形式的探索则是他作品的基础，正如陪审团所说：

弗雷・奥托(Frei Otto)是一名建筑师，他的作品超越了学科的界限，作为一名建筑师，同时也是研究员，发明家，形式发现者，工程师，建筑师，老师，合作者，环保主义者和人文主义者。

高迪中期(1900～1914)的设计给弗雷・奥托的工作带来很大影响(尤其是 1960～1970 之间)，都使用物理模型去找形。他利用羊毛对于最短路径的研究、肥皂泡对极小曲面的找形(如图 1.1-20 所示)，以及悬垂网模型对膜结构的找形都是最为著名的(如图 1.1-21 所示)。

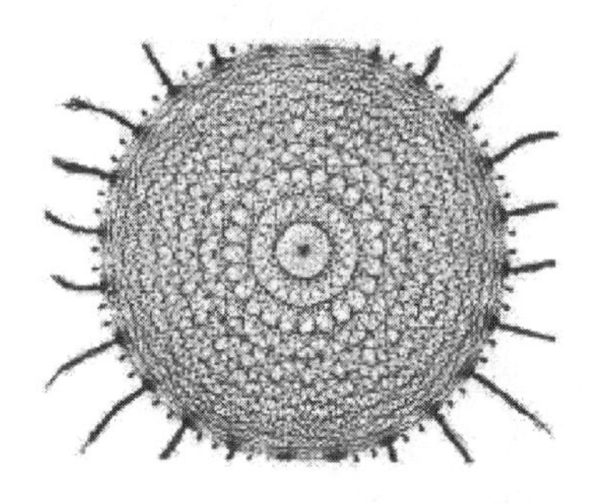
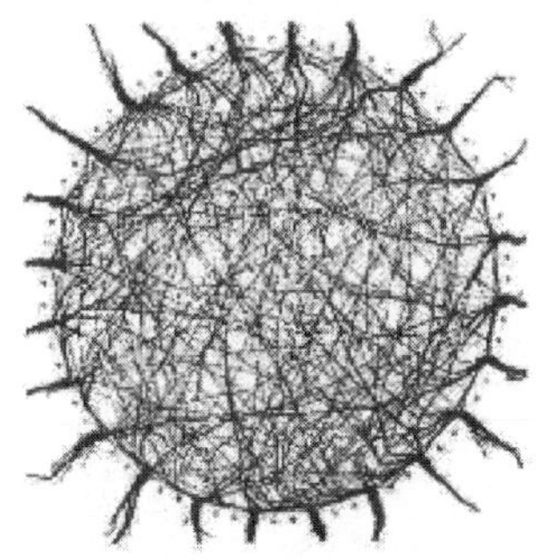
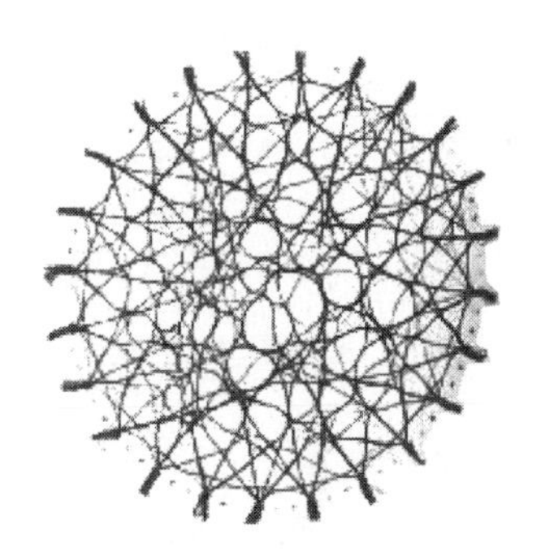

图 1.1-20 通过羊毛研究最短路径

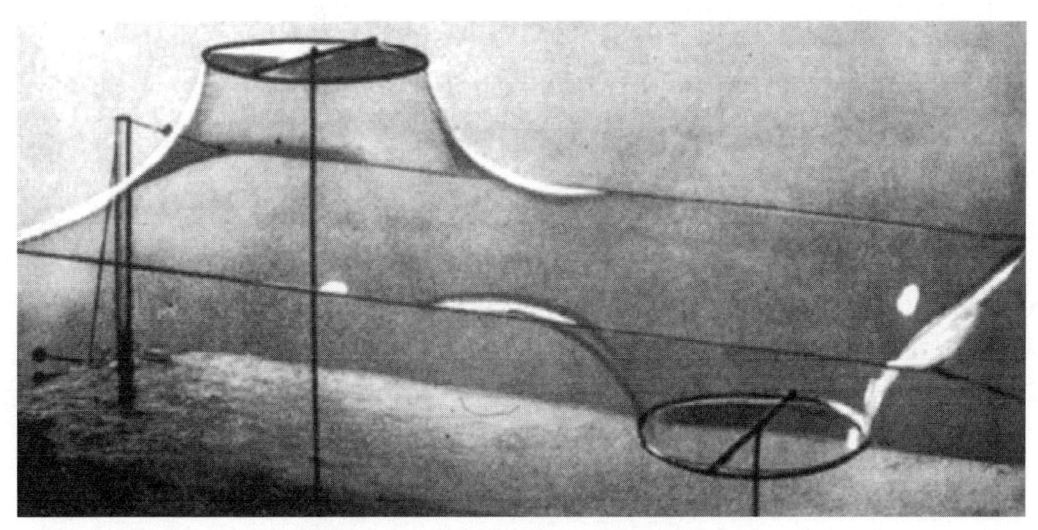

图 1.1-21 通过肥皂泡模型研究最小曲面

而且，弗雷・奥托并不避讳计算机的使用：

我必须承认自从 1965 年起我所有的建筑都是用计算机计算的。这很自然，不需要质疑，因为这是今天的常见做法。

制造工艺与设计思路的对应进化

自古以来，作为将作品付诸实践的手段，制造工艺与设计、表达都是密不可分的。近些年的3D打印、机械臂建造、无人机建造等，与计算机紧密联系的特点注定它们与“参数化”相辅相成。广义来讲，从古代到现代，表达介质的进化，制造工艺的更迭，设计思路也同样与时俱进（如表1.1-1所示）。从古代的口述，产生同质而不同形的类似结果，到工业革命后机器大批量生产的精准复制，而现代的参数化、3D打印、机械臂建造、无人机建造则同时能包含两种不同的情况，参数关联下参数变化带来的同类多结果，以及数字设计工具与建造工具带来的精准复制性，都表明了这将是从工具到生产到设计的一场新革命。

制造工艺与表达介质的发展 **表1.1-1**

表达介质	制造工艺	成果特点
口述	手工艺	同类有变异
图纸	机器	精准批量复制
参数化	3D打印&机械臂	变异&精准批量复制

1.1.3 如何理解参数化主义（Parametricism）

从帕特里克·舒马赫（Partrik Schumacher）《作为建筑风格的参数化主义——参数化主义者的宣言》（***Parametricism as Style——Parametricist Manifesto***）一文中，个人觉得是对参数化一个较为总括性的表达，他提出了5个用于推广“参数化主义”的议程：

1. 次级系统间的内在关联性

从单一系统的变化，转变为多个子系统之间的程序关联，拿一组立面组件来说，可细分为覆面，结构，内部细分，定位，孔洞等。其中任何一个系统的变化都会引起相关联的其他系统变化。（这也是参数化最为便利的一个特点）

2. 参数化加强

通过复杂的相互联系，加强整体的有机整合，倾向于差异的放大，而不是补偿或者改善这种适应性。比如，当生成的组件沿微小的曲率变化分布在一个曲面上，这些规则组织的组件间的相关性应该放大和强化初始的差异性。这也许包含着对阈值的加强或奇点的细致设定。所以一个更丰富的关联性才能达到，更有指向性的视觉信息也得以表达。

3. 参数化生形

对于包含多重解读的复杂设定，我们认为可以通过参数化模型构建起来。这些参数化模型的设定让其参数可能在格式塔心理学上极端敏感。参数化的变异会触发格式塔心理学的巨变，即，参数量上的改变触发了接受层面上配置逻辑的质变。这种参数化成形的概念强调了在参数化设计过程中，要对考虑到的参数种类扩展。除了几何物体通常的参数，环境变量和观察者变量也要被考虑整合到参数化系统中。

4. 参数化响应

城市和建筑（室内环境）应被设计为包含有内置的动态容纳力，允许这些环境可以响应（广义适用情境下）不同的使用和占用情况而重新设定和适应。实时使用情景产生的参数可以驱动实时动态适应的过程。累积的使用情景会引发半永久的形态学转化。在不同的时间跨度上，建成环境获得不同的响应代理。

5. 参数化城市主义

城市体量可以被描述为多个建筑物的集群。这些建筑物形成了一个持续的变化场，其中有规律的连续性凝聚了这些建筑物。参数化城市主义意味着，建筑物形态的系统性变异会产生强烈的城市效果和强化场域的指向性。而参数化城市主义也许会同时包含参数化加强、参数化成形、参数化响应。

其实从这几个概念不难看出参数化可能的未来与优势在哪里。而通过与数字建造的有机整合，未来的可能性可能会越来越多。建筑批评中对“标志性”建筑的普遍反对和金融危机后节俭的新理性主义扩散，都误解了基于创新技术、理性原则的参数化并不是铺张浪费与标新立异的噱头。对于新技术的充分利用、与结构及工程创新的紧密结合，和计算机科学、人工智能领域的发展，参数化建筑会是未来能够容纳愈加复杂的社会因素、让建筑积极参与到改变人居环境的设计思路与技术途径强有力的一环。

1.2　平台简介

1.2.1　Rhinoceros 软件

Rhinoceros（通常缩写为 Rhino 或 Rhino3D）是由 Robert McNeel&Associates 公司开发的商业 3D 计算机图形和计算机辅助设计（CAD）应用软件（如图 1.2-1 所示），其几何物体基于 NURBS 数学模型，该模型侧重于在计算机图形中对于曲线和自由曲面的数学精确表示（与基于多边形网格的应用程序如 Sketchup 相反）。

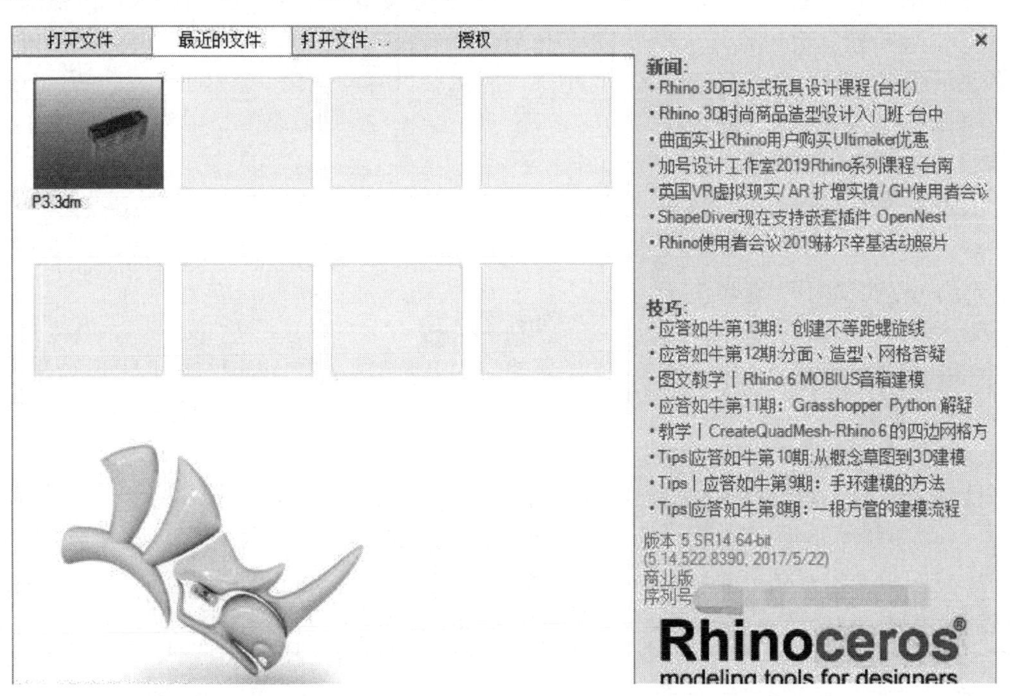

图 1.2-1　Rhinoceros 启动界面

广泛用途：Rhinoceros 用于计算机辅助设计（CAD），计算机辅助制造（CAM），快速原型制作，3D 打印和逆向工程等行业，包括建筑，工业设计（如汽车设计，船舶设计），产品设计（如珠宝设计）以及多媒体和平面设计。

制造：Rhinoceros 拥有一些便于 3D 打印的插件，允许导出 .STL 和 .OBJ 文件格式，这两种格式都受到众多 3D 打印机和 3D 打印服务的支持。

脚本语言支持：Rhinoceros 支持两种脚本语言：Rhinoscript（基于 VBScript）和 Python（V5.0+和 Mac）。它还有一个 SDK 和一个完整的插件系统。一个名为 Grasshopper 的参数化建模/可视化编程工具，由于其易于使用和创建复杂算法结构的能力，吸引了许多建筑师到 Rhinoceros。

1.2.2　Grasshopper 插件

图 1.2-2　Grasshopper 启动界面

Grasshopper 是由 David Rutten 在 Robert McNeel&Associates 开发的可视化编程语言和环境，在 Rhinoceros 3D 计算机辅助设计（CAD）应用程序中运行（如图 1.2-2 所示）。其第一个版本于 2007 年 9 月发布，名为 Explicit History。而在 Rhinoceros 6.0 中 Grasshopper 作为系统功能内置。

通过将组件拖动到画布上来创建程序。然后将这些组件的输出连接到后续组件的输入。主要用于构建生成算法创建几何物体。程序还可能包含其他类型的算法，包括数字、文本、视听和触觉应用程序。借助在［Food4Rhino］（www.food4rhino.com）上由其他开发者开发的插件，Grasshopper 还可用来性能化分析与可视化、算法找形、结构拓扑优化等领域。

1.2.3　C#语言

C#（发音为 C sharp）是一种通用的，多范式的编程语言，包括强类型，词法范围，命令式，声明式，功能性，泛型，面向对象（基于类）和面向组件的编程学科。它是由 Microsoft 在其 .NET 计划中于 2000 年左右开发的，后来被 Ecma（ECMA-334）和 ISO 批准为标准（ISO/IEC 23270：2018）。C#是为公共语言基础结构设计的编程语言之一（如图 1.2-3 所示）。

图 1.2-3　ECMA-334 C#语言规范

1.2.4 Visual Studio 软件

微软的 Visual Studio 是一个集成开发环境（IDE），它用于开发计算机程序，以及网站，Web 应用程序，Web 服务和移动应用程序。

Visual Studio 包含一个支持 **IntelliSense（代码完成组件）**以及 **Code Refactoring（代码重构）**的代码编辑器。集成调试器既可用作源码调试器，也可用作机器码调试器。其他内置工具包括代码分析器，用于构建 GUI 应用程序的表单设计器，Web 设计器，类设计器和数据库模式设计器。它接受几乎在每个级别都增强功能的插件，包括添加对源代码控制系统（如 Subversion 和 Git）的支持和为软件开发生命周期的其他方面（如 Team Foundation Server 客户端：团队资源管理器）添加针对特定领域语言或工具集的编辑器和可视化设计器等新工具集（如图 1.2-4 所示）。

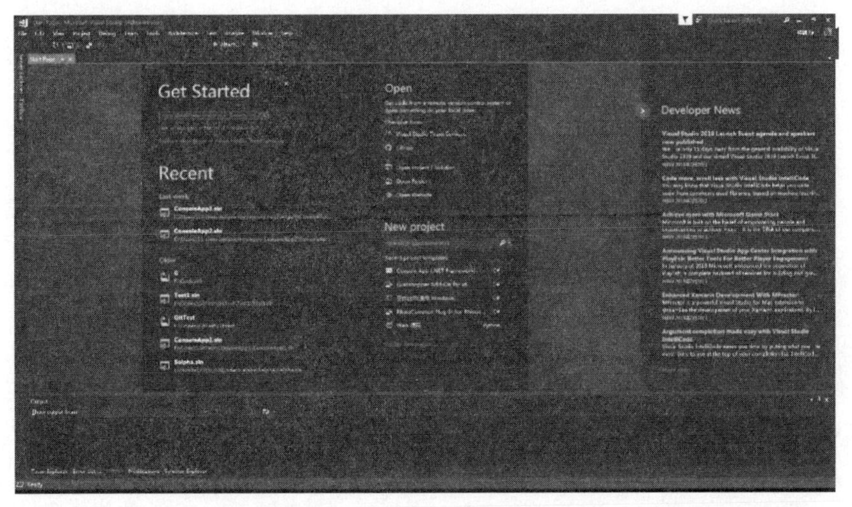

图 1.2-4 Visual Studio 启动界面

Visual Studio 支持 36 种不同的编程语言，并允许代码编辑器和（在不同程度上）调试器支持几乎任何编程语言，前提是存在特定于语言的服务。内置语言包括 C，C++，C++/CLI，Visual Basic.NET，C#，F#，JavaScript，TypeScript，XML，XSLT，HTML 和 CSS。其他语言，如 Python，Ruby，Node.js，M 等可通过插件获得。最基本的 Visual Studio 版本是社区版，免费提供。

2 Grasshopper

2.1 Grasshopper 简介
2.2 基础几何概念与术语介绍 Basic Geometry
2.3 深入理解 Nurbs Nurbs in Depth
2.4 变动控制 Transformation 2.5 数学 Math
2.6 列表 List 2.7 树形数据 Data Tree
2.8 深入理解 Mesh Mesh in Depth

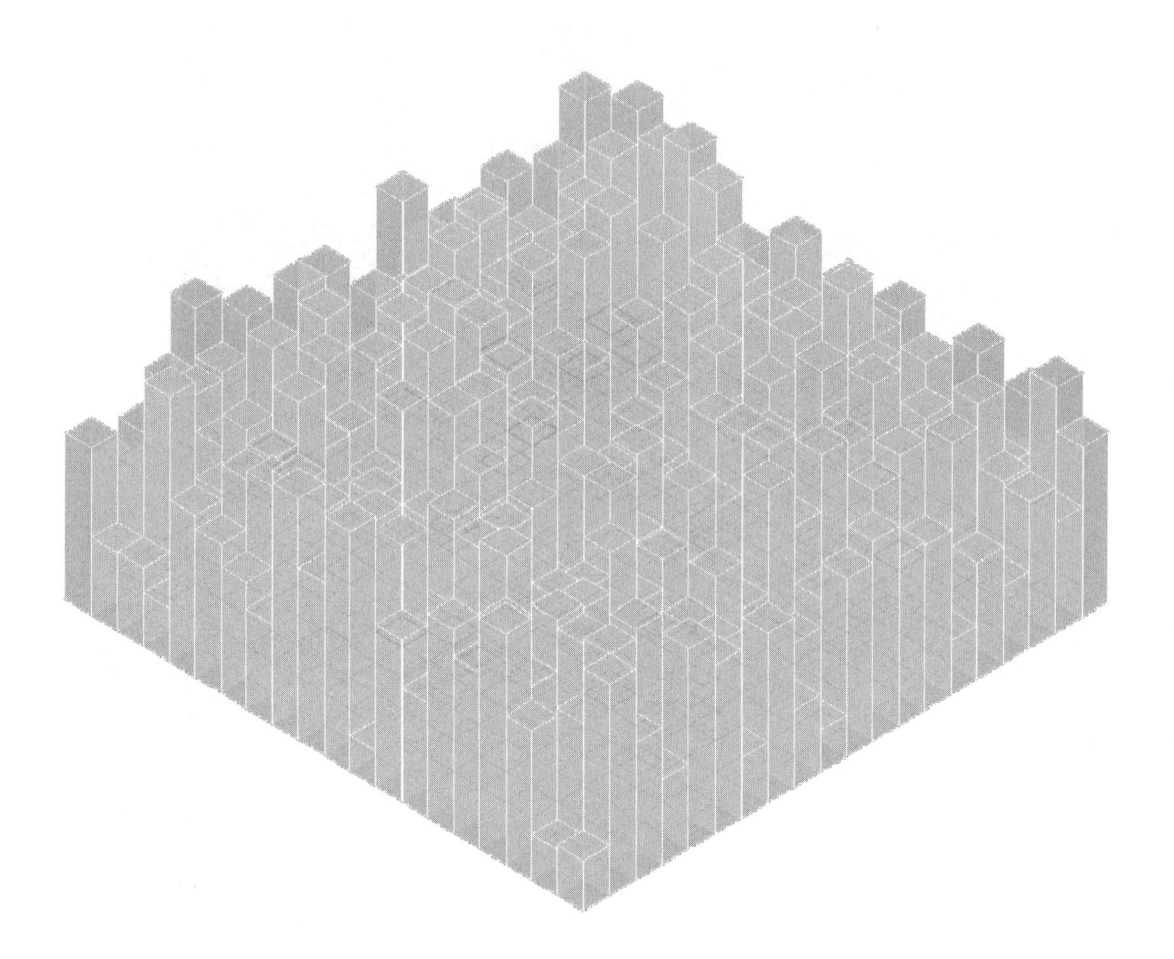

2.1　Grasshopper 简介

2.1.1　安装

Windows 用户可以从［Grasshopper 官网］（https：//www.grasshopper3d.com/page/download-1）下载（如图 2.1-1 所示），在 Rhino6.0 中已经内置。

而 MacOS 用户可下载最新的 Rhinoceros 5.0，内置了 Grasshopper。

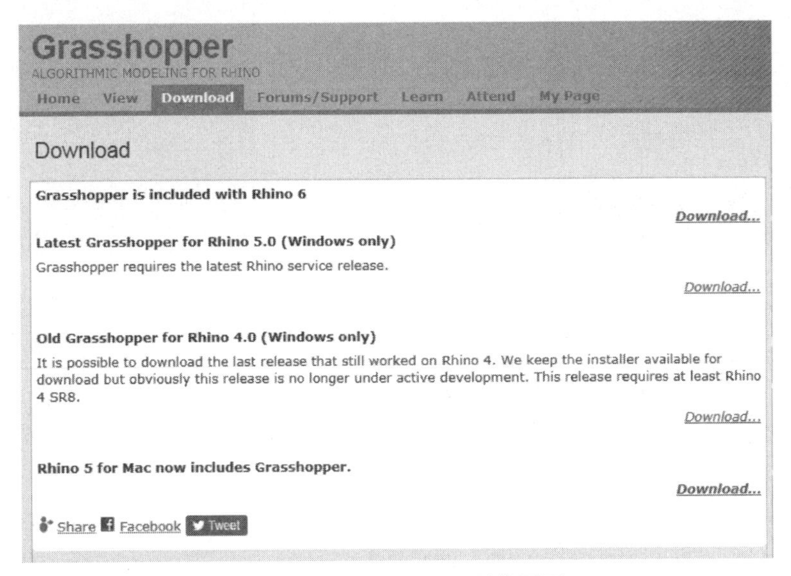

图 2.1-1　Grasshopper 下载页面

2.1.2　界面介绍

Grasshopper 是 Rhino 内置的插件（并不独立），所以通过指令栏输入 Grasshopper 在 Rhino 中调出。调出后，与 Rhino 的交互内容主要有以下几个部分（如图 2.1-2 所示）：

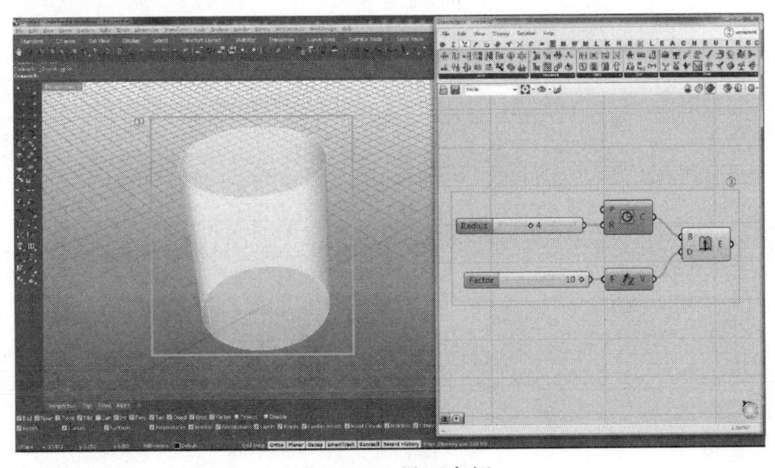

图 2.1-2　界面介绍

1. Grasshopper 脚本生成的，在 Rhino 中的预览物体。

2. Grasshopper 程序界面，在这里包括了 Grasshopper 独立的功能，其中编写的脚本作为 . gha 文件或者 . ghx 文件存储（如图 2. 1-3 所示）。

图 2. 1-3 Grasshopper 存储文件格式

3. Grasshopper 工作空间内编写的脚本。

Grasshopper 具有高级用户界面（GUI）。主窗口主要由“Components palettes”和“canvas”组成（如图 2. 1-4 所示）。

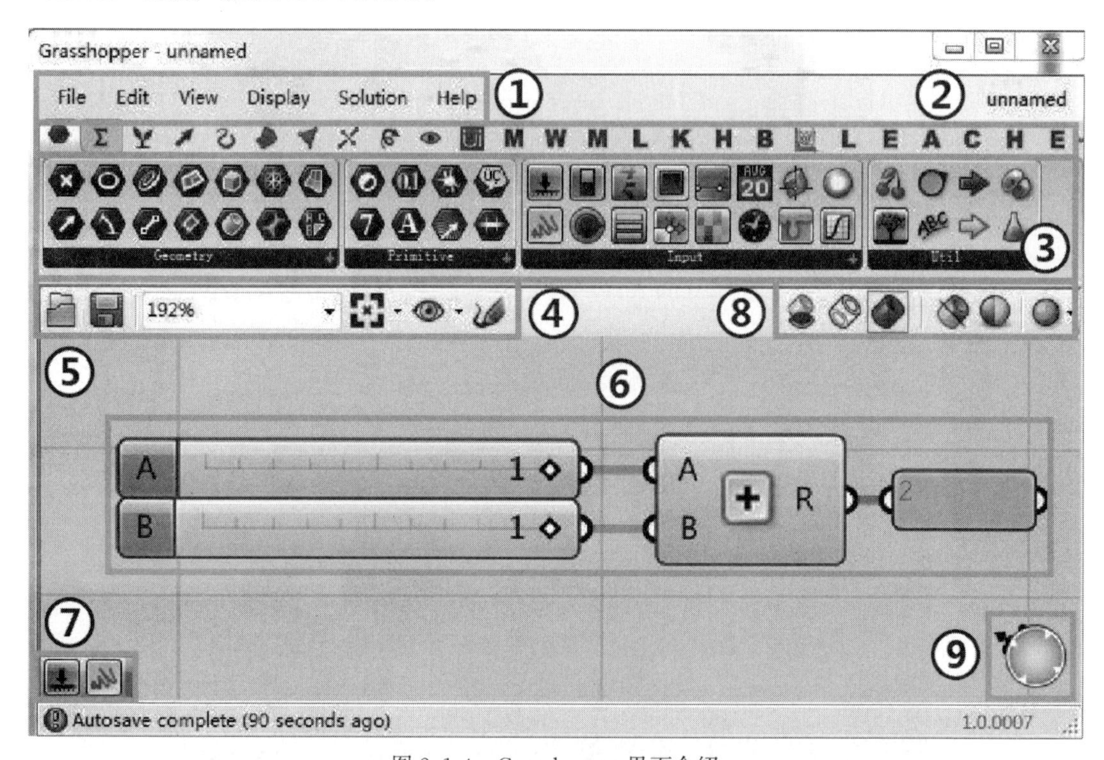

图 2. 1-4 Grasshopper 界面介绍

1. 菜单栏

包括文件、编辑、视图、显示、解集和帮助的各项设置与操作。

2. 运算器选项板

所有已安装的命令与插件都显示在运算器选项板中（根据设置的不同默认显示为文字）。

3. 运算器分类

每个命令组都在一个选项卡中。附加的运算器可以与各种 Grasshopper 附件[Food4Rhino]（www.food4rhino.com）一起安装。与常规软件不同，这些运算器并不作用为“按钮”，必须被拖出到画布上才能组成节点脚本。

4. 画布控制

包括保存界面、缩放、可见性、手绘标注等画布相关功能。

5. 画布

可缩放的用户界面，编写脚本的主要工作空间。其中某些包含缩放功能的运算器在缩放后有附加的功能选项（Zoomable User Interface/ZUI）。

6. 基于节点的编辑器

使用基于节点的界面（Node-based Editor）在 Grasshopper 中编辑脚本。运算器被拖出选项板，并放置在画布上。每个运算器节点代表一个具有输入和输出端的特定逻辑。端与端可以互连以形成程序。

7. 命令预测

Markov Chain 数据库记录着所有用户的添加动作。这使得 Grasshopper 能够以合理的准确度预测下一个将要调用的命令。

8. 显示控制

包括显示模式、显示精度、自定义显示颜色。用于设置 Grasshopper 物体在 Rhino 空间中的显示属性。

9. 画布指示器

指示了运算器在画布中的位置。

2.1.3 画布

画布是 Grasshopper 的基础操作空间，用户可以通过对运算器的调用和连线搭建参数化脚本。在画布上调用运算器的方式有以下两种：

(1) 将对应图标拖入画布。

(2) 在画布的空白处双击鼠标左键，会出现**画布搜索框**，通过输入运算器名，Grasshopper 会通过首字母对应相应的运算器（如图 2.1-5 所示）。

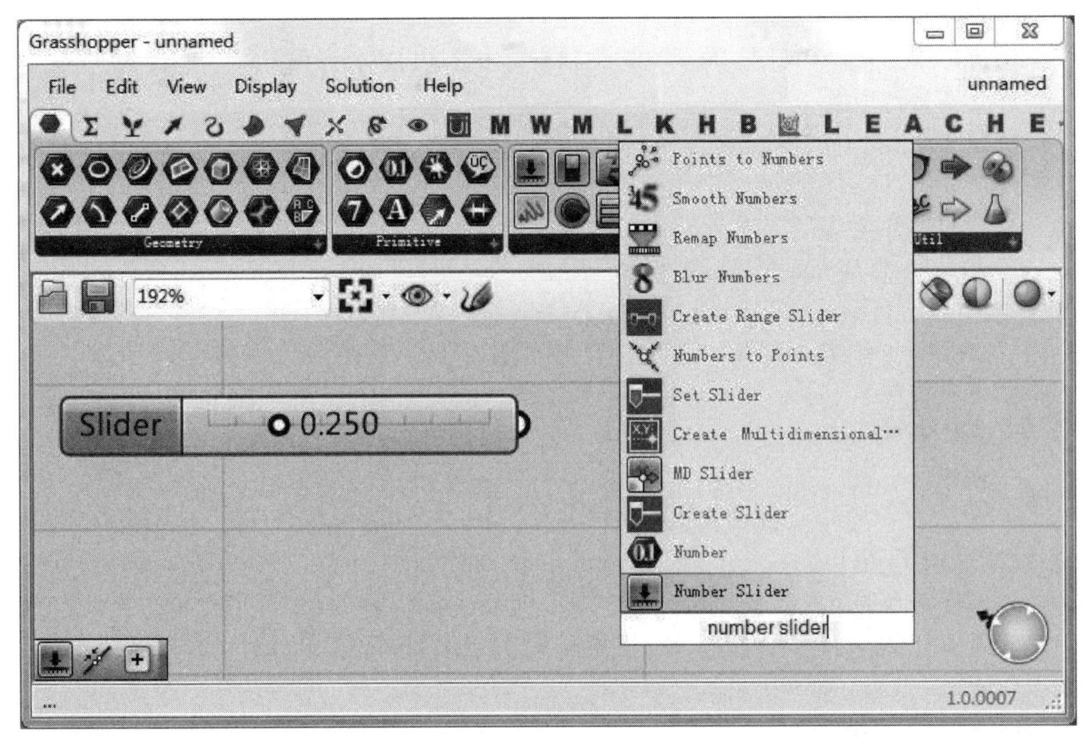

图 2.1-5 搜索运算器

画布左上方为一些关于画布的控制命令（如图 2.1-6 所示）。

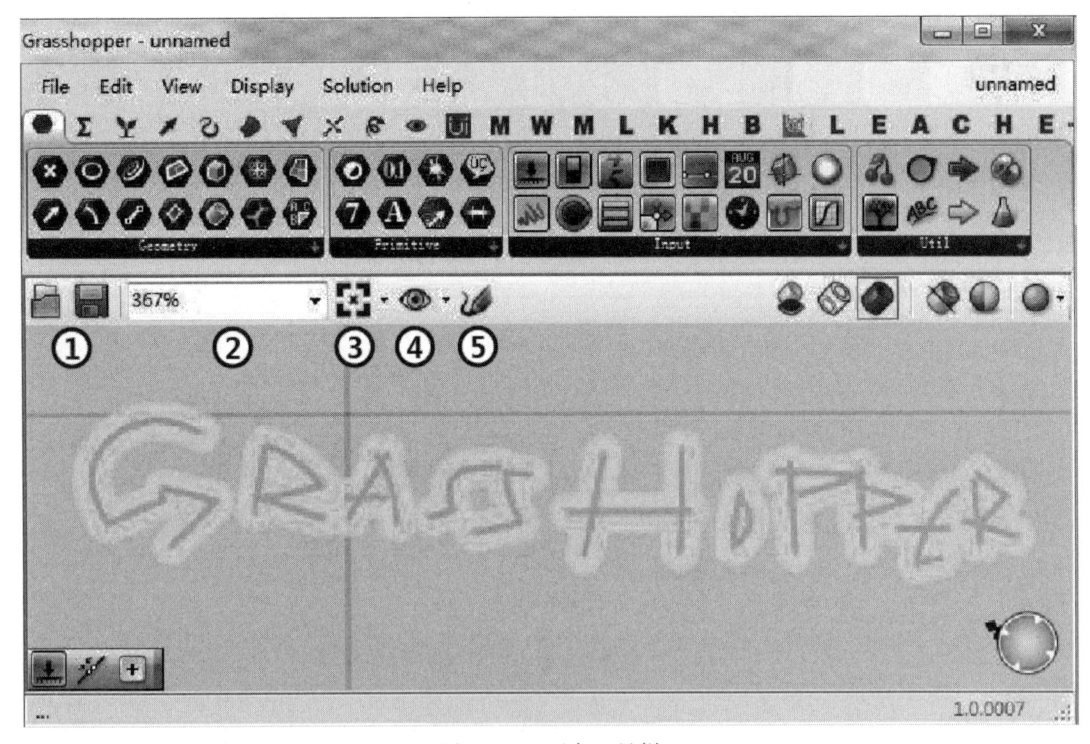

图 2.1-6 画布工具栏

（1）文件：新建与保存。

（2）画布缩放级别。

（3）画布缩放命令：包括缩放至局部，缩放至选中，缩放至预览物件。

（4）存储视图：存储当前画布视图，类似于 Rhino 里已命名视图。

（5）涂鸦：在画布上自由绘图，可以调整颜色、线宽、曲线圆滑度，并且可以和 Rhino 空间里的曲线导入导出。

2.1.4 运算器

所谓节点式可视化编程，就是将复杂的算法分解为一系列基础、简单的指令集，通过将运算器与运算器通过输入端、输出端的首尾相连，组成相关联的逻辑脚本。所以，了解 Grasshopper 的运行机制至关重要。

2.1.4.1 分类

Grasshopper 主要有三类不同的运算器：

1. 处理数据的运算器（标准运算器）

如同编程的函数、方法一样，这些运算器通过输入一些数据，进行相关运算后返回若干个输出值。比如，建立一个点（输出值）需要 x、y、z 三个坐标值（输入端），通过挤出（Extrude）产生一个曲面需要一个轮廓线和矢量等。而这些输出值可以继续为下一步的运算提供作为输入值。

2. 输入运算器

在运算器栏中，Params 内 Input 分类下是 Grasshopper 内置的输入运算器。输入运算器只有输出值，通过用户的制定为运算器提供输入端（如图 2.1-7 所示）。

3. 存储数据的运算器

在运算器栏 Params 中，Geometry 与 Primitive 分类下都包含着存储数据的运算器，这些运算器的 Logo 都为黑底六边形（如图 2.1-8 所示）。它们可以通过多种方式收集数据，为其他运算器提供输入数据，而其本身并不进行任何运算。同时，在某些特定情况下，这些运算器除了可以储存从输入端输入的数据以外，还可以将输入端的数据强制转换为目标数据类型。

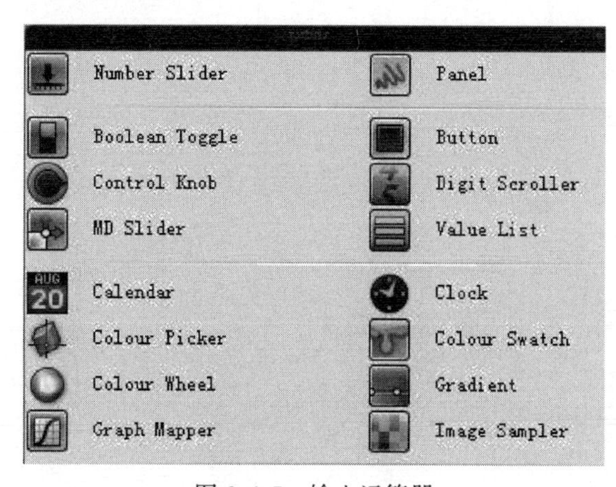

图 2.1-7 输入运算器

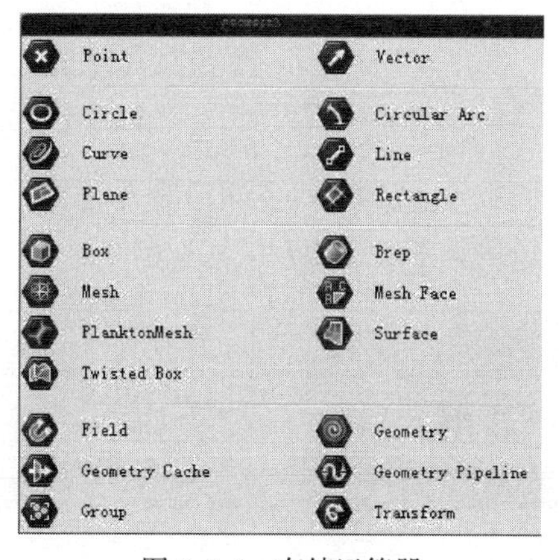

图 2.1-8 存储运算器

2.1.4.2 运算器构成

一个标准的运算器包括：输入端、名称与输出端。以 Construct Point 为例（如图 2.1-9 所示）。

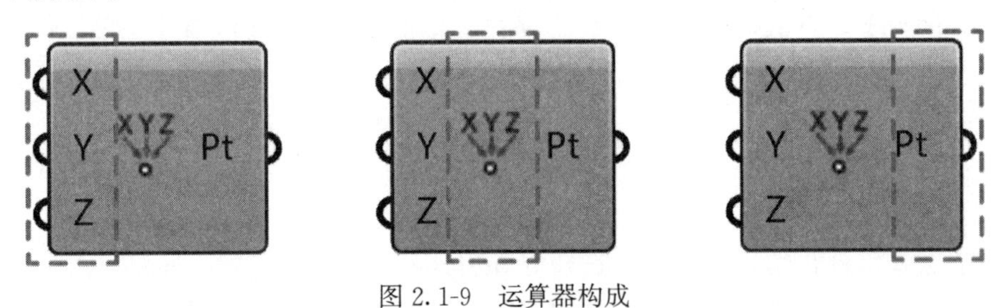

图 2.1-9 运算器构成

1. 输入端

输入端输入运算器需要的数据类型来进行运算，输入端的改变会即时地影响运算结果。对于 Construct Point 来说，需要的是 x、y、z 三个轴的坐标值。

输入端有几种不同的数据输入方式：

1）本地设置：在输入端单击鼠标右键，可以通过 Set Number 或者 Set Multiple Numbers 手动输入数据（如图 2.1-10 所示）。

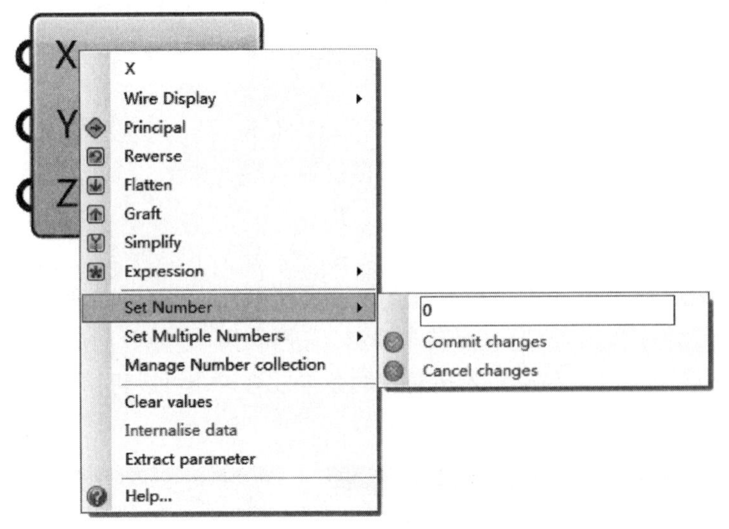

图 2.1-10 输入端设置

2）连线：通过不同运算器输出节点与输入节点的连线传递数据，也是 Grasshopper 内搭建脚本常用的方法（如图 2.1-11 所示）。

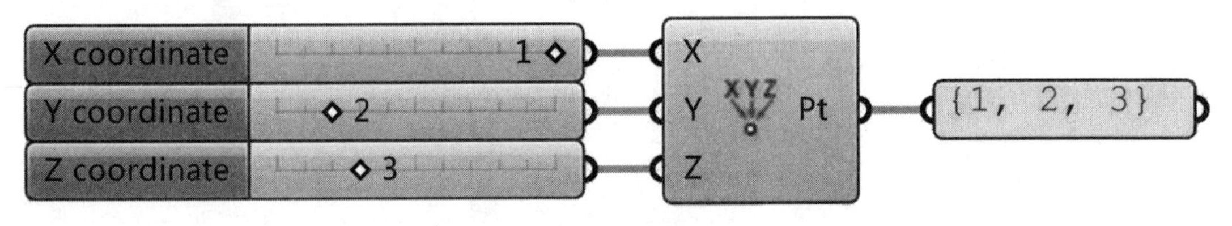

图 2.1-11 示例

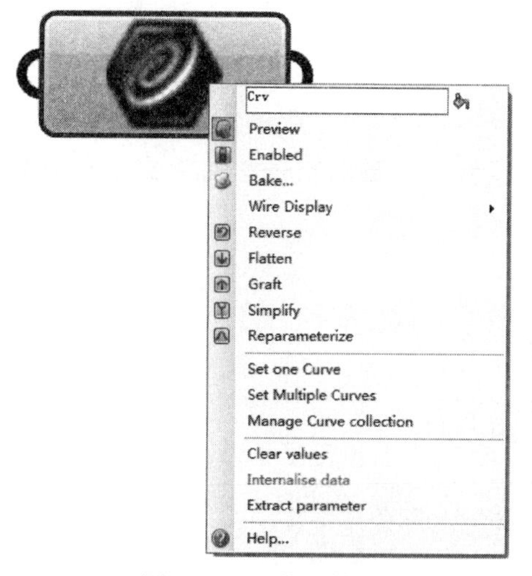

图 2.1-12　拾取数据

3）从 Rhino 拾取：在输入端单击鼠标左键可以直接通过 Rhino 窗口指定。在这里以 Curve 存储数据运算器为例，右键点击后 Set one Curve/Set Multiple Curves 可直接在 Rhino 里拾取曲线物件到 Grasshopper 文档内，并且与该曲线实时同步（如图 2.1-12 所示）。但当 Rhino 窗口内的曲线删除后，这个数据链接就不复存在了。除非选中列表中的 Internalise data，曲线物件会内置于 Grasshopper 中，与 Rhino 独立。此时，当 Rhino 中的点移动更改后，并不会影响 Grasshopper 文档内的点物件。

若拾取了多个数据，可通过 Manage Curve Collection 手动增减物件（如图 2.1-13 所示）。

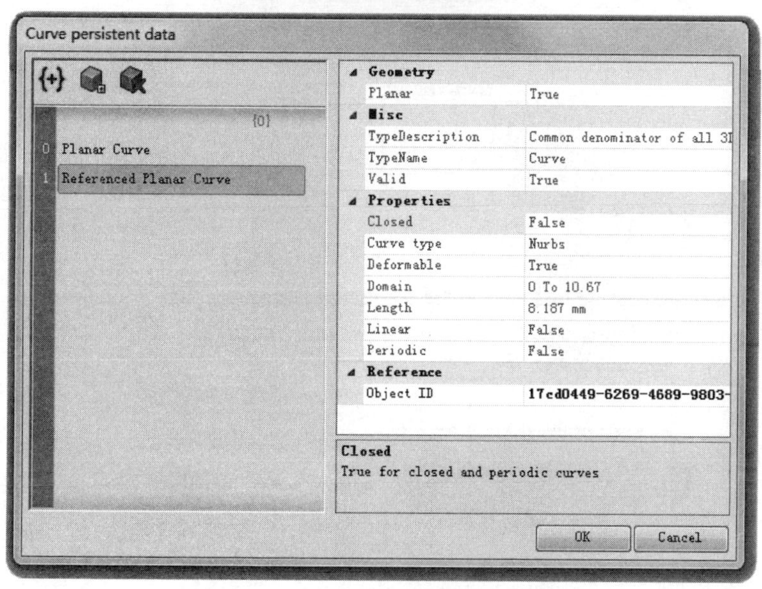

图 2.1-13　Manage Curve Collection

2. 名称

对于一个运算器，Grasshopper 设定有 Name（名称）与 Nickname（昵称）（同样都可以通过搜索框搜索到），鼠标悬停在名称处可以看到关于该运算器的说明。

在名称处右击会弹出运算器选项。包括预览、启用和烘焙。

而在名称栏可以修改运算器名为任意名称，名称栏右边油漆桶图标则包含三种名称显示方式（如图 2.1-14 所示）。

按名称（name）显示，也是 Grasshopper 默认的显示方式。

3. 输出端

和输入端类似，除了没有数据输入的选项以外，右键点击依然有数据结构处理的选项，在后面会详细说明（如图 2.1-14 所示）。

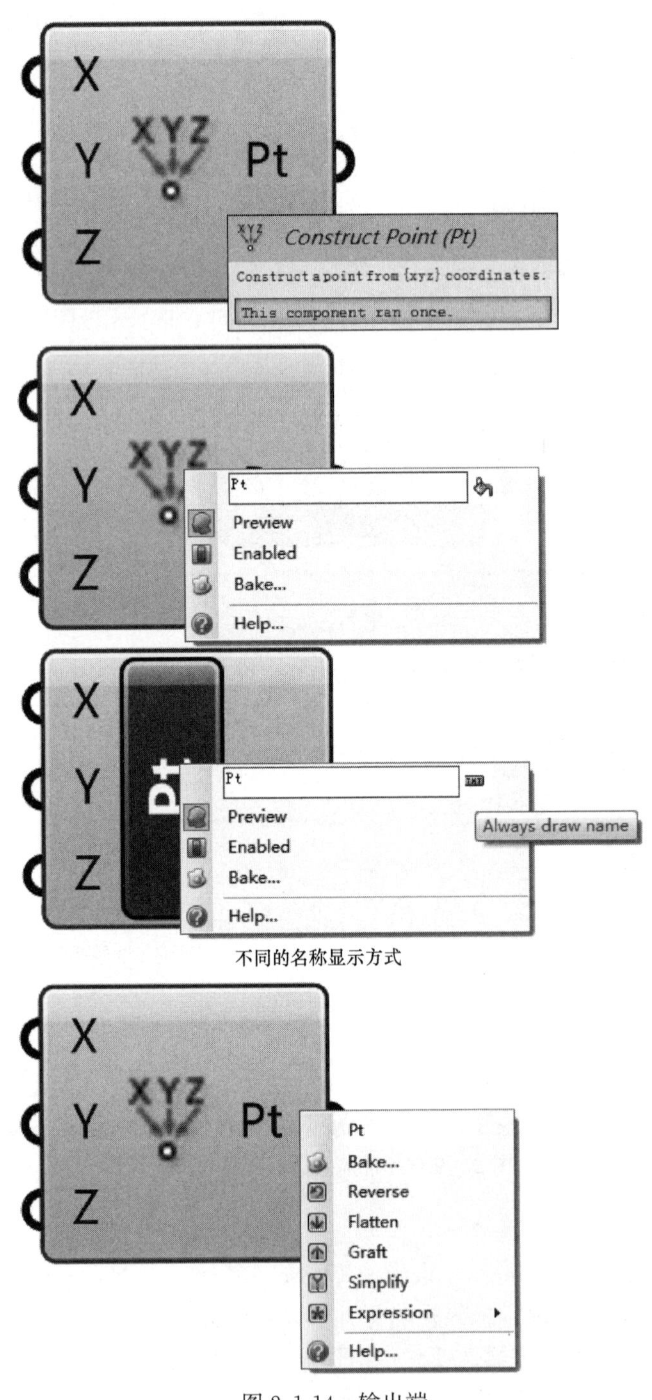

图 2.1-14 输出端

2.1.4.3 连线

通过节点的连线，数据之间的关系得以建立。在 Slider 输出端按住鼠标左键并拖动到 Construct Point 的 X 输入端上（如图 2.1-15 所示）。

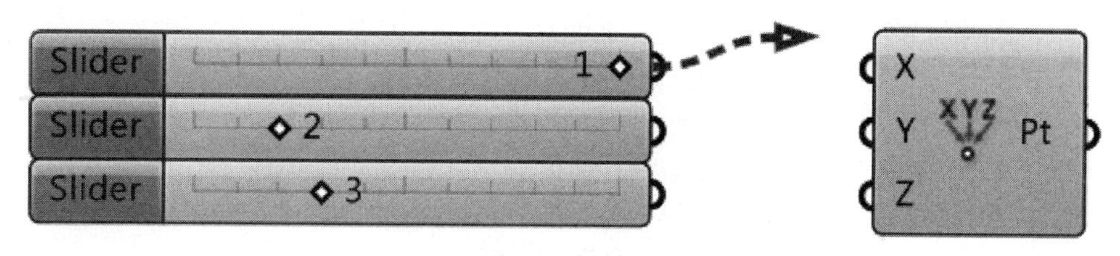

图 2.1-15 连线

此时通过拖动 Slider 的滑杆，Construct Point 生成的点也会同步改变，同时在 Rhino 视口内的点物件也会同步更新。这就是**参数化关系**的建立过程（如图 2.1-16 所示）。

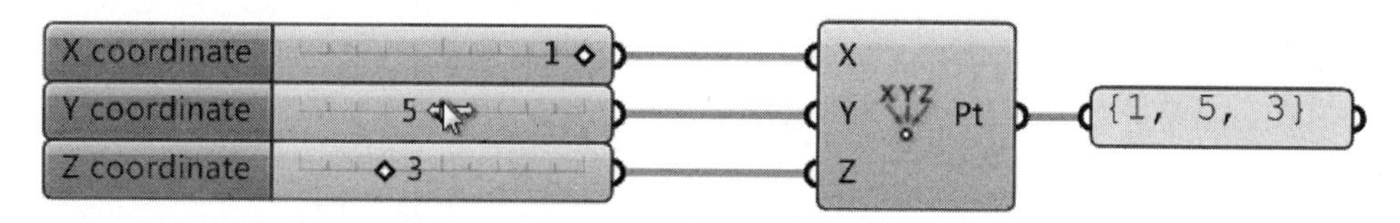

图 2.1-16 拖动滑杆

2.1.4.4 运算器状态

运算器的显示通常表达了脚本特定运算的状态（如图 2.1-17 所示）。

在通常情况下，运算器显示为白色。选中时为绿色。关闭预览时为灰色。关闭时为深灰色。

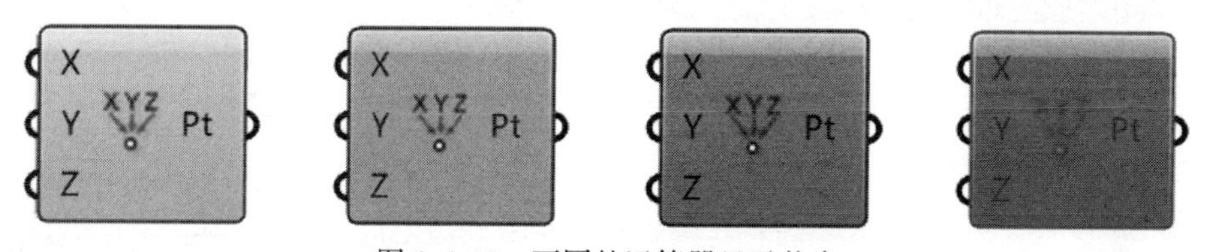

图 2.1-17 不同的运算器显示状态

当运算器运算产生错误时，用户也可以便利地看到出错的状态。Grasshopper 常见的有两个错误状态，当运算器显示为橙色，说明运算缺少数据，当鼠标点击提示气泡会看到具体信息；如图 2.1-18 所示，Construct Point 运算器的 X 坐标输入端缺少数据。当运算器显示为橙色，在某些情况下依然可以运算，但可能会导致不正确的结果。

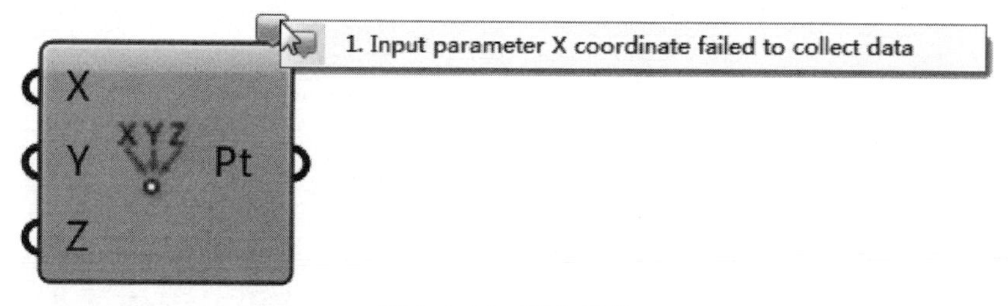

图 2.1-18 警告信息

而当运算器显示为红色时，则代表输入数据类型错误或运算失败。如图 2.1-19 所示，Construct Point 运算器输入端要求的数字，在这里输入字符会显示数据类型错误。在这种情况下，运算器不会产生任何输出值，运算也不会正常进行。

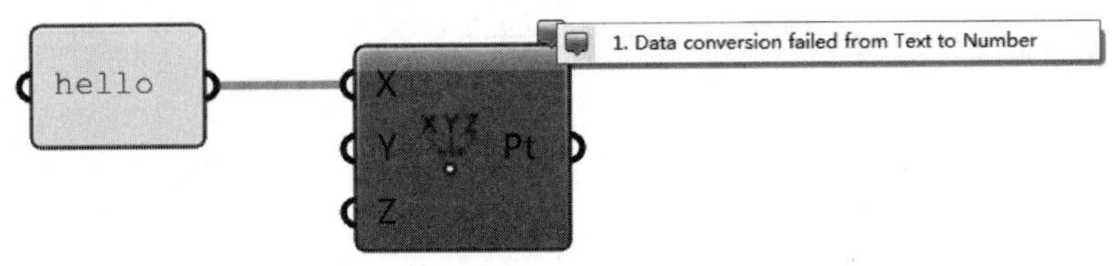

图 2.1-19 错误信息

2.1.5 显示和控制

2.1.5.1 烘焙 Bake

值得注意的是，Grasshopper 生成的物体，在 Rhino 视窗中的物体只是一个预览，物体无法在 Rhino 里选中或者进行编辑、渲染，当 Grasshopper 文件关闭后，这个预览物体也会消失。这是因为 Grasshopper 文档内的脚本，产生的并不是单个物体结果，而是一系列的几何物体与数据，记载了几何物体完整的建构历史，通过改变输入参数得到不同的结果。而要使 Grasshopper 物件成为 Rhino 文件里的物体，必须选中相应的内容进行 **Bake**。每个可以产生预览物体的运算器都可以通过右键点击 Bake 出相应的结果（如图 2.1-20 所示）。

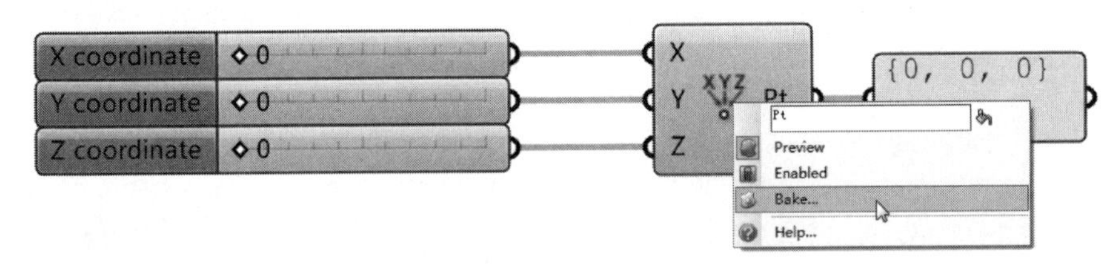

图 2.1-20 烘焙

点击 Bake 后会弹出 Bake 选项对话框，包括颜色、目标图层、是否成组等选项（如图 2.1-21 所示）。

Bake 后的物体与 Grasshopper 文档不再有关联，改动后不会影响到 Rhino 里的实际物体。改变参数后的新结果可直接删除原 Bake 物件，将新结果 Bake 入 Rhino 工作空间中。

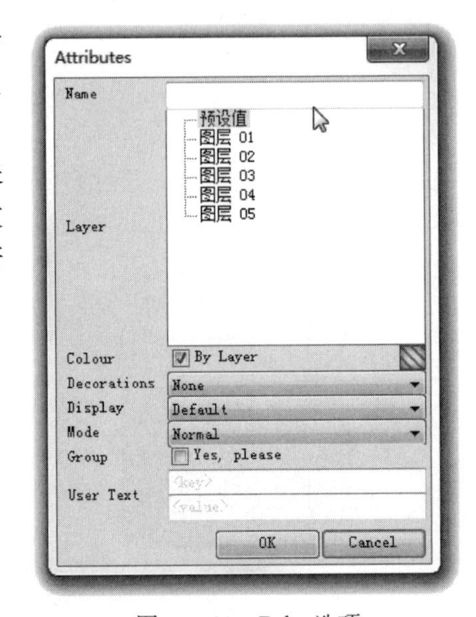

图 2.1-21 Bake 选项

2.1.5.2 控制栏设置

Grasshopper的预览有三种显示模式（和 Rhino 的显示模式相同，如图 2.1-22、图 2.1-23 所示）：

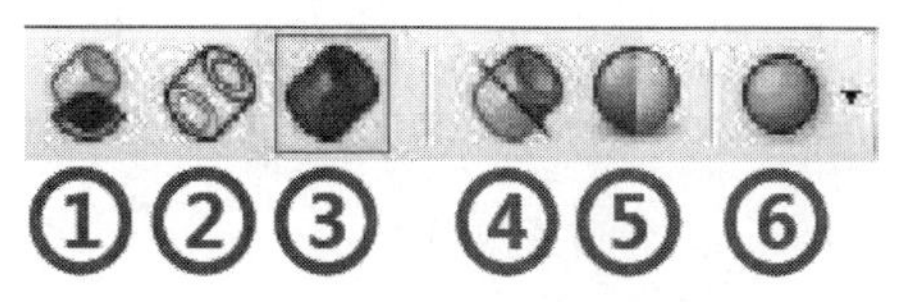

图 2.1-22 显示模式

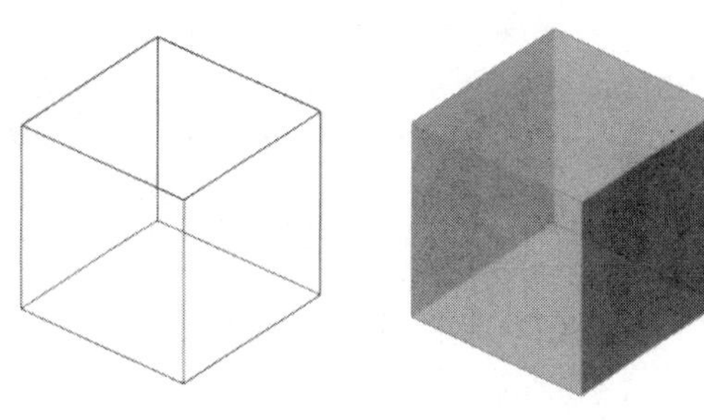

图 2.1-23 网线显示与着色显示

（1）不显示任何预览。

（2）显示网线模型预览（wireframe）。

（3）网格/着色预览（shaded）。

（4）只预览选中的物体。

（5）预览设置（即预览物体的颜色，如图 2.1-24 所示）。

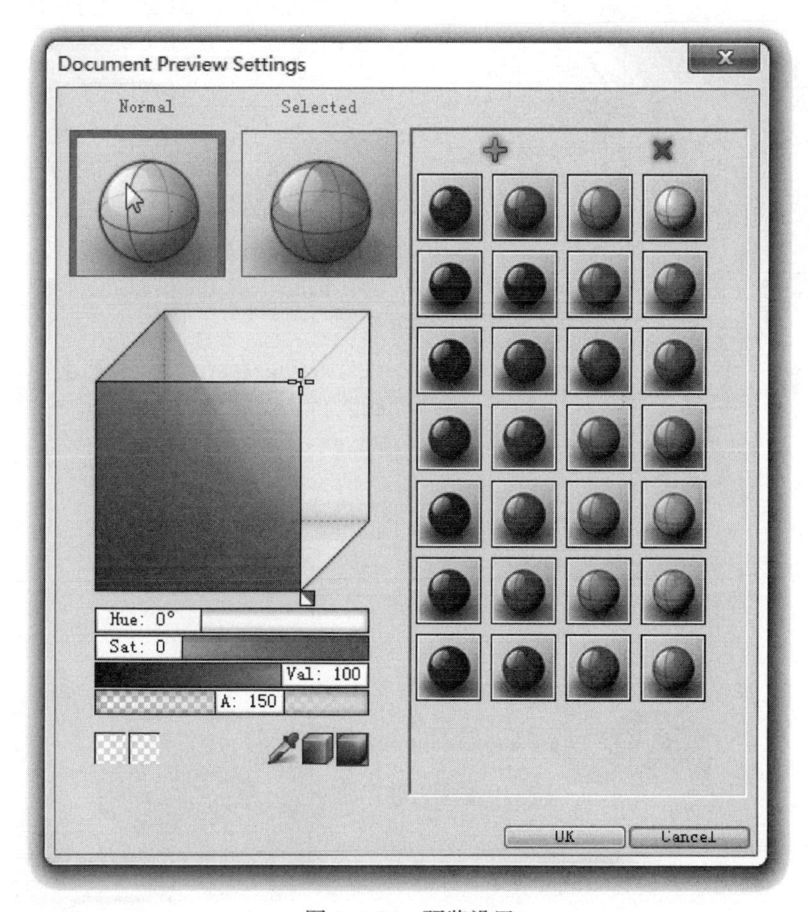

图 2.1-24 预览设置

(6) 预览网格质量设置：影响到预览物体的圆滑程度。

显示为白色的运算器默认为显示预览，而当运算结果逐渐增加后，Rhino 视窗中会出现多个运算器预览的物体，此时可能需要对某些运算器产生的运算结果关闭预览。选中后取消点选 Preview 即可。关闭 Preview 的运算器显示为灰色（如图 2.1-25 所示）。

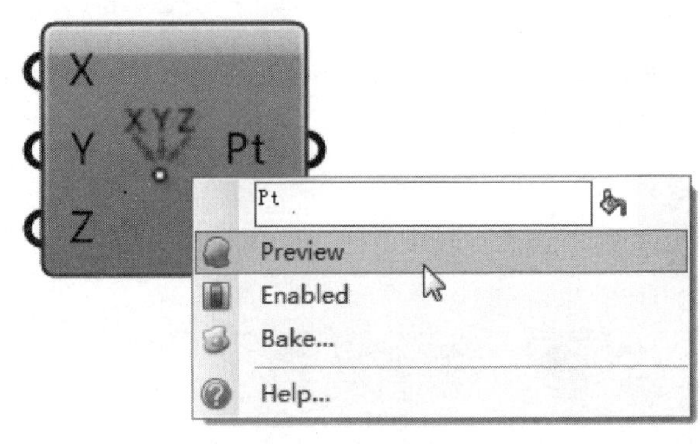

图 2.1-25 运算器预览开关

2.1.5.3 快捷轮盘

上面提到的很多命令都可以通过快捷轮盘快速使用。由鼠标中键调出，包含搜索、锁定、打包等快捷命令（如图 2.1-26 所示）。

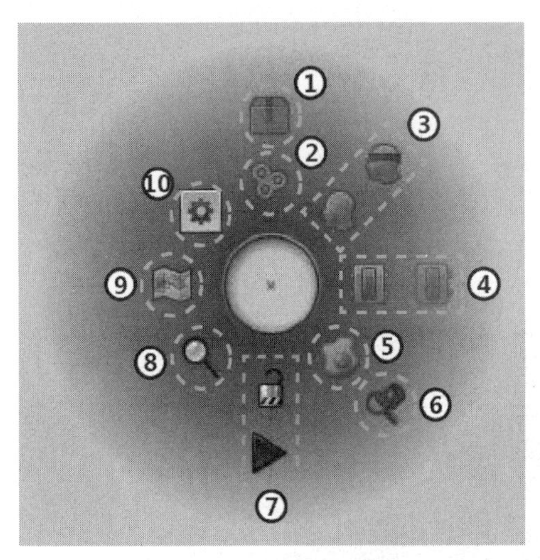

图 2.1-26 快捷轮盘

(1) Cluster：打包。

(2) Group：成组。

(3) Preview：对选中运算器进行预览/隐藏。

(4) Enable&Unable：对选中运算器进行启用/禁用。

(5) Bake：将 Grasshopper 物体烘焙至 Rhino 中。

(6) Zoom：缩放至选中的物件。

(7) Disable&Recompute：对整个画布的脚本进行停用/重新计算。

(8) Find：搜索画布内内容，包括运算器名、数据。

(9) Navigate：通过一个迷你地图快速定位到画布位置。

(10) Preference：打开 Grasshopper 内的设置。

2.1.5.4 线的显示

如果 Draw Fancy Wires 打开（菜单栏中 Display——Draw Fancy Wires），Grasshopper 文档中的节点之间连线的显示会表示不同的数据传输状态：

1. 橙色线

输入端没有数据（如图 2.1-27 所示）。

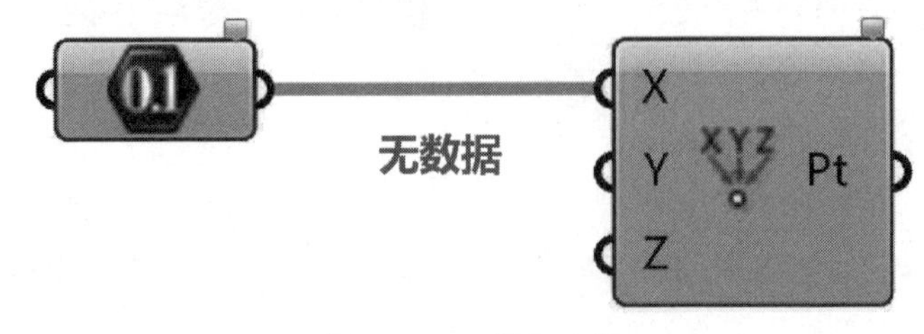

图 2.1-27 橙色连线

2. 灰色实心线

输入端输入单个数据（如图 2.1-28 所示）。

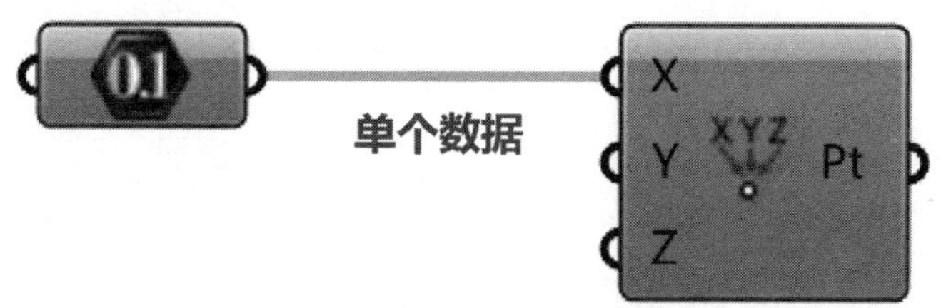

图 2.1-28 灰色实心连线

3. 灰色空心线

输入端输入两个或以上的数据（如图 2.1-29 所示）。

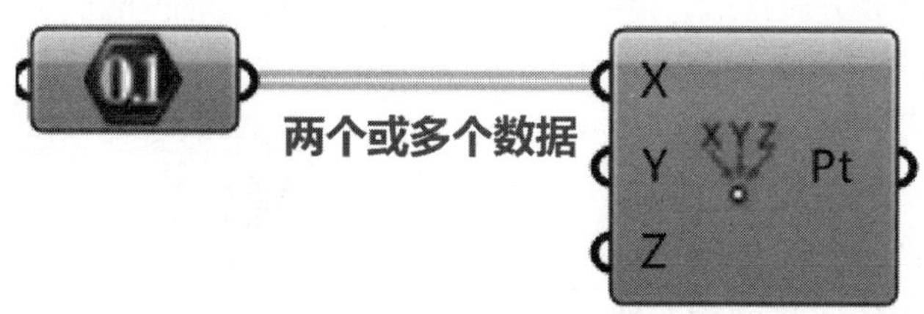

图 2.1-29 灰色空心连线

4. 灰色虚线

输入端输入的是树形数据（如图 2.1-30 所示）。

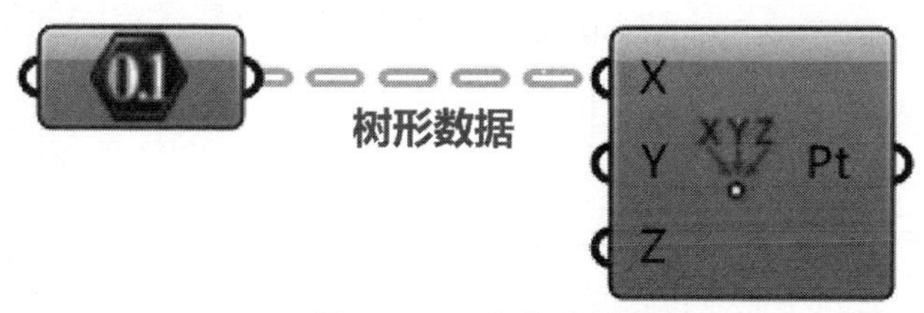

图 2.1-30 灰色虚线

对于输入端的线显示，鼠标右键点击后会有三种模式：默认、淡显和隐藏（如图 2.1-31 所示）。

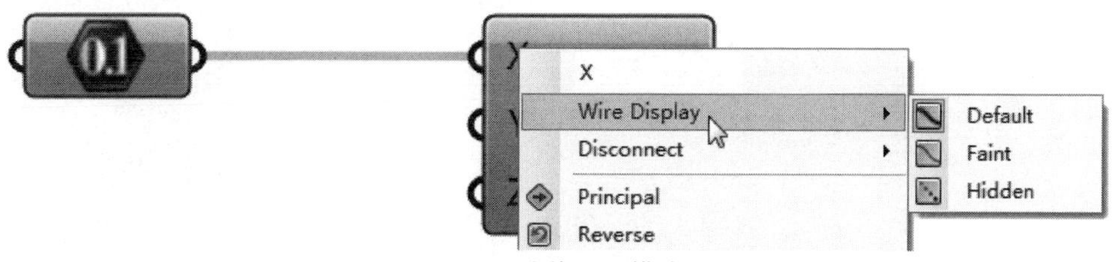

图 2.1-31 连线显示模式设置

2.1.6 Grasshopper 的程序流

在 Grasshopper 文档中，脚本的数据都是从上个运算器的输出端到下个运算器的输出端，即从左到右的线性运行顺序（如图 2.1-32 所示），除非借助插件（如 Hoopsnake、

Anenome）或者通过 Python/C＃脚本编辑器直接编写算法，Grasshopper 是无法创建一个循环的脚本的。

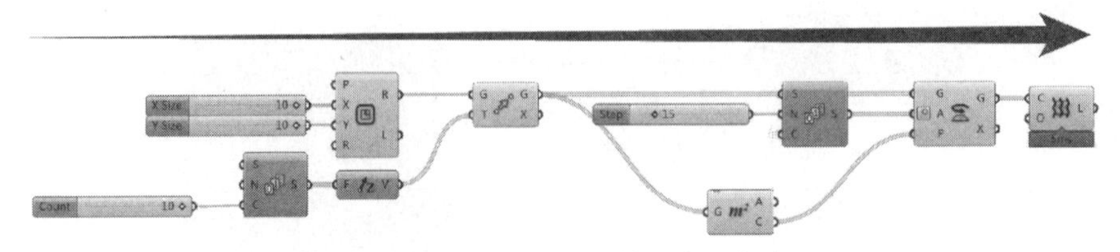

图 2.1-32 Grasshopper 的程序运行流程

从本质来说，Grasshopper 的脚本可以看作是建构历史，每一步产生的运算数据都实时存储在 Grasshopper 文件中。按照默认的预览设置，所有运算器的运算结果都会显示在 Rhino 窗口中，可以清晰地从节点图中看到数据的传递与运算器间的相互关系。

比如图 2.1-33 构建的简单逻辑：

（1） Rectangle 运算器生成 10×10 的矩形；

（2）用 Series 产生一个数列，将上一步生成的矩形按 Z 轴方向依次移动相应的距离；

（3）同样用 Series 产生相同长度的数列作为旋转角度，将上一步生成的十个矩形依次旋转；

（4）将旋转后的矩形进行 Loft 得到最终想要的结果。

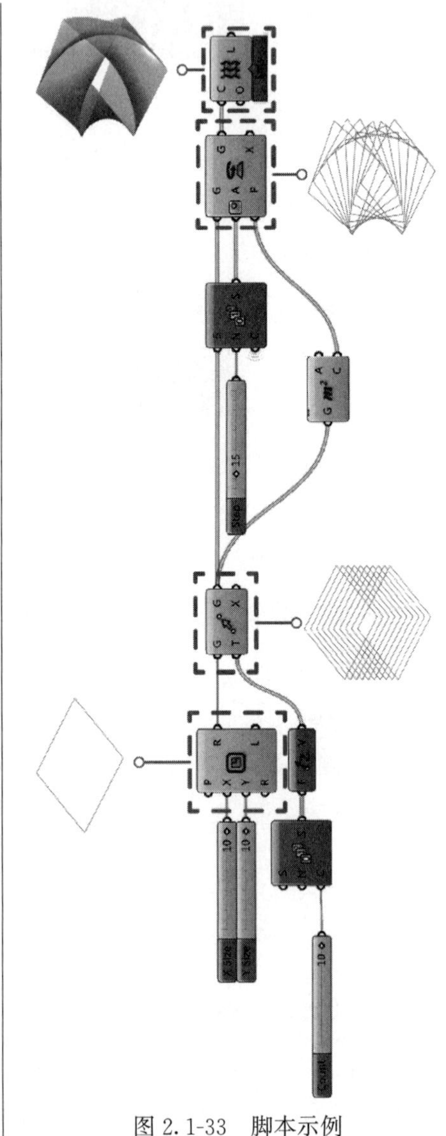

图 2.1-33 脚本示例

2.2　基础几何概念与术语介绍　Basic Geometry

对于建模软件来说，主要有以下两种途径去描述一个形体：

（1）由数学表达式描述的曲线、点和曲面来精确定义。

（2）由多边形网格拟合。

如同我们前面所说的，Nurbs 体系中的曲线、曲面或者自由形体都是由一个数学表达式来定义的，这个表达式中含有阶数、控制点、权重、节点等等的自变量，当其中某一个点的某项值发生变化，引起的是全局的变化，所以 Nurbs 是一个单一的几何物体（如图 2.2-1 所示）。

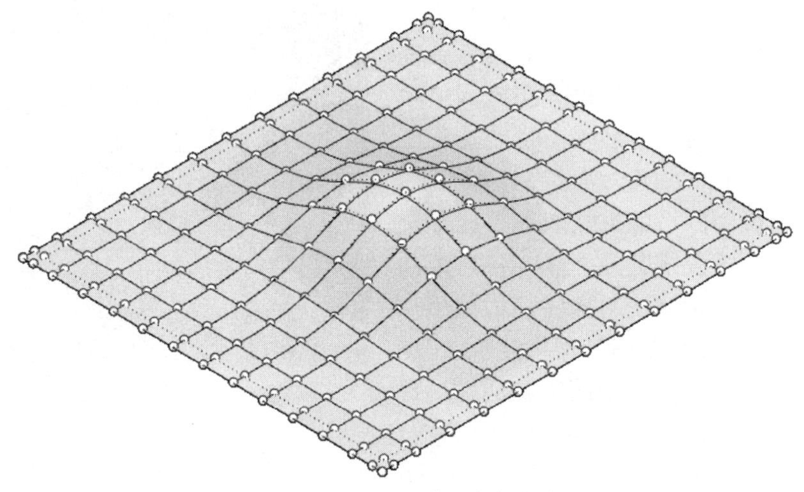

图 2.2-1　Nurbs 曲面与控制点

而多边形网格并不是由严格的数学表达式定义的，多边形网格并不是一个单一几何物体，它是由一组相毗邻的多边形来拟合一个整体的形状，实际意义上，网格并不光滑，只不过多边形越多，网格看起来越光滑而已（如图 2.2-2 所示）。

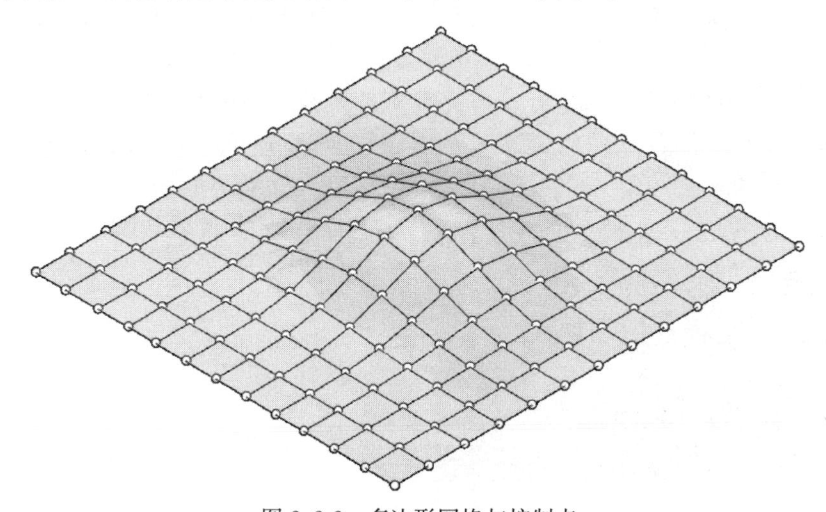

图 2.2-2　多边形网格与控制点

2.2.1 网格 Mesh

第一种模式是使用**网格**（**Mesh**），常见于渲染、动画与概念设计。Mesh 实际上是一系列的顶点组成，围绕这些点通过特定的拓扑关系形成了最基础的元素——边和面。这些面通常是一些**多边形**（**Polygon**），单独的一个 Mesh 内往往以单一的一种多边形为主，比如三角形，矩形，或是六边形（如图 2.2-3 所示）。这些多边形共用一些顶点和边，从整体上大致地去描述一个圆滑的面（不排除一些尖锐边角的形体）。

由于网格是由一些平坦的多边形构成，所以本身的精度很低。即使是顺滑的网格面，其本质依然是由一些平坦的多边形。这对于大部分应用渲染、动画、与游戏产业来说足够了，但并不能满足涉及制造作业的设计需求。尽管有些制造部分流程也会用到网格模型，但是这些网格的密度必须满足制造加工的精度要求。但无论如何，实际在计算机上，精准的模型也会用网格的方式表现，比如椭圆球、立方体、样条线甚至是 Nurbs，因为在计算机后台都会把这些对象转换为网格用于显示。Rhino 并不是专门的网格建模工具，但是 Rhino 拥有基础的网格编辑功能，可以实现一些简单的网格创建与编辑的工作。

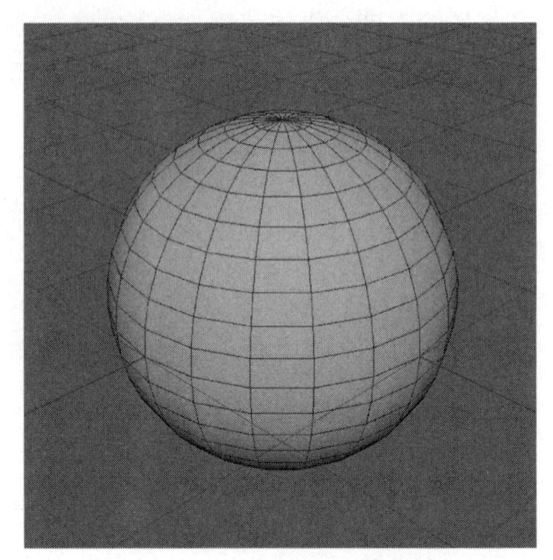

图 2.2-3 Rhinoceros 中的网格

多边形网格的研究是计算机图形和几何建模的一个大的子领域。多边形网格的不同表示用于不同的应用和目标。在网格上执行的各种操作可以包括布尔逻辑，平滑，简化等。由于多边形网格广泛用于计算机图形学，因此也存在用于光线追踪的算法，碰撞检测和多边形网格的刚体动力学。

Mesh 在建筑上的应用

20 世纪早期，对于自由几何形体建筑的实现，玻璃嵌板的制造方法创造了里程碑式的突破。1914 年，德国建筑师布努诺·陶特（Bruno Taut）采用了加强混凝土梁作为结构，Luxfer 玻璃砖作为透光墙体，完成了著名的玻璃馆（Glass Pavillion），如图 2.2-4 所示。

图 2.2-4 玻璃馆

从铸铁到钢铁的进化为预制构件提供了新的可能性，同样也激发了复杂轻型结构很多新颖的装配方法和混合材料。当时的建筑先驱们也为世人带来了很多耳目一新的作品，如巴克敏斯特·富勒的蒙特利尔生物圈（如图 2.2-5 所示），弗雷·奥托的德国馆（如图 2.2-6 所示）。

图 2.2-5 蒙特利尔生物圈

图 2.2-6 德国馆

几何学知识和新的结构计算方法为自由曲面的生产制造打开了新的途径，比如福斯特设计的 Sage Gateshead 音乐中心（如图 2.2-7 所示），整个屋顶从几何上来说就是一个四边形网格（Quadrilateral Mesh）。

图 2.2-7 Sage Gateshead 音乐中心

对于更复杂的自由曲面，为了易于实现和控制造价，常常采用三角形网格的方式将所有的嵌板平板化，这在今天的建筑中已经数见不鲜，比如大英博物馆的穹顶（如图 2.2-8 所示）。

图 2.2-8 大英博物馆穹顶

2.2.2 非均匀有理基准样条 Nurbs

第二种模式就是**Nurbs**。几乎所有的CAD、CAM、CAE与CAID建模工具都是使用的这种模式，包括作为Nurbs自由造型软件的代表Rhino（如图2.2-9所示）。如果熟练使用Nurbs则可以精确地创建高难度的自由形态的产品，而且能够满足制造所需的精度要求。

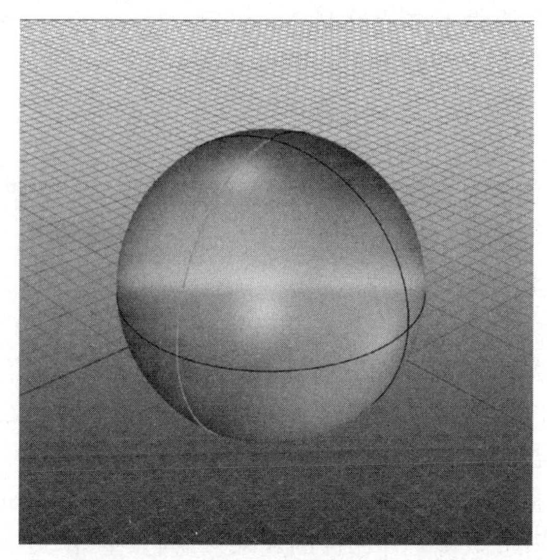

图2.2-9 Rhinoceros中的Nurbs曲面

Nurbs的全称是：**非均匀有理基准样条（Non-uniform rational B-spline）**，由一个数学表达式定义，这个表达式包含了阶数、控制点、权重、节点等参数，得以精准表达任何几何体。除此之外，Nurbs是一种单一的几何实体，顾名思义，Nurbs几何体可以通过控制其控制点来改变形状，当一个控制点的位置、权重产生变化，会对整个Nurbs物体产生全局的影响，所以Nurbs物体从本质上来说就是顺滑的整体。

Nurbs曲面是映射到三维空间中的曲面的两个参数的函数。表面的形状由控制点确定。Nurbs曲面可以以紧凑的形式表示简单的几何形状。Nurbs物体上的点都可以用基于本地坐标系的参数表示，对于Nurbs曲线来说，即是t值，而对于Nurbs曲面来说，则是u、v值。它们可以通过计算机程序有效地处理，并且允许用户直观地交互。

Nurbs几何图形有五个重要的特质，这些特质让它成为电脑辅助建模的理想选择。

（1）目前有许多交换Nurbs几何图形的标准，用户可以在许多建模、渲染、动画、工程分析程序中移动宝贵的模型，而且以Nurbs保存的几何图形在二十年后仍然可以使用。

（2）Nurbs有精确及广为人知的特质，各主要的大学也都有教授Nurbs几何图形数学及电脑科学的课程，这代表专业软件厂商、工程团队、工业设计公司及动画公司可以找到受过Nurbs程序训练的程序设计师。

（3）Nurbs可以精确地呈现标准的几何图形（直线、圆、椭圆、球体、环状体）及自由造型的几何图形例如车身与人体。

（4）以Nurbs呈现的几何图形所需的数据量远比一般的网格形式要少。

（5）Nurbs的计算规则可以有效并精确地在电脑上执行，下面将会继续讨论。

Nurbs 的历史

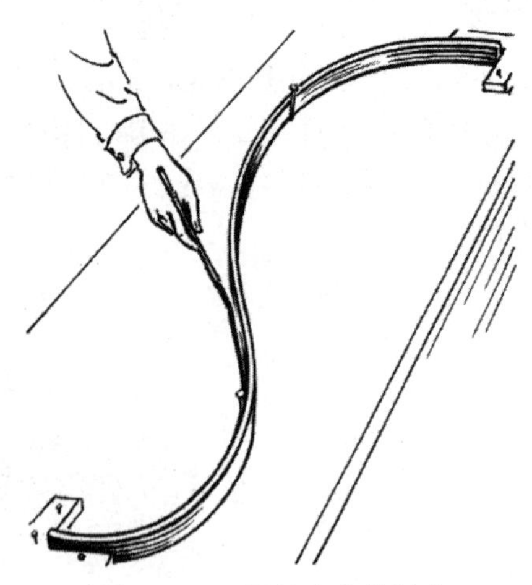

图 2.2-10 柔性木条绘制法

在计算机绘图出现之前，设计图纸都是使用各种绘图工具手工绘制的。标尺被用于直线，圆规用来画圆圈，量角器测量角度。但是，许多形状，例如船身的自由曲线，无法简单地用这些工具绘制。虽然这些曲线可以在起草板上徒手绘制，但造船厂通常需要一个 1∶1 等大的版本才能够制造，这是手工无法完成的。所以这些大型图纸是在柔性木条（称为 spline）的帮助下完成的。Spline 被固定在许多预定的位置，称为“duck”；duck 之间，弹性材料使得木条可以采取弯曲能量最小化的形状，从而产生适合约束的最平滑的形状。这个形状则可以通过移动 duck 来调整（如图 2.2-10 所示）。

1946 年，数学家开始研究样条形状，并推导出称为样条曲线或样条函数的分段多项式公式。由于该函数曲线与绘图员使用的机械工具 spline 相似，IJ Schoenberg 将该函数同样命名为 spline。

随着计算机被引入设计过程，这些样条的物理特性得以被深入研究，以便这些曲线可以用数学精度建模并在需要时再现。法国的雷诺工程师 Pierre Bézier 和雪铁龙的物理学家和数学家 Paul de Casteljau 取得了开创性的成果。他们的工作几乎相互平行，但由于 Pierre Bézier 公布了他的工作成果，Bézier 曲线以他的名字命名，而 de Casteljau 的名字只与相关算法联系在一起。

起初 Nurbs 仅用于汽车公司的专有 CAD 软件包。后来他们成为标准计算机图形包的一部分。

1989 年，在 Silicon Graphics 工作站上，最初的 Nurbs 曲线和曲面的实时交互式渲染得以商业化实现。1993 年，一家与柏林技术大学合作的小型创业公司，CAS Berlin，开发了第一台用于 PC 的交互式 Nurbs 建模器，称为 NÖRBS。时至今日，大多数可用于桌面的专业计算机图形应用程序都提供 Nurbs 技术，这通常是通过集成专业公司的 Nurbs 引擎来实现的。

2.2.3 边界表示法 Brep

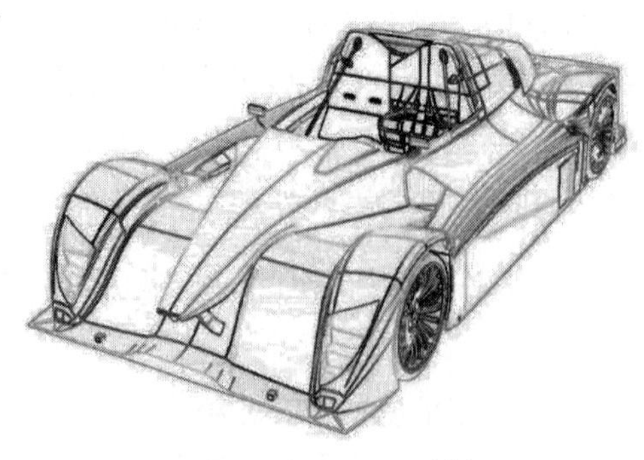

图 2.2-11 Brep 示例

在实体建模和计算机辅助设计中，Boundary-representation——缩写为 B-rep 或 BREP，译作边界表示法，是使用限制来表示形状的方法（如图 2.2-11 所示）。实体表示为一组互相连接的面元素的集合，即实体和非实体之间的边界。

模型的边界表示由两部分组成：拓扑和几何（曲面，曲线和点）。主要拓扑内容是：面，边和顶点。面是曲面的有边界部分；边是曲线的有边界部分，顶点位于某一点。其他元素是壳体（一组相互连接面），环（约束一个面的一圈边缘）和环边连接（也称为翼边连接或半边），边缘就如同一张桌子的边缘，约束了一个面。

与仅使用原始对象和布尔运算来组合它们的构造实体几何（CSG）表示相比，边界表示更灵活并且具有更丰富的操作集。除了布尔运算之外，B-rep 还具有挤出（或扫掠），倒角，混合，绘图，脱壳，调整和其他利用这些命令的操作。

所以在 Rhino 中，所有建立的 Nurbs 曲面或者实体、多重曲面、挤出物体都可以视为 Brep，这将在我们日后的学习工作中经常接触到。

Brep 的历史

Brep 的基础方法是在 20 世纪 70 年代早期，由剑桥大学的 Ian C. Braid（计算机辅助设计）和斯坦福大学的 Bruce G. Baumgart（计算机视觉）独立开发的。Braid 继续他的实体建模器 BUILD 的研究工作，该软件是许多研究和商业实体建模系统的先驱，Braid 曾在 Parasolid 的前身——ROMULUS 商业系统和 ACIS 上工作，而这两款系统是当今许多商业 CAD 软件的基础。

继 Braid 的实体建模研究后，由 Torsten Kjellberg 教授领导的瑞典团队开发了在 20 世纪 80 年代初期使用的混合模型、线框模型、薄板对象和体量模型的理念和方法。在芬兰，MarttiMäntylä 创造了一个称为 GWB 的实体建模系统。在美国，Eastman 和 Weiler 也在研究边界表示法，在日本，木村文彦（Fumihiko Kimura）教授及其东京大学的团队也制作了自己的 B-rep 建模系统。

最初，CSG 被多个商业系统使用，因为它易于执行。上面提到的可靠的商业 B-rep 内核系统（如上文提到的 Parasolid 和 ACIS 以及后来开发的 OpenCASCADE 和 C3D）的出现，使得 B-rep 在 CAD 作业中得到广泛采用。

边界表示本质上是相互连接的面、边和顶点的局部表示。对此的扩展是将形状的子元素分组为称为几何特征（或简称为特征）的逻辑单元。Kyprianou 在剑桥大学也使用 BUILD 系统进行了开拓性工作，Jared 等人继续并将其扩展。特征是许多其他开发的基础，允许对形状进行高级“几何推理”以进行比较，工艺规划，制造等。

边界表示也已扩展为允许使用称为非流形模型的特殊非实体模型类型。如 Braid 所述，自然界中发现的普通固体具有以下特性：在边界上的每个点处，围绕该点的足够小的球体都分为两部分，一个在对象内部，一个在对象外部。非流形模型违反了这一规则。非流形模型的一个重要子类是薄板对象，该对象用于表示薄板对象并将表面建模集成到实体建模环境中。

2.3 深入理解 Nurbs Nurbs in Depth

Rhino 以 Nurbs 呈现曲线及曲面，Nurbs 曲线和曲面有非常类似的特性，并且共用许多专有名词。Rhino 的曲面结构和以下会提到的曲线结构非常类似，因为曲线比较容易描述，我们将会首先详细地解说曲线结构。

2.3.1 Nurbs 曲线

2.3.1.1 定义

一条 Nurbs 曲线是由以下四个名词所定义：**阶数、控制点、节点及估计法则。**

1. 阶数

阶数（Degree）是一个正整数。这个数字通常是 1、2、3 或 5，Rhino 的直线和多重直线的阶数是 1，圆的阶数是 2，大部分自由造型曲线的阶数是 3 或 5。Rhino 允许的最大阶数为 11。有时候，你会看到线性、二次方、三次方或五次方等术语，其实是阶数的数学表达方式，曲线方程式的最高指数即为阶数。如线性表示阶数为 1、二次方表示阶数为 2、三次方表示阶数为 3、五次方表示阶数为 5。比如：

$$f(x)=4x+5x+8x^2+10x^3+12x^4+15x^5$$

这表示一个阶数为 5 的曲线。

某些地方会提及 Nurbs 曲线的次数（Order），一条 Nurbs 曲线的次数等于阶数＋1 的正整数，所以阶数也等于次数（次数为 1）。

大部分情况下，通过重建，提高一个曲线的阶数形状不会发生改变。相反，减少一个曲线的阶数一定会影响其形状（如图 2.3-1 所示）。

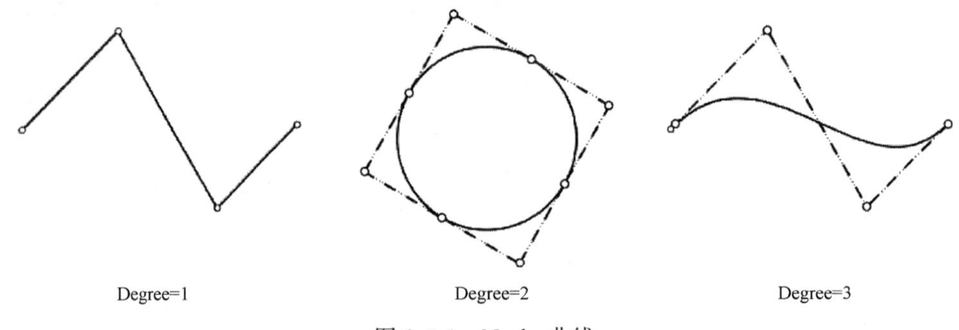

图 2.3-1　Nurbs 曲线

2. 控制点

控制点是影响曲线形状的最直接原因，控制点的最小数目是**阶数＋1**。改变 Nurbs 曲线形状最简单的方法之一是移动控制点（如图 2.3-2 所示）。

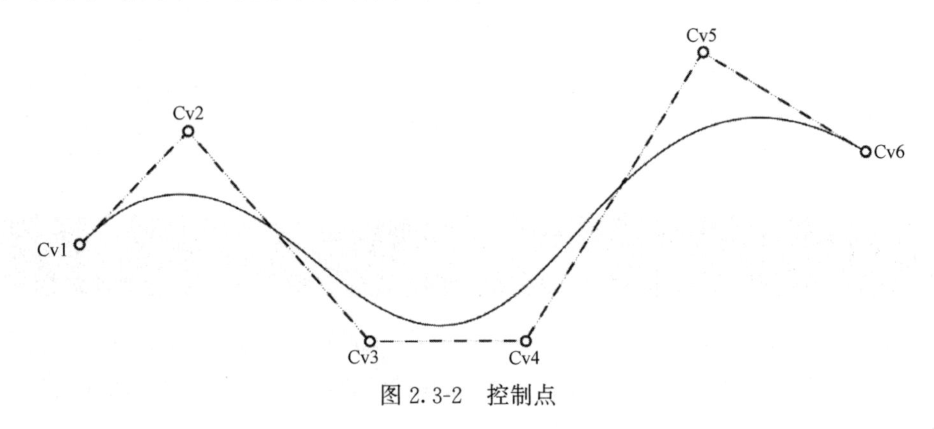

图 2.3-2　控制点

当控制点相同时，阶数越高曲线越平滑（如图 2.3-3 所示）。

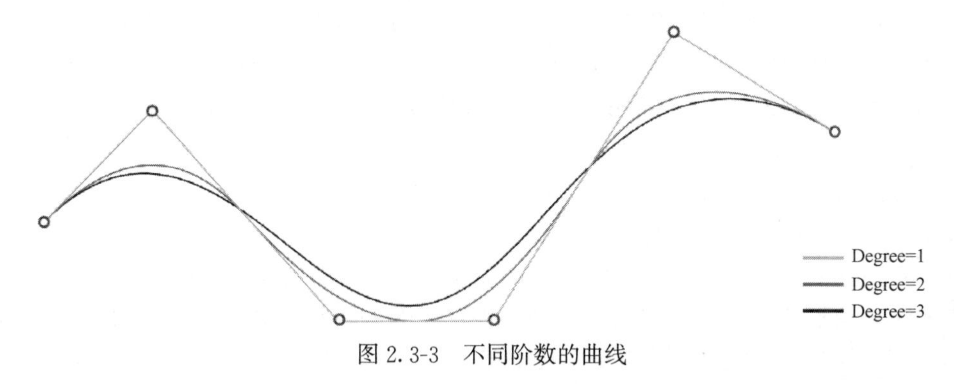

图 2.3-3　不同阶数的曲线

每个控制点都带有一个**权值（weight）**，除了少数的特例以外，权值都是 0～10 之间的正数。一个控制点的权值越大，对曲线的影响（引力）越大，反之，则对曲线的“斥力”越大。当一条曲线所有的控制点有相同的权值时（通常是 1），称为“非有理”（Non-Rational）曲线，否则称为“有理”（Rational）曲线（如图 2.3-4 所示）。Nurbs 的 R 代表有理，意味着一条 Nurbs 曲线有可能是有理的。在实际情况中，大部分的 Nurbs 曲线是非有理的，但有些 Nurbs 曲线永远是有理的，圆和椭圆是最明显的例子。Rhino 也有检查和改变控制点权值的工具。

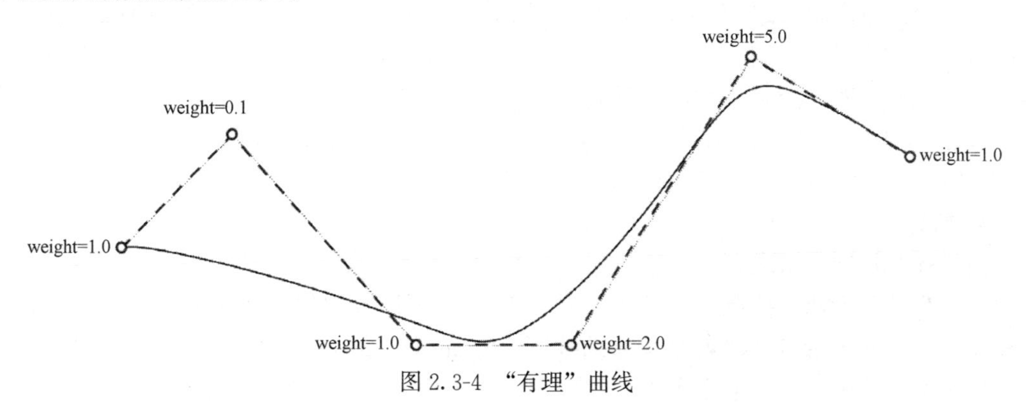

图 2.3-4　“有理”曲线

3. 节点

节点（Knot）＝阶数＋N－1，N 代表控制点数目。节点控制着曲线的圆滑度。有时候这个列表上的数字也称为节点矢量（Knot Vector），但这里的矢量并不是指 3D 方向。

想象拿着一条绳子的两端，绳子会因为自然定律而下垂，这条绳子的形状是由单一多项式定义，若绳子上打了几个结，那么每两个结之间的区段的多项式定义各不相同。

节点向量清单中的数字必定是持续变大，但数字可以重复。而且数字重复的次数不可以比阶数大。例如，阶数 3 有 15 个控制点的 Nurbs 曲线，列表数字为 0，0，0，1，2，2，2，3，7，7，9，9，9 是一个符合条件的节点列表。列表数字为 0，0，0，1，2，2，2，2，7，7，9，9，9 则不符合，因为此列表中有四个 2，而四比阶数大（阶数为 3）。

节点值重复的次数称为节点的**重数（Multiplicity）**，在上面例子中符合条件的节点列表中，节点值 0 的重数值为三；节点值 1 的重数值为一；节点值 2 的重数为三；节点值 7 的重数值为二；节点值 9 的重数值为三。如果节点值重复的次数和阶数一样，该节点值称为**全复节点（Full-Multiplicity Knot）**。在上面的例子中，节点值 0、2、9 有完整的重数，只出现一次的节点值称为**单纯节点（Simple Knot）**，节点值 1 和 3 为单纯节点。

如果在节点列表中是以全复节点开始，接下来是单纯节点，再以全复节点结束，而且节点值为等差，称为**均匀（Uniform）**。例如，如果阶数为 3 有 7 个控制点的 Nurbs 曲线，其节点值为 0，0，0，1，2，3，4，4，4，那么该曲线有均匀的节点。如果节点值是 0，0，0，1，2，5，6，6，6 不是均匀的，称为**非均匀（Non-Uniform）**。在 Nurbs 的 NU 代表“非均匀”，意味着在一条 Nurbs 曲线中节点可以是非均匀的。

在节点值列表中段有重复节点值的 Nurbs 曲线比较不平滑，最不平滑的情形是节点列表中段出现全复节点，代表曲线有锐角。因此，有些设计师喜欢在曲线插入或移除节点，然后调整控制点，使曲线的造型变得平滑或尖锐，节点在 Rhino 空间无法直接看到，但可以捕捉到。可以通过 **InsertKnot** 和 **Remove-Knot** 进行编辑。因为节点数等于（N＋阶数－1），N 代表控制点的数量，所以插入一个节点会增加一个控制点，移除一个节点也会减少一个控制点。插入节点时可以不改变 Nurbs 曲线的形状，但通常移除节点必定会改变 Nurbs 曲线的形状。Rhino 也允许您直接删除控制点，删除控制点时也会删除一个节点。

节点与控制点的关系：

控制点和节点是一对一成对的是常见的错误概念，这种情形只发生在 1 阶的 Nurbs（多重直线）。较高阶数的 Nurbs 的每（2×阶数）个节点是一个群组，每（阶数＋1）个控制点是一个群组。例如，一条 3 阶 7 个控制点的 Nurbs 曲线，节点是 0，0，0，1，2，5，8，8，8，前四个控制点是对应至前六个节点；第二至第五个控制点是对应至第二至第七个节点 0，0，1，2，5，8；第三至第六个控制点是对应至第三至第八个节点 0，1，2，5，8，8；最后四个控制点是对应至最后六个节点。

4. 估计法则

曲线评估规则是采取数字并且分配一个点的一个数学公式。

该方程涉及阶数、控制点、节点，并含有某些 B-样条曲线基础函数（B-spline basis functions）。Nurbs 的 BS 代表 B-样条曲线（B-Spline）。Nurbs 的估计法则是由参数开始，您可以将估计法则视为一个黑盒子，每当这个黑盒子吃进一个参数就会产生一个点，而黑盒子如何运作是阶数、节点、控制点所控制。

2.3.1.2 曲线的参数化

前面提到，Nurbs 曲面是映射到三维空间中的曲面的两个参数的函数，所以 Nurbs 物体上的点都可以用基于本地坐标系的参数表示，对于 Nurbs 曲线来说，即是 t 值，而对于 Nurbs 曲面来说，则是 u、v 值。而这些点同时存在于整个三维空间中，所以这里引入了 **WCS（World-Coordinate-System）**和 **LCS（Local-Coordinate-System）**的概念，即世界坐标系和本地（局部）坐标系。可以方便的将物体在三维空间与 Nurbs 物体上的二维空间（对于曲线来说是一维空间）进行相互转化。

世界坐标系与本地坐标系：

所有的 3D 建模软件都会基于一个**世界坐标系（WCS）**，通过这个系统来确定点或者其他几何元素的空间位置。坐标系统有很多种，如笛卡儿坐标系、极坐标系、圆柱和球面坐标系等。在三维建模软件中多用的是笛卡儿坐标系（如图 2.3-5 所示），在三维中，选择三个相互正交的平面，点的三个坐标值即到每个平面的有符号距离。对于其中的点都会用（x，y，z）坐标表示。

在 Rhino 中的世界坐标系遵循右手坐标系原则，可以很方便判断坐标轴的方向（如图 2.3-6 所示）。

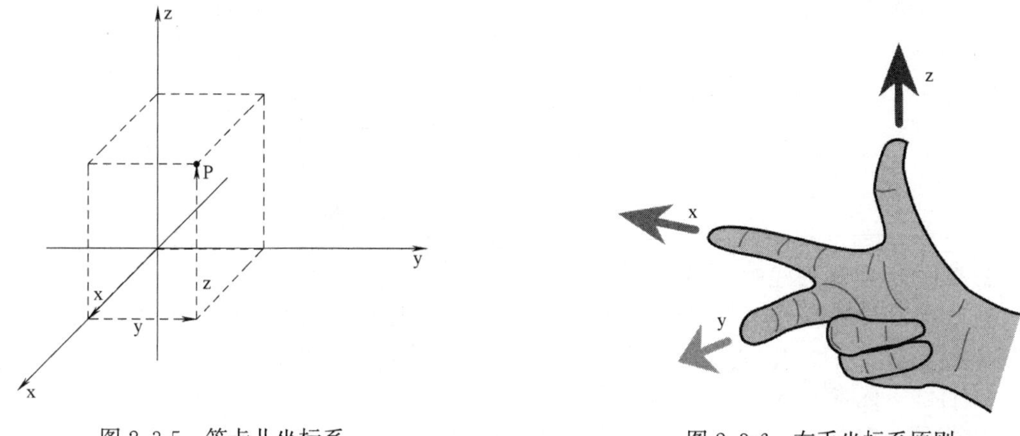

图 2.3-5 笛卡儿坐标系　　　　图 2.3-6 右手坐标系原则

对于一个曲线上点，除了通过三维坐标定义位置，还可以通过曲线的**本地坐标系（LCS）**来定义。而这种定义则加强了点与曲线之间的参数化联系。

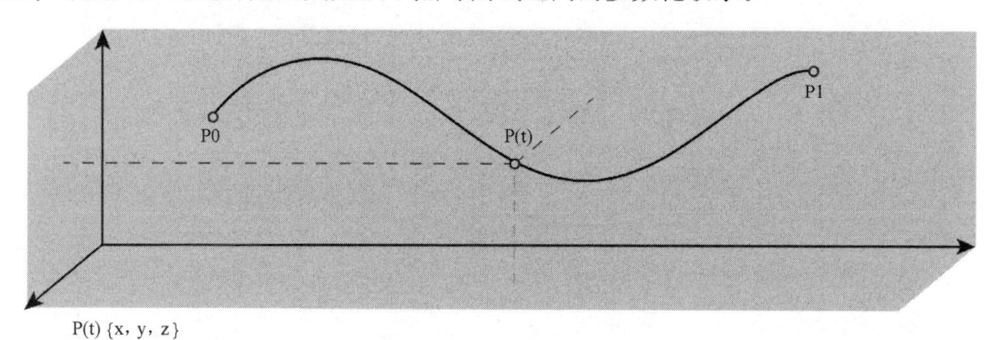

图 2.3-7 点的三维坐标

对于一个曲线上的点来说，可以通过一个范围在 0 到 1 之间的 t 值来表达其在曲线上的位置。比如 t=0 和 t=1 表示曲线的起点和终点。我们可以说曲线的参数化表达是一个 0 到 1 的域。这种表达方式即称为本地坐标系（LCS）。对于曲线定义的二维空间来说，只用 t 值表达点的位置是很方便的（如图 2.3-7 及图 2.3-8 所示）。

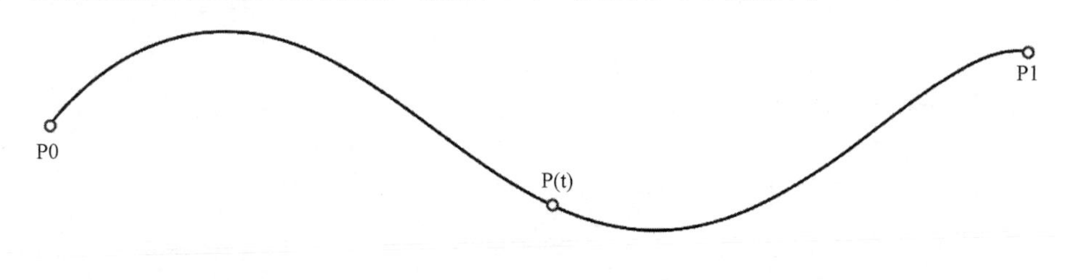

图 2.3-8 曲线的本地坐标系（LCS）

但要明确，t 值并不与长度等价。我们可以想象成一个点从曲线起点到终点滚动，对于控制点较密集、曲率较大的地方来说，点运动地慢，所以，t=0.5 处的点并不一定是曲线的中点（如图 2.3-9 所示）。

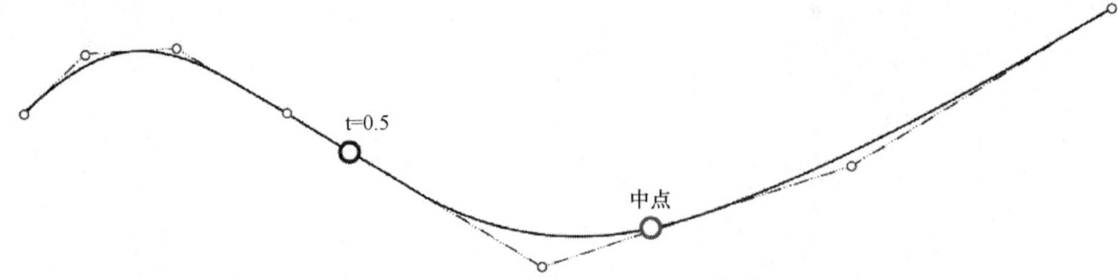

图 2.3-9　曲线中点与 t=0.5 时的位置

2.3.1.3　平面曲线的曲率

对于一条平面曲线来说，其上的任意点 P 的曲率都是不同的，而其上任意点与曲线相切的圆半径也就不同。对于数学定义上曲率，必须有两个前提：

1. 直线上任意一点曲率都为 0；

2. 圆的曲率是个定值。即，圆上任意点的曲率都相等。

所以，曲率（k）可以被定义为该点在曲线上相切圆的半径（r）的倒数（如图 2.3-10 所示）：

$$k=1/r$$

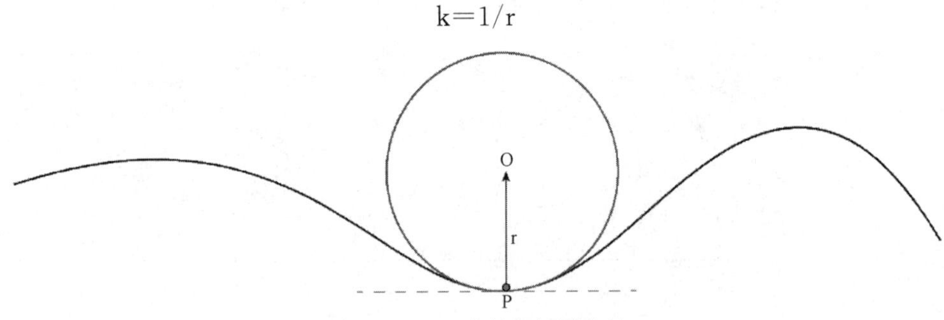

图 2.3-10　P 点的相切圆半径

曲率也可定义为从 P 点到相切圆的圆心 O 的向量 $\vec{k}$。

从计算式来看，由于相切圆的半径是正数，所以曲率总是一个正数。但为了表示区别，当相切圆在曲线方向的左侧时，曲率标记为正数，反之在右侧时，曲率标记为负数（如图 2.3-11 所示）。

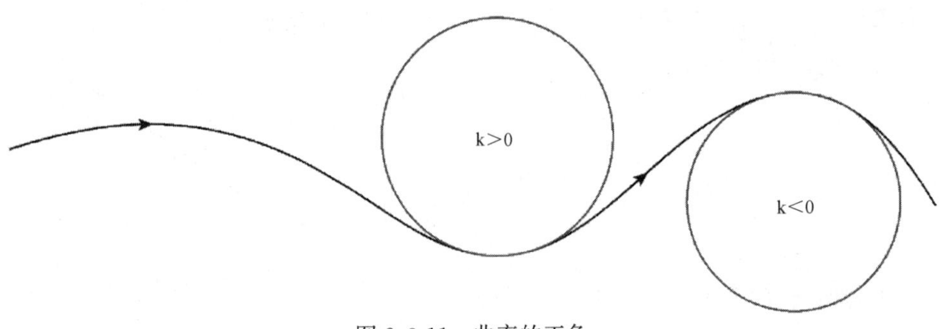

图 2.3-11　曲率的正负

Curvature（Curve-Analysis）会显示特定点的向量 $\vec{k}$ 与曲率值和相切圆。

Curvature Graph（Curve-Analysis）会显示曲线曲率图。

2.3.1.4 创建曲线

Grasshopper 中建立曲线的工具与 Rhino 中的基本大同小异。在这里我们只介绍 Interpolate 和 Nurbs Curve 运算器。其余读者可以自行尝试。

控制点曲线 Interpolate

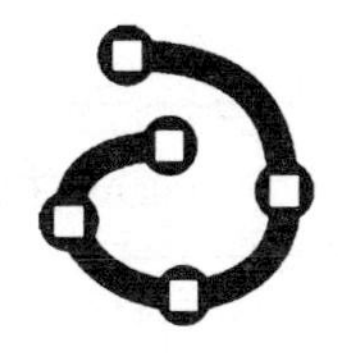

INTERPOLATE 输入端 表 2.3-1

名 称	数据类型	说 明
Vertices(V)	Point	输入点
Degree(D)	Integer	曲线阶数
Periodic(P)	Boolean	是否周期化曲线
KnotStyle(K)	Integer	节点样式

INTERPOLATE 输出端 表 2.3-2

名 称	数据类型	说 明
Curve(C)	Curve	生成的曲线
Length(L)	Number	曲线长度
Domain(D)	Domain	曲线的区间

对应的是 Rhino 中的内插点曲线工具。这样建立的曲线必定经过输入端提供的所有点（注意点的顺序），但控制点也必然会多于输入的点个数。

如图 2.3-12 所示，输入端 Vertices 接受了 5 个输入点 A，Degree（D）决定生成曲线的阶数，默认为 3，Periodic（P）要求一个布尔值，默认为 False，KnotStyle（K）端输入 0/1/2 中的一个值，决定了节点的样式，默认为 1。生成的曲线 B，输出端有三个计算结果，Curve（C）为生成的曲线，Length（L）为曲线长度，Domain（D）为曲线的区间。我们将 C 端连入运算器 Control Points 的 Curve（C）端即可看到曲线的控制点 C，要注意其中两个控制点与曲线起点和终点重合，所以控制点实际为 7 个（如图 2.3-12 所示）。

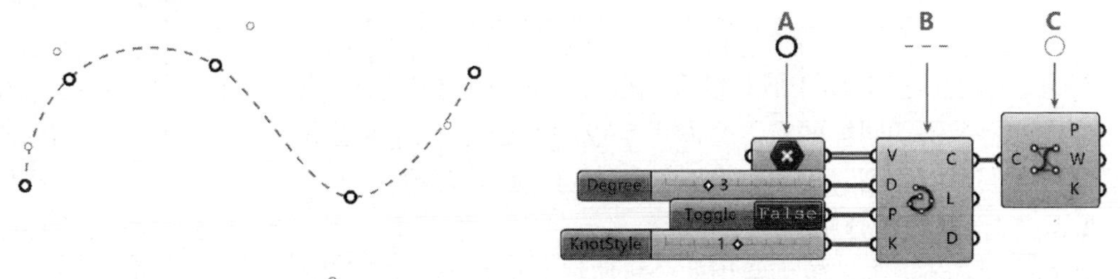

图 2.3-12 控制点曲线示例图

当我们将 P 端输入值改为 True 时，曲线即会首尾相连成为一条闭合曲线（如图 2.3-13 所示）。

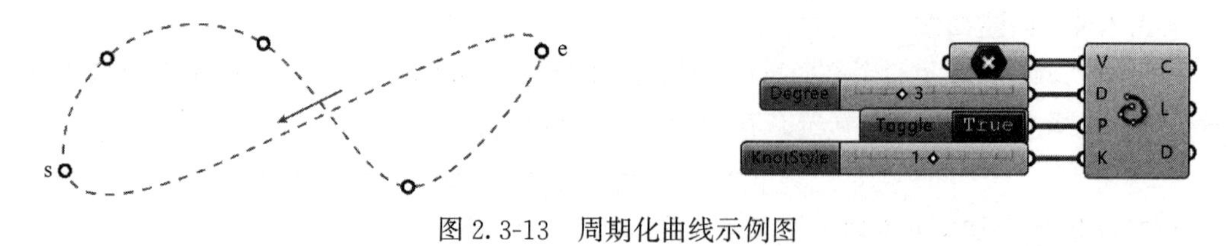

图 2.3-13 周期化曲线示例图

Nurbs 曲线 Nurbs Curve

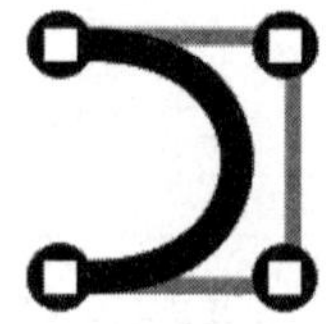

Nurbs Curve 输入端 表 2.3-3

名 称	数据类型	说 明
Vertices(V)	Point	输入点
Degree(D)	Integer	曲线阶数
Periodic(P)	Boolean	是否周期化曲线

Nurbs Curve 输出端 表 2.3-4

名 称	数据类型	说 明
Curve(C)	Curve	输出曲线
Length(L)	Number	曲线的长度
Domain(D)	Domain	曲线的区间

对应的是 Rhino 中的控制点曲线，这样生成的曲线除了起点和终点外并不一定经过输入的点，但曲线控制点是这些输入点（如图 2.3-14 所示）。

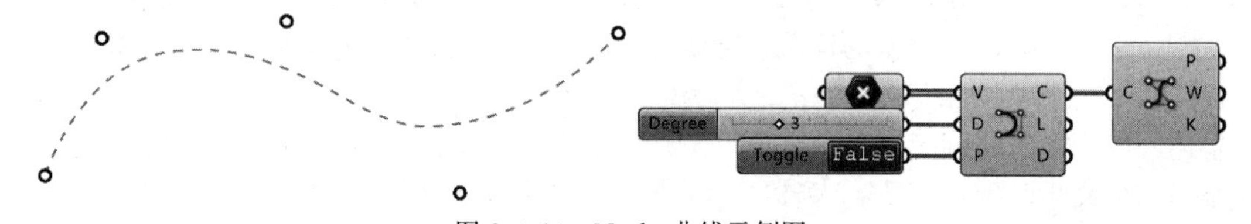

图 2.3-14 Nurbs 曲线示例图

与 Interpolate 运算器相似，输入端也有 Vertices（V）、Degrees（D）、Periodic（P），我们输入和上个例子同样的点，会发现生成的曲线比上例要圆滑。而连入 Control Points 运算器后我们可以看到，控制点和我们输入的点是重合的。

2.3.1.5 曲线的分析

在 Grasshopper 中，较为常用的分析曲线的运算器有以下几个：

计算曲线上的点 Evaluate Curve

Evaluate Curve 输入端 表 2.3-5

名　称	数据类型	说　明
Curve(C)	Curve	目标曲线
Parameter(t)	Number	曲线参数

Evaluate Curve 输出端 表 2.3-6

名　称	数据类型	说　明
Point(P)	Point	曲线上的点
Tangent(T)	Vector	点在曲线上的切向向量
Angle(A)	Number	点上入射曲线与出射曲线的夹角

如图 2.3-15 所示，Evaluate Curve 输入端为 Curve（C）和 Parameter（t），由于每个 Curve 的实际区间是不同的，我们输入 Curve 后在输入端右键选择 Reparameterize，即可将输入曲线的区间映射到 0 到 1，这样就便于我们控制了。在 t 端输入一个 0 到 1 之间的数即可定位到曲线上该 t 值的点。输出端 Point（P）即为该点，Tangent（T）即为该点在曲线上的切线向量，我们可以将 P、T 端分别连入 Vector Display Ex 运算器的 P、V 端查看切线向量（如图 2.3-15 所示）。

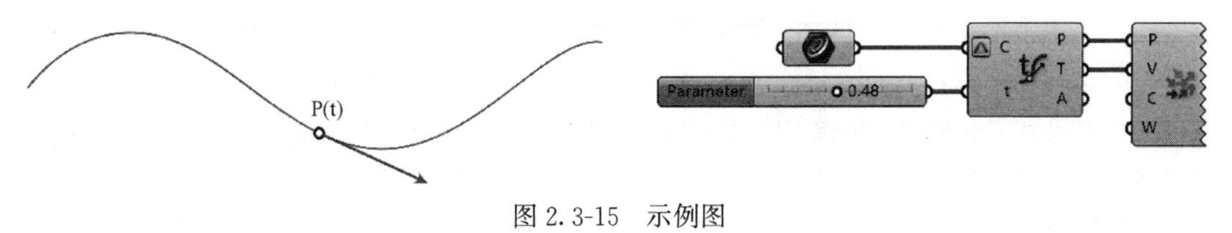

图 2.3-15 示例图

从世界坐标系到本地坐标系的转换 Curve Closest Point

Curve Closest Point 输入端 表 2.3-7

名　称	数据类型	说　明
Point(P)	Point	指定点
Curve(C)	Curve	指定曲线

Curve Closest Point 输出端　表 2.3-8

名　称	数据类型	说　明
Point(P)	Point	寻找到的点
Parameter(t)	Number	点在曲线上的 t 值
Distance(D)	Number	两点之间的距离

通常来说，在 Grasshopper 内生成的点，或者在 Rhino 空间内绘制的点，即使位于曲线上，这个点和曲线也是毫无关联的，为了建立位于曲线上的点与曲线的联系，或者换个角度讲，将一个世界坐标系内的三维空间点坐标转换为曲线上二维空间内的曲线 t 值，我们会用到 Curve Closest Point 运算器（如图 2.3-16 所示）。

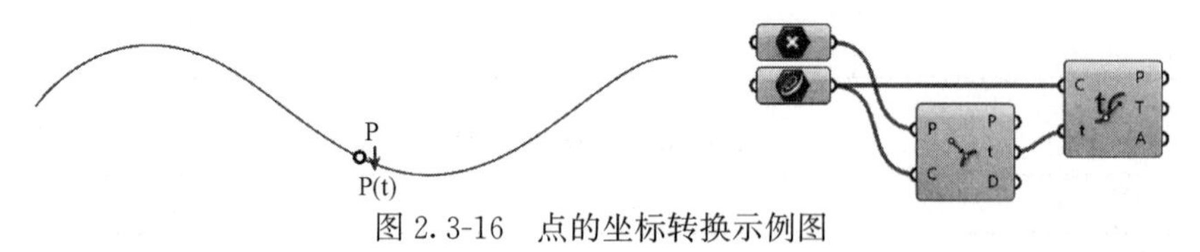

图 2.3-16　点的坐标转换示例图

Curve Closest Point 运算器输入端为 Point（P）和 Curve（C），对应要转化的点和曲线，输出端 Point（P）为转换后的点，Parameter（t）端为该点在曲线上的 t 值，Distance（D）为输入点与输出点的距离。我们可以将输入曲线和计算得到的 t 值重新输入 Evaluate Curve 运算器的 C 和 t 端，重新得到该点（如图 2.3-17 所示）。

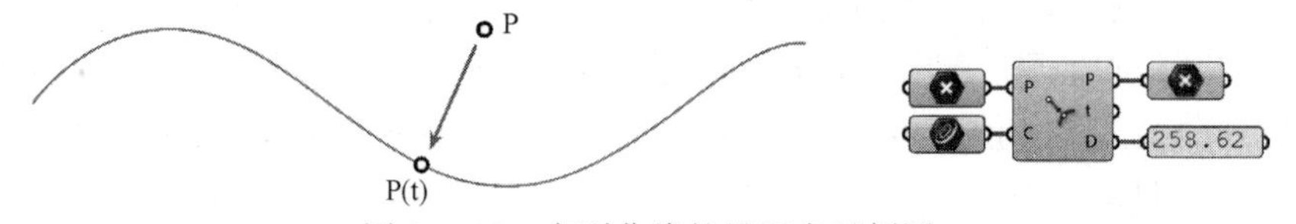

图 2.3-17　点到曲线的最近点示例图

还有一个常用的用法，即如其运算器名称所示，寻找一个点到曲线的最近点，实际为该点到曲线的法向投影，如上图所示，点 P 经过计算得到其在曲线上最近的点 P（t），输出端 t 即为最近点在曲线上的 t 值，D 即为点 P 到 P（t）的距离。

曲线的起止点　Curve Ends

Curve Ends 输入端　表 2.3-9

名　称	数据类型	说　明
Curve(C)	Curve	指定曲线

Curve Ends 输出端　表 2.3-10

名　称	数据类型	说　明
Start(S)	Point	曲线起点
End(E)	Point	曲线终点

Curve Ends 运算器即寻找曲线的起点和终点（如图 2.3-18 所示）。

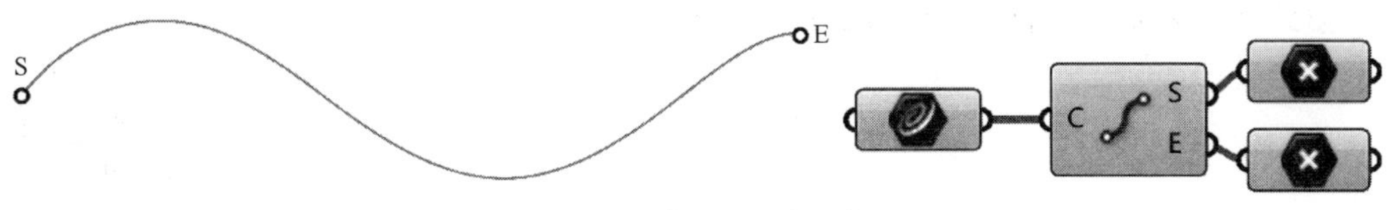

图 2.3-18　曲线起止点示例图

曲线上的点　Point on Curve

Point on Curve 输入端　　**表 2.3-11**

名　称	数据类型	说　明
/	Curve	指定曲线

Point on Curve 输出端　　**表 2.3-12**

名　称	数据类型	说　明
/	Point	输出点

Point on Curve 运算器可以快速地让我们定位到曲线上的特定点。这里滑杆控制的是 t 值，并且输入的曲线区间会自动映射到 0～1 区间。比如 0.5 并不代表长度上曲线的中点（如图 2.3-19 所示）。

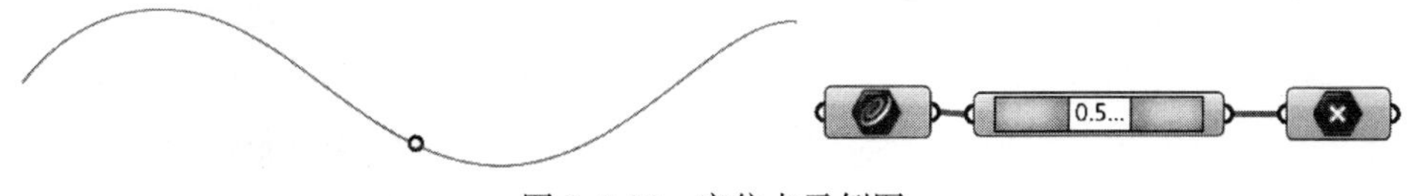

图 2.3-19　定位点示例图

鼠标右键点击该运算器，可以看到 Grasshopper 预先设置好了一些特定值供我们定位到曲线上的点（如图 2.3-20 所示）。

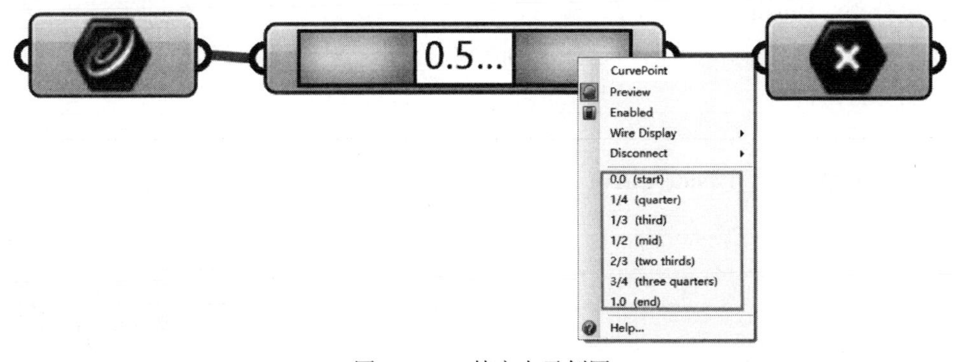

图 2.3-20　特定点示例图

以距离计算曲线上的点 Evaluate Length

Evaluate Length 输入端 表 2.3-13

名 称	数据类型	说 明
Curve(C)	Curve	指定曲线
Length(L)	Number	指定长度
Normalized(N)	Boolean	是否将长度单位化(0～1)

Evaluate Length 输出端 表 2.3-14

名 称	数据类型	说 明
Point(P)	Point	输出点
Tangent(T)	Vector	点在曲线上的切向向量
Parameter(t)	Number	点在曲线上的 t 值

Evaluate Length 运算器会以指定的距离在曲线上取点。这个距离可以是真实的模型单位长度，也可以是曲线的 t 值。当 Normalized（N）端输入为 False 时 Length（L）端输入真实模型单位长度，为 True 时 L 端为曲线 t 值（此时 L 端只能输入 0 到 1 之间的小数）。输出端依然是点、切线向量和 t 值（如图 2.3-21 所示）。

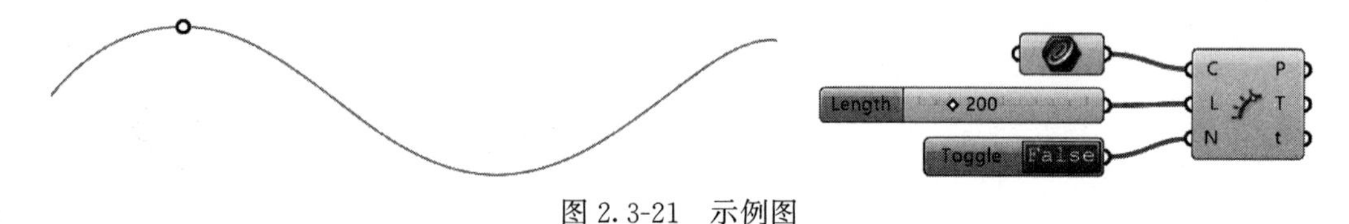

图 2.3-21 示例图

2.3.1.6 曲线分割

在 Curve——Division 分类中包含了我们常用的关于分割曲线的运算器。

曲线分割 Divide

我们将 Grasshopper 中的三个运算器都归在 Divide 这个大类中讲，因为他们目的相同但实现的方式不同：

以段数分割曲线 Divide Curve

Divide Curve 输入端　　表 2.3-15

名　称	数据类型	说　明
Curve(C)	Curve	输入曲线
Count(N)	Integer	分割段数
Kinks(K)	Boolean	是否在 Kink 点分割曲线

Divide Curve 输出端　　表 2.3-16

名　称	数据类型	说　明
Point(P)	Point	分段点
Tangent(T)	Vector	分段点在曲线的切向向量
Parameter(t)	Number	分段点在曲线的 t 值

Divide Curve 运算器是将曲线分割为等长的线段。

如图 2.3-22 所示，输入端 Count（N）决定输入的曲线分为几段，这里我们输入 5，但要记住实际上分割的点有 6 个。分割后每段曲线的长度相等，都为 L。输入端 Point（P）为分割点，Tangent（T）为这些点在曲线上的切线向量，Parameter（t）为这些点在曲线上的 t 值。

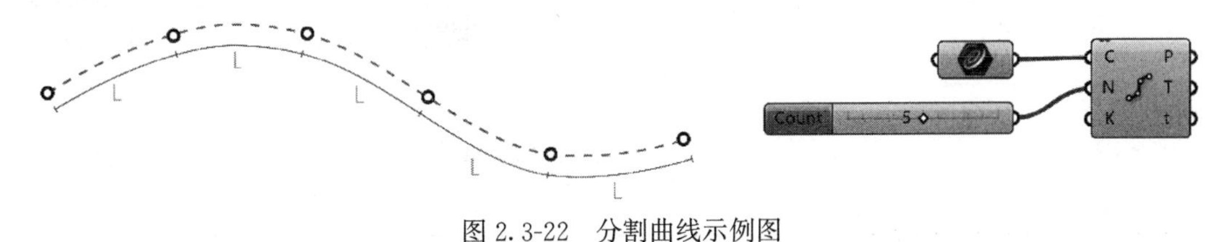

图 2.3-22　分割曲线示例图

如图 2.3-23 所示，第三个输入端 Kinks 默认为 False，当我们的输入曲线是一个包含 Kink 点的曲线时，当我们将 K 端输入改为 True，则曲线会在 Kink 点处也分割，即输出的分割点会加上点 k 成为 7 个点。

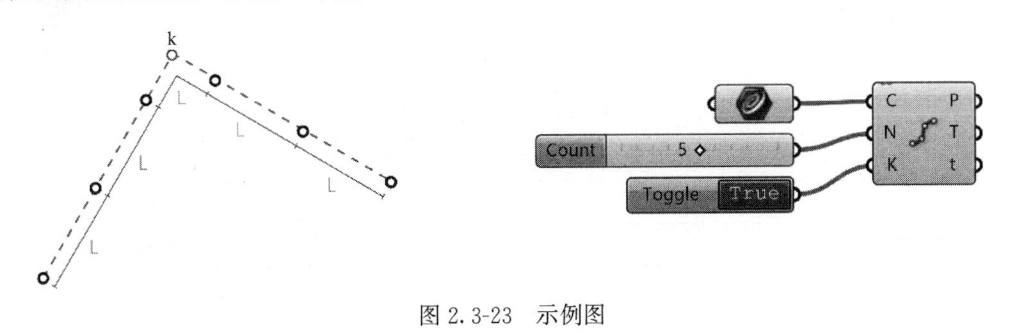

图 2.3-23　示例图

以固定长度分割曲线　Divide Length

Divide Length 输入端 表 2.3-17

名　称	数据类型	说　明
Curve(C)	Curve	输入曲线
Length(L)	Number	分段长度

Divide Length 输出端 表 2.3-18

名　称	数据类型	说　明
Point(P)	Point	分段点
Tangent(T)	Vector	分段点在曲线上的切向向量
Parameter(t)	Number	分段点在曲线上的 t 值

DivideLength 运算器是通过指定长度划分曲线，不够整除的部分则自动省略。

如图 2.3-24 所示，我们将输入的曲线以 200 为长度划分，这里的 200 是指分段曲线的长度。输出端与 Divide Curve 运算器相同。

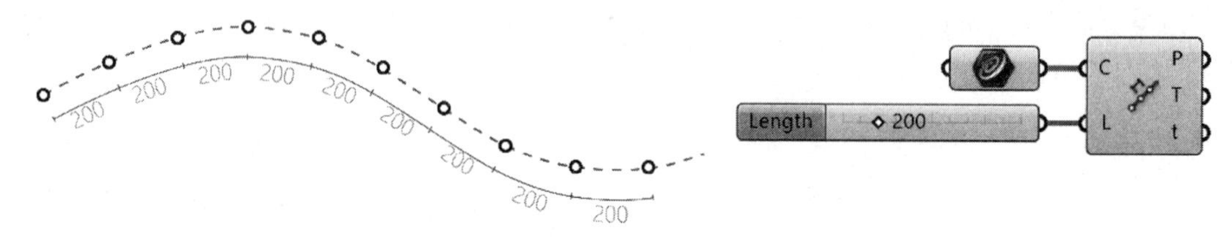

图 2.3-24 分割曲线示例图

以固定距离分割曲线 Divide Distance

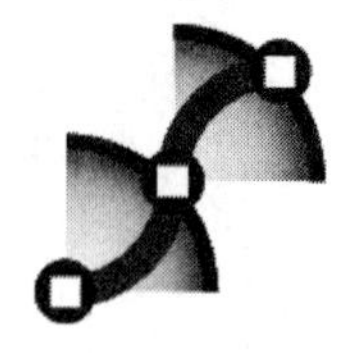

Divide Distance 输入端 表 2.3-19

名　称	数据类型	说　明
Curve(C)	Curve	输入曲线
Distance(D)	Number	分段点间的直线距离

Divide Distance 输出端 表 2.3-20

名　称	数据类型	说　明
Point(P)	Point	分段点
Tangent(T)	Vector	分段点在曲线上的切向向量
Parameter(t)	Number	分段点在曲线上的 t 值

Divide Distance 是通过指定点与点之间的直线距离划分曲线。

如图 2.3-25 所示，我们将同样的输入端（曲线与距离）分别输入 Divide Length 和

Divide Distance 运算器，灰色点是前者的运算结果，黑色点是后者的运算结果。对于曲率变化剧烈的曲线，可以看到两者还是有明显的不同的。

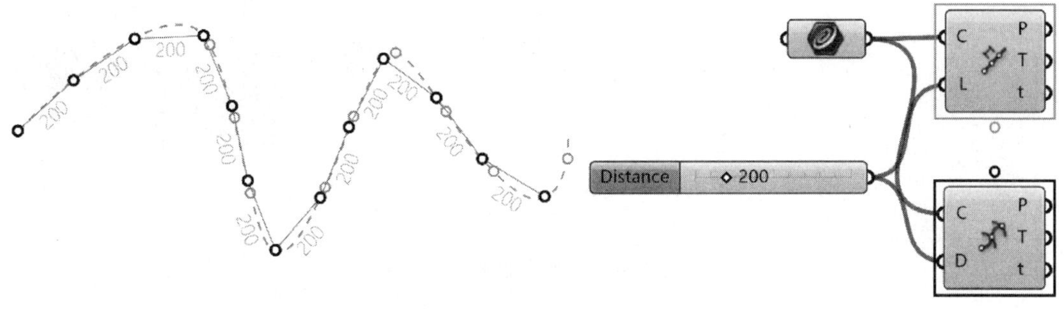

图 2.3-25　分割对比示例图

曲线截平面　Frame

由于机制相似，在这里我们将一并讲解 Perp Frame（s）和 Horizontal Frame（s）运算器。

曲线垂直截平面　Perp Frame（s）

Perp Frame（s）输入端　　**表 2.3-21**

名　称	数据类型	说　明
Curve(C)	Curve	输入曲线
Count(N)	Integer	曲线均分段数
Align(A)	Boolean	是否对齐平面

Perp Frame（s）输出端　　**表 2.3-22**

名　称	数据类型	说　明
Frame(F)	Frame	输出的平面
Parameter(t)	Number	分段点在曲线上的 t 值

这包含两个运算器，Perp Frame 和 Perp Frames。我们以 Perp Frames 为例。

Perp Frames 是在输入曲线的等距分段点上生成一系列垂直于曲线的平面。如图 2.3-26 所示，有一条空间曲线，Perp Frames 包含三个输入端，Curve（C）、Count（N）和 Align（A），其中 N 端决定了分段个数（默认为 10），实际生成的 Frame（F）是 N+1（和 Divide 运算器类似），A 端接收一个布尔值，默认为 True，代表是否对齐生成的平面。输出端 Frames（F）是分段点上的垂直平面，t 为每个分段点在曲线上的 t 值（如图 2.3-26 所示）。

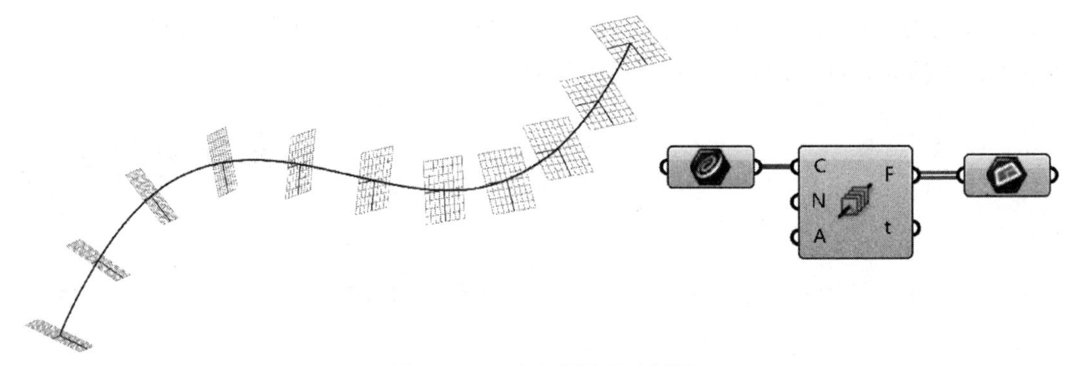

图 2.3-26 垂直截平面示例图

举个例子。读者可能对 Grasshopper 内的 Pipe 运算器很熟悉，它用来对输入曲线套管。但是如果我们需要方管，或者是异型截面管、钢结构呢？这时我们就可以用到 Perp Frames 运算器。

如图 2.3-27 所示，我们以曲线生成的 Frames 作为 Rectangle 运算器 Plane（P）端的输入值，X、Y 端输入的-50 to 50 代表的是以 Plane 原点为中心的边长 100 的矩形。

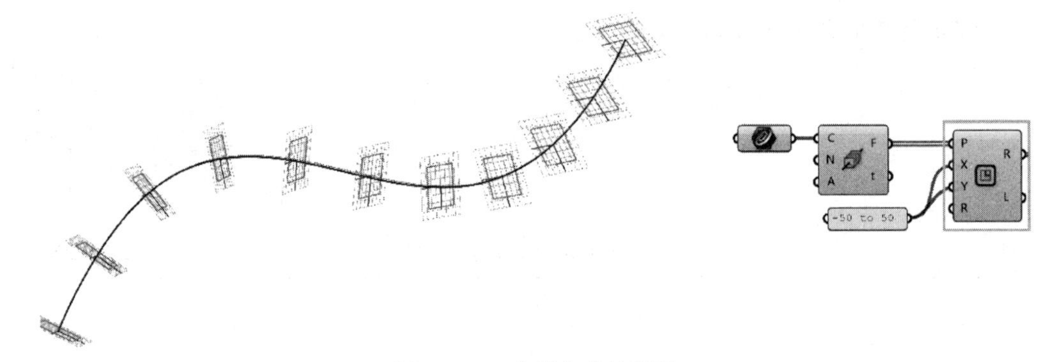

图 2.3-27 方管生成过程图

然后将 Rectangle 运算器的 Rectangle（R）输出端输入到 Loft 运算器 Curve 输入端（C），便可得到如图 2.3-28 所示的方管，异型管读者可以自行尝试。

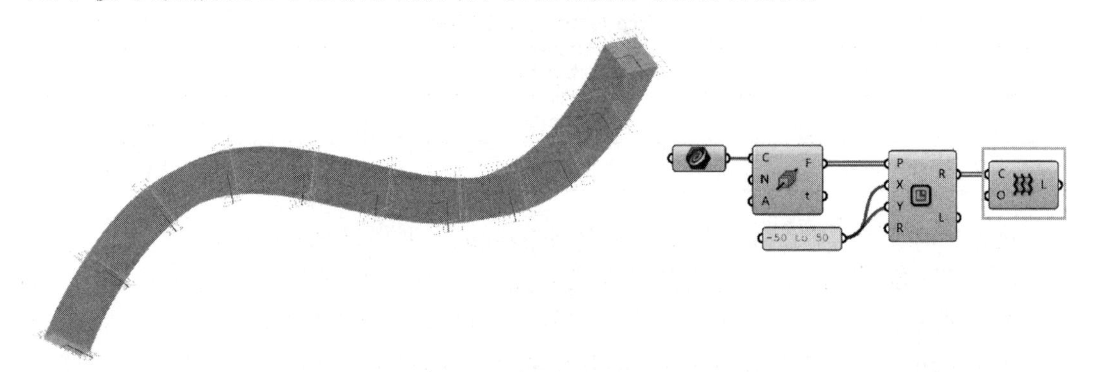

图 2.3-28 方管生成示例图

相比 Perp Frames 运算器，Perp Frame 运算器的输入端由 Count 变为了 Parameter（t），即在曲线上指定 t 值的位置生成一个垂直曲线的 Frame。

曲线水平截平面　Horizontal Frame (s)

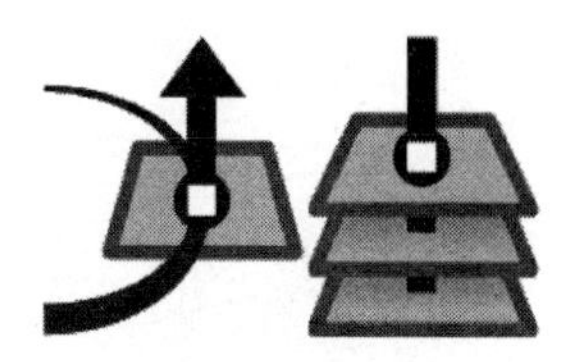

Horizontal Frame (s) 输入端　　表 2.3-23

名　称	数据类型	说　明
Curve(C)	Curve	输入曲线
Count(N)	Integer	曲线均分段数

Horizontal Frame (s) 输出端　　表 2.3-24

名　称	数据类型	说　明
Frame(F)	Frame	输出的平面
Parameter(t)	Number	分段点在曲线上的 t 值

和 Perp Frame 一样，这里也包括 Horizontal Frame 和 Horizontal Frames 两个运算器，我们以 Frames 为例。

如图 2.3-29 所示，输入端也有 Curve（C）和 Count（N），只不过这里是在等分点生成平行于水平面（XY 平面）的 Frame。输出端为 Frame（F）和等分点在曲线上的 Parameter（t）。

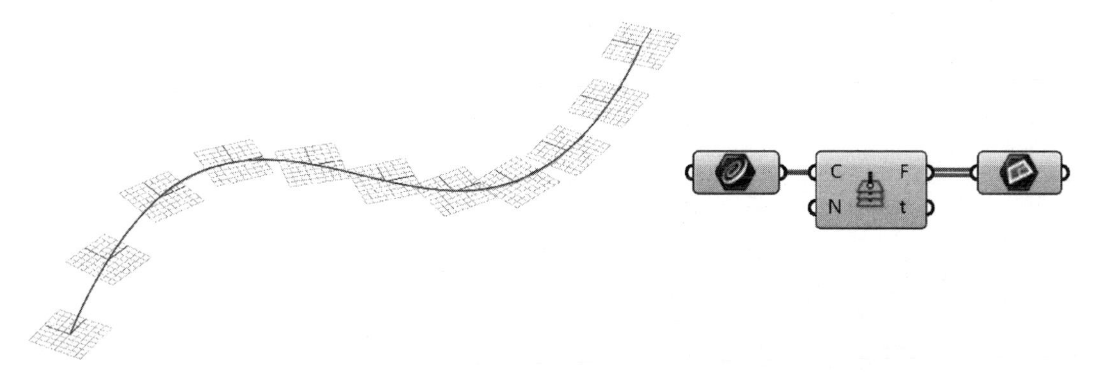

图 2.3-29　水平截平面示例图

相比 Horizontal Frames 运算器，Horizontal Frame 运算器的输入端由 Count 变为了 Parameter（t），即在曲线上指定 t 值的位置生成一个垂直曲线的 Frame。

2.3.2　Nurbs 曲面

2.3.2.1　曲面的参数化

与曲线相似，曲面也可以通过**本地坐标系**（LCS）表达。作为二维坐标系（如图 2.3-30 所示），曲面上任意一点则通过 **u** 和 **v** 表示（均为 0 到 1 的数）。

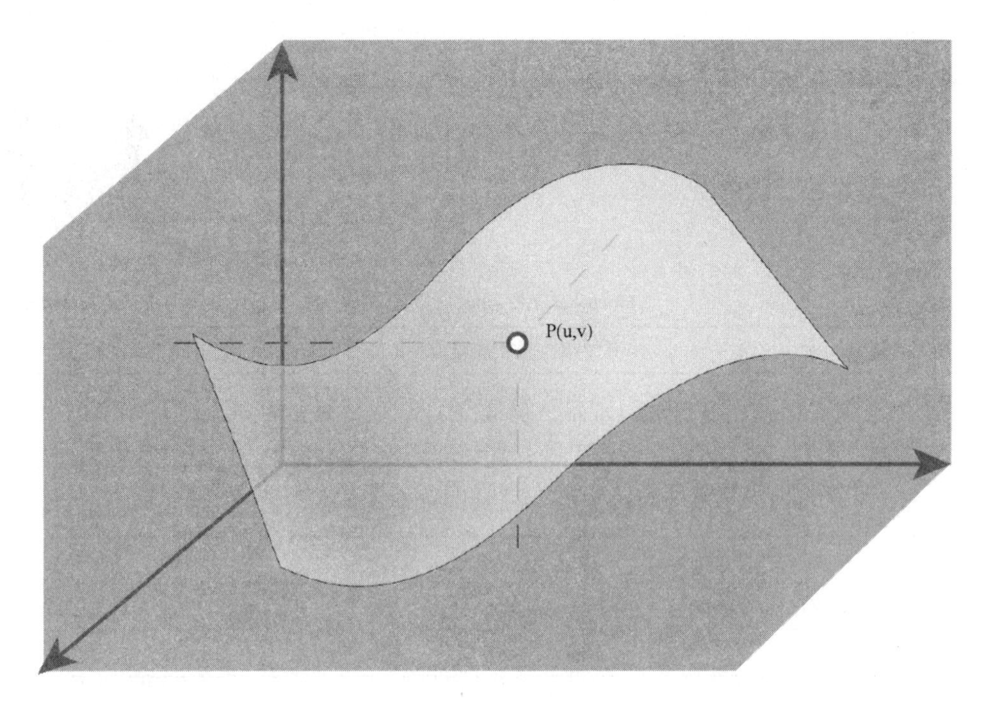

图 2.3-30 曲面坐标系

对于｛u｝坐标上的每个值，通过点 P｛u1，v｝都可以找到一条曲面的截面线 Cu，同理，对于｛v｝坐标上的每个值，通过点 P｛u，v1｝都可以找到与其垂直的另一个方向的截面线 Cv。这两条截面线被称作曲面的结构线。结构线是曲面上 u 或者 v 为定值的曲线（如图 2.3-31 所示）。

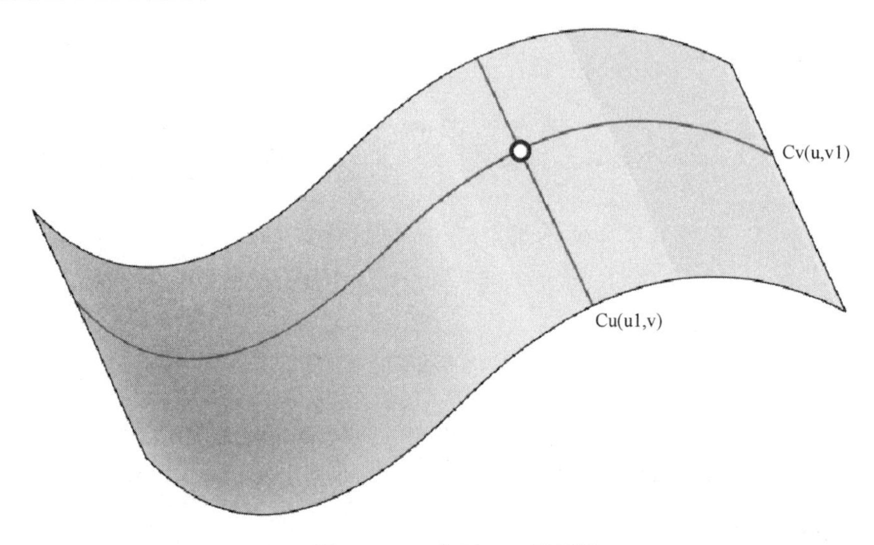

图 2.3-31 曲面 UV 示例图

对于一个曲面来说，结构线创造了笛卡儿网格的概念。因为 Nurbs 曲面总可以想象为一个平面矩形的变形体，所以这个概念对任意自由曲面都成立。而且，曲面都有固定的二维 U、V 轴（如图 2.3-32 所示）。

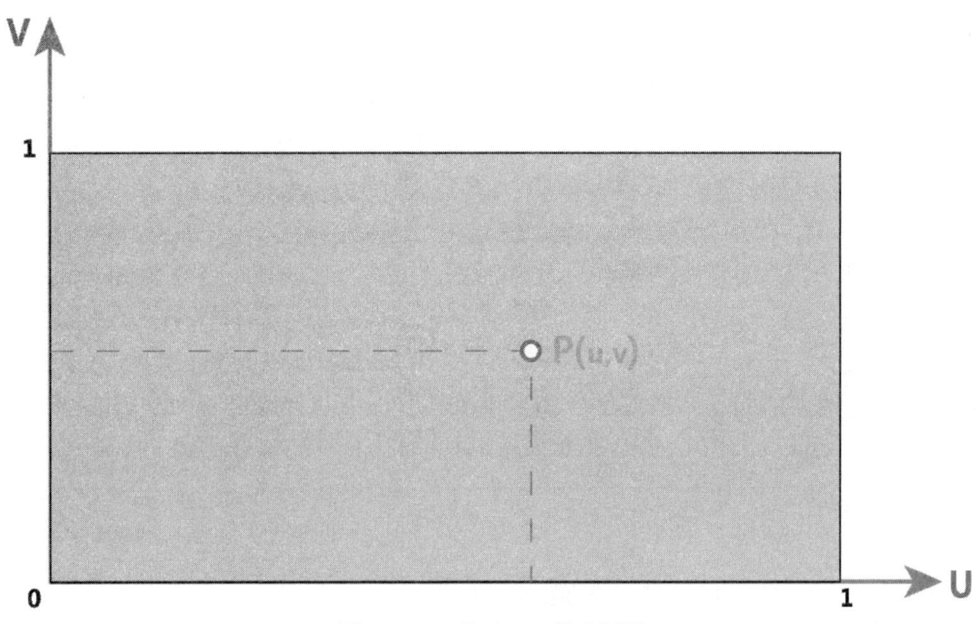

图 2.3-32　曲面 UV 轴示例图

2.3.2.2　曲率

对于曲面来说，其上一点 P 的曲率描述了曲面偏离点 P 上正切面的程度。为了测量曲面曲率，与曲线曲率逻辑类似，这里同样需要定义一个正切圆（如图 2.3-33 所示）。

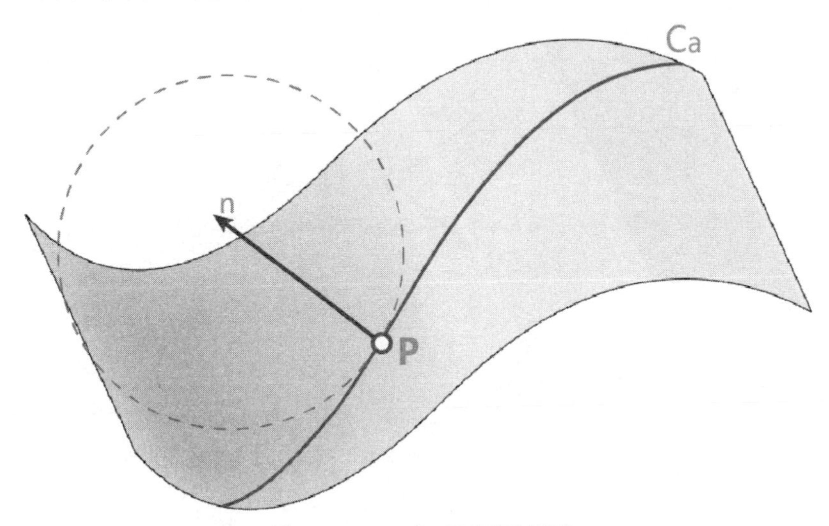

图 2.3-33　P 点正切圆示例图

对于自由曲面上的一点 P，可以计算得到其上的法向向量 $\vec{n}$。包含向量 $\vec{n}$ 的平面有无穷多个，而这些平面与曲面的交线也有无穷多条。对于每条交线，点 P 的曲率都可以通过正切圆计算出来（如图 2.3-34 所示）。在这些曲率中包含一个最小主曲率 k_1 和一个最大主曲率 k_2。曲率为 k_1 的曲线命名为 C_1，同理最大曲率的曲线为 C_2（如图 2.3-35 所示）。

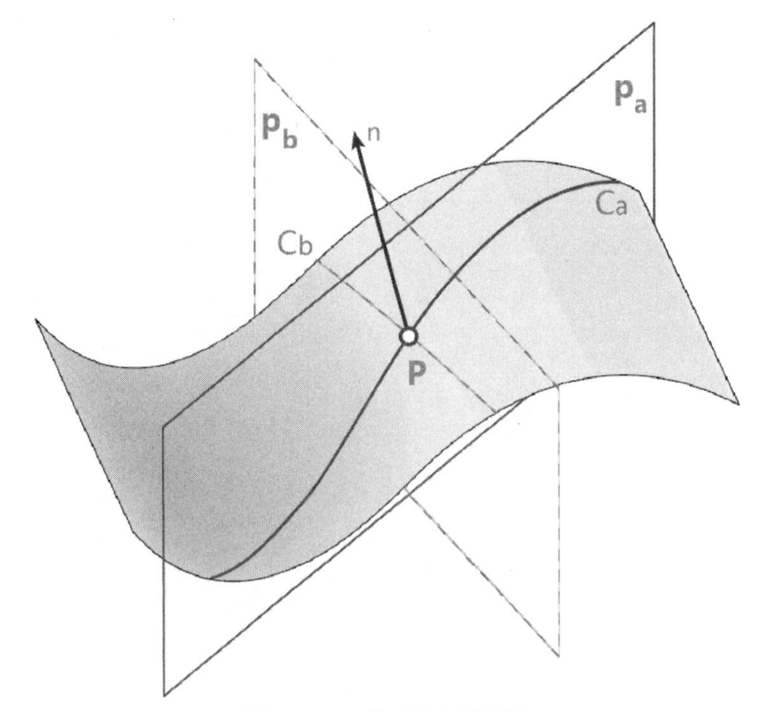

图 2.3-34 曲面曲率示例图

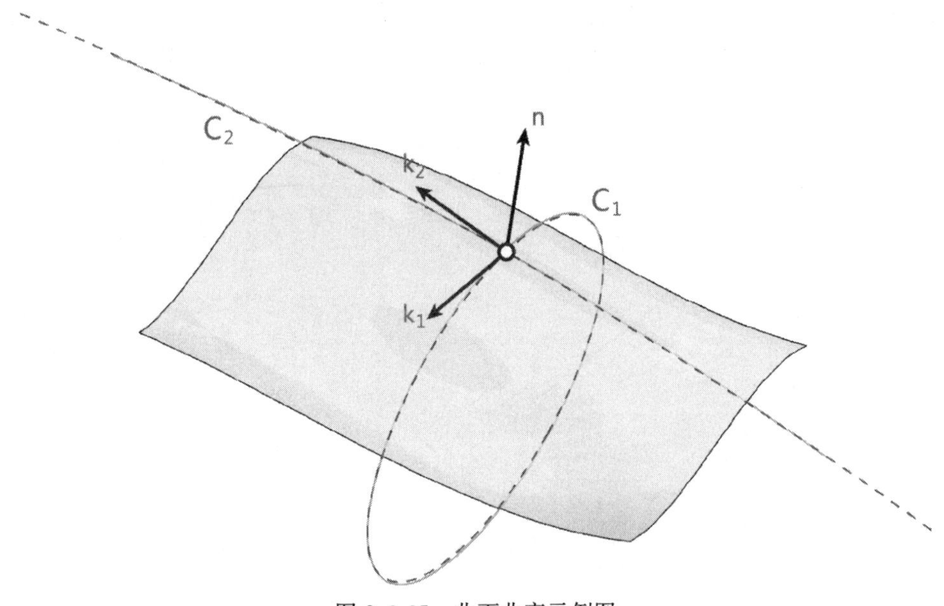

图 2.3-35 曲面曲率示例图

曲线 C_1 上通过 P 点的正切向量被称为最小主曲率方向 $\vec{k_1}$，而 C_2 上通过点 P 的正切向量被称为最大主曲率方向 $\vec{k_2}$。

而定义曲面曲率的两种主要概念，**高斯曲率**（Gaussian Curvature）和**平均曲率**（Mean Curvature）则通过以下公式定义：

$$G = \text{Gaussian Curvature} = k_1 \cdot k_2$$
$$M = \text{Mean Curvature} = (k_1 + k_2)/2$$

1. 高斯曲率

对于曲面上任何一点，高斯曲率为空值，该曲面即为**可展开曲面（Developable Surface）**（如图 2.3-36 所示），意味着这个曲面可以不经过形变被展平为一个平面。在制造行业，可展平曲面是最易于实现的。通过弯曲像金属、纸板、木板等易于形变的材料，可展平曲面即可实现建造。而且这种曲面包含着为直线的结构线，对于支撑结构的设计也大大简化了。

图 2.3-36 可展开曲面

当一个曲面上任意一点的高斯曲率都为空值（G=Null）时，这个曲面则为可展平的。要满足 G=Null，则 $k_1=0$ 或者 $k_2=0$。以一个圆柱面为例：

（1）最小主曲率 k_1 等于母线 g，因为 g 是一条直线，所以 $k_1=0$；

（2）最大主曲率 k_2 符合 d′，平行于准线 d。因为 d′是个圆形，所以其曲率 k_2 是个定值，等于圆柱体的半径。

$k_2=0$ 和 $k_2=0$ 乘积为 0。所以，一个圆柱面上任意点的曲率都为 0，也就说明高斯曲率为空值（0 • 0=Null）。

常见的可展平曲面有（如图 2.3-37 所示）：

（1）平面；

（2）圆柱；

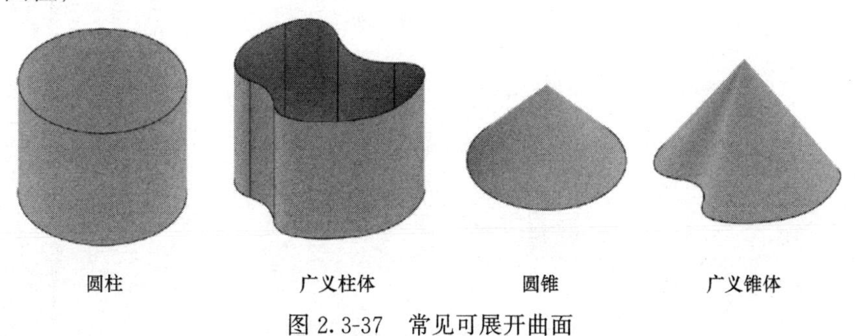

图 2.3-37 常见可展开曲面

（3）广义柱体；

（4）圆锥；

（5）广义椎体；

（6）正切可展平曲面。

从定义上来说，可展平曲面是由一个主方向上的直线截面线构成的。换句话说，可展平曲面总是一个**直纹曲面（ruled surface）**。直纹曲面是有一条称为母线（generatrix）或规线（ruling）的直线运动形成的。但反过来，**并不是所有的直纹曲面都是可展平曲面**。

当一个直纹曲面沿着规线可以定义一个唯一的正切平面时，它就是可展平的。也就是说，规线的起始点的正切方向是没有旋转角度的。

对于不可展平曲面来说，高斯曲率是有正负之分的。当 k_1 和 k_2 为同符号时，也就是 c_1 和 c_2 的正切圆处于母线同一边，高斯曲率即为正；反之，c_1 和 c_2 的正切圆处于母线的不同边，k_1 和 k_2 符号不同，所以高斯曲率为负。如果高斯曲率为空值，c_2 是一条直线（如图 2.3-38 所示）。

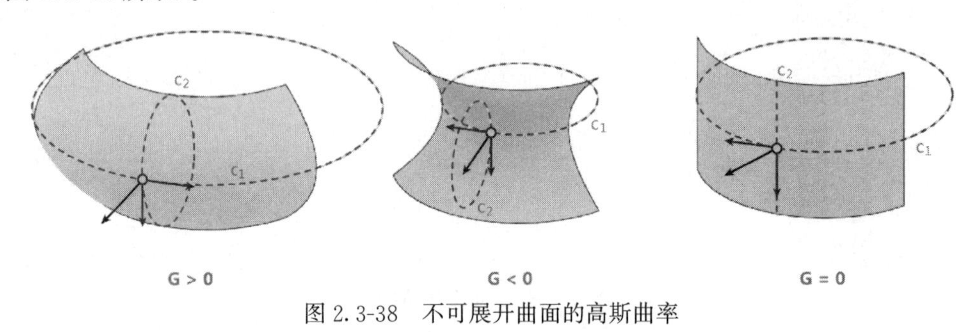

图 2.3-38　不可展开曲面的高斯曲率

2. 平均曲率

一个曲面上任意一点平均曲率都为空值时就称为极小曲面（minimal surface）。比如，一个悬链面极小曲面就是由悬链线 g 绕着其准线旋转而成的。

从定义上看，极小曲面要求 $M=0$，意味着 $k_1=-k_2$，也就是其最小主曲率和最大主曲率互为相反数。比如悬链面上的悬链线 g 其正切圆在母线正面，而曲线 d′在母线负面。

第 1 章中提到的弗雷·奥托的肥皂泡模型就是典型的极小曲面。

2.3.2.3　连续性

在复杂曲面的建模中，曲面与曲面之间的连接，需要由连续性来定义。如图 2.3-39 所示，两条曲线在相接点处连接。

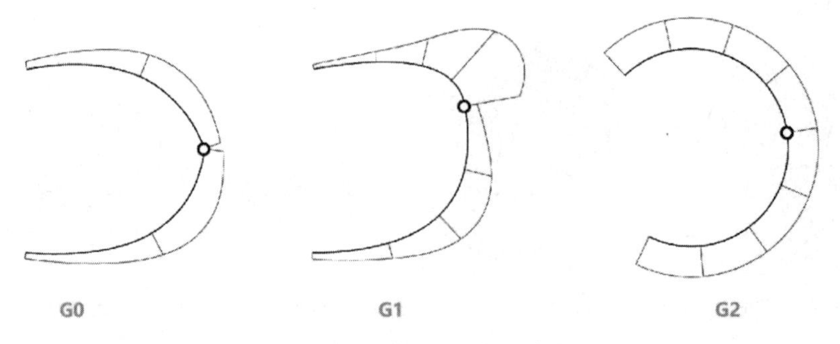

图 2.3-39　曲线连续性示例图

（1）**G0**（位置连续）：两条曲线的端点连在一起，曲率图不连续。

（2）**G1**（相切连续）：两条曲线在连接点的切线方向相同，但曲率不相等，曲率图连续但有突变。

（3）**G2**（曲率连续）：曲率和切线在两条曲线的公共端点均相同，即曲率图顺滑相接。

（4）**Gn**：高次曲线

从曲率图中曲线连续性得到直观的表达：

对于曲面来讲，连续性则影响到两个曲面之间衔接的视觉顺滑程度（如图 2.3-40 所示）：

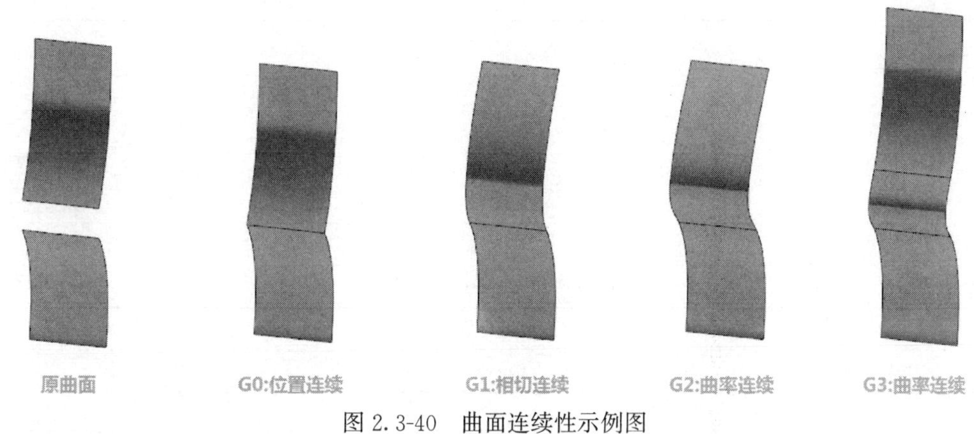

图 2.3-40 曲面连续性示例图

2.3.2.4 曲面创建

如同 Rhinoceros 一样，Grasshopper 也提供和 Rhino 类似的曲面建立工具。

挤出曲面 Extrude

Extrude 输入端 **表 2.3-25**

名 称	数据类型	说 明
Base(B)	Geometry	挤出对象
Direction(D)	Vector	挤出向量

Extrude 输出端 **表 2.3-26**

名 称	数据类型	说 明
Extrusion(E)	Brep	挤出多重曲面

和 Rhino 一样的挤出运算器。输入端 Base（B）不仅包括曲线也包含曲面，Direction（D）输入一个向量，如图 2.3-41 所示。

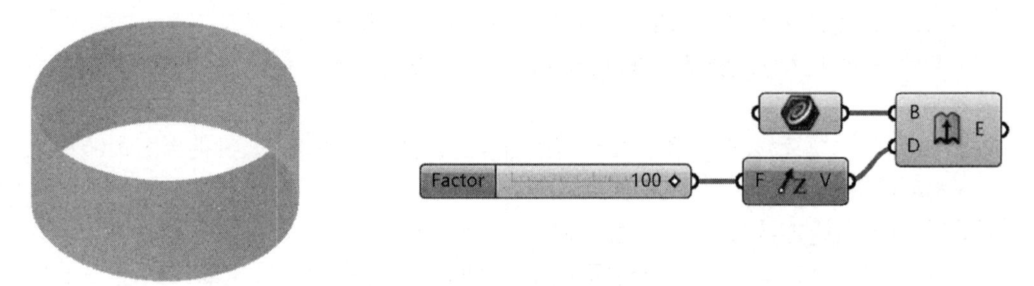

图 2.3-41 挤出示例图

封闭边缘平面 Boundary Surface

Boundary Surface 输入端 表 2.3-27

名　称	数据类型	说　明
Edges(E)	Curve	边界曲线

Boundary Surface 输出端 表 2.3-28

名　称	数据类型	说　明
Surface	Surface	生成的平面

Boundary Surface 运算器只有一个输入端，但只有输入的是封闭的平面曲线时才能得到成面结果（如图 2.3-42 所示）。

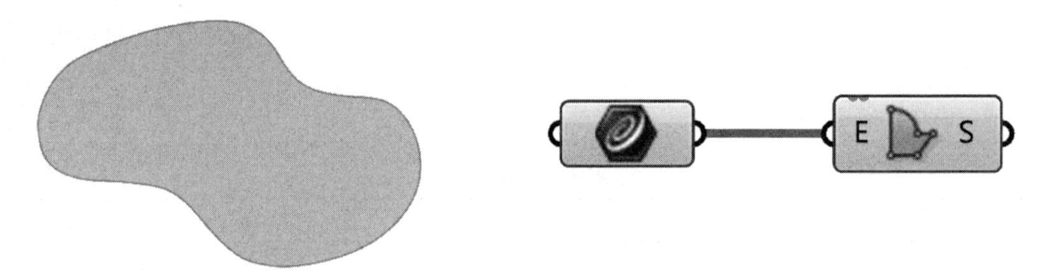

图 2.3-42 封闭边缘平面示例图

放样 Loft

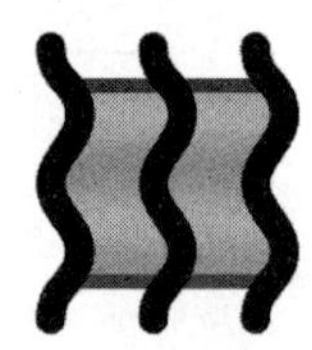

Loft 输入端 **表 2.3-29**

名　　称	数据类型	说　　明
Curves(C)	Curve	放样的曲线
Options(O)	Option	放样选项

Loft 输出端 **表 2.3-30**

名　　称	数据类型	说　　明
Loft(L)	Brep	放样结果

Loft 运算器和 Rhino 中的放样相同，输入端 Curves 至少需要两条曲线，Option 输入端可以调用 Loft Option 运算器为放样指定选项，选项输入端需要的数据类型如图 2.3-43 所示，读者可以自行尝试。

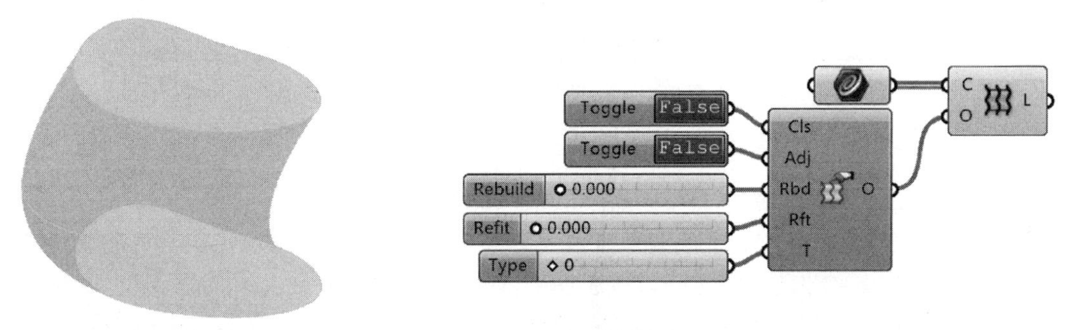

图 2.3-43　放样示例图

但一般我们可以直接在 Option 输入端鼠标右键菜单里看到 Loft Options，直接进行选择（如图 2.3-44 所示）。

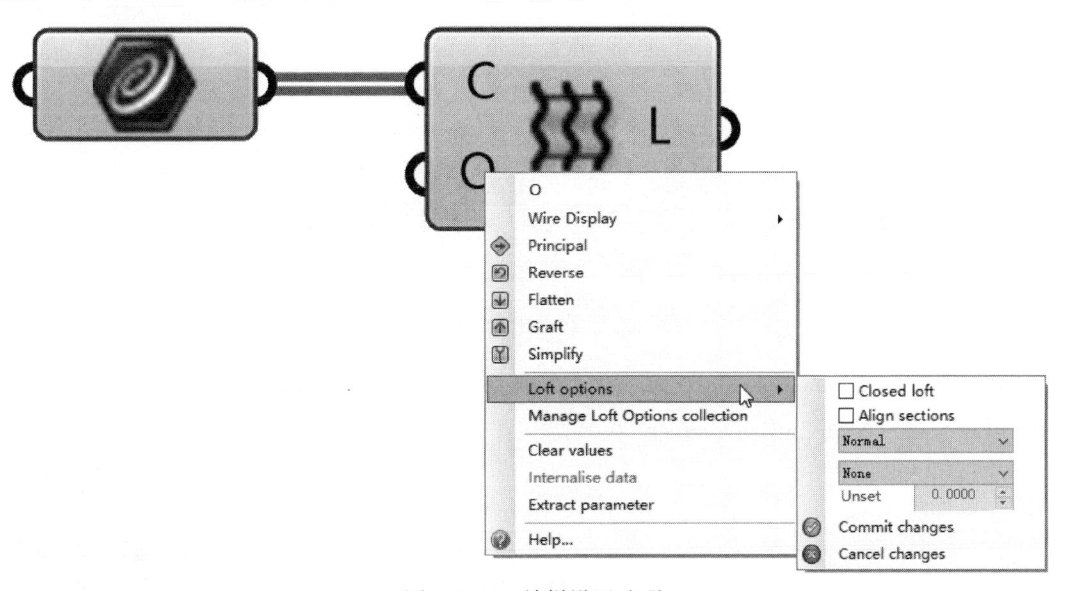

图 2.3-44　放样设置选项

从点云建立曲面 Surface From Points

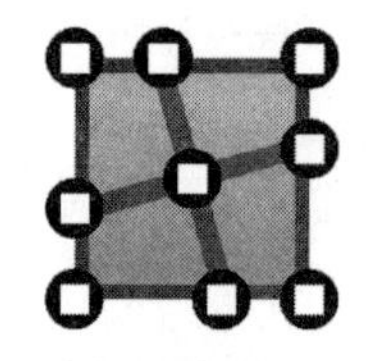

Surface From Points 输入端　　表 2.3-31

名　称	数据类型	说　明
Points(P)	Point	要成面的点
U count(U)	Integer	U 向数目
Interpolate(I)	Boolean	是否插值计算使曲面更平滑

Surface From Points 输出端　　表 2.3-32

名　称	数据类型	说　明
Surface(S)	Surface	生成的曲面

Surface From Points 运算器可以通过一系列的点来生成曲面。如图 2.3-45 所示，我们用 Grid 运算器采用输入端默认值来生成一个 6 × 6 的点阵，注意我们需要将输出端 Point（P）Flatten 拍平为一个 List，然后输入 Move 运算器 Geometry（G）端，在 Tangent（T）端输入一个 Z 轴的随机向量，然后将运算结果输入 Surface From Points 的 Point（P）端，在 U 端输入 6（因为我们生成的点阵是 6×6），Interpolate 端默认为 False，得到如图 2.3-45 所示的曲面。

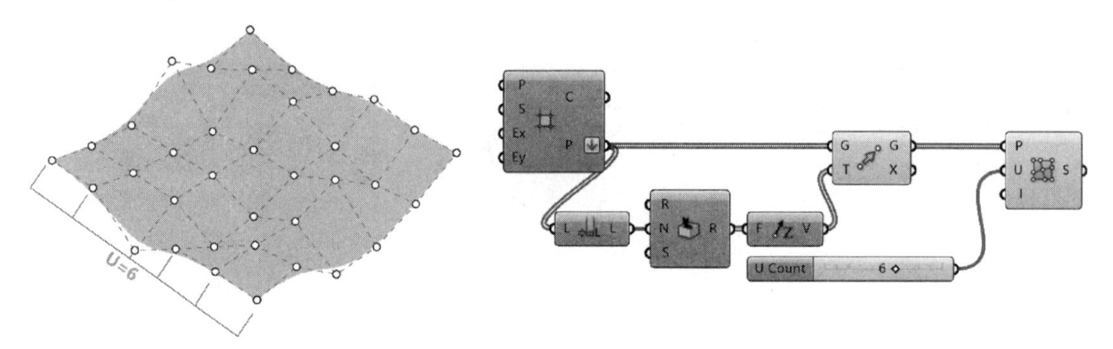

图 2.3-45　点云建立曲面示例图

以边缘建立曲面 Edge Surface

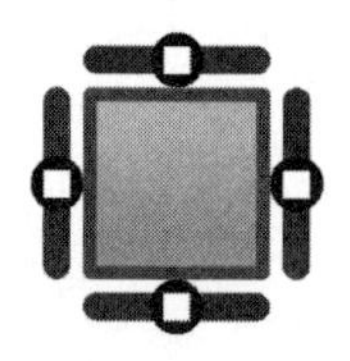

Edge Surface 输入端 表 2.3-33

名 称	数据类型	说 明
A~D	Curve	输入曲线

Edge Surface 输出端 表 2.3-34

名 称	数据类型	说 明
Surface(S)	Surface	生成的曲面

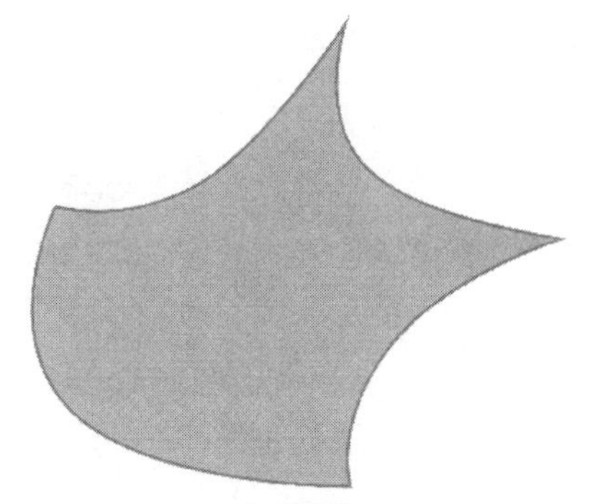

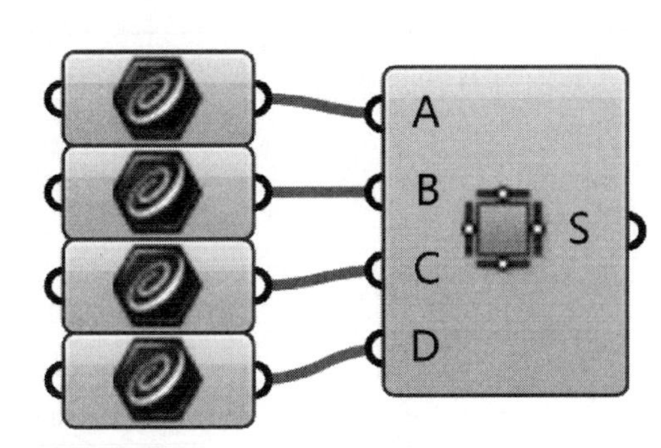

图 2.3-46 边缘建立曲面示例图

输入最多四条曲线来生成一个曲面，至少需要两条曲线。

旋转建立曲面 Revolution

Revolution 输入端 表 2.3-35

名 称	数据类型	说 明
Curve(P)	Curve	轮廓曲线
Axis(A)	Line	旋转轴
Domain(D)	Domain	旋转弧度区间

Revolution 输出端 表 2.3-36

名 称	数据类型	说 明
Surface(S)	Surface	得到的曲面

通过输入一个轮廓曲线、旋转轴和旋转弧度区间来成面，这和 Rhino 中的 Revolve 命令是一样的。如图 2.3-47 所示我们在 Domain 输入区间 0～2π，便可得到一个旋转 360°的曲面。

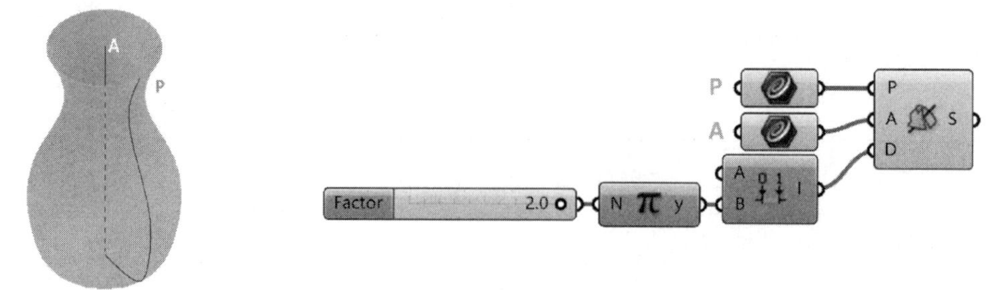

图 2.3-47 旋转建立曲面示例图

扫掠（单轨与双轨） Sweep

Sweep 输入端 **表2.3-37**

名 称	数据类型	说 明
Rail1(R1)	Curve	扫掠轨道 1
Rail2(R2)	Curve	扫掠轨道 2
Sections(S)	Curve	截面线
Same Height(H)	Boolean	是否保持高度

Sweeps 输出端 **表 2.3-38**

名 称	数据类型	说 明
Surface	Surface	生成的曲面

这两个运算器和 Rhino 中的单轨扫掠和双轨扫掠相同，这里我们以双轨扫掠为例。输入 R1 和 R2，截面曲线可以输入多个曲线，Same Height 默认输入 False（如图 2.3-48 所示）。

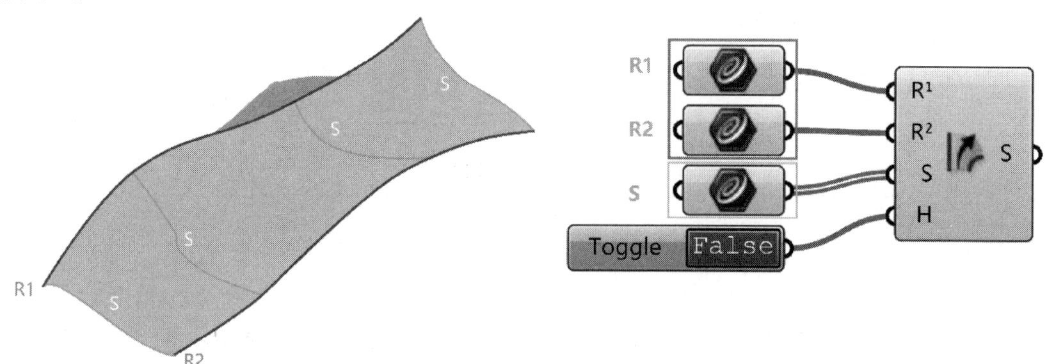

图 2.3-48 双轨扫掠示例图

2.3.2.5 曲面分析

计算曲面上的点 Evaluate Surface

Evaluate Surface 输入端 表 2.3-39

名 称	数据类型	说 明
Surface(S)	Surface	指定曲面
Point(uv)	Point	曲面上的点

Evaluate Surface 输出端 表 2.3-40

名 称	数据类型	说 明
Point(P)	Point	曲面上的点
Normal(N)	Vector	曲面上对应点的法向向量
U direction(U)	Vector	对应点的 U 向向量
V direction(V)	Vector	对应点的 V 向向量
Frame(F)	Frame	曲面对应点的 Frame 平面

Evaluate Surface 通过指定 u、v 坐标来得到曲面上的点及其相关属性。

如图 2.3-49 所示，我们将一个曲面输入到 Surface（S）输入端，并且鼠标右键 Reparameterize（将曲面区间映射到 0～1），我们通过运算器 MD Slider 快速输入二维坐标，将其输入到 Point（uv）输入端作为曲面上的点。即可以得到曲面上该点的法向向量、U/V 向量和 Frame 平面。

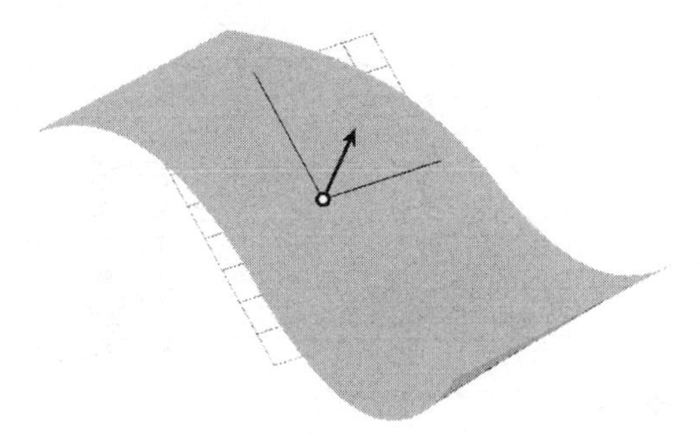

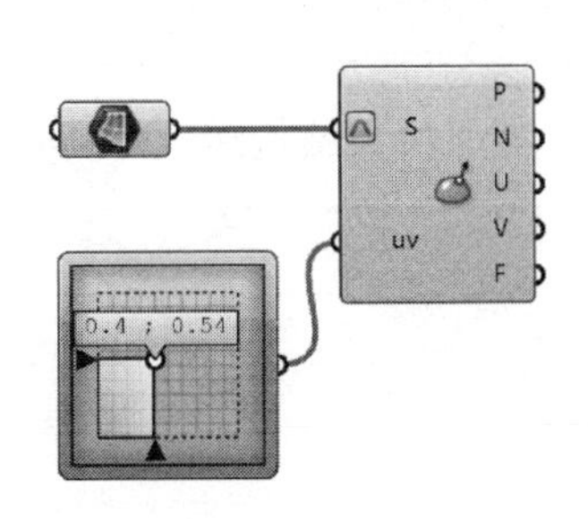

图 2.3-49 示例图

世界坐标向本地坐标的转换 Surface Closest Point

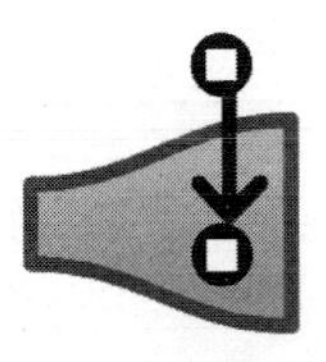

Surface Closest Point 输入端 **表 2. 3-41**

名　　称	数据类型	说　　明
Point(P)	Point	输入点
Surface(S)	Surface	输入曲面

Surface Closest Point 输出端 **表 2. 3-42**

名　　称	数据类型	说　　明
Point(P)	Point	最近点
UV Point(uvP)	Point	对应点在曲面上的 UV 坐标
Distance(D)	Number	两点之间的距离

和 Curve Closest Point 运算器相似，Surface Closest Point 可以用来将世界坐标系中的点转换为曲面上本地二维坐标的点，也可以用来寻找一个不在曲面上的点对应曲面上的最近点（如图 2. 3-50 所示）。

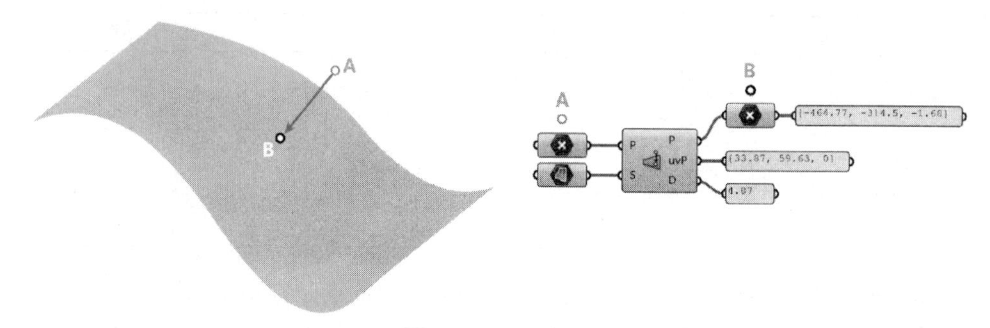

图 2. 3-50　示例图

如上图所示，我们将不在曲面上的点 A 输入 Point 端，则运算器会计算出曲面上对应的最近点 B 及点 B 在曲面上的 UV 坐标和 A、B 之间的距离。可以看到，点在世界坐标系中的坐标和在曲面上的 uv 坐标是完全不相同的。

提取曲面结构线　Isocurve

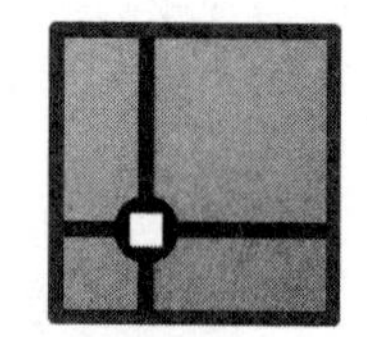

Isocurve 输入端 **表 2. 3-43**

名　　称	数据类型	说　　明
Surface(S)	Surface	输入曲面
UV Point(uv)	Point	输入曲面上的点

Isocurve 输出端 **表 2. 3-44**

名　　称	数据类型	说　　明
U Isocurve	Curve	对应点的 U 结构线
V Isocurve	Curve	对应点的 V 结构线

如图 2.3-51 所示，我们同样通过 MD Slider 运算器来指定一个曲面上的 UV 点，则会计算出曲面上经过该点的 U、V 向结构线。

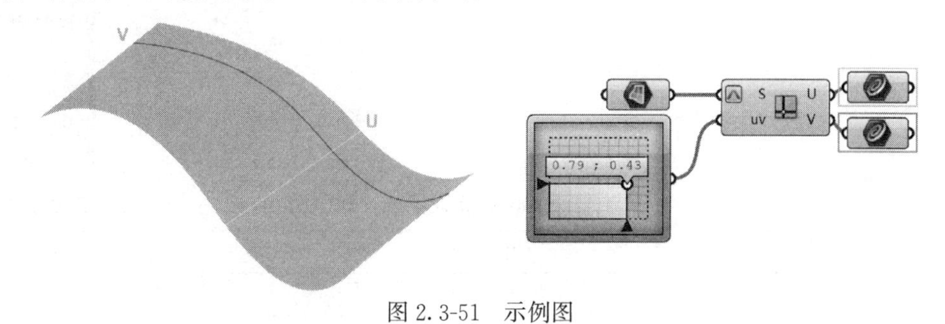

图 2.3-51　示例图

划分曲面　Divide Surface

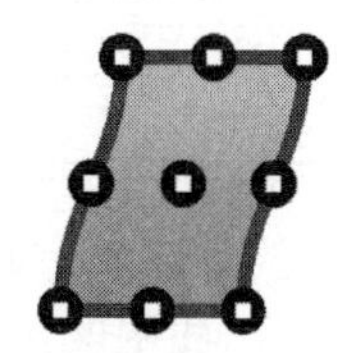

Divide Surface 输入端　　**表 2.3-45**

名　称	数据类型	说　明
Surface(S)	Surface	输入曲面
U Count(U)	Integer	U 方向分割数
V Count(V)	Integer	V 方向分割数

Divide Surface 输出端　　**表 2.3-46**

名　称	数据类型	说　明
Point(P)	Point	分割点
Normal(N)	Vector	曲面上分割点的法向向量
Parameters(uv)	Point	点在曲面上的 UV 坐标

Divide Surface 通过指定 U、V 方向的分段数以网格的形式将曲面分割。

如图 2.3-52 所示，我们将输入曲面按照 U 方向 10 段、V 方向 5 段分割，要注意的是，这里生成的分割点则是 U 方向 10+1 个，V 方向 5+1 个。生成的 Point 则会自动分组为树形数据，图 2.3-52 是按照 V 方向的点分为一组，我们可以将生成的分段点 P 端连入 Interpolate 运算器，该运算器会将同一 List 内的点按顺序连为控制点曲线，所以可以很清晰地看到树形数据的分组状况。

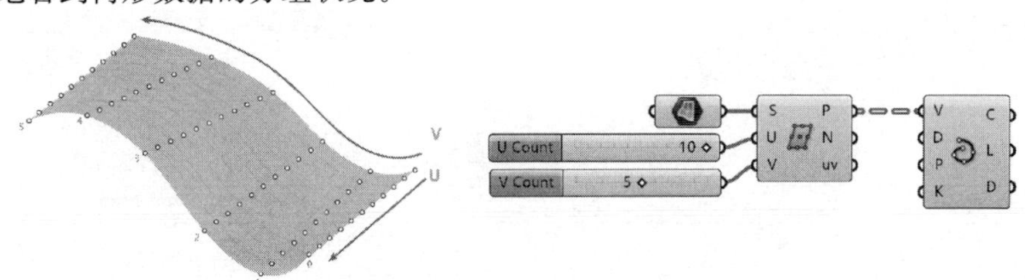

图 2.3-52　曲面划分示例图

分割曲面 Isotrim

Isotrim 输入端 表 2.3-47

名　称	数据类型	说　明
Surface(S)	Surface	指定曲面
Domain(D)	Domain	指定区间

Isotrim 输出端 表 2.3-48

名　称	数据类型	说　明
Surface	Surface	生成的曲面

Isotrim 可以分离出曲面上的部分曲面，结合不同的 Domain 运算器会达到不同的结果。

如图 2.3-53 所示，我们用 Construct domain2 运算器连入 Isotrim 运算器的 Domain 端，为方便起见，我们将曲面 Reparameterize，然后再 Construct domain2 运算器的两个输入端连入 Construct domain 运算器来建立一个区间，输入区间的 Slider 的极值注意是在 0～1 之间的，拖动滑杆我们便可得到一个在输入曲面上的子曲面，图 2.3-53 这个曲面即是 U 处于 0.060～0.657，V 处于 0.063～0.691 之间的一个曲面。

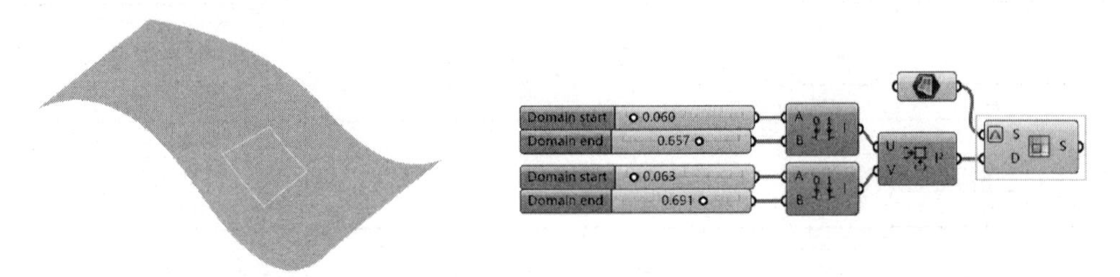

图 2.3-53　分割曲面示例图

如果我们将 Divide Domain2 运算器连入 Domain 输入端，则会以 U、V 方向的分段数平均分割该曲面，得到一组子曲面（如图 2.3-54 所示）。

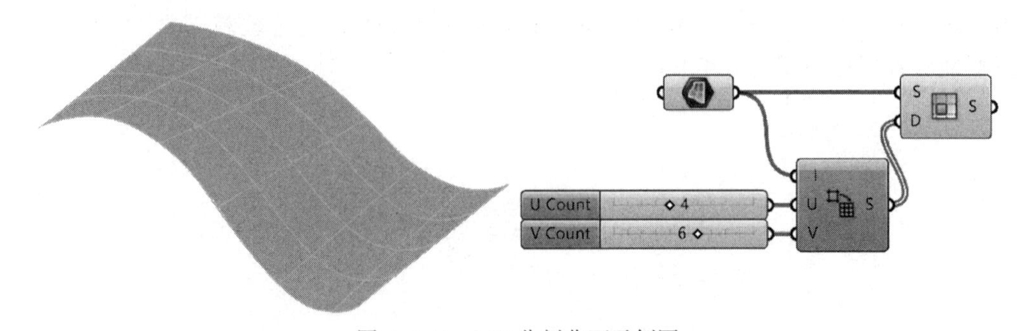

图 2.3-54　UV 分割曲面示例图

分解多重曲面　Deconstruct Brep

Deconstruct Brep 输入端　　表 2.3-49

名　称	数据类型	说　明
Brep(B)	Brep	指定 Brep

Deconstruct Brep 输出端　　表 2.3-50

名　称	数据类型	说　明
Faces(F)	Surface	构成 Brep 的所有曲面
Edges(E)	Curve	构成 Brep 的所有边缘
Vertices(V)	Point	构成 Brep 的所有顶点

Deconstruct Brep 运算器是十分常用的运算器。在 Grasshopper 中，不论是封闭或不封闭的多重曲面还是单一曲面，都可视为 Brep，该运算器会计算得到构成该 Brep 的所有曲面、边线、顶点。如图 2.3-55 所示。

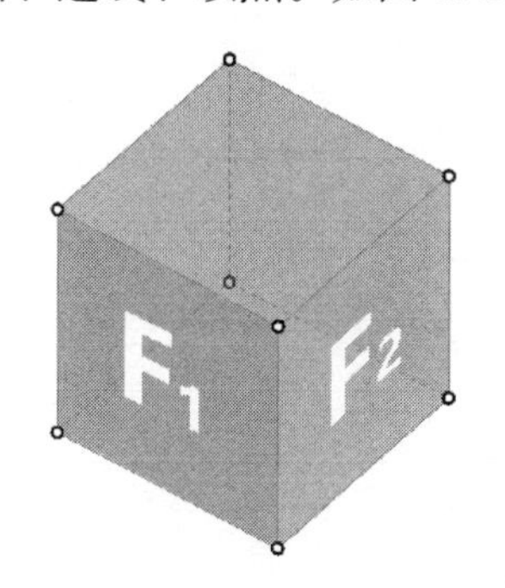

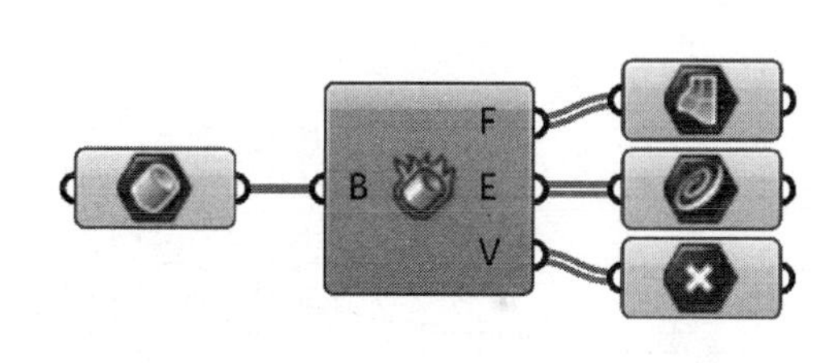

图 2.3-55　分解多重曲面示例图

用曲线分割曲面　Surface Split

Surface Split 输入端　　表 2.3-51

名　称	数据类型	说　明
Surface(S)	Surface	指定曲面
Curve(C)	Curve	分割曲线

Surface Split 输出端 **表 2.3-52**

名　称	数据类型	说　明
Surface(S)	Surface	分割后的曲面

Surface Split 运算器用来将曲面通过曲线分割。当曲线位于曲面上时，即可得到如图 2.3-56 所示两个曲面。

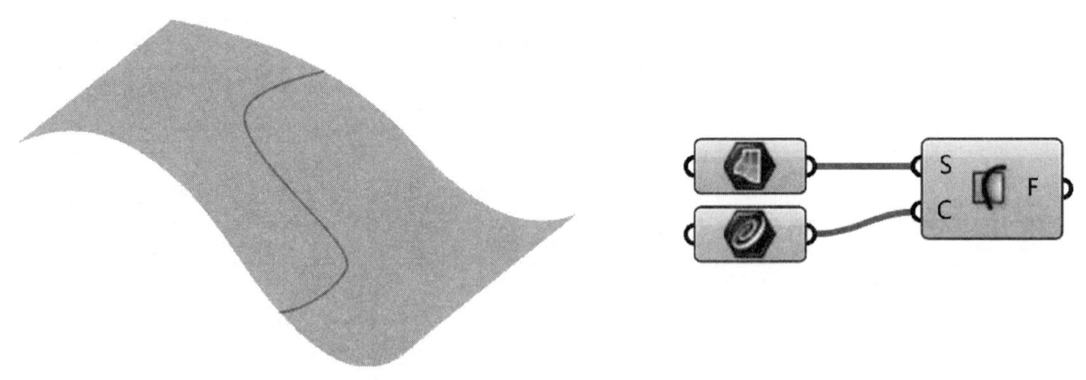

图 2.3-56　曲线分割曲面示例图

当用来分割的曲线 A 不在曲面上时，Grasshopper 会通过其在曲面的法向投影 B 来分割曲面，所以曲线 A 的两端一定要超出曲面的边界，否则无法分割（如图 2.3-57 所示）。

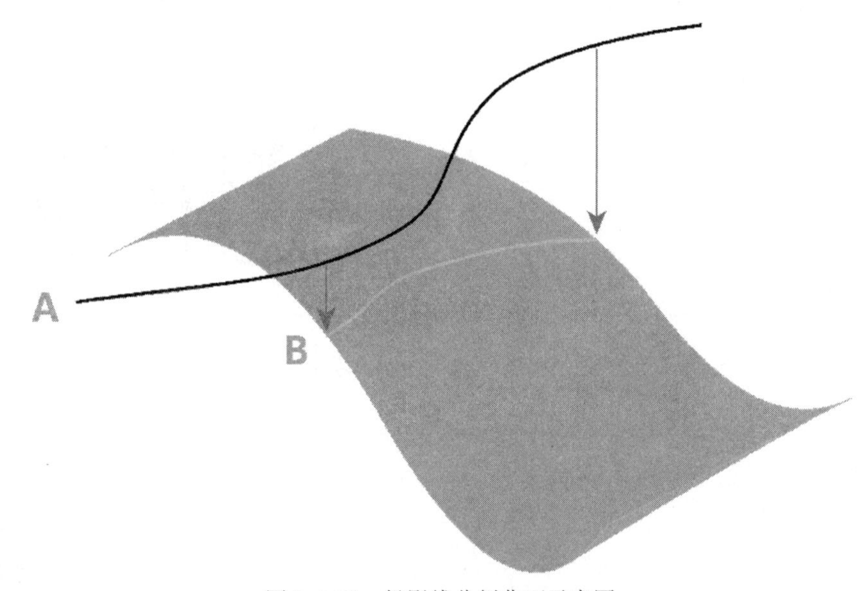

图 2.3-57　投影线分割曲面示意图

2.3.2.6　案例

曲率图案

接下来我们用以下案例来综合应用这一章所学到的知识，即给定一个曲面，在曲面上进行开洞，并以曲率的大小去影响开洞的大小。

（1）首先我们在 Rhinoceros 建立任意一个曲面（非平面），如图 2.3-58 所示。

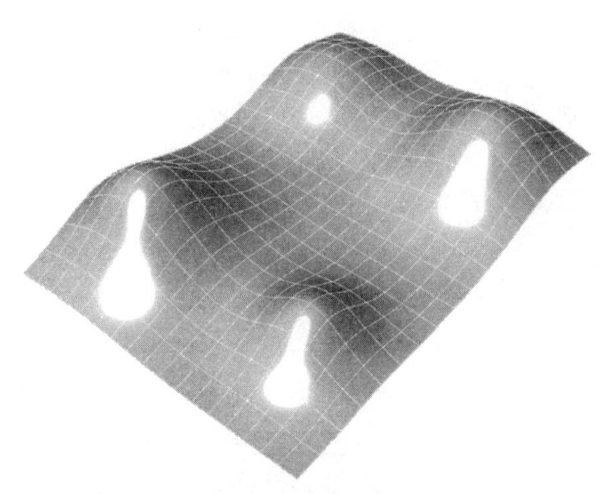

图 2.3-58　任意曲面

（2）用 Surface 运算器拾取该曲面到 Grasshopper 后，用 Deconstruct Domain2 运算器和 Isotrim 运算器将曲面分割为小面作为我们开洞的单元（如图 2.3-59 所示）。

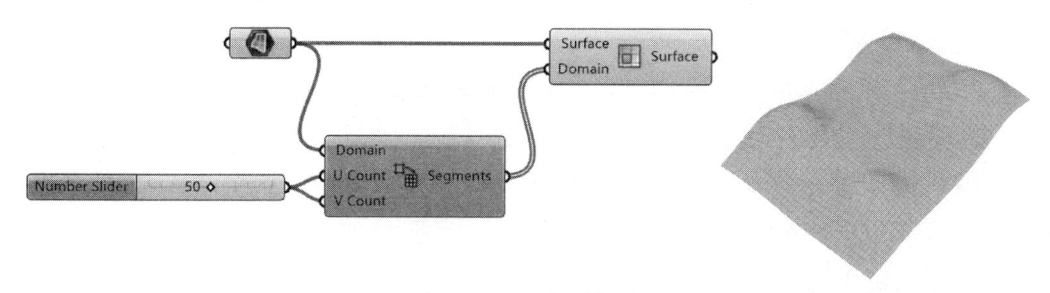

图 2.3-59　曲面分割

（3）我们知道，曲面上的曲率都是根据曲面上的一点来计算的，所以我们通过取每个细分面上的中点作为计算曲率的取样点，用 Surface Curvature 运算器，注意到输入端有两个，目标曲面与曲面上的点。我们使用 MD Slider 作为二维坐标的输入，同时在 Surface 输入端右键点击选择 Reparameterize，这是我们在曲面上通过 UV 坐标快捷取点的常用方法（如图 2.3-60 所示）。

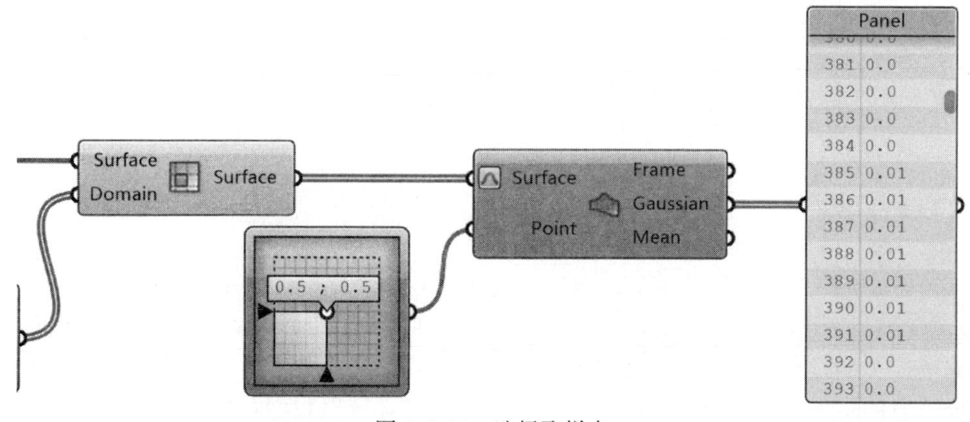

图 2.3-60　选择取样点

（4）用 Panel 连入 Gaussian 输出端观察输出结果时，发现高斯曲率大都非常小甚至为 0.0，这是因为高斯曲率过小超出了显示的精度，这种数据并不便于我们使用。所以要进行一些小处理。我们将其乘以 10 的 N 次方来尝试得到我们满意的结果（如图 2.3-61 所示）。

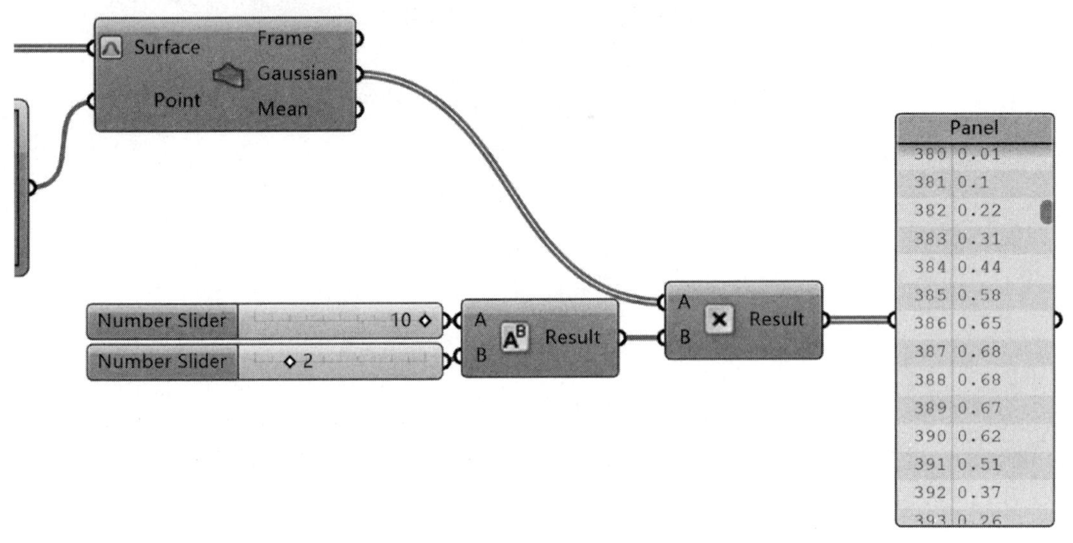

图 2.3-61　精度调整

（5）回到 Surface Curvature 运算器上，可以看到输出端除了高斯曲率和最小曲率外，还有一个是 Frame，代表的是该点在曲面上的切向平面。而我们正好需要这个平面来生成开洞的圆（如图 2.3-62 所示）。

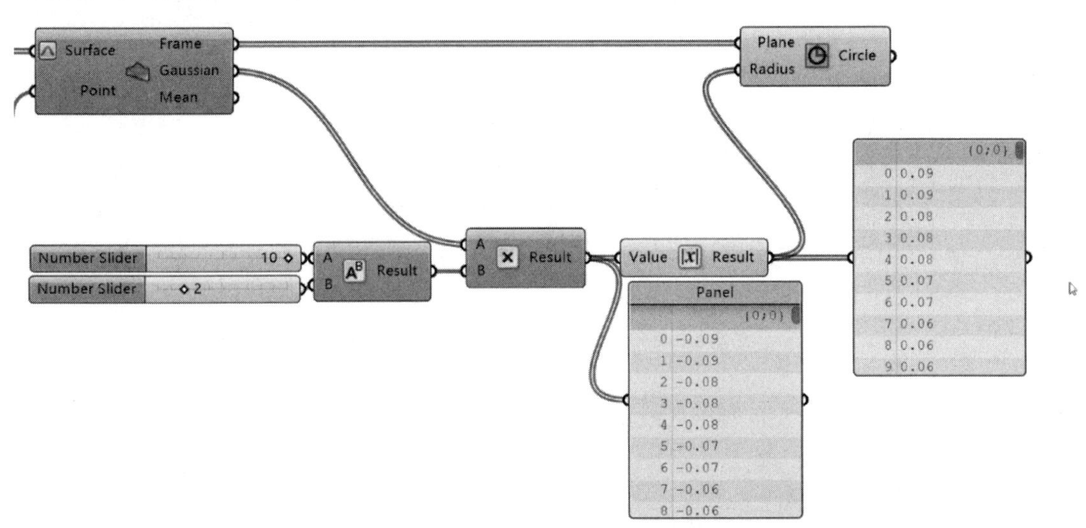

图 2.3-62　生成圆圈纹理

（6）Circle 运算器的输入端需要的是 Plane 和 Radius，Plane 我们可以输入 Surface Curvature 输出端 Frame 的平面，而 Radius 是圆的半径，前面提到我们想要用曲面对应点的曲率去影响打孔圆的大小，在这里我们就可以直接将放大后的高斯曲率输入为圆的半径，要注意的是，有的点对应的高斯曲率可能为负值，所以我们对相乘后的结果再进行取绝对值的运算，得到如图 2.3-63 所示结果。

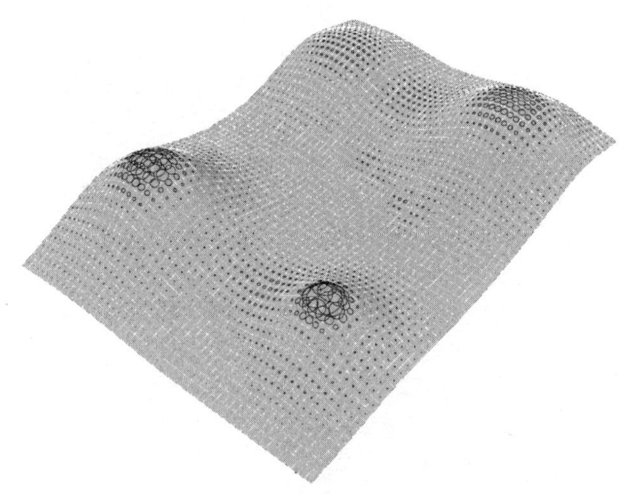

图 2.3-63　生成圆圈后的曲面

（7）虽然可以很明显的看到开洞的圆形在曲面上根据曲率大小的变化，但是有些地方圆半径过大，这并不是我们想要的结果，接下来就需要我们对圆的半径进行进一步规整和处理，有很多途径来达到我们的目的。在这里介绍两种，一种是数据的重映射，一种则是直接规定数据的最大最小值进行统一。

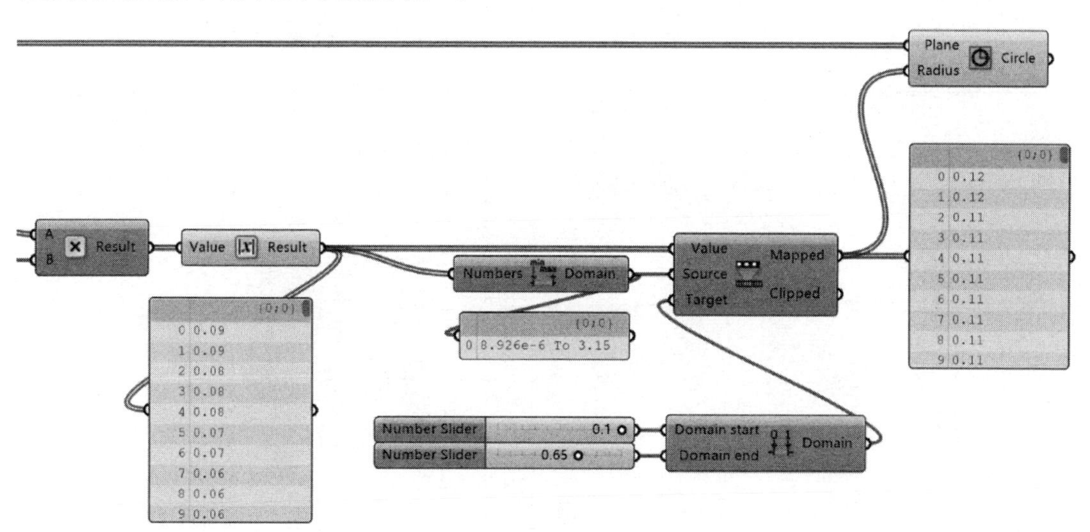

图 2.3-64　圆圈半径数据调整

1）思路一：Remap 运算器可以将一个区间内的数据映射到另一个区间内，是我们常用来重映射数据的一种方法。如图 2.3-64 所示 Remap Numbers 运算器有三个输入端，Value 接受原数据，Source 接受的是原数据的值域，Target 则是要映射的目标域，（这个运算器在 Math 章节会详细讲解），我们用 Bounds 运算器来取得所有数据的值域，并用 Construct Domain 运算器来建立一个新的目标值域，将这些数据连接到对应输入端，输出端 Mapped 即为映射后的数据，可以通过 Panel 看到前后数据的变化。将重映射后的数据连入 Circle 运算器的 Radius 输入端，得到规整后的结果（如图 2.3-65 所示）。

图 2.3-65 调整后的圆圈

2）思路二：直接规定大小值，这里用到了 Grasshopper 中简单的条件判断语句（在 2.5 节会详细讲解）。这里我们尝试另一种解决方案，即将曲率大的区域开洞设定一个最大值，而曲率过小的地方选择不开洞。首先，我们用 Expression 来设定圆半径的最大值（如图 2.3-66 所示）。

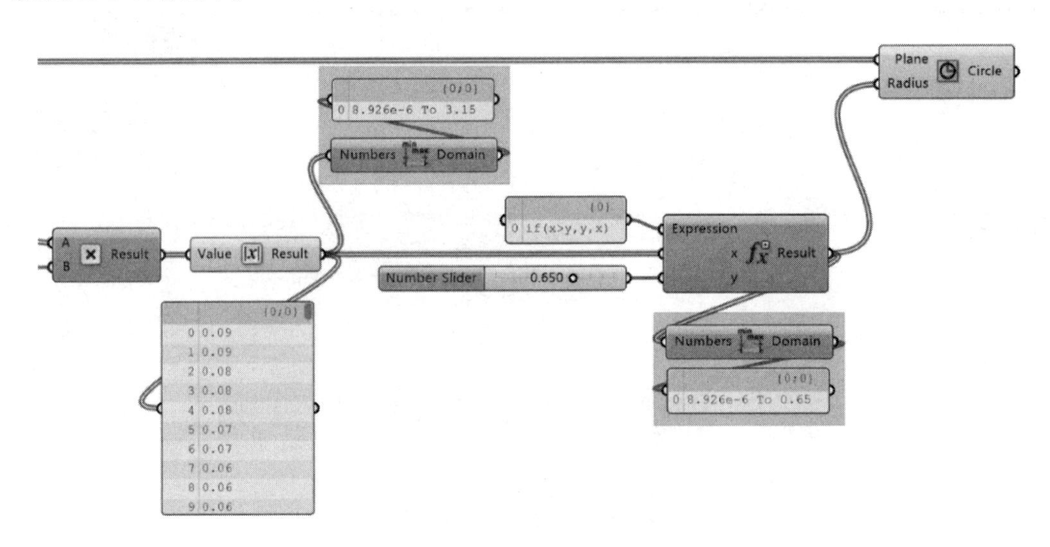

图 2.3-66 规定半径最大值

Expression 运算器有很多用法，这里我们在 Expression 输入端写入了一个条件语句，设定了两个变量的输入端 x、y，这个条件语句的意义为：如果 x>y，则将 x 设为 y 的值，否则保持 x 原来的值不变。通过 Bounds 运算器连接 Panel 观察可以看到我们将原来数据的最大值设定到了我们规定的值 0.65，连入 Circle 运算器的 Radius 输入端，得到如图 2.3-67 所示结果。

图 2.3-67 调整后的圆圈

接下来我们通过 Cull Pattern 将半径过小的圆直接剔除掉不打洞，这里注意 Cull Pattern 输入端我们需要输入的布尔值逻辑，我们需要半径小于某值的所有圆被剔除掉，即布尔值为 False，事实上我们要用 Larger 运算器（如图 2.3-68 所示），即如果第一个数大于第二个数，则输出为 True，否则为 False，也就是剔除掉了过小的值，最终结果如图 2.3-69 所示。

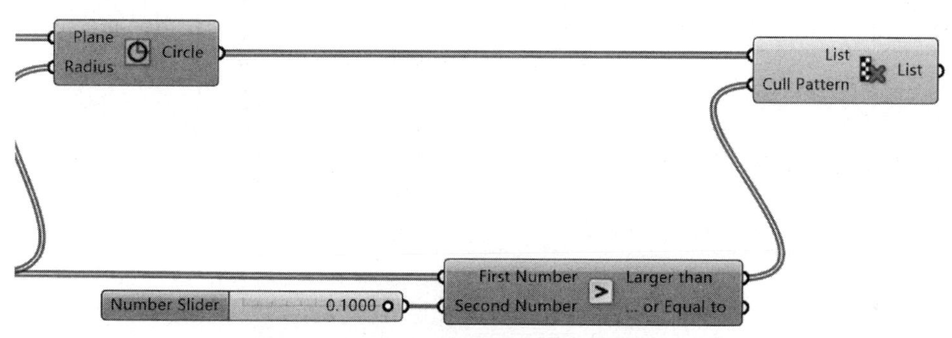

图 2.3-68 剔除半径过小的圆圈

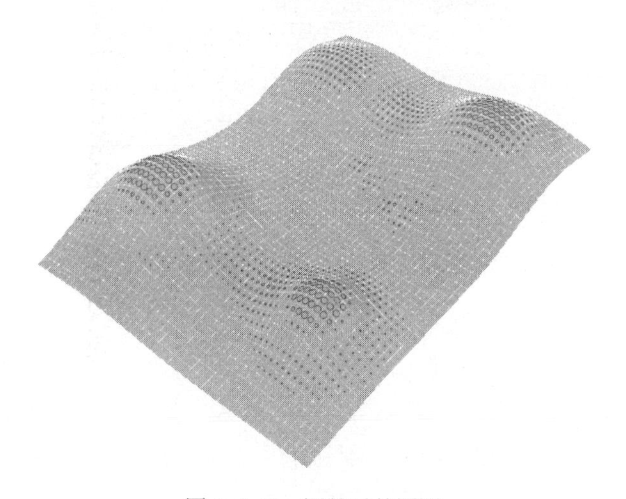

图 2.3-69 调整后的圆圈

两种方式途径不同，读者可以自行尝试。第二种方式更多的是扩展思路，对条件语句的简单应用，很多时候会为棘手的问题提供解决方法。

（8）最后一步则是用 Split Surface 运算器用我们生成的图案对原曲面进行打洞。将处理过后的圆输入 Split Surface 的 Curves 端，最初的原曲面输入 Surface 端。可以看到输出端有很多个修剪过的曲面，这是 Split Surface 的默认运算逻辑，只有第一项是我们需要被打洞的曲面，其他则为打洞后被剔除的圆洞面，用 List Item 提取第一项即可（如图 2.3-70 所示）。

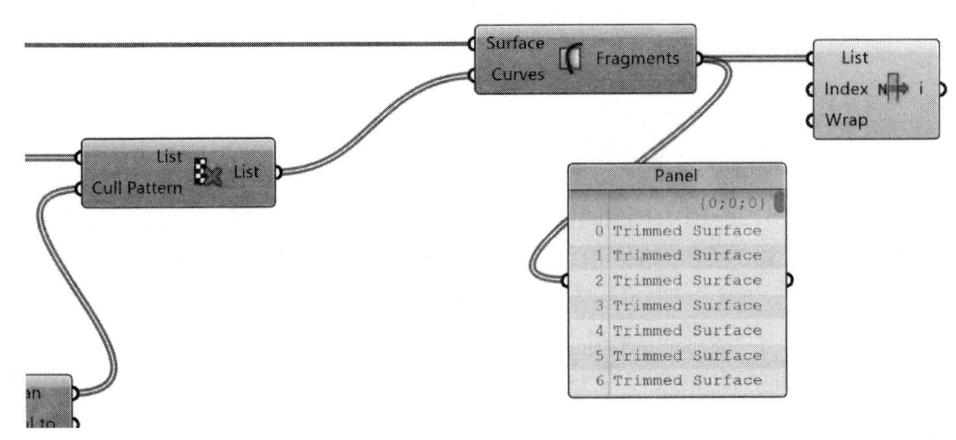

图 2.3-70　修剪曲面

最终得到结果如图 2.3-71 所示。

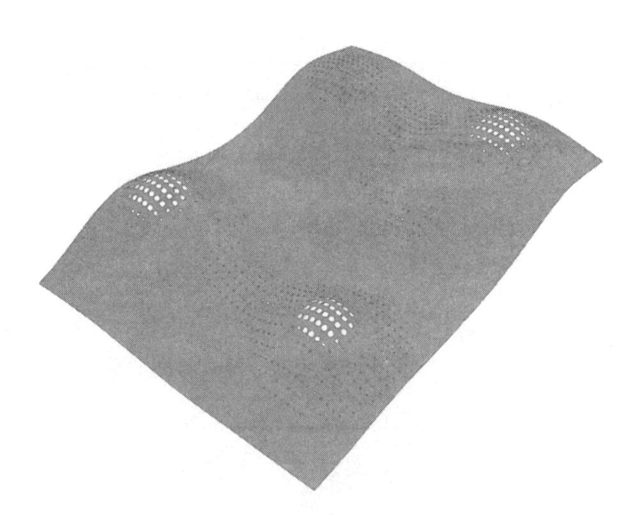

图 2.3-71　最终修改得到曲面

图 2.3-72 是整个 Grasshopper 脚本，包含了方法 1 和方法 2。

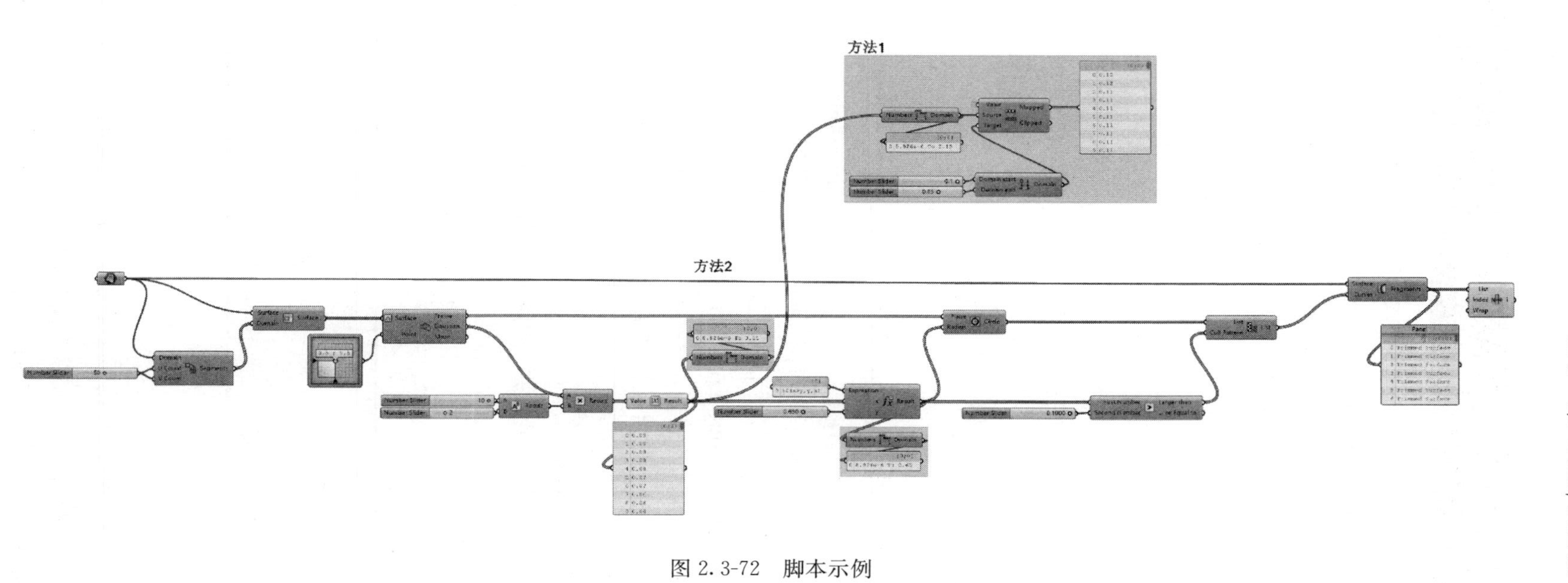

图 2.3-72 脚本示例

2.4 变动控制 Transformation

在 Rhino 这样的建模软件中，变形是对基础几何物体做出改变以得到复杂几何物体的主要途径。Grasshopper 对 Rhino 一脉相承。本节主要涉及三种 Grasshopper 内的变换逻辑，分别是**欧几里得变换（Euclidean transformation）**、**仿射变换（Affine transformation）**和**变形（Morph）**（如图 2.4-1 所示）。

2.4.1 普遍概念

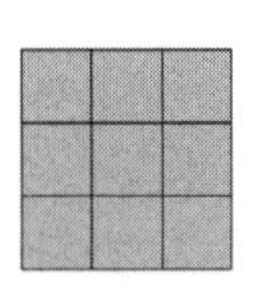

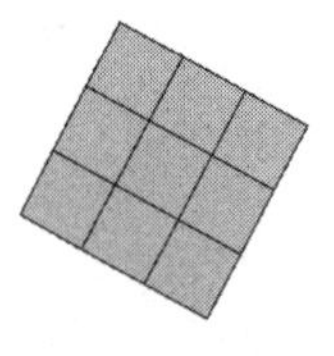
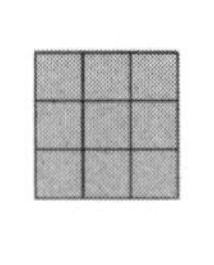
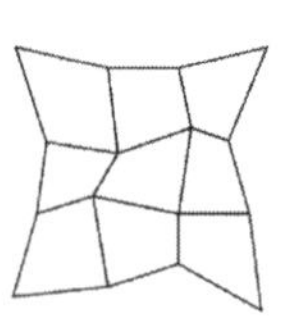

原几何图形　欧几里得变换：旋转　仿射变换：缩放　变形

图 2.4-1 变动控制示例图

2.4.1.1 欧几里得变换 Euclidean Transform

欧几里得变换，也称为刚性变形（Rigid Transformation），由于保留了几何物体每对点之间的欧几里得距离，保持了原有图形的长度以及角度等属性，即原有物体的形状和大小不变。一般的欧几里得变换包括平移、旋转和镜像。

2.4.1.2 仿射变换 Affine Transform

仿射变换保留点之间的共线性，直线上点之间的距离比例和平面关系，仿射变换后，平行线依旧保持平行，但不保留长度或者角度属性。常见的仿射变换包括缩放、修剪、投影。

2.4.1.3 变形 Morph

通过一个 Bounding Box 定义原几何物体空间，通过 Box 的变化实现对几何物体的变换。

几何物体变换特征　**表 2.4-1**

变形	保持	不保持
欧几里得	形状、大小	位置
仿射	平行性	形状、大小、位置
变形	拓扑关系	几何属性

2.4.2 向量

从数学意义上讲，变形记录了两个点之间的变化。要移动一个点到特定位置，从坐标上来讲需要各个坐标值加上或者减去移动的距离 $\vec{x}$，$\vec{y}$，$\vec{z}$，而一个几何物体的各个顶点通过如此变换则得到了整个几何物体的变换。所以要移动一个物体的顶点需要移动的方向、距离，而这两个元素则构成了我们通常所说的向量 $\vec{V}$。这样一个物体的变换就可以通过初始坐标和向量定义。

Grasshopper 里 Vector——vector 组件栏中提供了以下运算器来创建和修改向量：

2.4.2.1 创建向量

两点定义向量 Vector 2Pt

Vector 2Pt 输入端 **表 2.4-2**

名称	数据类型	说明
Point A(A)	Point	向量起点
Point B(B)	Point	向量终点
Unitize(U)	Boolean	是否单位化

Vector 2Pt 输出端 **表 2.4-3**

名称	数据类型	说明
Vector(V)	Vector	生成的向量
Length(L)	Number	向量的长度

Vector 2Pt 通过两个点定义一个向量，起点 A 与终点 B，输入端 Unitize 接受一个布尔类型的输入，连接 Boolean toggle 运算器，若为 True，则将目标向量单位化（长度为 1）。输出端为 V，得到的向量和 L，向量长度，即 A、B 两点间的直线距离（如图 2.4-2 所示）。

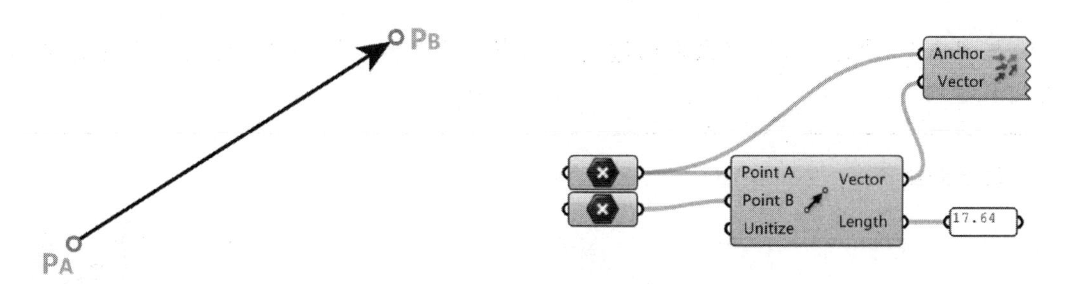

图 2.4-2 向量创建示例图

2.4.2.2 编辑向量

单位向量及向量长度 Unit Vector & Vector Length

Unit Vector & Vector Length 输入端 表 2.4-4

名称	数据类型	说明
Vector(V)	Vector	要计算的向量

Unit Vector & Vector Length 输出端 表 2.4-5

名称	数据类型	说明
Vector(V)	Vector	单位化的向量
Length(L)	Number	向量的长度

在很多场景中，我们可能只需要向量的方向，而不需要定义向量的长度，这时候会用到 Unit Vector 运算器；和 Vector 2Pt 运算器输入端 Unitize 为 True 的效果相同，单位化后的向量长度变为 1。使用 Vector Length 则可以得到向量的长度。

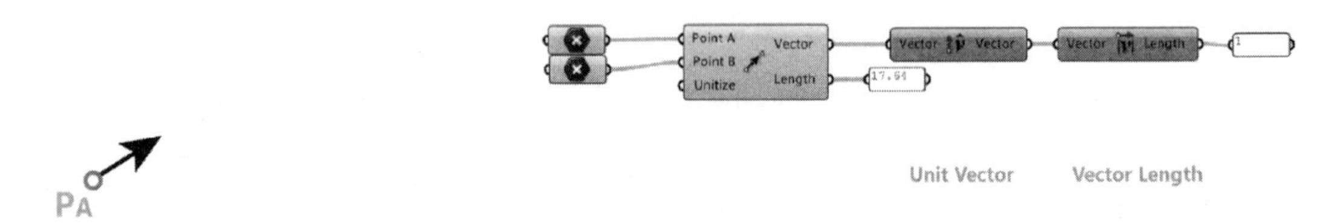

图 2.4-3 单位向量

如图 2.4-3 所示，上一步我们通过点 A 和点 B 定义的向量经过单位化后长度变为 1，方向不变。

改变向量长度 Amplitude

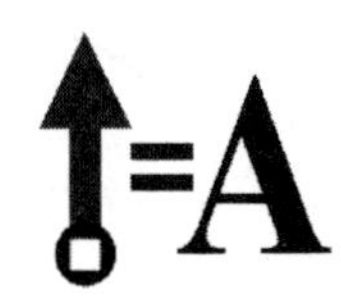

Amplitude 输入端 表 2.4-6

名称	数据类型	说明
Vector(V)	Vector	输入向量
Amplitude(A)	Number	向量长度

Amplitude 输出端　　表 2.4-7

名称	数据类型	说明
Vector(V)	Vector	生成的向量

Amplitude 运算器则为输入的向量赋予一个新的长度值。得到的新向量保留了原有方向并且变成了定义的长度。当长度为负值时，向量将变为原向量的相反方向（如图 2.4-4 所示）。

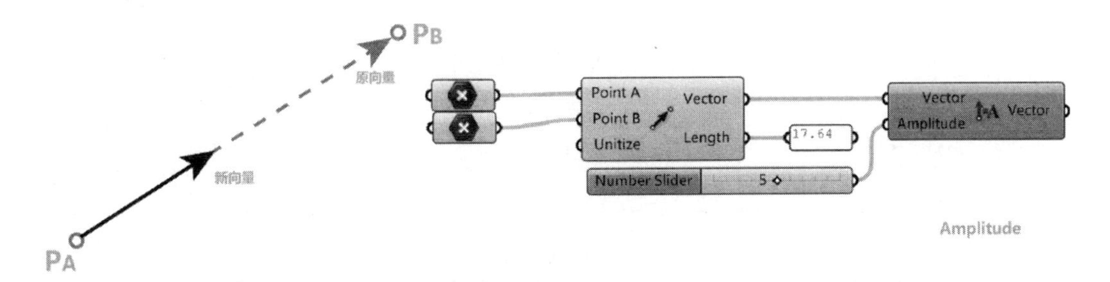

图 2.4-4　示例图

X，Y，Z 轴单位向量　Unit X/Y/Z

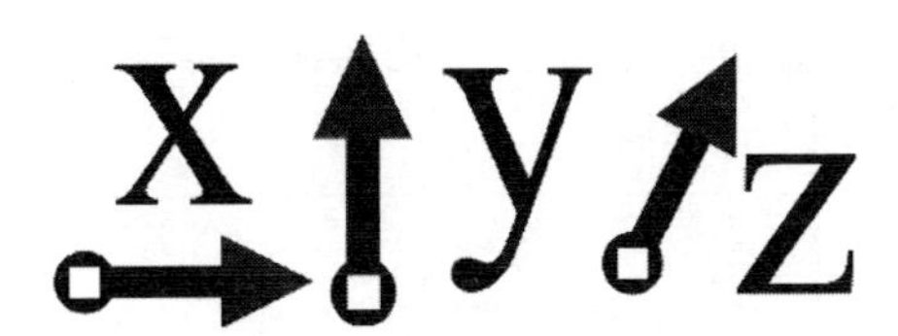

Unit X/Y/Z 输入端　　表 2.4-8

名称	数据类型	说明
Factor(F)	Number	向量长度

Unit X/Y/Z 输出端　　表 2.4-9

名称	数据类型	说明
Unit Vector(V)	Vector	生成的向量

Unit X&Y&Z 运算器则为用户生成一个沿世界坐标轴的向量。输入端 Factor 默认为 1，即生成单位向量。输入数值可定义向量长度（如图 2.4-5 所示）。

图 2.4-5　示例图

2.4.3 欧几里得变换

移动 Move

Move 输入端 **表 2.4-10**

名称	数据类型	说明
Geometry(G)	Geometry	要移动的几何体
Motion(T)	Vector	移动向量

Move 输出端 **表 2.4-11**

名称	数据类型	说明
Geometry(G)	Geometry	移动后的几何体
Transform(X)	Transform	变动的三维数据

通过输入一个几何源图形和指定向量，物体将向指定向量方向移动指定距离（如图 2.4-6 所示）。

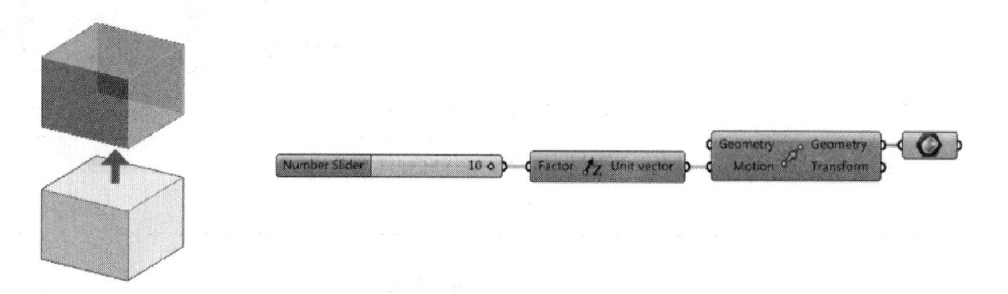

图 2.4-6 移动示例图

旋转 Rotation

Rotation 输入端 **表 2.4-12**

名称	数据类型	说明
Geometry(G)	Geometry	要旋转的几何体
Angle(A)	Number	旋转弧度(角度)
Plane(P)	Plane	旋转平面

Rotation 输出端 表 2.4-13

名称	数据类型	说明
Geometry(G)	Geometry	旋转后的几何体
Transform(X)	Transform	变动的三维数据

通过指定角度与旋转的平面，将输入几何物体旋转。注意这里的 Angle 是弧度值，如需改为角度值，鼠标右键点击 Angle 选择 Degree 变为角度值输入。输出值中的 Geometry 是旋转后的物体，Transform 是 Transform 矩阵值（如图 2.4-7 所示）。

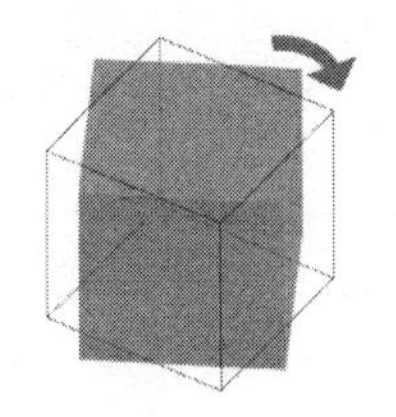

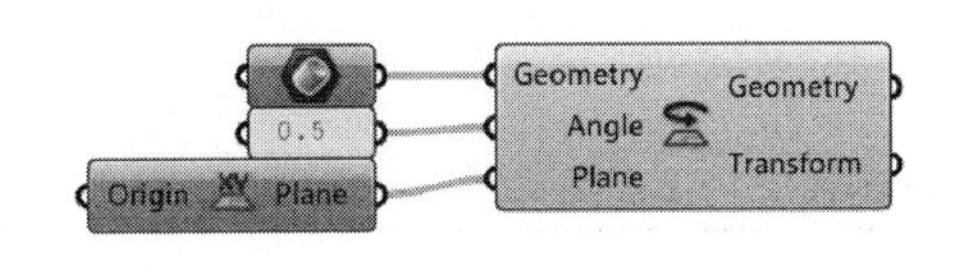

图 2.4-7 旋转示例图

绕轴旋转 Rotation Axis

Rotation Axis 输入端 表 2.4-14

名称	数据类型	说明
Geometry(G)	Geometry	要旋转的几何体
Angle(A)	Number	旋转弧度(角度)
Axis(X)	Line	旋转中心轴

Rotation Axis 输出端 表 2.4-15

名称	数据类型	说明
Geometry(G)	Geometry	旋转后的几何体
Transform(X)	Transform	变动的三维数据

通过定义角度与旋转中心轴，将输入几何物体旋转一定角度。与上个例子稍有差别的是，这里将弧度值改为了角度值，可以看到 Angle 输入端有一个角度图标的出现（如图 2.4-8 所示）。

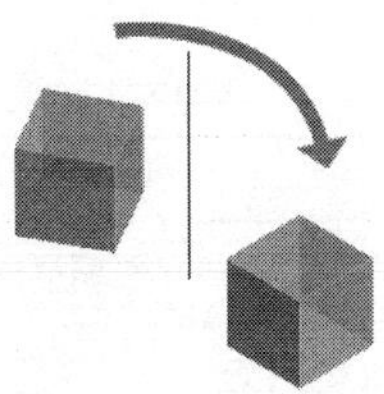

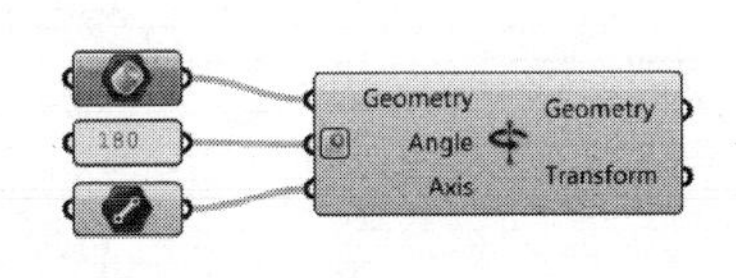

图 2.4-8 绕轴旋转示例图

定位 Orient

Orient 输入端 **表 2.4-16**

名称	数据类型	说明
Geometry(G)	Geometry	要旋转的几何体
Source(A)	Plane	参考平面
Target(B)	Plane	目标平面

Orient 输出端 **表 2.4-17**

名称	数据类型	说明
Geometry(G)	Geometry	变动后的几何体
Transform(X)	Transform	变动的三维数据

通过定义一个源平面（Source Plane）和目标平面（Target Plane），将几何物体定位到新的目标平面位置（如图 2.4-9 所示）。

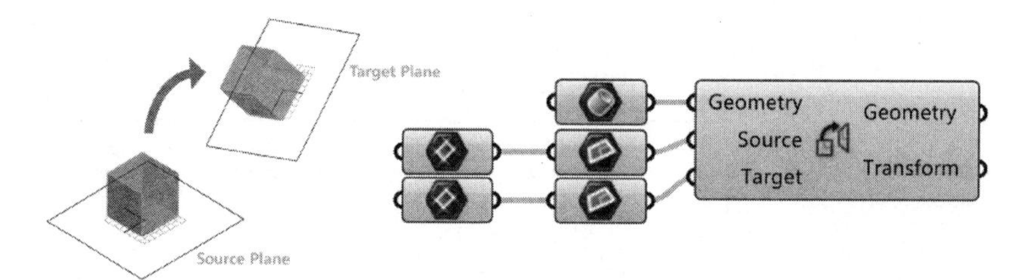

图 2.4-9 定位示例图

2.4.4 仿射变换

缩放 Scale

Scale 输入端 **表 2.4-18**

名称	数据类型	说明
Geometry(G)	Geometry	要缩放的几何体
Center(C)	Point	缩放中心
Factor(F)	Number	缩放倍率

Scale 输出端　　表 2.4-19

名称	数据类型	说明
Geometry(G)	Geometry	缩放后的几何体
Transform(X)	Transform	变动的三维数据

通过指定缩放中心、缩放倍数将几何物体向 X、Y、Z 三轴缩放相同的大小。下面这个例子通过 Volume 运算器（Surface=>Analysis）得到立方体的体心作为缩放中心，将原有立方体以体心为中心缩放两倍（如图 2.4-10 所示）。

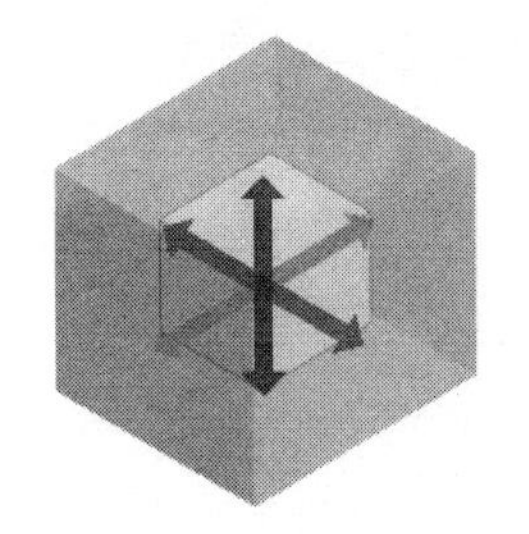
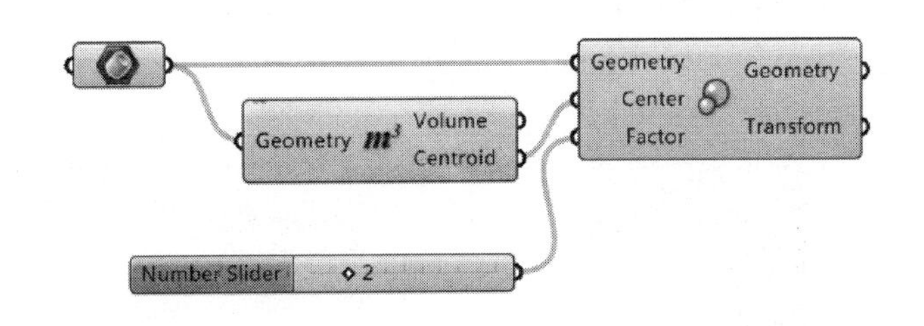

图 2.4-10　三轴缩放示例图

不等比缩放　Sclaenu

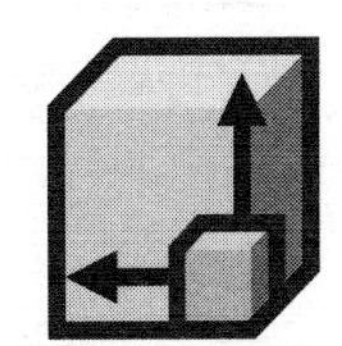

Sclaenu 输入端　　表 2.4-20

名称	数据类型	说明
Geometry(G)	Geometry	要缩放的几何体
Plane(P)	Plane	缩放平面
Scale X(X)	Number	X 轴缩放倍率
Scale Y(Y)	Number	Y 轴缩放倍率
Scale Z(Z)	Number	Z 轴缩放倍率

Sclaenu 输出端　　表 2.4-21

名称	数据类型	说明
Geometry(G)	Geometry	缩放后的几何体
Transform(X)	Transform	变动的三维数据

在指定缩放平面后，通过分别定义 x 轴、y 轴、z 轴的缩放大小对原物体进行缩放。如图 2.4-11 所示，指定缩放平面（缩放中心点）为立方体体心，分别在 X、Y、Z 轴缩放 2、3、4 倍（如图 2.4-11 所示）。

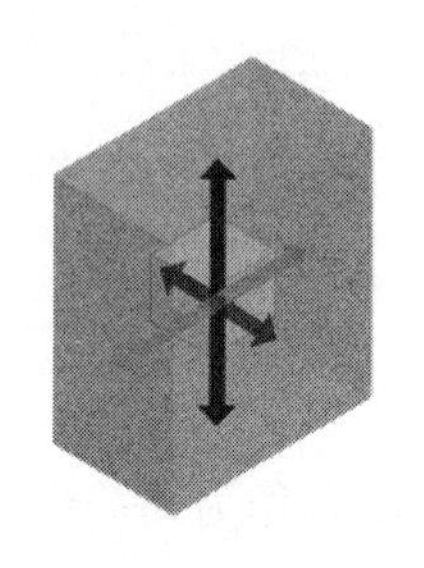

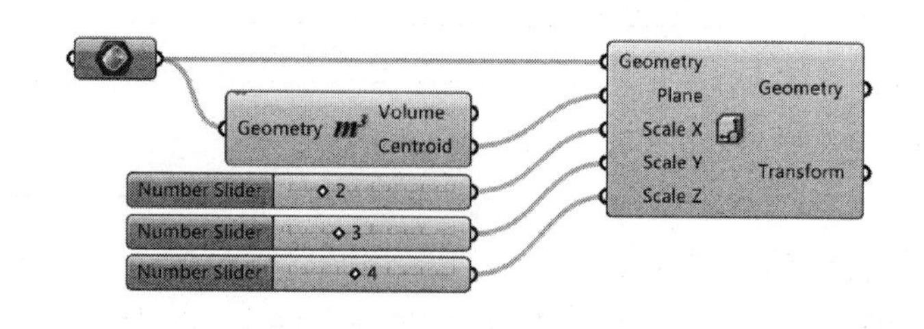

图 2.4-11 不等比缩放示例图

而在图 2.4-12 中，将缩放平面改为立方体的其中一个角点，将得到完全不同的结果。

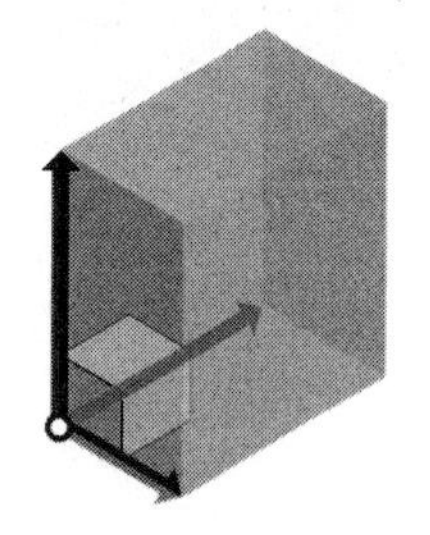

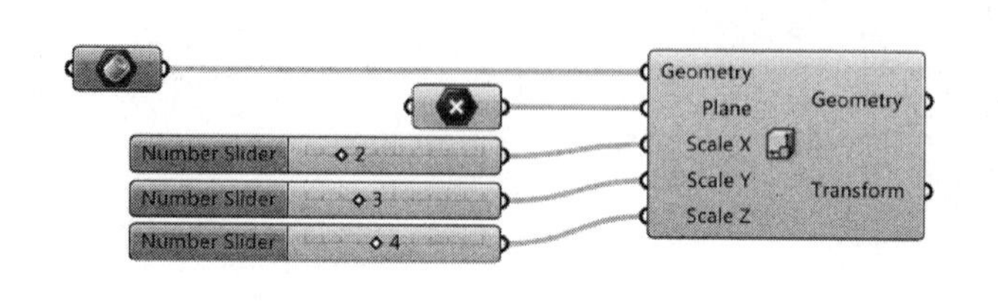

图 2.4-12 示例图

投影 Project

Project 输入端 **表 2.4-22**

名称	数据类型	说明
Geometry(G)	Geometry	要投影的几何体
Plane(P)	Plane	投影的目标平面

Project 输出端 **表 2.4-23**

名称	数据类型	说明
Geometry(G)	Geometry	投影后的几何体
Transform(X)	Transform	变动的三维数据

投影是经过严格的几何定义，将几何图形平行投影到目标平面上。通俗意义上讲就是正视图得到的几何图形（如图 2.4-13 所示）。

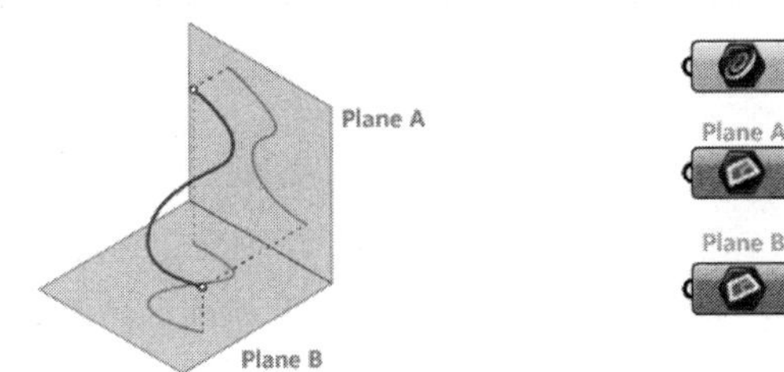

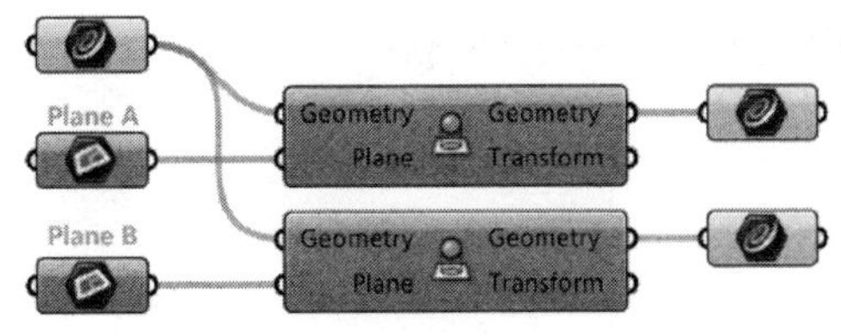

图 2.4-13 投影示例图

2.4.5 变形

方体变形 Box Morph&Twisted Box

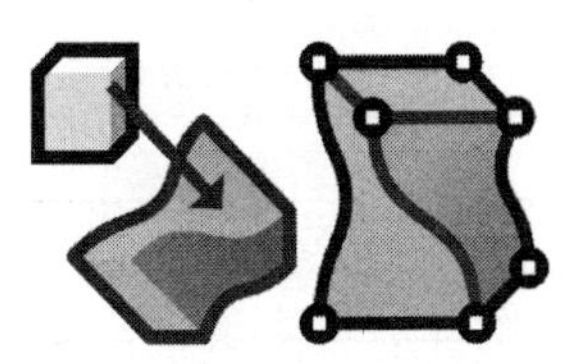

Box Morph&Twisted Box 输入端 表 2.4-24

名称	数据类型	说明
Geometry(G)	Geometry	要变形的几何体
Reference(R)	Box	参考 box
Target(T)	Box	目标 box

Box Morph&Twisted Box 输出端 表 2.4-25

名称	数据类型	说明
Geometry(G)	Geometry	变形后的几何体

Box Morph 和 Twisted Box 都是基于一个 Bounding Box 来将物体变形。

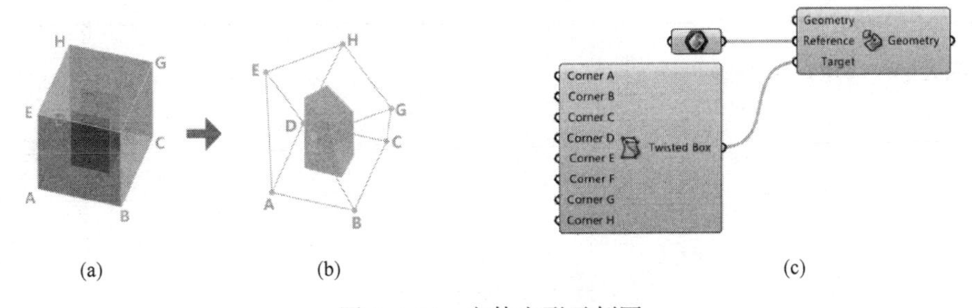

图 2.4-14 方体变形示例图

如图 2.4-14 所示，我们定义了一个包含一个立方体的 Box（图 a），输入 Box Morph 的 Reference 端，然后分别拾取 8 个点自定义一个 Twisted Box，如图 2.4-14（b）外框所示（注意节点的顺序），输入 Box Morph 的 Target 端，将原物体进行 Box Morph 后得到图 2.4-14（b）里面的几何物体。

曲面变形 SurfaceMorph

Surfacemorph 输入端 表 2.4-26

名称	数据类型	说明
Geometry(G)	Geometry	要变形的几何体
Reference(R)	Box	参考 Box
Surface(S)	Surface	目标曲面
U Domain(U)	Domain	U 方向区间
V Domain(V)	Domain	V 方向区间
W Domain(W)	Domain	W 方向区间

Surfacemorph 输出端 表 2.4-27

名称	数据类型	说明
Geometry(G)	Geometry	变形后的几何体

同理，将原单元 A 变形到目标曲面 T 上（如图 2.4-15 所示）。

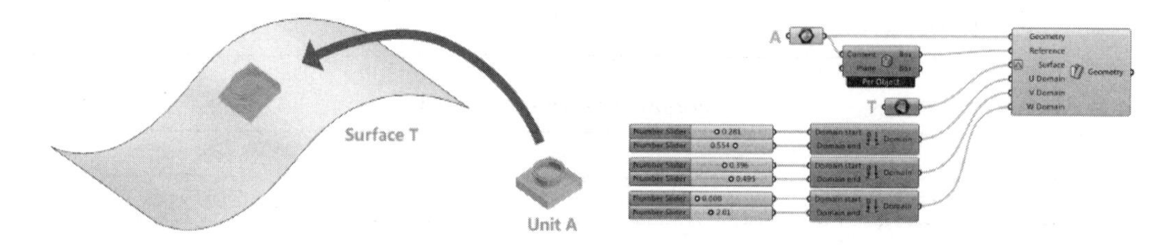

图 2.4-15 曲面变形示例图

曲面方体 Surface Box

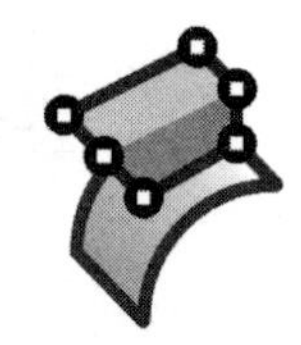

Surface Box 输入端 表 2.4-28

名称	数据类型	说明
Surface(S)	Surface	目标曲面
Domain(D)	Domain2	UV 区间
Height(H)	Number	box 高度

Surface Box 输出端 表 2.4-29

名称	数据类型	说明
Twisted Box(B)	Box	生成的 Box

结合了 Surface Morph 与 Twisted Box，根据 UV 区间生成 Twisted Box 进行 Morph（如图 2.4-16 所示）。

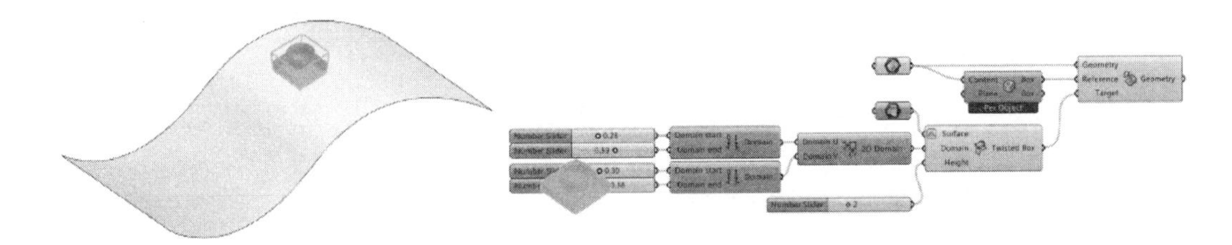

图 2.4-16 曲面方体变形示例图

2.4.6 案例

2.4.6.1 欧几里得变换：以 KIMBALL 艺术中心为例

关于欧几里得变换在建筑中应用的手法十分常见，我们以 BIG 事务所的作品 Kimball 艺术中心为例来讲解一种思路（如图 2.4-17 所示）。

图 2.4-17 Kimball 艺术中心

可以从效果图上看出来，Kimball 艺术中心是一个扭转的方体，我们从 BIG 的分析图上也可以看出这栋建筑的形体操作手法与意图：

（1）由于前身煤场建筑的存在，为了呼应规定了新建筑的高度（如图 2.4-18 所示）。

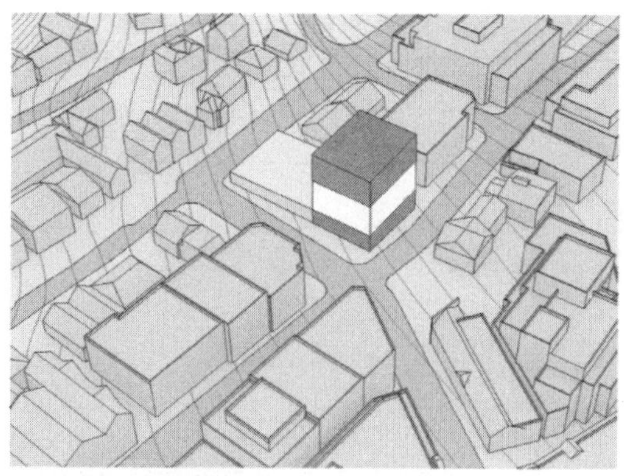

TWO NEW GALLERIES
At 80 feet, the new Kimball Art Center matches the height of the former Coalition Building.

图 2.4-18 建筑高度

（2）底层画廊面向城市主街，符合城市肌理（如图 2.4-19 所示）。

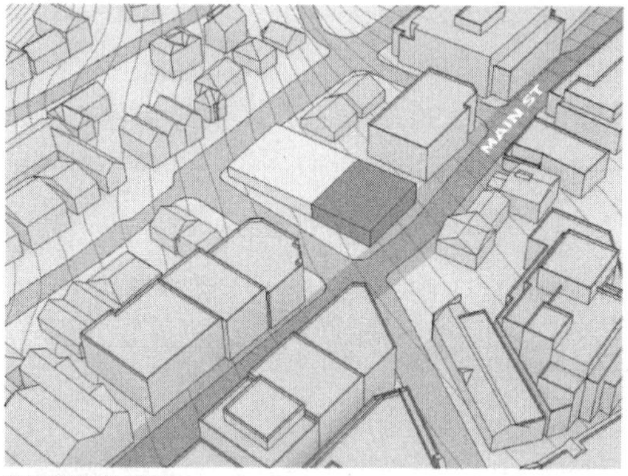

STREET GALLERY
The lower gallery is oriented to Park City's street grid and Main Street.

图 2.4-19 底层画廊

（3）上层画廊扭转朝向作为城市门户的另一条街道（如图 2.4-20 所示）。

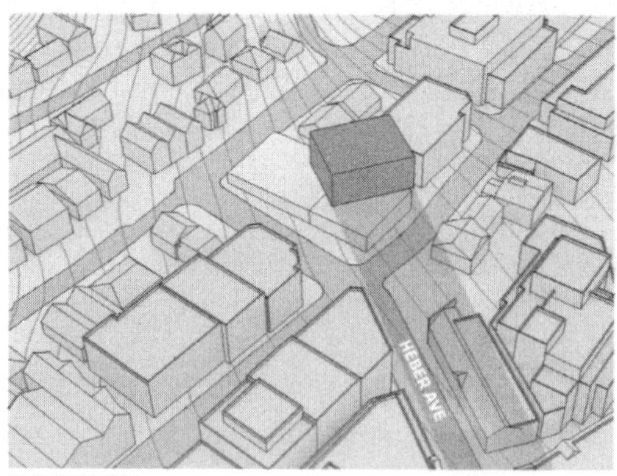

SKY GALLERY
The upper gallery is oriented to Heber Avenue - the gateway to Park City.

图 2.4-20 上层画廊

（4）上下层的体量在中部混接形成一个新的联合扭转的建筑，成为城市的新地标（如图 2.4-21 所示）。

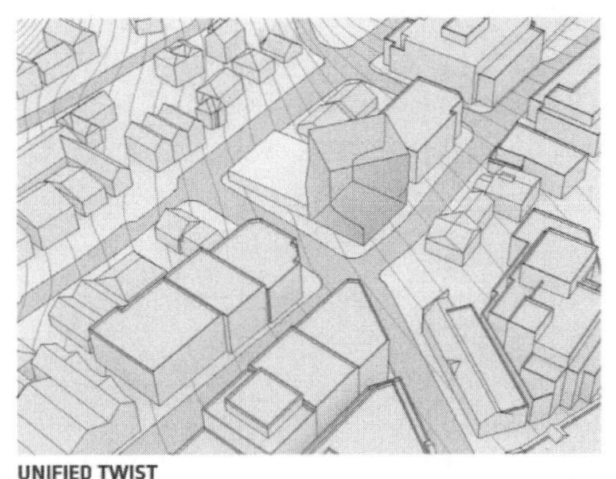

UNIFIED TWIST
The volumes are blended together to form a unified twisting building - a new icon for Park City.

图 2.4-21 形体扭转

（图 2.4-18～图 2.4-21 均来自 BIG 事务所官方网站 *https*：//*big*.*dk*/＃*projects*）

在 Grasshopper 中我们可以通过以下的方式来模拟出这个建筑体量：

（1）建立一个矩形作为基准平面轮廓，假设这里的单位为 m（如图 2.4-22 所示）。

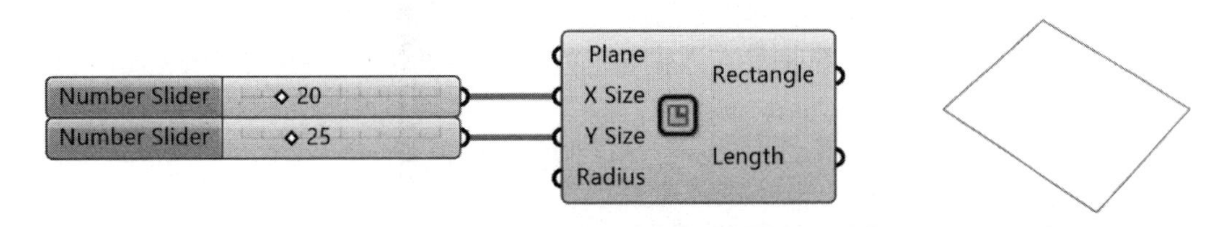

图 2.4-22 建立基准平面轮廓

（2）先将矩形向上移动若干次，作为底部画廊的体量。这里移动的方向是 z 方向，而移动向量的长度则是一个数列，Series 输入端 Start 我们默认为 0，即±0.000 标高的轮廓，Steps 是每层之间的间隔，根据效果图可以看到建筑外立面是一层层的木条，所以我们这里也取了一个较小的值，Count 则是向上移动的层数，也是数列的长度，根据体量关系我们目测一个大概的数量即可。就可以把底平面轮廓向上移动，得到的结果也是一组垂直方向上等距排列的平面轮廓线（如图 2.4-23 所示）。

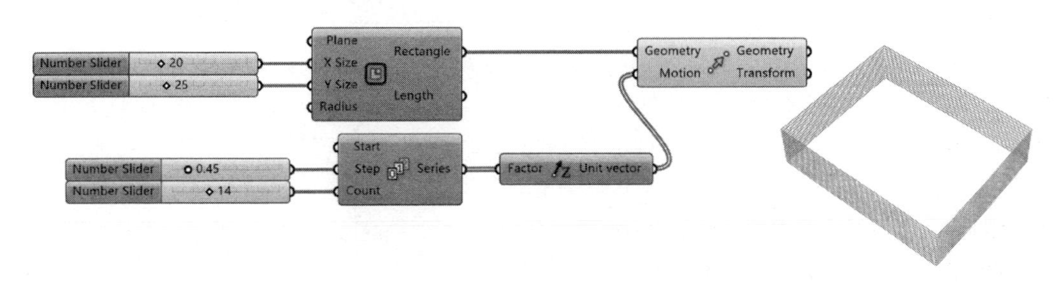

图 2.4-23 建立底部画廊体量轮廓线

（3）接下来我们要完成中间混接的体量，假设上部画廊体量旋转了－60°，我们要提取底部画廊最上层的一根边缘线作为中部混接的体量的底部轮廓线，所以使用 List Item 并在 List 输入端右键点击 Reverse-List，这样就可以提取到底部体量的最后一根轮廓线，同样先用 Series 生成数列作为向上移动的距离数列，这里我们保持 Step 不变，依然为上一步的 0.45，而要注意的是这里 Start 输入端输入的同样是 Step 用到的数据 0.45 而不是默认的 0，因为如果这里为 0，混接体量的第一根轮廓线会和下部画廊体量的最后一根轮廓线重合，所以只取向上移动的一层作为混接体量的轮廓线，如图 2.4-24 所示。

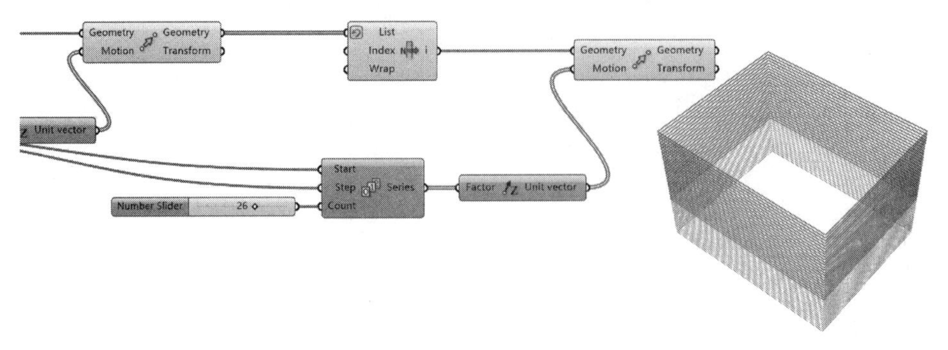

图 2.4-24　建立混接体量轮廓线

（4）接下来我们要对这部分轮廓线进行旋转，使得混接体量的顶部最后一根轮廓线与第一根轮廓线扭转 60°，而中间的平面轮廓则是渐变旋转的。这里会用到比较关键的函数部分：

1）先用 Rotate 运算器，将中部体量的轮廓线输入 Geometry 端，而 Plane 则用 Area 运算器得到每层轮廓线的几何中心作为旋转平面输入，Angle 输入端暂不做处理了，只右键点击 Degree 选项，将默认的弧度制改为角度值（如图 2.4-25 所示）。

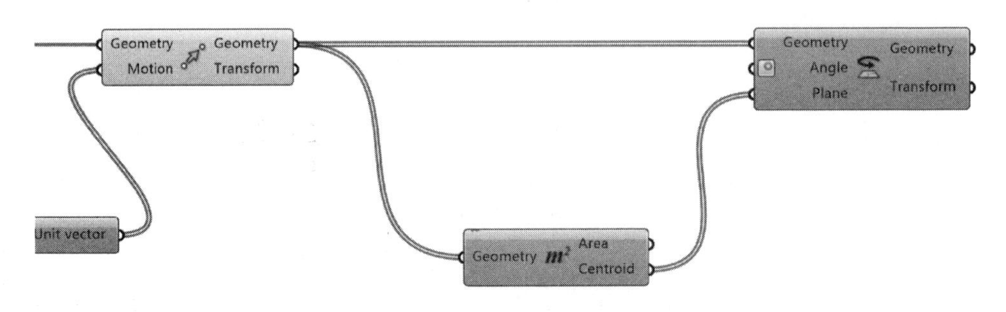

图 2.4-25　轮廓线旋转

2）接下来我们要用到 Graph Mapper 这个关键的运算器，它的功能就是根据输入的自变量通过用户选定的函数类型来输出对应计算得到的应变量。首先用 Construct Domain 默认生成一个 0～1 的区间，然后用 Range 运算器将这个区间均匀取值，要注意在 Steps 输入端要输入一个 Expression：x-1，这是由于 Range 运算器的特性，这样才能保持输入端与输出端数列长度相等，然后用 List Length 运算器得到中间体量轮廓线的数量来生成相应数量的应变值，最后将其输入 Graph Mapper 运算器，在 Graph Mapper 运算器上鼠标右键点击中的 Graphtypes 选项中可以看到有很多函数可以选择，我们这里选择正弦函数曲线 Sine。最终生成了一个包含 26 个数的 0 到 1 的数列，并且这些数值符合我们所选择的正弦曲线。这是因为如 Graph Mapper 运算器显示的，自变量和因变量的值域都是 0～1，这并不是我们能使用的结果，接下来我们依然要进行数据的重映射来处理（如图 2.4-26 所示）。

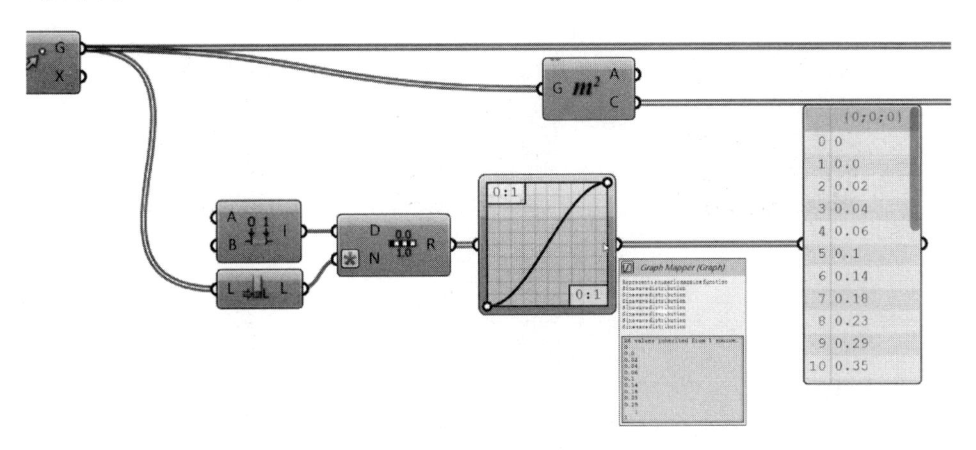

图 2.4-26　获取正弦曲线数值

3）如图 2.4-27 所示，用 Remap 运算器将这 26 个数从 0～1 的区间映射到 0～60 的区间，作为中部混接的体量的旋转角度，输入 Rotate 运算器的 Angle 端，就看到了运算结果（如图 2.4-28 所示）。

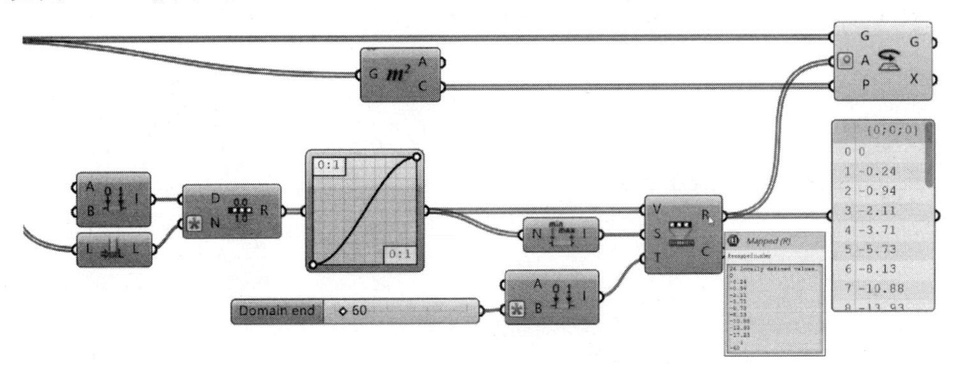

图 2.4-27　数值重映射

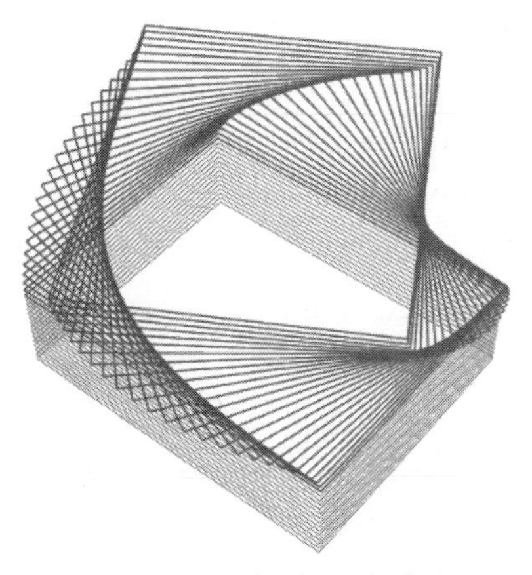

图 2.4-28　旋转后的轮廓线

4）回到 Graph Mapper 这个运算器，可以看到函数曲线有圆形的操控点，不论是移动操控点来改变函数的形状还是在选项中改变函数的类型都会对我们的结果产生直接的影响（如图 2.4-29 所示），读者可以自行尝试。

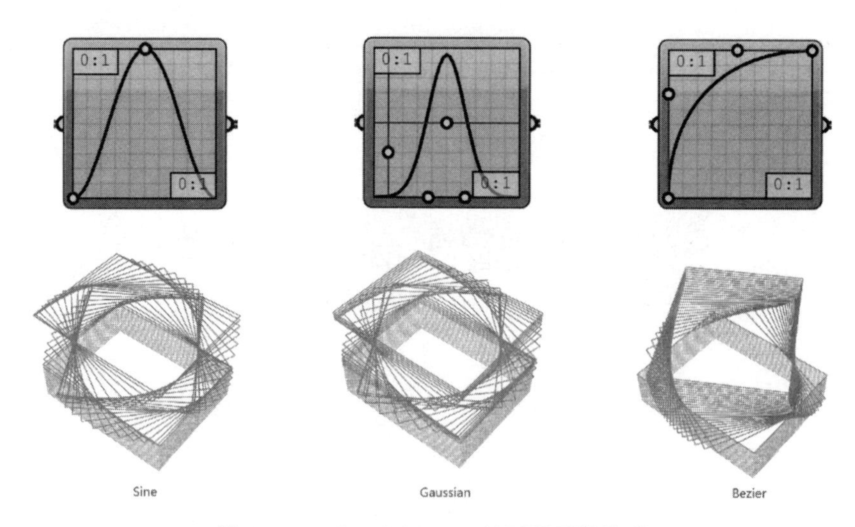

图 2.4-29　Graph Mapper 的不同函数类型

（5）最后顶部画廊的体量轮廓线与上一步相同，依然是提取旋转体量的最后一根线作为第一根线，然后用 Series 生成向上移动的距离（如图 2.4-30 所示）。

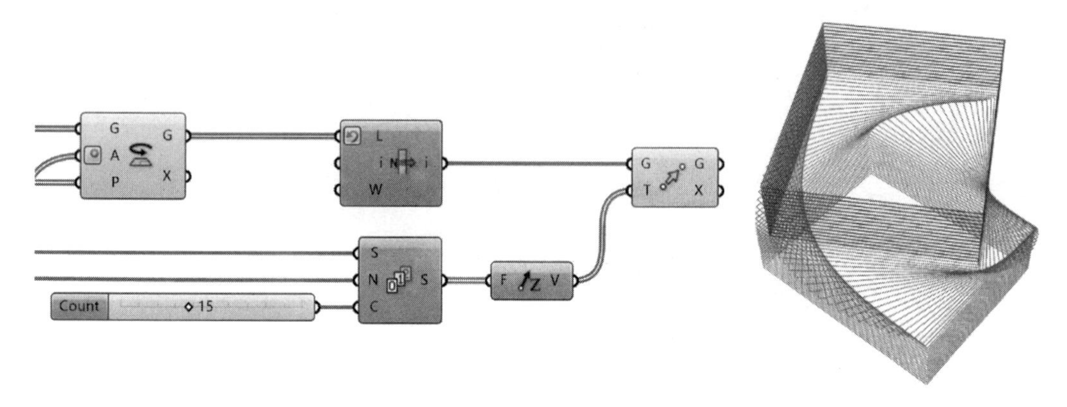

图 2.4-30　顶部画廊轮廓线

（6）最后我们将这些轮廓先 Merge 为一个 List，注意这里可能会出现数据结构不一致，所以在 Merge 运算器输出端进行 Flatten 的操作，然后对所有轮廓线成面，向上挤出为一个实体，挤出的高度则是每层移动的高度（如图 2.4-31 所示）。

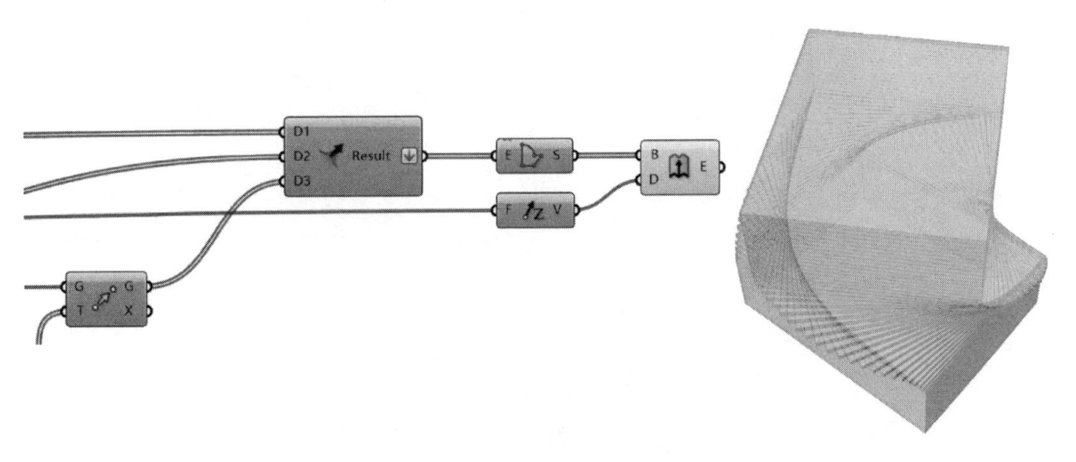

图 2.4-31　挤出实体

可以看出，通过对欧几里得变化的简单应用，BIG 事务所创造出了一个富有感染力的丰富体量（如图 2.4-32 所示）。图 2.4-33 是整个算法的截图。

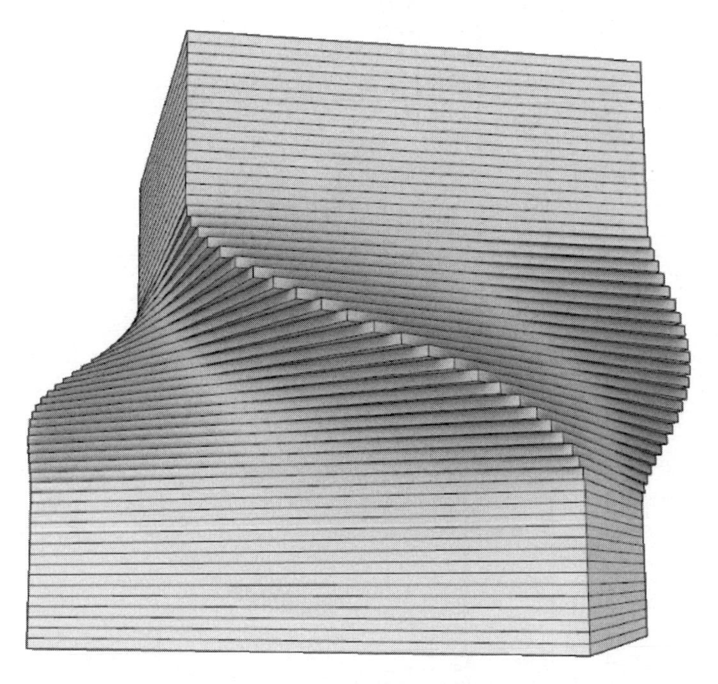

图 2.4-32　最终体量效果

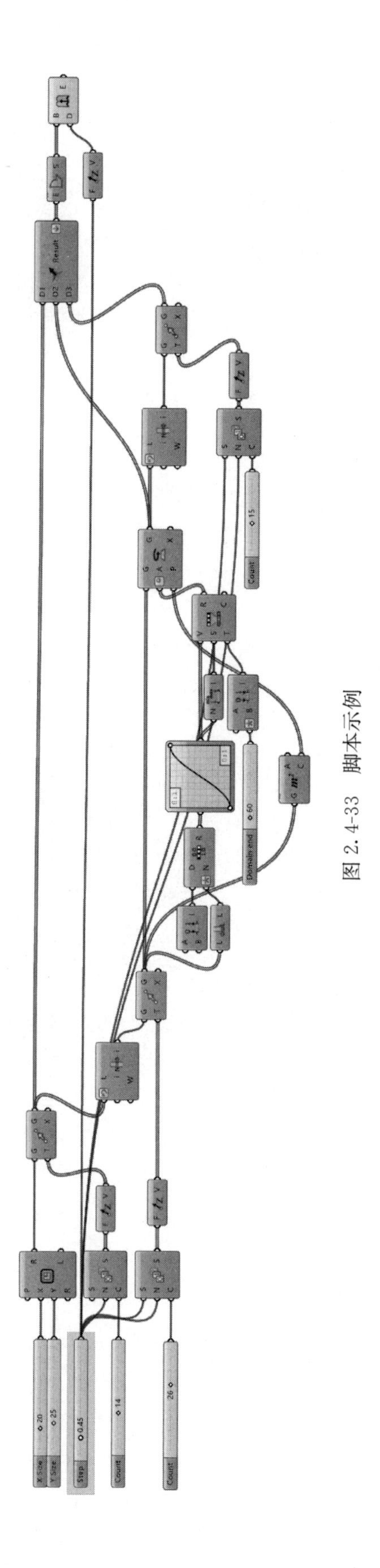

图 2.4-33 脚本示例

2.4.6.2 仿射变换：以梦露大厦为例

MAD 事务所的 AbsoluteTower（又称梦露大厦，如图 2.3-34 所示）是非常有名的建筑作品，其简洁而优美的曲线形体时常被人们所津津乐道。接下来的案例我们将通过综合应用欧几里得变换和仿射变换的方式来重建这一作品的体量。

图 2.4-34 梦露大厦

从总平面上可以看出，这两幢塔楼的标准层基本上都是椭圆形，但总平面的正投影却是个正圆（如图 2.4-35 所示），结合透视图我们可以猜想，这个形体是通过椭圆进行了一定角度的旋转得到的。

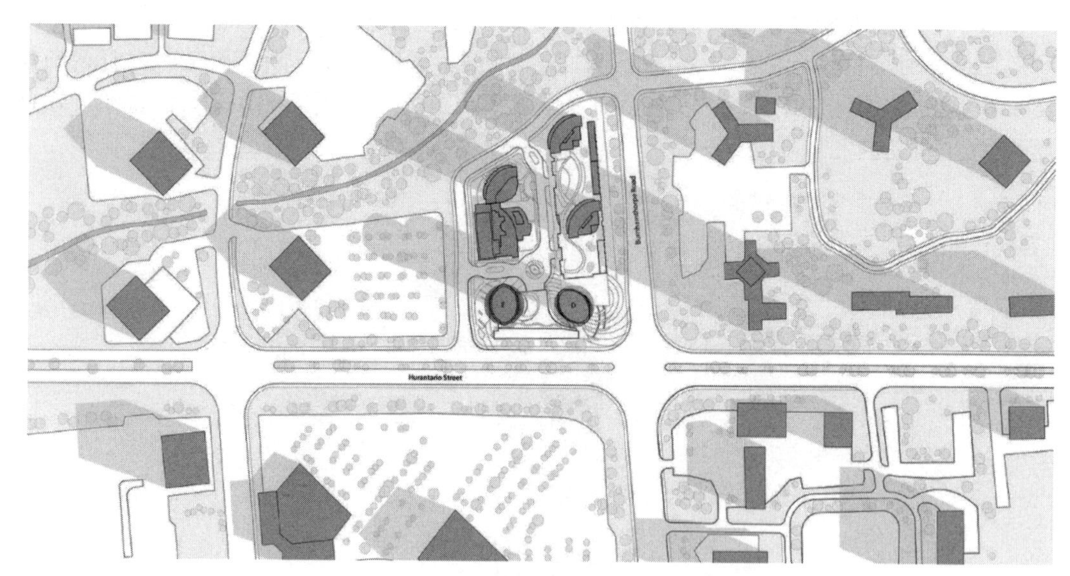

图 2.4-35 总平面图

(1) 所以和上个例子相同，我们先建立基准的平面轮廓线（如图 2.4-36 所示）。

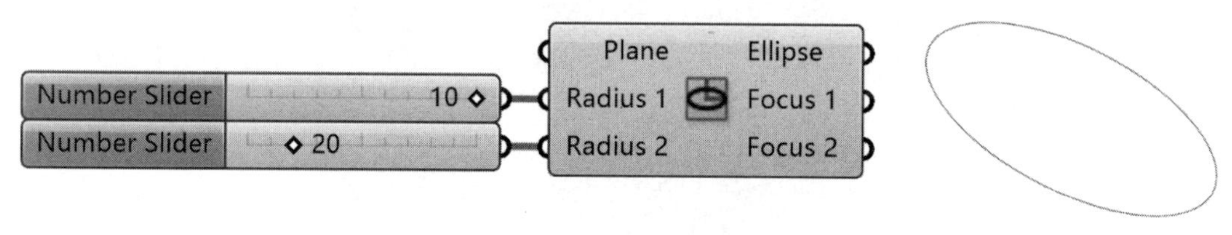

图 2.4-36 建立轮廓线

(2) 依然先用 Move 和 Series 运算器的组合移动出上层的轮廓线（如图 2.4-37 所示）。

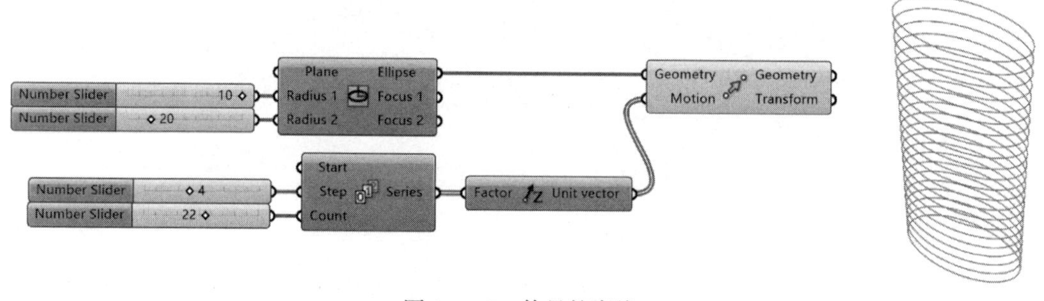

图 2.4-37 体量轮廓线

(3) 和上个例子一样，我们还是用 Graph Mapper 生成旋转的角度，输入到 Rotate 运算器中（如图 2.4-39 所示），从顶视图看，当总的旋转角度超过 180°时，平面投影都会是一个正圆（如图 2.4-38 所示），符合了我们预期的猜想。

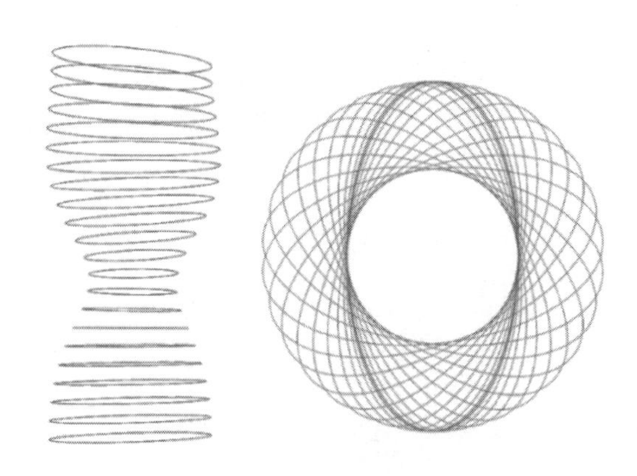

图 2.4-38 旋转后示意图

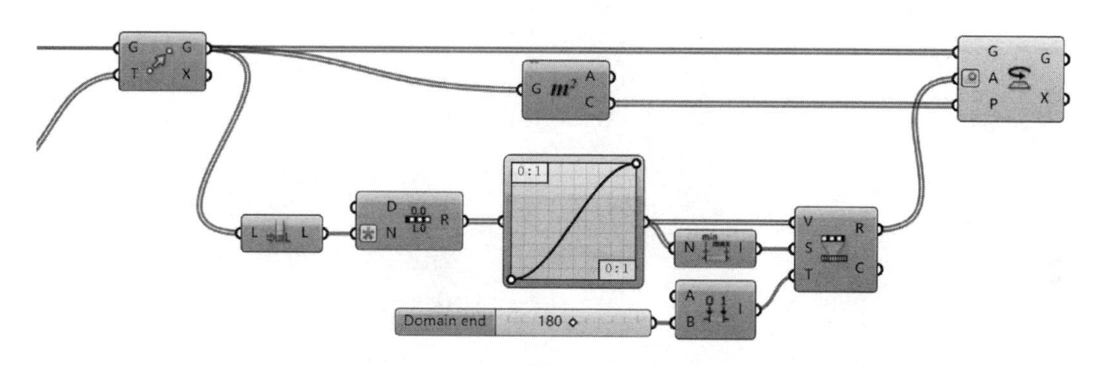

图 2.4-39 Graph Mapper 生成旋转角度

（4）这样生成的形体并不够纤细，在调整层高、层数之后，我们可以加入这样一个步骤，使形体在竖向上也呈现一种曲线的变化，即通过 Graph Mapper 来控制每层轮廓线的缩放来进行仿射变化，从而在竖向上为形体多添加一种控制逻辑（如图 2.4-40 所示）。

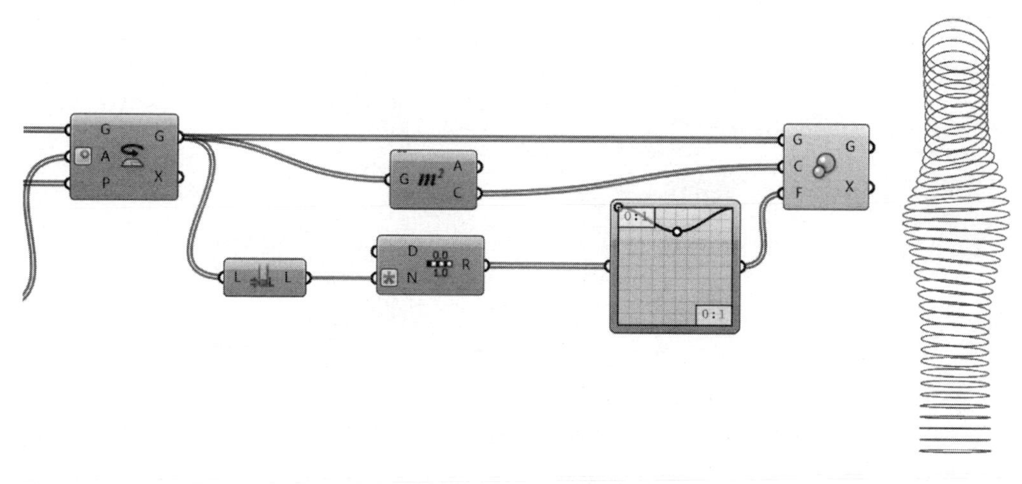

图 2.4-40 调整轮廓

可以看到，我们通过一个反向弧的 Sine 函数，使每层的轮廓线在 0.8～1 区间内缩放，可以使旋转的部位不那么突兀。

轮廓线在 List 中排列的顺序是按照从下到上的，而 Graph Mapper 生成的结果是首尾两端最大，中间数最小，所以这样一个函数控制的缩放程度就是两头不变中间小（如图 2.4-41 所示）。

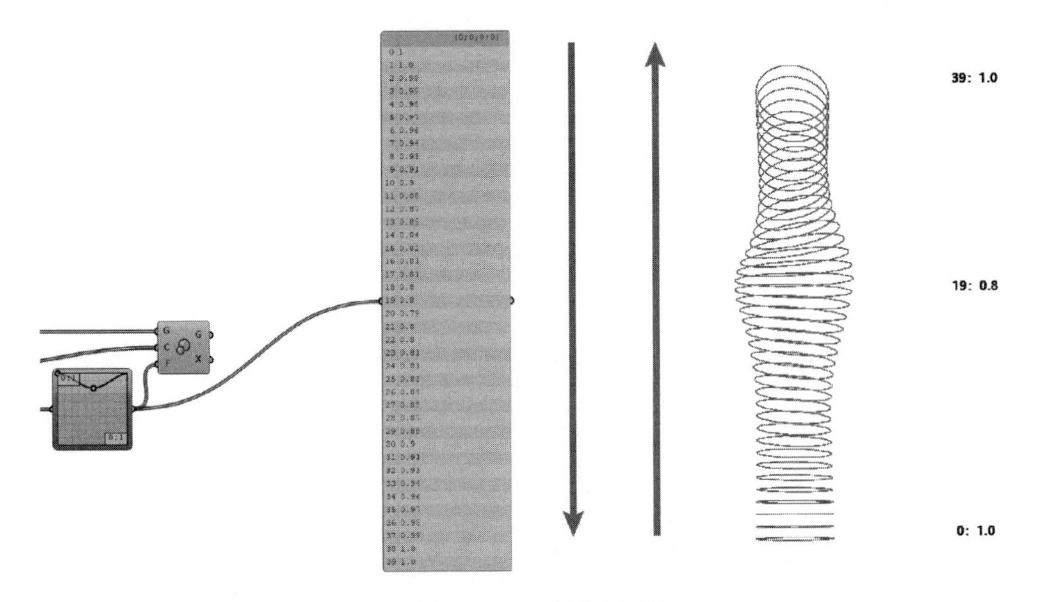

图 2.4-41　函数控制形体

（5）得到了最终的轮廓线，我们便可以通过 Loft 来生成形体，同时用 Offset 和 Extrude 等运算器添加一些细节（如图 2.4-42 所示）。

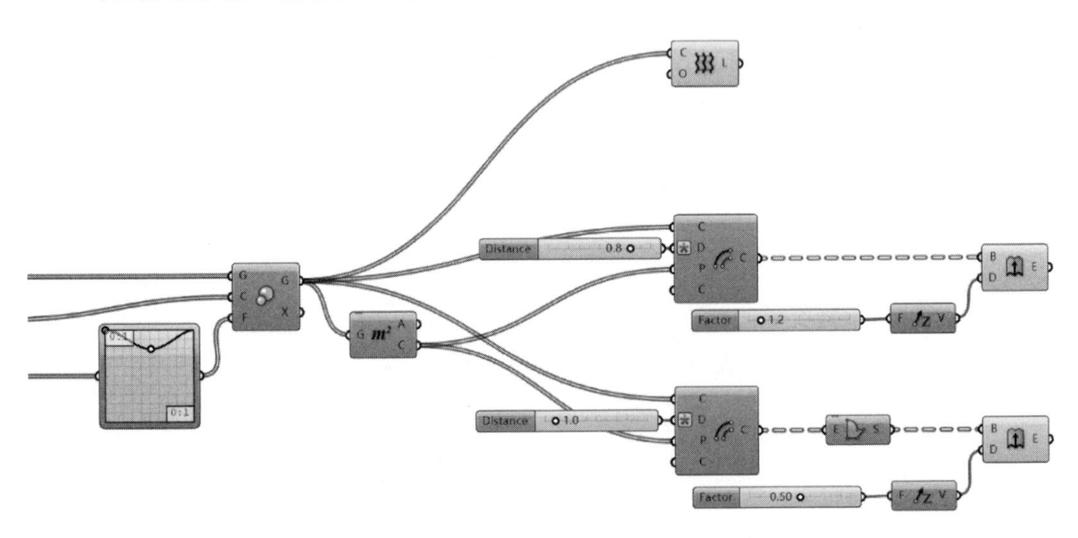

图 2.4-42　形体生成

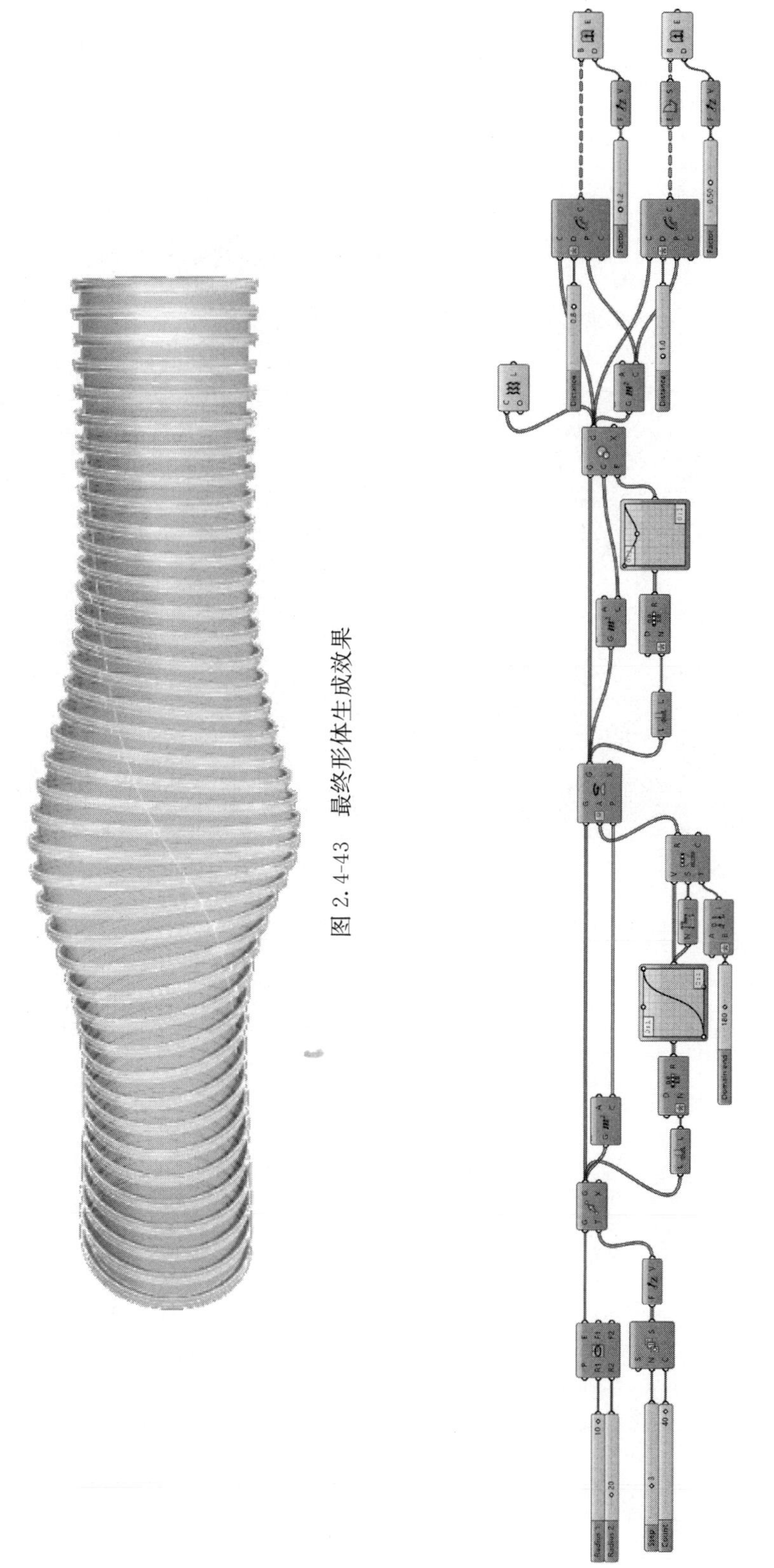

图 2.4-43 最终形体生成效果

图 2.4-44 脚本示例

2.4.6.3 变形：超高层表皮

我们知道，高层建筑的幕墙多用嵌板来形成外立面，所以才会出现很多规范的图案，如图 2.4-45、图 2.4-46 所示。

图 2.4-45 迪拜 O-14 大厦

图 2.4-46 韩国城市蜂窝大楼

在处理这种有明显规律的表皮时，我们可以通过 Morph 的方法将表皮图案单元化为嵌板，变形到任意体量上。

（1）如图 2.4-47 所示，首先我们通过 Rectangle 建立一个圆角矩形作为平面的基准轮廓（也可以使用任意闭合曲线）。

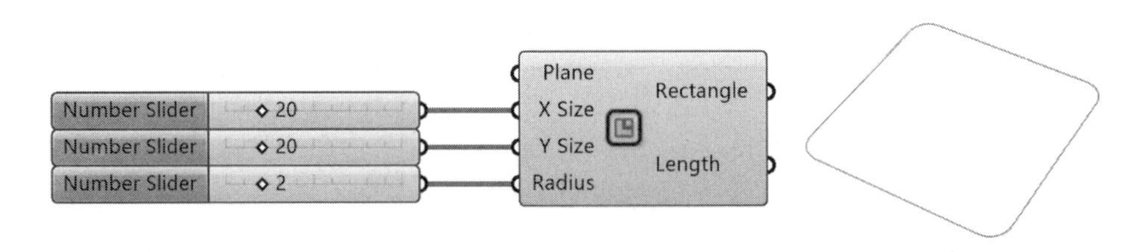

图 2.4-47 建立基准轮廓

（2）由于这次的体量不需要很复杂的轮廓线放样，所以直接将底面轮廓线移动至顶面高度，用上下两个轮廓线进行放样（按住 shift 可以将多个运算器的结果同时输入到一个输入端），如图 2.4-48 所示。

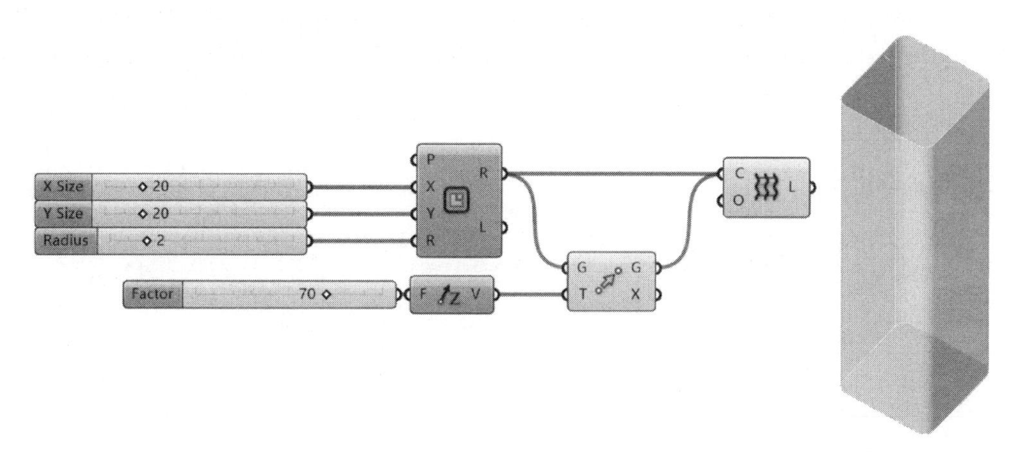

图 2.4-48　轮廓线放样

（3）然后我们用 Divide Domain2 运算器和 Isotrim 运算器根据 UV 方向将整个放样面均分为指定个数的子面（如图 2.4-49 所示）。

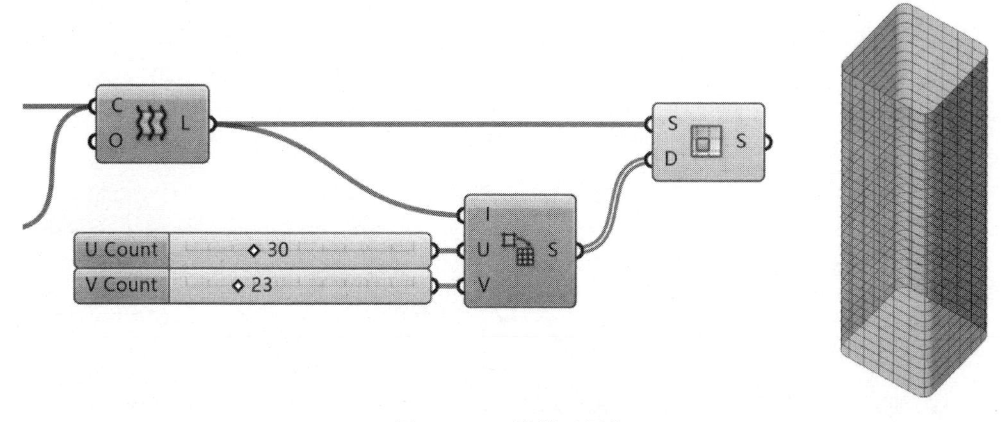

图 2.4-49　放样面划分

（4）接下来我们需要创建一个幕墙单元，你可以把它看作一个幕墙嵌板，这里我们先任意在平面内定义一个点 A，以点 A 为中心生成一个矩形 B 作为嵌板的边界轮廓，以同一个中心生成一个六边形 C 作为幕墙嵌板的孔洞形状（如图 2.4-50 所示）。

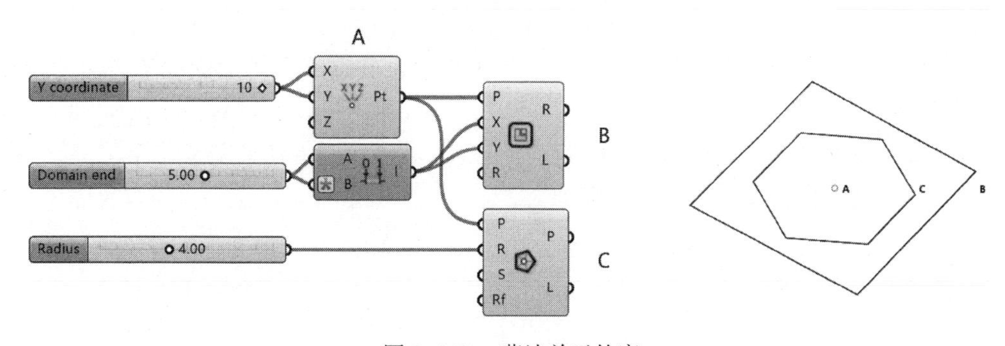

图 2.4-50　幕墙单元轮廓

(5) 同样，按住 shift 键将矩形和六边形都接入 Boundary Surface 的输入端，就会生成带有六边形孔的矩形面，然后用 Extrude 运算器挤出一个厚度，这个实体将成为我们用来 Morph 的幕墙嵌板单元（图 2.4-51）。

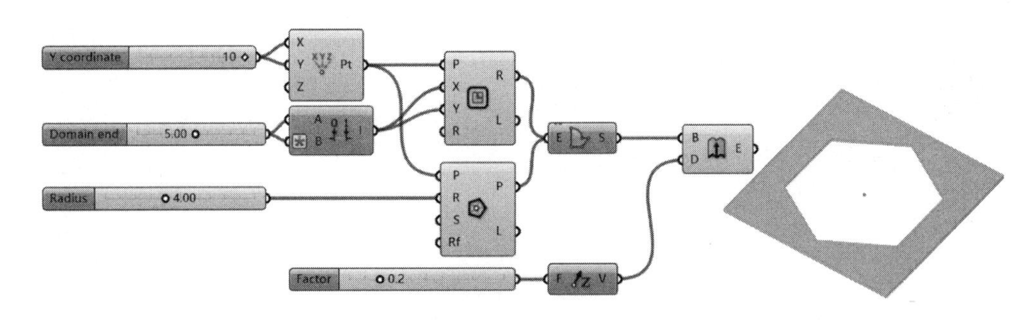

图 2.4-51　幕墙单元嵌面挤出

(6) 通常在曲面上 Morph 会有 Box Morph 和 Surface Morph 两种方式，我们先尝试用 Box Morph，我们需要用 Bounding Box 为单元嵌板创建一个参考，输入到 Box Morph 运算器的 Reference 端，然后用 Surface Box 直接生成基于原曲面 UV 的次表面的 Bounding Box，在这里我们可以指定源曲面、划分区间、和 Bounding Box 的高度，这里我们就不需要 Isotrim 运算器来划分曲面，因为 Surface Box 已经做出了这一步（如图 2.4-52 所示）。

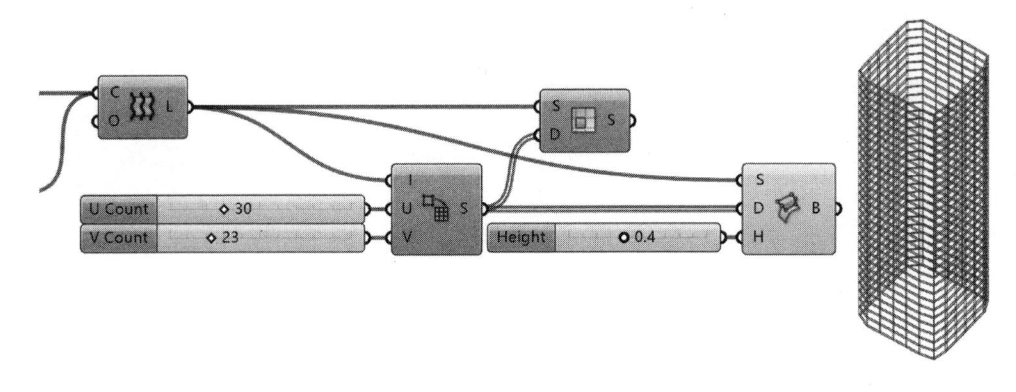

图 2.4-52　曲面 Morph

但仔细观察可以看到形成的次级面的 Bound-ing Box 并不完全贴合原曲面，从顶部边缘线可以明显看到区别，在圆角部分只有一列次级面，所以整个体量变成了斜角的方体，这也是 Surface Box 的一个不足（如图 2.4-53 所示）。我们可以通过对 Domain2 进行更多的细分来更贴近原曲面，但是还是会有误差的存在，类似于 Mesh 的构成逻辑，细分越多只会越来越圆滑，但始终不是真正的曲面。

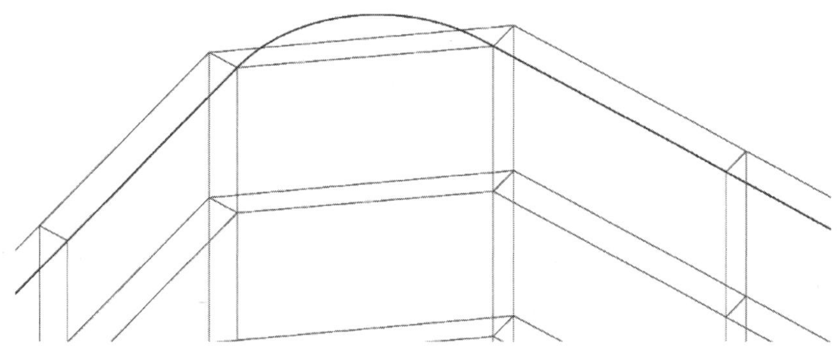

图 2.4-53 Surface Box 误差

（7）如图 2.4-54 所示，将第 5 步创建的嵌板单元连入 Box Morph 运算器的 Geometry 输入端作为要变化的对象，其 Bounding Box 连入 Reference 输入端作为变化参考，Surface Box 生成的 Box 连入 Target 端作为变化的目标，得到以下结果（如图 2.4-55 所示）。

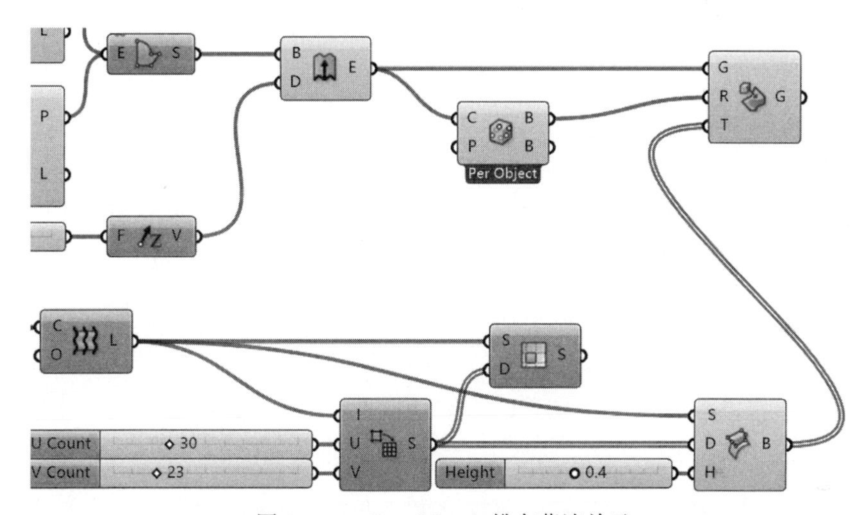

图 2.4-54 Box Morph 排布幕墙单元

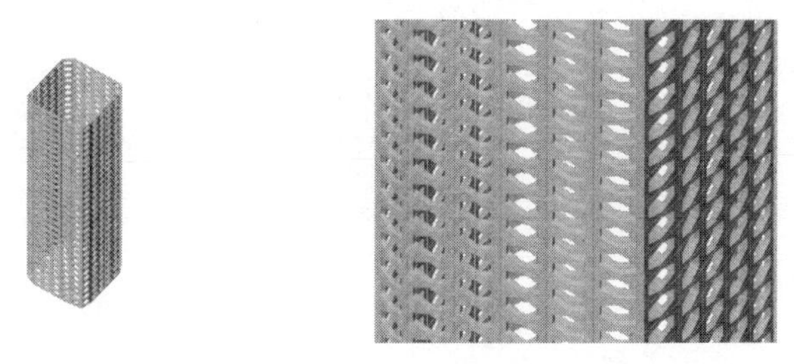

图 2.4-55 示例图

（8）将这部分成果打包隐藏显示，接下来我们尝试 Surface Morph 的方式。相比 Box Morph 运算器，Surface Morph 多了很多输入端，我们首先可以如法炮制地将内容连接到 Geometry、Reference、Surface 三个输入端，U/V/W Domain 则需要我们另外指定（如图 2.4-56 所示）。

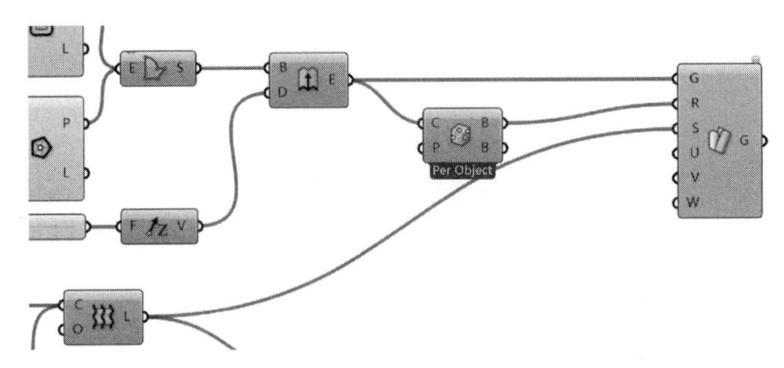

图 2.4-56　Surface Morph

（9）返回到 Divide Domain2 运算器，可以看到其输出的结果是一组组的 UV 区间，所以我们再需要 Deconstruct Domain2 运算器就能将其拆分为 U、V 两个区间，而 Surface Morph 的 W Domain 输入端其实为高度区间，在这里我们用 Construct Domain 创建一个区间作为最终表皮嵌板的高度变化区间（如图 2.4-57 所示）。

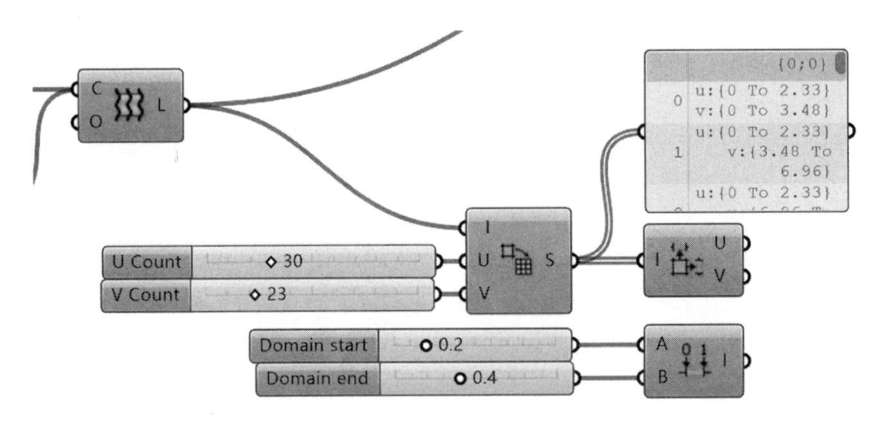

图 2.4-57　拆分 UV 区间

（10）最后将对应区间值输入到对应输入端（如图 2.4-58 所示），我们就可以得到以下结果。

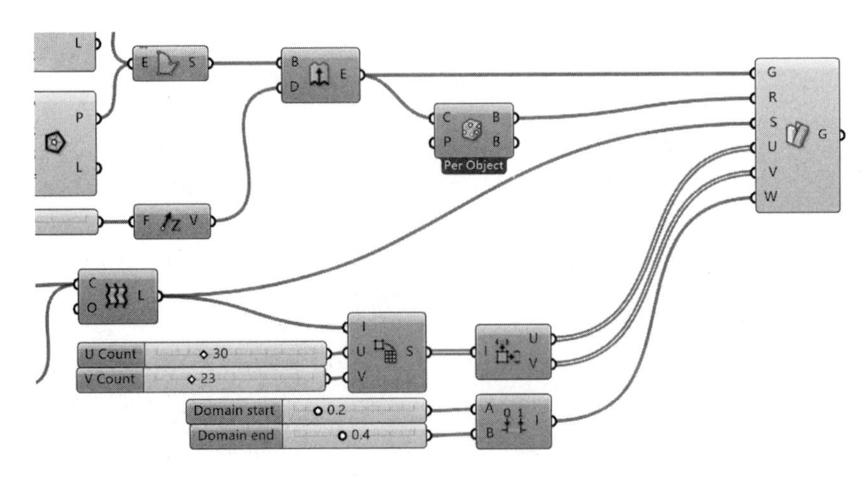

图 2.4-58　Surface Morph 排布幕墙单元

从圆角的部分可以明显看到 Surface Morph 与 Box Morph 的差别，在圆角部分 Surface 将嵌板进行了变形，使其贴合原曲面（如图 2.4-59 所示）。

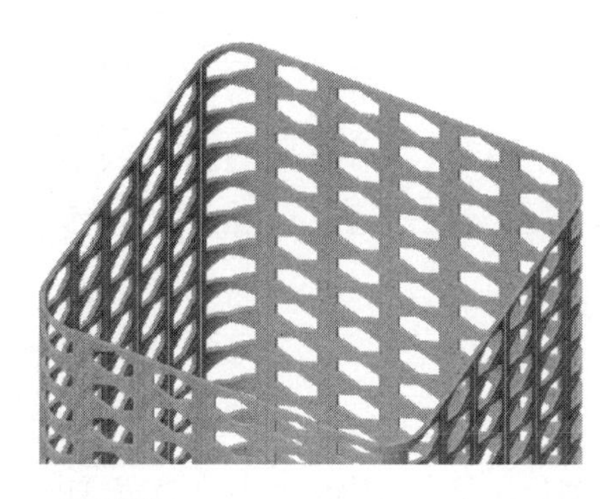

图 2.4-59 示例图

两种方法各有特点，读者可以根据需求选用对应的方式。以下是整个算法的截图：

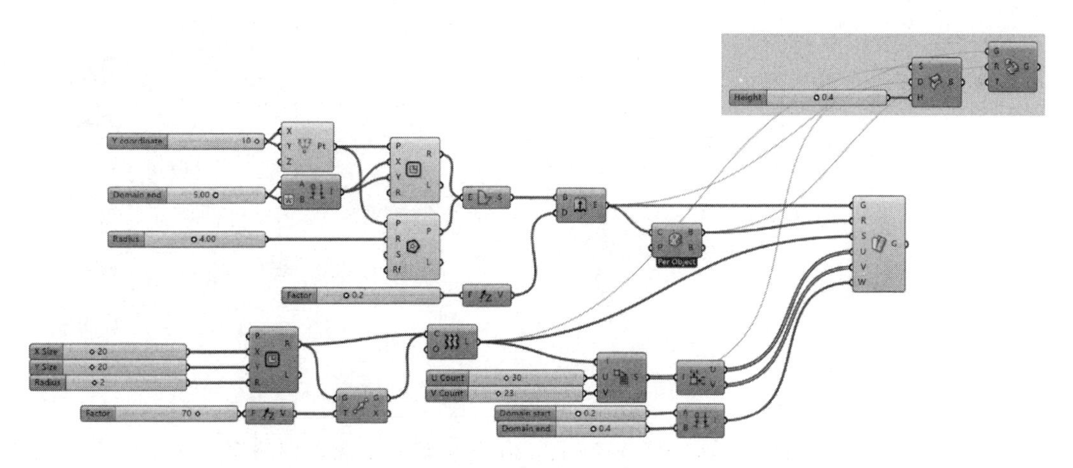

图 2.4-60 脚本示例

2.4.6.4 综合应用：影响

在参数化设计中，影响是全局存在的。如何理解影响的思维是贯彻所谓参数化设计手法的切入点。一般来讲，影响是指，几何物体依据由影响源的某些强逻辑关系，根据影响源的变化而做出响应的行为。影响源可以是具体的几何物体，如点、曲线、曲面等。也可以是抽象的数据，比如曲面曲率、图像亮度、阳光照度等。

以下这个例子，我们从简单的点作为影响源入手，让读者来理解 Grasshopper 中强逻辑联系是如何构建的，从而领会影响这种思路的使用方法和逻辑构建的切入点。

（1）首先，用 Hexagonal（Vec——Grid）运算器生成一个 30×30 的六边形网格阵列（如图 2.4-61 所示）。

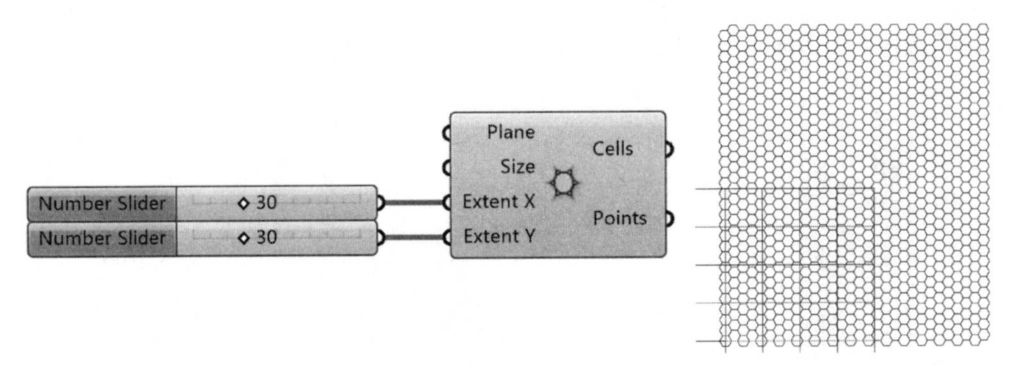

图 2.4-61 六边形网格阵列生成

(2) 然后以每个六边形的中心为缩放中心，以默认比例将这些六边形缩放，注意，这里将 Hexagonal 运算器输出端 Cells 进行拍平，因为我们不需要这里默认按行、列建立的树形数据结构（如图 2.4-62 所示）。

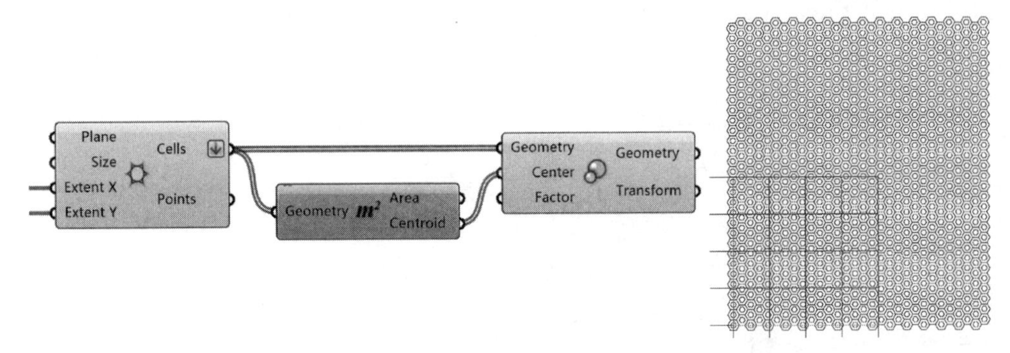

图 2.4-62 缩放六边形阵列

(3) 我们要建立这样的影响逻辑：在 Rhino 中绘制一个点，以每个六边形中心到点的距离为参考，距离越近缩放的比例越小，距离越远缩放的比例越大。用 Point 运算器拾取 Rhino 中绘制的点，用 Distance 运算器来测量每个六边形中心到参考点的距离（如图 2.4-63 所示）。

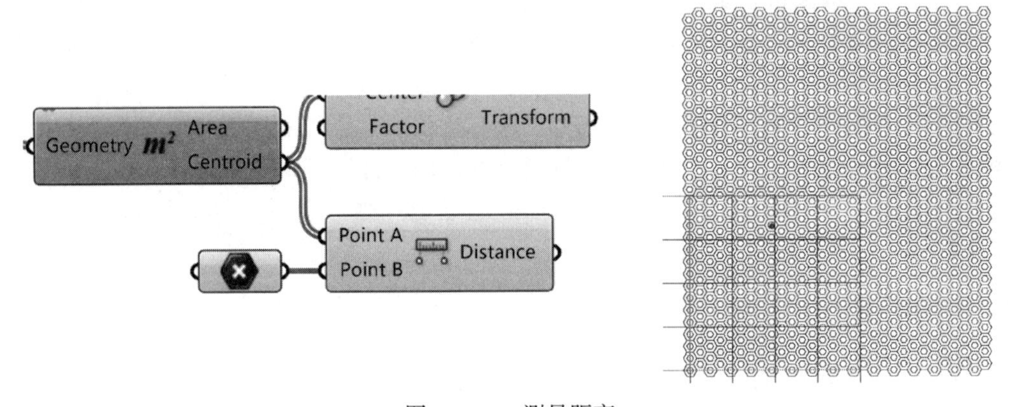

图 2.4-63 测量距离

（4）但通过 Panel 观察 Distance 运算器计算得到的结果发现，如果直接将这些距离值输入到 Scale 运算器的 Factor 端，就会产生十分混乱的结果（如图 2.4-64 所示）。

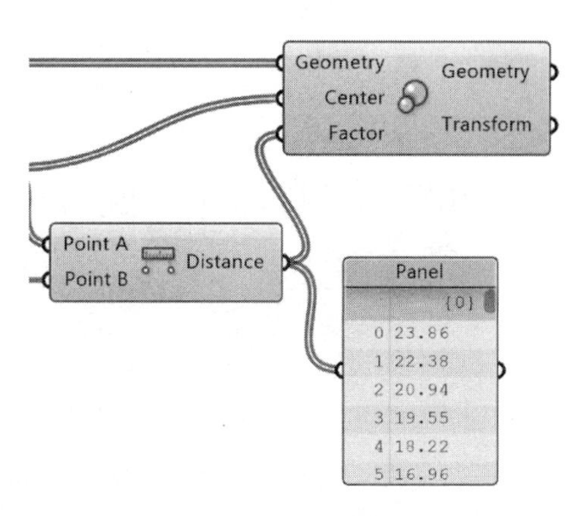

图 2.4-64 示例图

（5）显然 Factor 需要的数据必须处在 0～1 的区间内。所以我们使用 Remap Numbers 运算器将 Distance 运算器（后续会详细讲解）计算的结果重新映射到 0～1 这个区间内。在保证了数据大小分布的同时改变了数据的区间，满足我们的要求（如图 2.4-65 所示）。

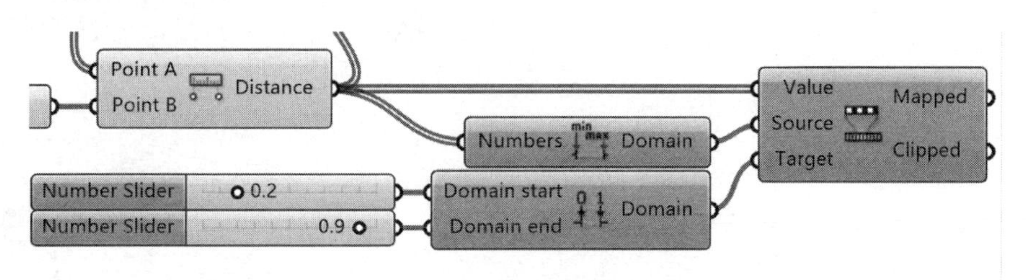

图 2.4-65 数据重映射

（6）将 Remap Numbers 运算器 Mapped 输出端计算得到的重映射数据输入 Scale 运算器 Factor 端（如图 2.4-66 所示），便得到了我们想要的结果。根据每个六边形中心到点距离的影响缩放的逻辑就建立完成了（如图 2.4-67 所示）。

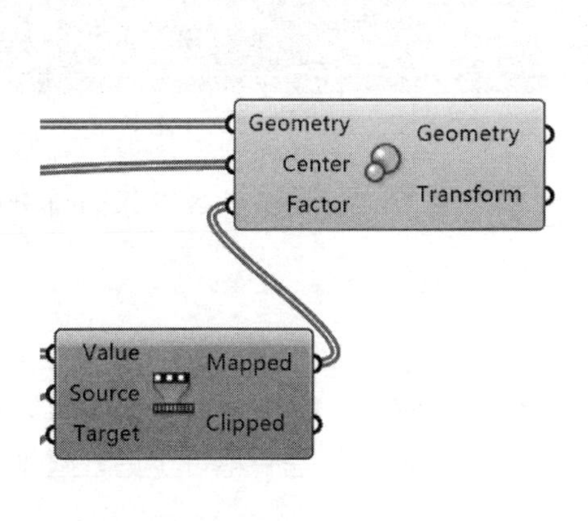

图 2.4-66 缩放运算

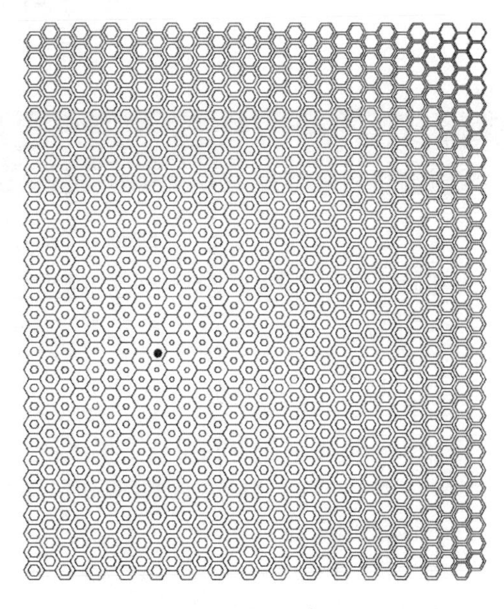

图 2.4-67 示例图

最初的影响参考点是我们在 Rhino 中建立的点，然后通过 Point 运算器拾取到 Grasshopper 中的。所以我们仍可以在 Rhino 空间中移动这个点来即时地看到不同的影响效果（如图 2.4-68 所示）。

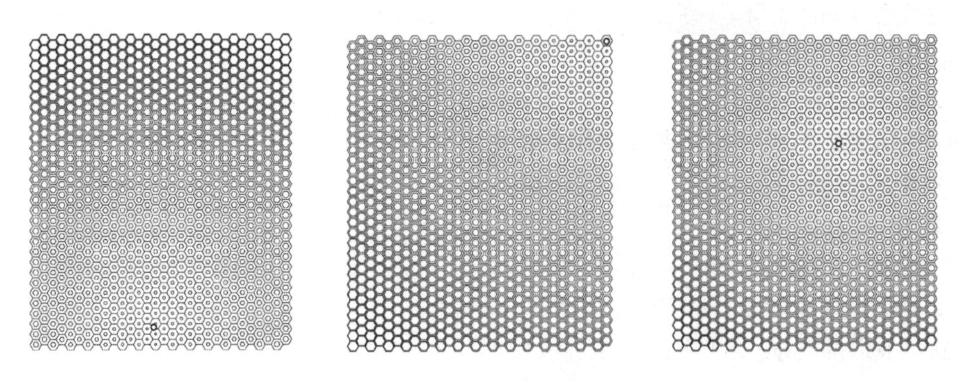

图 2.4-68 不同的影响效果

以下是整个算法的完整截图：

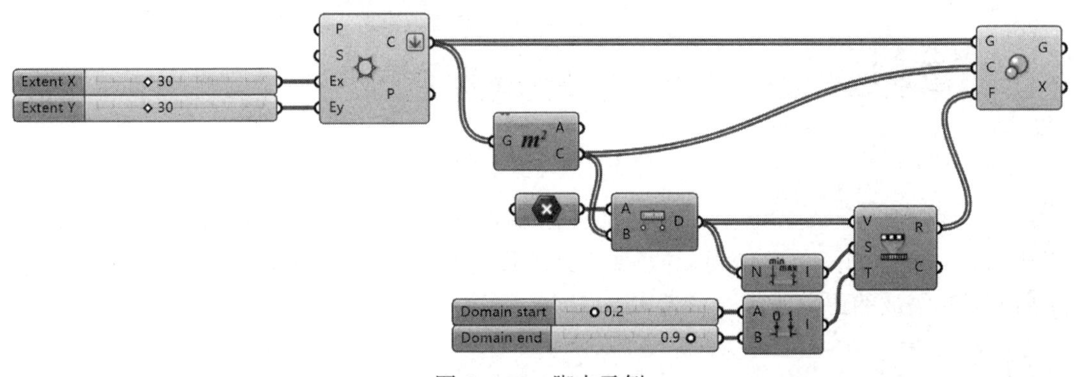

图 2.4-69 脚本示例

2.5 数学 Math

Grasshopper 是一个可视化编程软件，面对所有编程软件都要处理的大量数据，数学运算功能是必不可少的。Grasshopper 中有很多关于数学运算的运算器，这里我们将讲解一些常用的。

2.5.1 区间 Domain

Domain 即区间，区间是一个很重要的概念。你可以理解为，不论什么样的运算，本质都是一个 $y=\mathrm{F}(x)$ 的函数求解过程，而其中自变量 x 的定义域是必不可少的，这就是 Domain 的作用所在。

建立/分解区间 Construct Domain & Deconstruct Domain

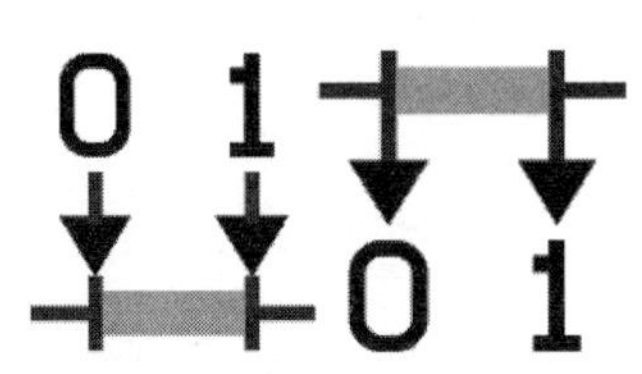

Construct Domain 和 Deconstruct Domain 是关于 Domain 最基础的运算器。

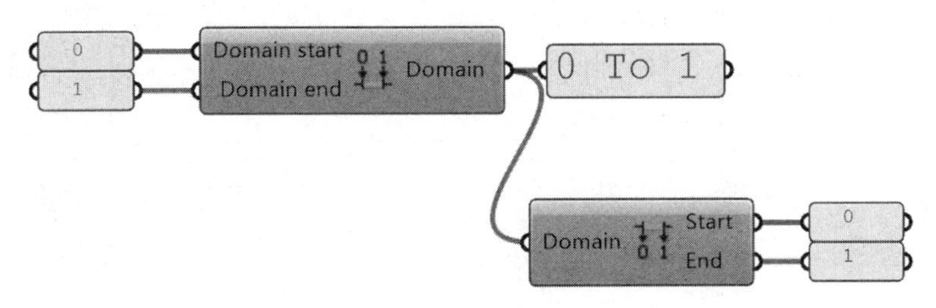

图 2.5-1 建立/分解区间

如图 2.5-1 所示，Construct Domain 通过定义 start 与 end 来定义一个区间，而 Deconstruct Domain 则是通过输入 Domain 来得到区间的起始值与终止值。

计算区间 Bounds

Bounds 则是寻找一组数的最大值与最小值，即寻找一组数所在的区间。

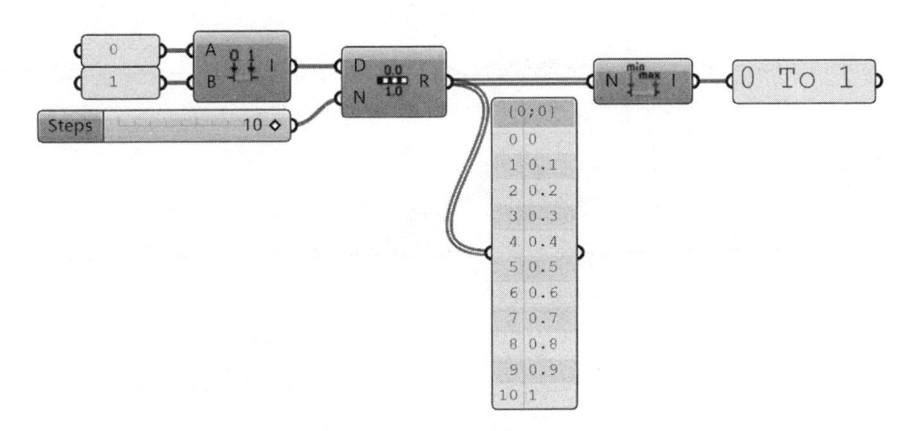

图 2.5-2 寻找数值区间

如图 2.5-2 所示，我们依然用 Construct domain 来生成 0～1 的区间，然后输入 Range 运算器的 Domain 输入端，将其分为 10 份，可以看到会将 0～1 均分为 10 份，产生 11 个数，我们将这个 List 输入 Bounds 运算器，即可看到这组数所在的区间是 0～1。

建立/分解二维区间 Construct Domian 2& Deconstruct Domain2

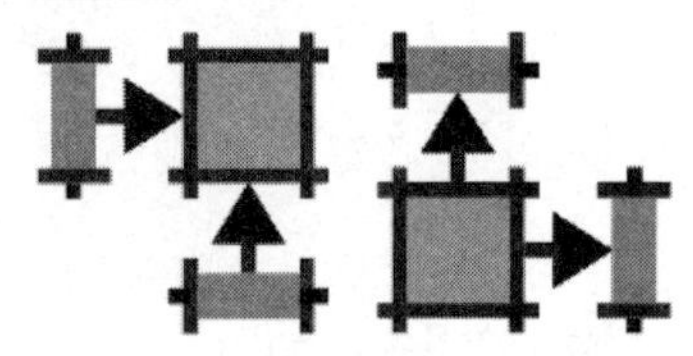

不仅数字具有区间，对于一个曲面来说，也具有二维区间。

Construct Domain 运算器生成的是一个具有 U、V 两个方向的二维区间。实际上，U、V 输入端输入的是一个一维区间，当我们向 U、V 端分别输入值时，会默认将 0 作为起始端生成二维区间（如图 2.5-3 所示）。

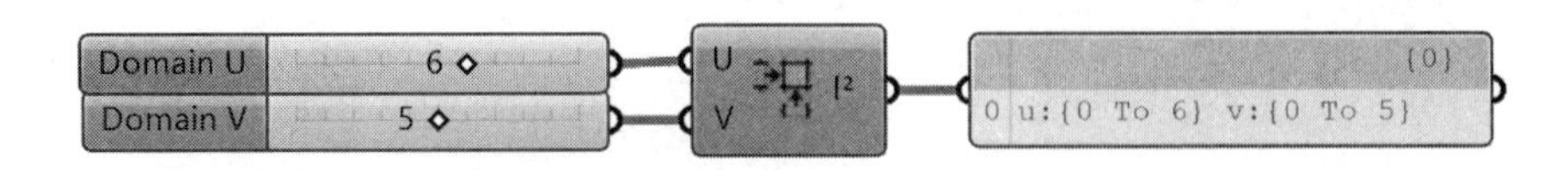

图 2.5-3 建立二维区间

如果我们用 Construct Domain2 运算器生成两个自定义起始终止端的区间输入 U、V 两个输入端，则会生成自定义起止端的二维区间（如图 2.5-4 所示）。

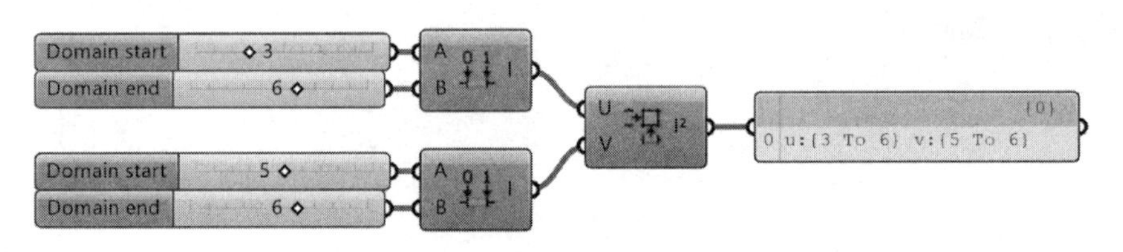

图 2.5-4 建立二维区间

而 Deconstruct Domain2 运算器则会将已有的二维区间拆解为 U、V 两个方向的一维区间分别输出（如图 2.5-5 所示）。

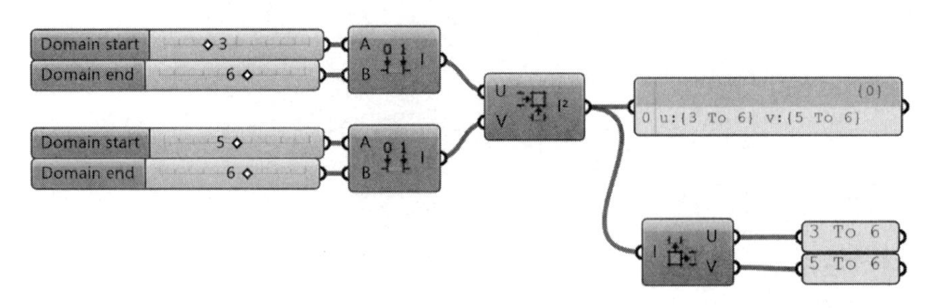

图 2.5-5 建立/分解二维区间

分割二维区间 Divide Domain2

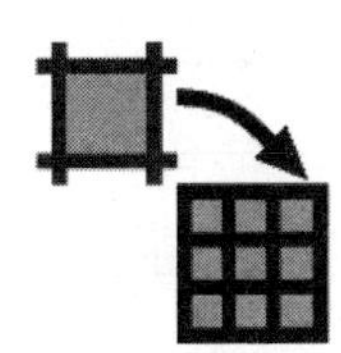

Divide Domain2 输入端 **表 2.5-1**

名称	数据类型	说明
Domain(I)	Domain	输入区间
U Count(U)	Integer	U 方向区间个数
V Domain(V)	Integer	V 方向区间个数

Divide Domain2 输出端 **表 2.5-2**

名称	数据类型	说明
Segments(S)	Domain2	划分后的区间列表

Divide Domain 运算器会将指定曲面按照 U、V 方向均分为输入的个数，配合 Isotrim 运算器即可实现将一个面按照网格的方式等分为若干小面（如图 2.5-6 所示）。

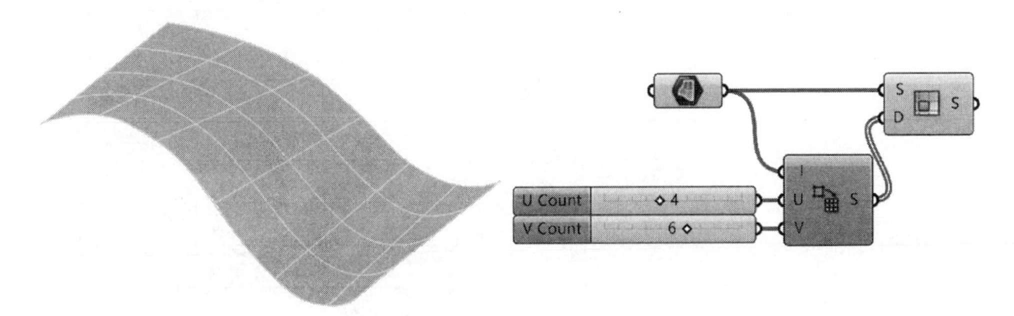

图 2.5-6 按照 UV 数量分割曲面

重映射区间 Remap Numbers

Remap Numbers 输入端 **表 2.5-3**

名称	数据类型	说明
Value(V)	Number	要映射的数据
Source(S)	Domain	映射数据的区间
Target(T)	Domain	目标区间

Remap Numbers 输出端 表 2.5-4

名称	数据类型	说明
Result(R)	Number	重映射的数据
Clipped(C)	Number	重映射且被裁剪的数据

Remap Numbers 运算器是我们最常用的运算器之一。因为在编辑算法的过程中，我们计算得到的数据与我们所需要的数据在范围上往往会相差太大，但同时又需要保持数据的变化规律来影响下一步的运算结果，Remap Numbers 运算器就会提供将数据重新映射的功能。第一个输入端 Values 输入源数据，第二个输入端 Source 则输入源数据的区间，这里常用 Bounds 运算器来计算得到，第三个输入端 Target 则输入需要映射的目标区间，最后得到重新映射后的数据，保持了数据的大小变化规律，同时在指定的目标区间内。

如图 2.5-7 所示，用 Series 生成一个 0～5 的数列，所以通过 Bounds 计算得到的区间即是 0 to 5，再用 Construct Domain 运算器生成一个 0 to 1 的区间作为目标区间，输入 Remap Numbers 运算器后，所有的数据被重映射到了 0～1 这个区间内，也就是从 0～5 的数列变为 0～1 的数列。

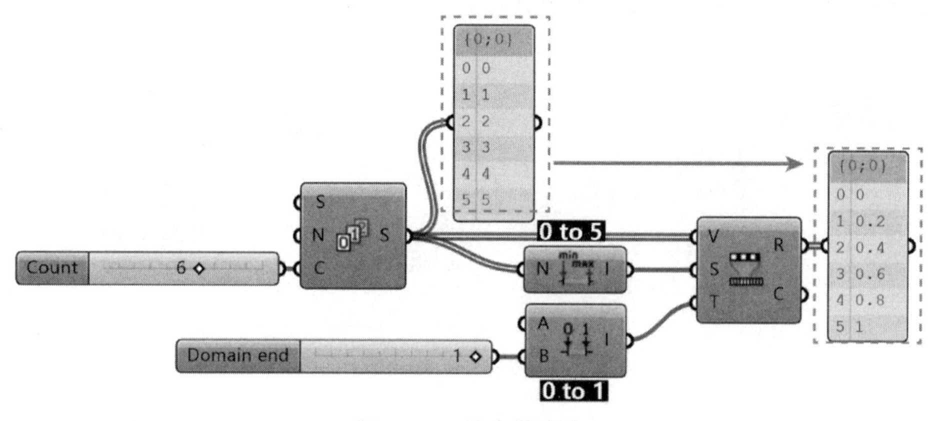

图 2.5-7 重映射区间

2.5.2 运算符 Operators

不论是程序编写还是在现实世界中，数学计算也是我们最常用的一种功能。Grasshopper 中包含绝大多数常用的数学运算。

2.5.2.1 加、减、乘、除运算符

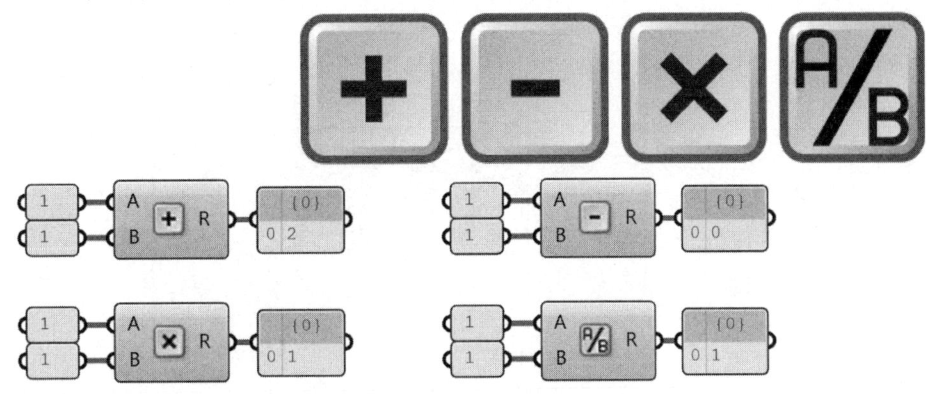

图 2.5-8 加、减、乘、除运算

如图 2.5-9 所示，这些运算器也具有 ZUI，当放大画布时可以看到输入端出现的+/—号，说明可以输入多个输入端。

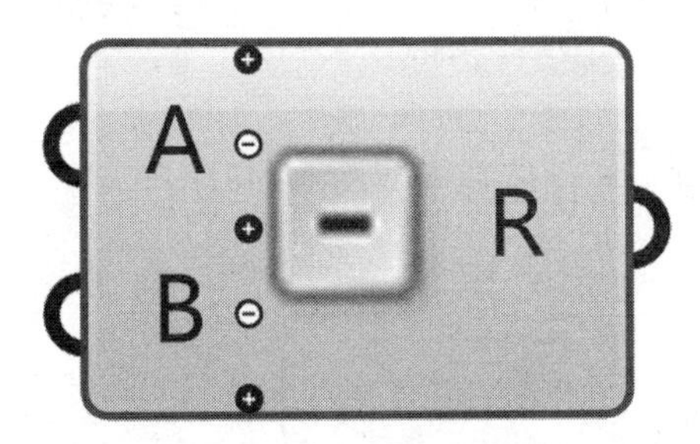

图 2.5-9 输入端数量设置

2.5.2.2 科学运算符

Grasshopper 中也包含很多科学运算符：

Factorial——阶乘

图 2.5-10 阶乘运算

阶乘的计算规则如上图所示，将输入端第一项设为 m，第二项则为 m_1，所以对应输出端 n 则为 $n=m$、$m_1=n \cdot n_1$、$m_2=n_1 \cdot n_2$…依次类推（如图 2.5-10 所示）。

Mass Addition——累加

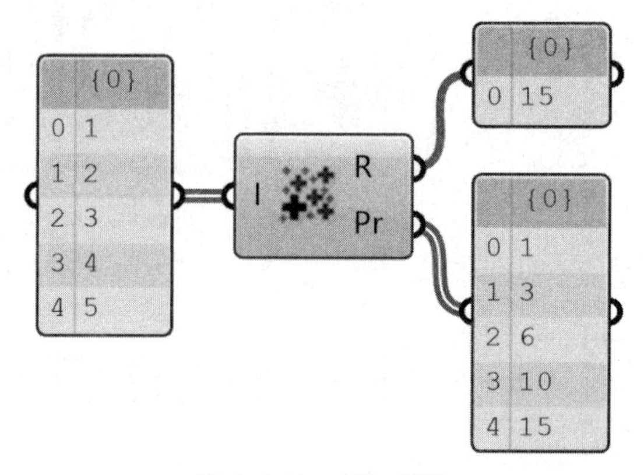

图 2.5-11 累加运算

累加的运算规则如图 2.5-11 所示，输入端为 i、i_1、i_2…包含两个输出端，第一个输出端 $r=i+i_1+i_2+i_3$…即所有数的总和，而第二个输入端 Pr 则与阶乘类似，设第一项为 Pr，则 $Pr=i$，$Pr_2=i+i_1$…依次类推。

次方

次方的运算规则即如图 2.5-12 所示，$R=A^B$。

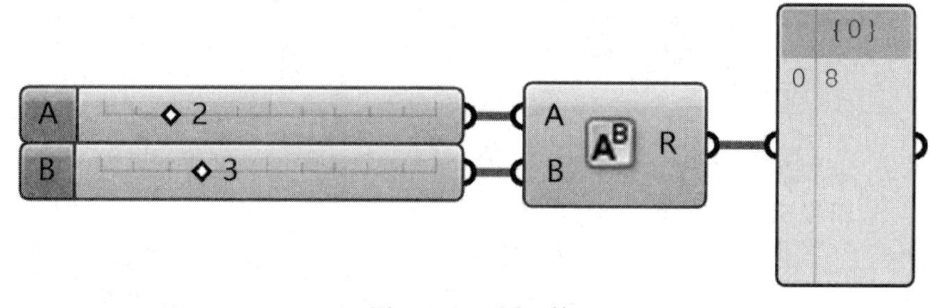

图 2.5-12 幂运算

绝对值

绝对值即该数到 0 的距离（如图 2.5-13 所示）。

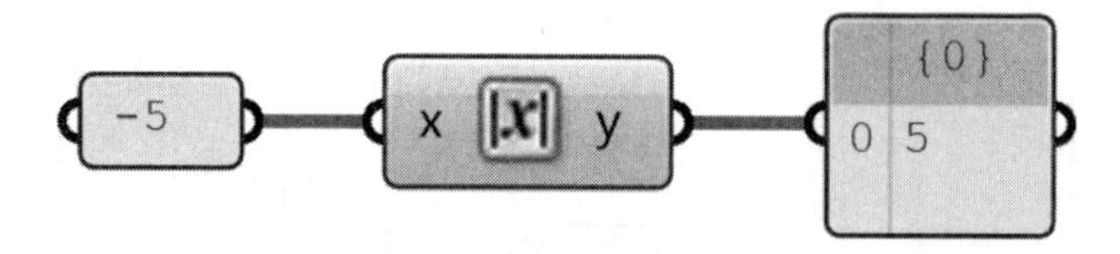

图 2.5-13 绝对值运算

2.5.2.3　值判断运算符

值判断运算符用来判断两个输入端之间值的关系，输出的结果是布尔值，常常用来条件判断筛选数据。

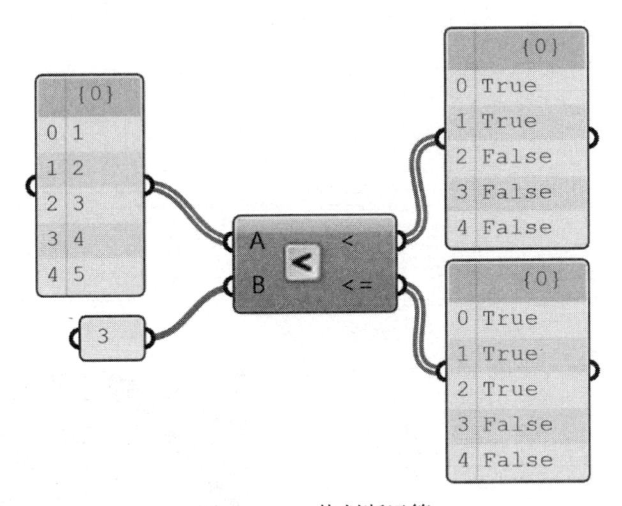

图 2.5-14　值判断运算

图 2.5-14 以 Smaller 运算器为例，输入端 A 我们输入一个数据列表，输入端 B 输入对比值 3，可以看到输出端 < 处，列表内所有小于 3 的数为 True，其余为 False。第二个输出端 <= 同理。

2.5.2.4　三角函数运算符

弧度角度转换

在 Grasshopper 中涉及的度数运算，默认都采用弧度值，所以它包含了弧度角度转换的运算器（如图 2.5-15 所示）。

图 2.5-15　弧度角度转换

但 Grasshopper 将这一操作简化为输入端的选项，在包含角度/弧度运算的运算器输入端右键点击，可以看到 Degrees 选项将输入的值作为角度值（如图 2.5-16 所示）。

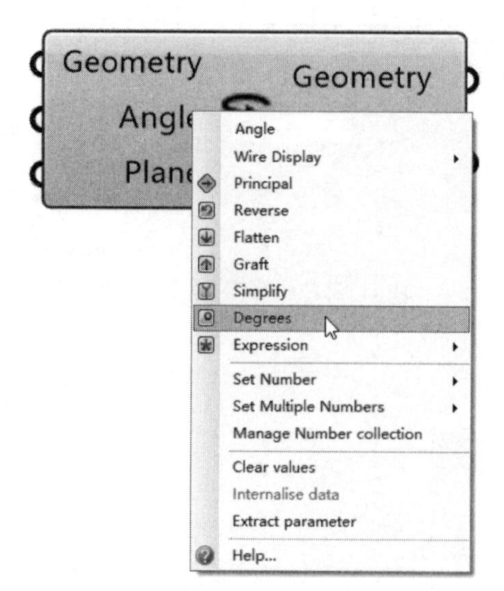

图 2.5-16　输入端角度值设置

三角函数运算

Grasshopper 中自然也包括常用的三角函数运算，如 Tan、Sin、Cos（如图 2.5-17 所示）。

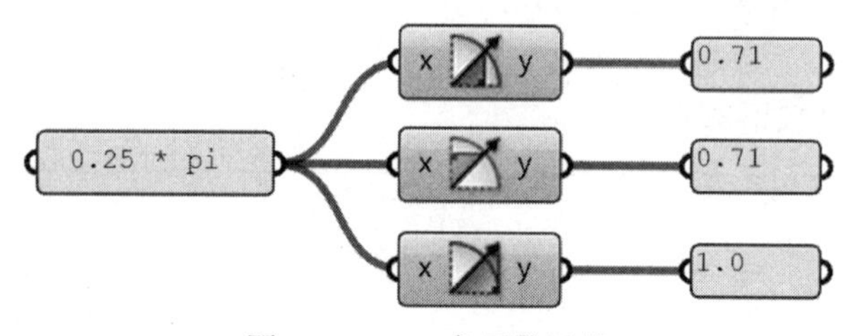

图 2.5-17　三角函数运算

2.5.2.5　逻辑运算符

编程语言中有一种很重要的运算符类型，即逻辑运算符。这些运算符通过判断两端的条件来给出布尔值的结果，它们运算的结果是布尔值，常常用于条件判断。Grasshopper 中的逻辑运算符和诸如 C# 里的条件运算符逻辑、名称基本相同，表达方式不同，读者可以融会贯通。我们常用的逻辑运算符有：逻辑与/And、逻辑非/Not、逻辑或/Or、逻辑异或/Xor，可以通过图 2.5-18 了解它们的运算规则。

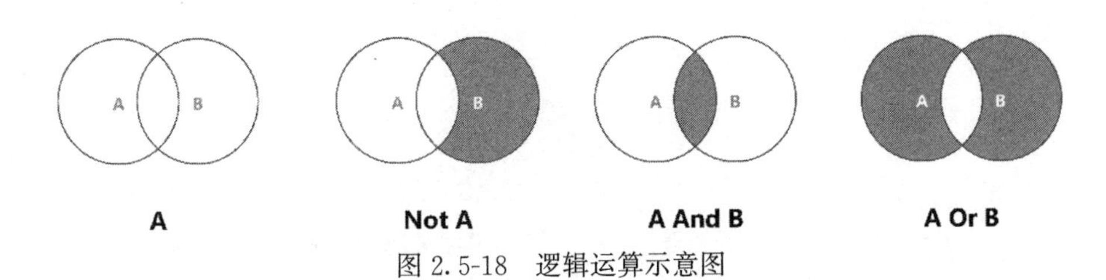

图 2.5-18 逻辑运算示意图

Grasshopper 中对应运算器如图 2.5-19 所示。

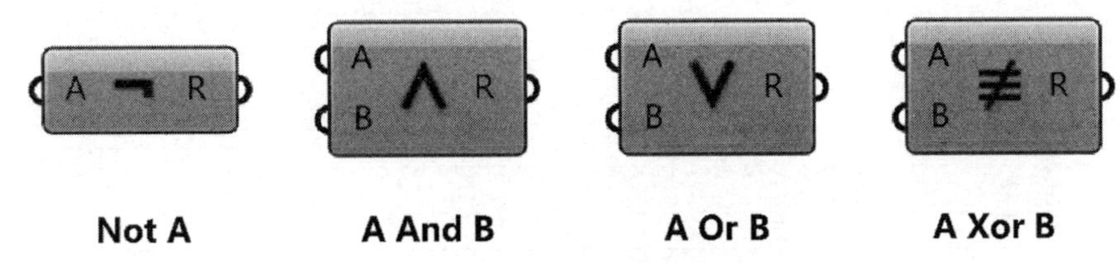

图 2.5-19 GRASSHOPPER 逻辑运算器

逻辑非为单值运算符，代表其后布尔值的相反值。

逻辑与当且仅当运算符两端同时为 True 时结果才为 True。

逻辑或当运算符两端至少一值为 True 时结果为 True。

逻辑异或当运算符两端有且仅有一个值为 True 时结果为 True。

布尔运算 **表 2.5-5**

A	B	! A	A && B	A\\B	A Xor B
True	True	False	True	True	False
True	False	True	False	True	True
False	True	True	False	True	True
False	False	True	False	False	False

2.5.3 脚本 Script

2.5.3.1 求值 Evaluate

自定义函数 Evaluate

函数就是通过指定定义域内的自变量，来通过公式计算因变量的值。Evaluate 运算器提供了一种让用户自定义函数的方法，通过鼠标双击运算器进入，可以看到详细的输入界面（如图 2.5-20 所示）。

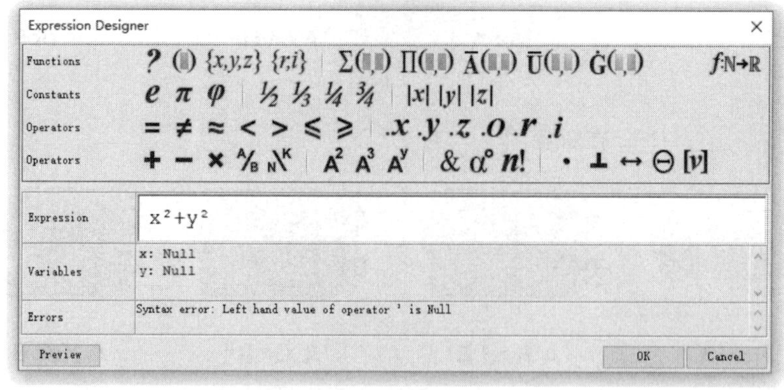

图 2.5-20 自定义函数界面

如图 2.5-20 所示，我们通过输入 x^2+y^2 来指定了一个 x、y 的平方和的公式，也可以通过直接将公式写入 Panel 连接到 Expression（F）端。输入公式界面右上角的 f：$N \rightarrow R$ 包含了所有运算符的详细信息。

值得注意的是，Evaluate 运算器同样包含 ZUI，滚动鼠标滚轮将画布放大，可以看到其输入端的 x、y 上下都分别有＋、－号，代表可以定义多个（至少为一个）的自变量（如图 2.5-21 所示）。

图 2.5-21 输入端自定义

我们可以尝试通过指定一个定义域来可视化这个函数，通常会用以下方式来指定一个规定定义域内的函数：

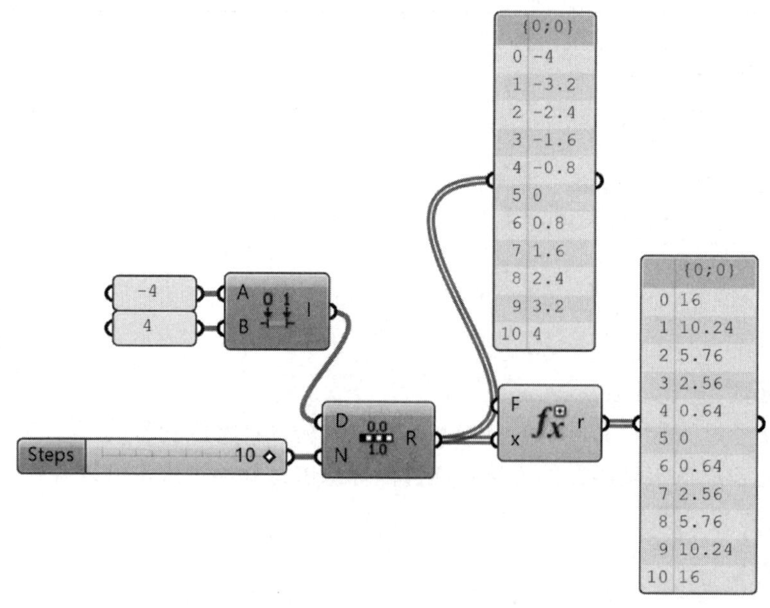

图 2.5-22 x^2 运算

我们通过 Construct Domain 运算器制定了一个−4 到 4 的区间，然后通过 Range 运算器将这个区间等分为 10 份，得到 11 个包含在 0～10 区间内的等分数（包含首尾端），输入给 Evaluate 运算器的 x 端，这里我们将 y 输入端去除，将公式简化为 x^2，可以看到得到了相应 x 的平方值（如图 2.5-22 所示）。

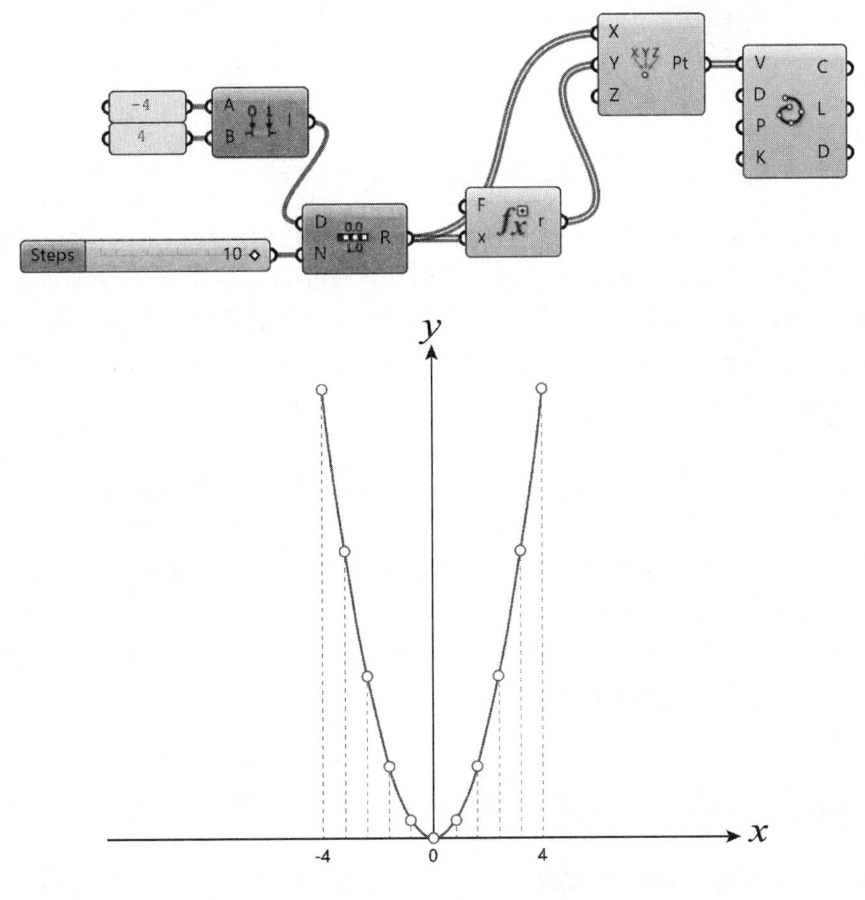

图 2.5-23 x^2 函数曲线

接下来如同我们在数学中所学过的，将 Range 运算器的输入端，也就是函数的自变量 x 值输入到 Construct Point 运算器的 x 输入端，将运算结果 r 输入到 y 输入端，然后将这些点连入 Interpolate 运算器（如图 2.5-23 所示），即得到了经过这些点的内插点曲线，即二次方曲线。

定义条件语句 Evaluate

1. 条件语句

Evaluate 运算器不仅仅可以定义函数，还有一个很重要的功能即定义条件。一般我们通过比较运算符来建立条件，比如＞、＜、＝。如果输入的值满足了条件，Evaluate 运算器即会输出 True，反之会输出 False。通过得到的布尔值我们可以对数据进行有条件的筛选、重组或剔除（参见 2.6 节）。

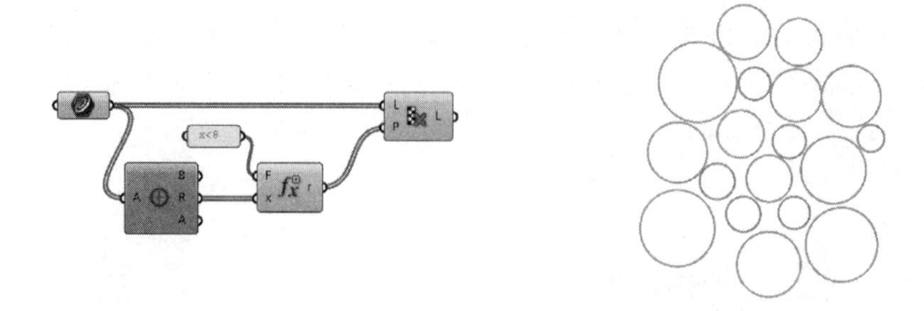

图 2.5-24 筛选半径小于 8 的圆

如图 2.5-24 所示，我们将一组圆通过 Curve 运算器拾取入 Grasshopper，并将其输入 Deconstruct Arc 运算器来得到其半径值，我们在 Evaluate 运算器的 F 端输入 $ x<8 $，将半径值 R 输入 x 端，即代表当圆的半径值小于 8 时得到的结果为 True，我们再将这一组布尔值输入 Cull Pattern 运算器，将圆输入 Cull Pattern 运算器的 List（L）端，我们就筛选出了这组圆中所有半径小于 8 的圆，其余的全被剔除。

2. if…then…

if 条件语句是编程语言中很重要的组成部分，即作为一个条件性的过滤器，当某条件满足时执行一个操作，否则执行另一个操作。

在 Evaluate 运算器的 F 端我们输入如下格式的公式：**if (condition , A , B)** 即代表当 condition 满足时，输出 A，否则输出 B。

接着上个例子，在这组圆里，我们想将半径小于 8 的圆，挤出为高度为 4 的筒，其余的挤出为高度为 1 的筒，可以通过以下逻辑实现：

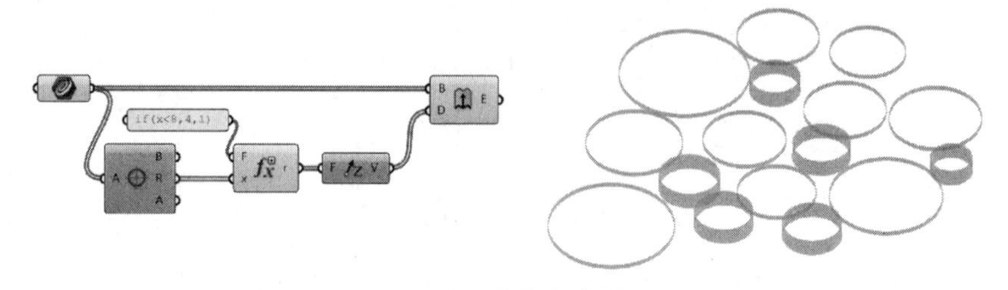

图 2.5-25 条件判断执行

2.5.3.2 表达式 Expression

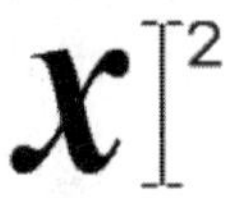

Expression 运算器和 Evaluate 计算器相同，或者简化了自定义公式的过程，并且可以直观地看到函数表达式（如图 2.5-26 所示）。

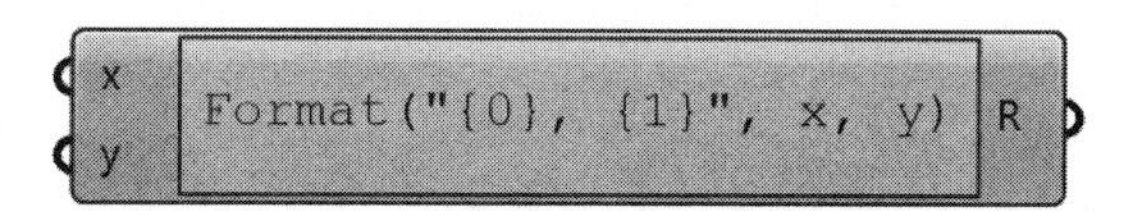

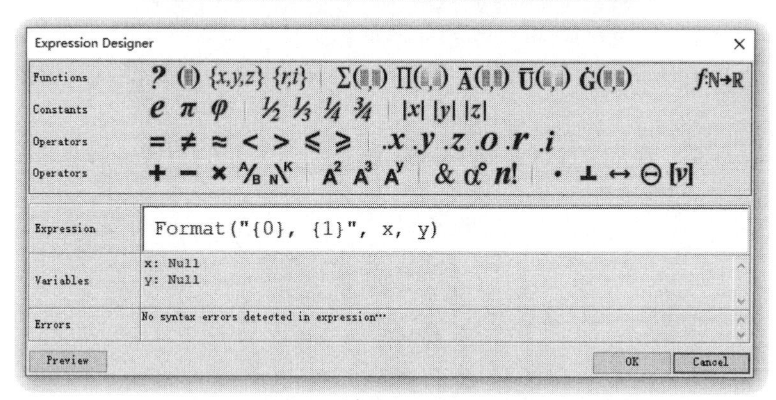

图 2.5-26 函数表达式设置

2.5.3.3 脚本编辑器 Script Editor

Grasshopper 中有内置的代码编译器，双击进入即可编写脚本。和 Evaluate 运算器一样，同样包含了 ZUI，放大画布可以在输入端看到+/−符号，用来自定义多个输入参数。在输入端右键还可以指定输入变量的数据类型等（如图 2.5-27 所示），在这里只做了解，本书第 4 章会做详细讲解。

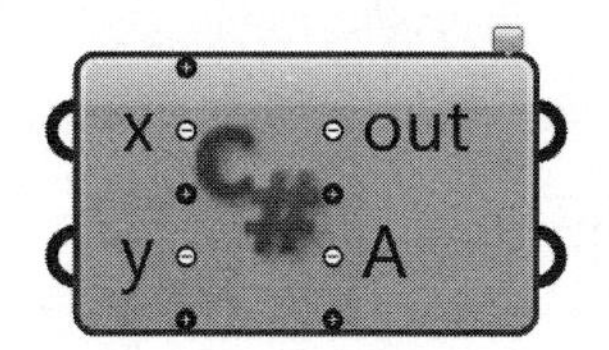

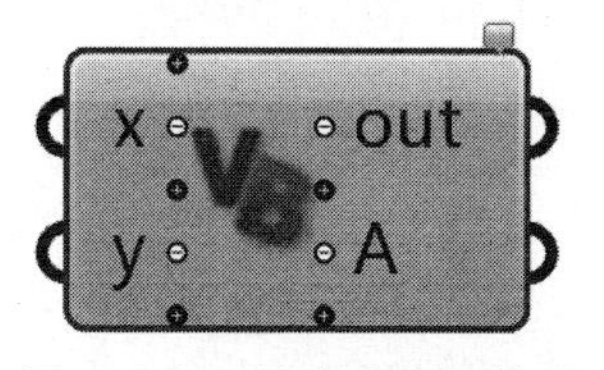

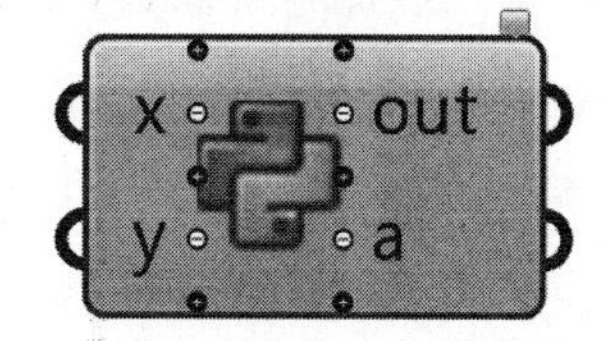

图 2.5-27 脚本编辑运算器

2.6 列表 List

对于传统建模设计过程来说，几何物体的建立与修改是通过鼠标键盘直观地操控的。而参数化，如其字面意思所示，是以参数作为基础的处理对象的过程，所有的设计过程、几何物体都转化为了具体的数据。所以不论是程序语言还是可视化编程，对于数据处理的理解是所有行为的基础。如何通过理解抽象的数据来实现几何物体的操作是本节学习的目标。

本节将从 Sets 分类的运算器讲起，以简单的例子来帮助读者理解 Grasshopper 处理数据的逻辑。

2.6.1 List 的定义

对于 Grasshopper 来说，其最基础的存储数据（或排列数据）的方式即为 List。如字面意思一样，List 是存储多个数据的一个列表。而在列表中依次排列的数据是由 Indices 定位的。

如图 2.6-1 所示，我们以 Panel 运算器来查看一个 List 的组成。包含多个数据的 List 主要有以下几个组成部分：

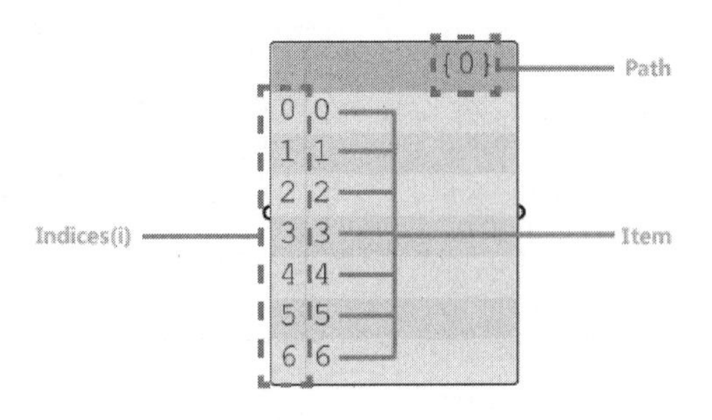

图 2.6-1 List 示意图

（1）Indices：表示数据的位置。

（2）Path：表示数据的路径。

（3）Item：具体数据内容。

打个比方来说，有一队士兵，我们将其命名为｛0｝小队（在计算机数据中，第一项是以 0 开头的），而队里的 6 个士兵，将其编号为 0、1、2、3…如此我们便可以通过中队编号——士兵编号来寻找到特定的一个士兵。

2.6.2 数据间的运算逻辑 Data Matching

那具体到几何物体上，数据之间是如何运算的？几何物体又如何与数据对应的？我们以下面这个例子说明这个问题：

我们画两条平行且等长的直线，用 Curve=>Division=>Divide Curve 运算器将曲线分为 5 段（输入端 Count 右键输入 5）（如图 2.6-2 所示）。

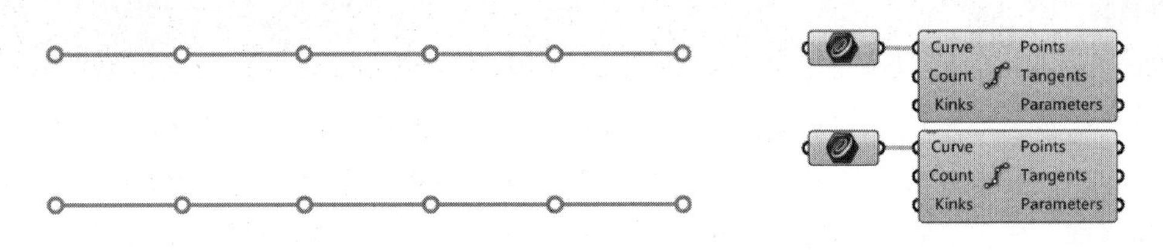

图 2.6-2 将曲线分为 5 段

很显然我们可以得到六个分段点，在两个 Divide Curve 运算器的 Points 输出端连接

Panel 运算器来查看我们具体得到了什么数据。以此来理解数据与 Rhino 空间中的几何图形之间的关系（如图 2.6-3 所示）。

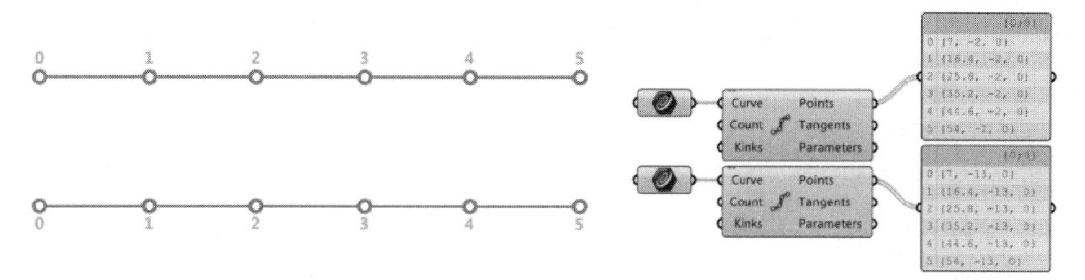

图 2.6-3　查看分段点的数据

可以看到，在两个运算器的 Points 输出端中我们都得到了一个包含 6 个数据的 List，而每个数据则以坐标点的方式表示。这就是我们得到的分段点。你可能会注意到这里 Path 不再是简单的单一路径 {0}，而是 {0，0}，这一点我们会在下面的树形数据中讲到。

可是数据与数据之间是怎么运算的？或者说，怎样理解处理数据去得到相应的几何结果？我们用 Line 运算器将上下两条直线的分段点依次连线。

可以看到，连线的顺序是一一对应的关系，即上部直线上的点 0，1，2…和下部直线的点 0，1，2…对应进行连线得到 L0，L1，L2…注意，在这里两条直线都是同向的，所以得到如图 2.6-4 的结果，否则如果两条直线方向相反，则上下分段点刚好次序颠倒，得到的则是一组交叉的斜线。

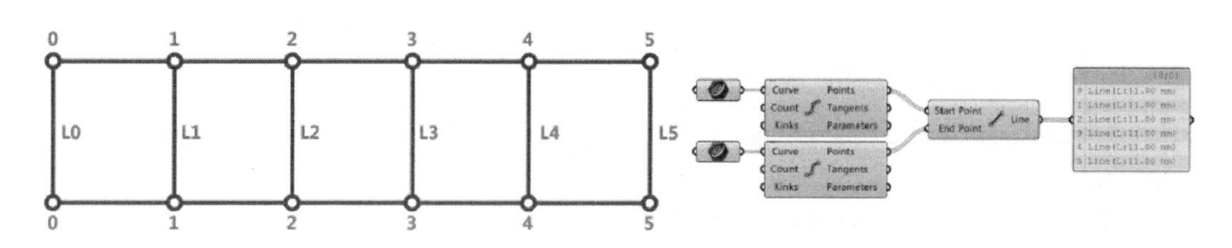

图 2.6-4　连线

得到的结果用 panel 来看，是六条 Line（直线），并在括号内表明了长度（如图 2.6-4 所示）。这就是 Grasshopper 中的数据与数据之间的运算逻辑。

深入了解数据匹配　Data Matching in Depth

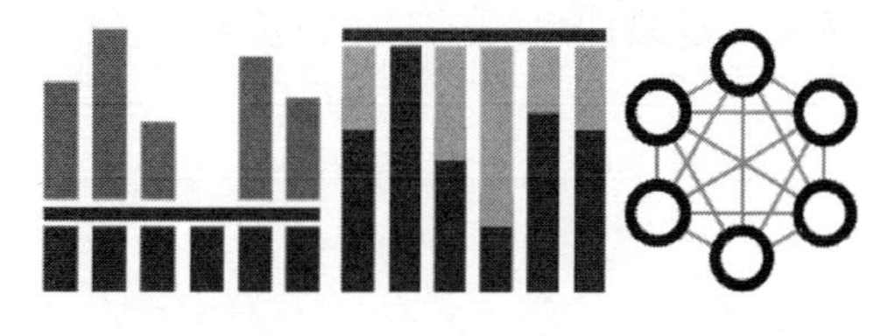

输入端：

A(Data)	B(Data)

输出端：

A(Data)	B(Data)

如果两个 List 长度不同，会有不同的运算机制。Grasshopper 有三种运算机制，分别为 Longest List、Shortest List 和 Cross Reference。

如图 2. 6-5 所示，当曲线 A 分为四个点，曲线 B 分为五个点，点点之间连线时，会默认产生如下结果：

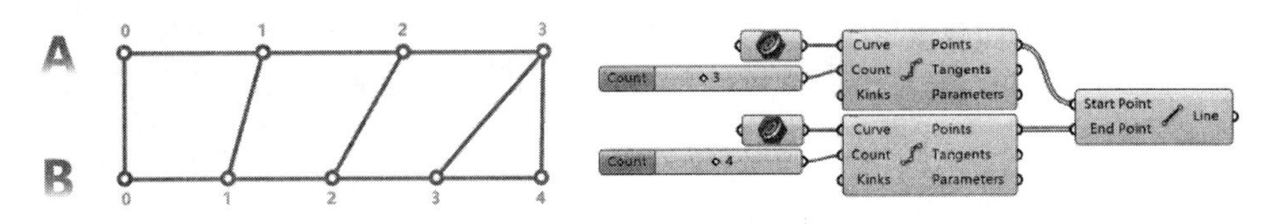

图 2. 6-5　默认 Longest List

而当我们用 Longest List 分别连入两个点 List 时，产生的结果与上述结果相同，所以在 Grasshopper 中，对于长度不一样的 List 默认都采用 Longest List 的运算方式。可以用 Panel 观察输入端与输出端的 List 看到，Longest List 运算器将长度短的 List A 的最后一项复制 n 次直到与 ListB 的长度一致（如图 2. 6-6 所示）。

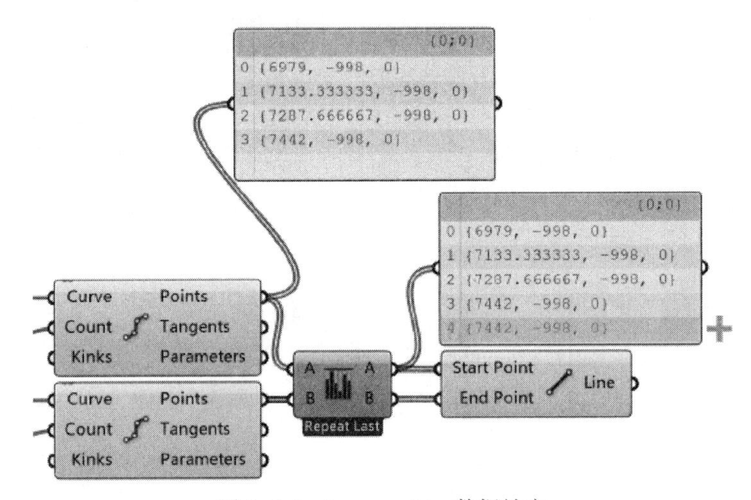

图 2. 6-6　Longest List 数据补齐

接下来我们用 Shortest List 来处理两个 List，可以发现，点的连线数目只会和最短的 List 长度对齐，另一个较长的 List 多余位则会被忽略不被计算。用 Panel 观察运算前后的对比，发现 Shortest List 将长度较长的 List B 多于 List A 的项删除（如图 2. 6-7 所示）。

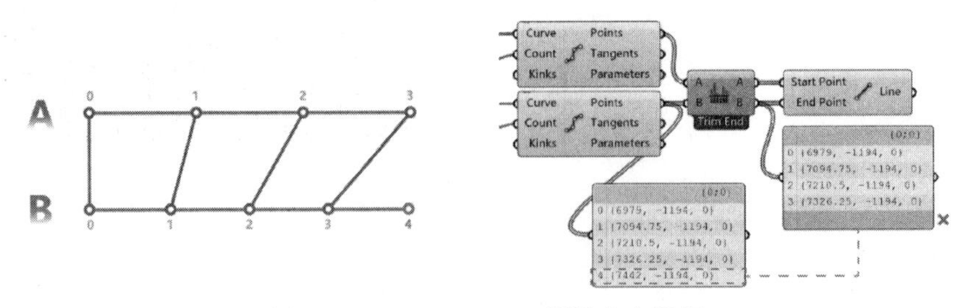

图 2. 6-7　Shortest List 删除多余数据

而当我们连入 Cross Reference 时，两个 List 内的每个点都会依次和另一个 List 中的每个点进行连线。而这个效果与一个树形数据（将曲线 A 的 Points 输出端进行 Graft）和一维 List 运算的结果相同（这点会在 2.7 节中详细讲到）。

可以从 Panel 看到，Cross Reference 运算器将 List A 整个复制 List B 的长度 5 次，将 List B 每项复制 List A 的长度 4 次，进行一一对应运算，结果是 List A 的长度变为 4×5=20，List B 的长度变为 5×4=20；两个 List 长度一致（如图 2.6-8 所示）。

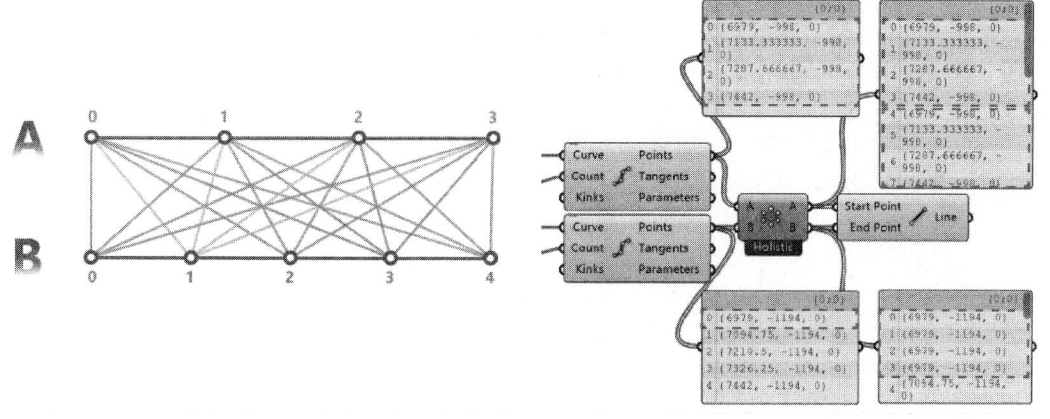

图 2.6-8 Cross Reference 一一对应运算

2.6.3 列表管理 List Management

2.6.3.1 列表编辑与管理 List

列表中的项目 List Item

在 Grasshopper 中，你无法做到像 Rhino 空间内一样直接地用鼠标选择物件，Grasshopper 中的物件都转换为数据，所以选择物件都是以某种方式选择数据。比如 List Item 运算器，指定 Index（即 Indices 值），输出输入 List 的对应项目值。在上一个例子中，如果我们需要只连接上下曲线的第三个点 P2 作直线，则使用 List Item 在 Index 输入 2 即可（如图 2.6-9 所示）。

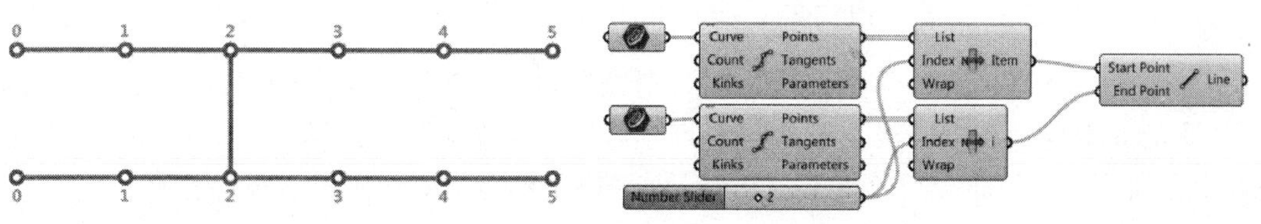

图 2.6-9 列表项目选取

值得注意的是，如果你用鼠标滚轮对画布进行放大，会发现List Item运算器输出端i会多出+和一号。这就是前面提到Grasshopper某些运算器所具有的特性ZUI（如图2.6-10所示）。

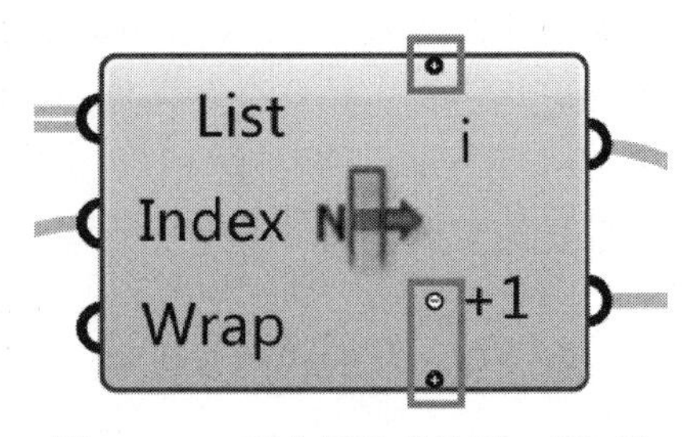

图2.6-10 列表所选项的后一项加选

我们分别为两个List Item都点击+号，然后按住键盘shift键将新输出拖入对应Line的输入端中。可以看到两根直线的第四个点P3也连成直线，不难理解虽然Line输入端起点和终点的输入从单个点变为了各包含两个点的List，依然遵循的是数据之间一一对应的运算关系（如图2.6-11所示）。

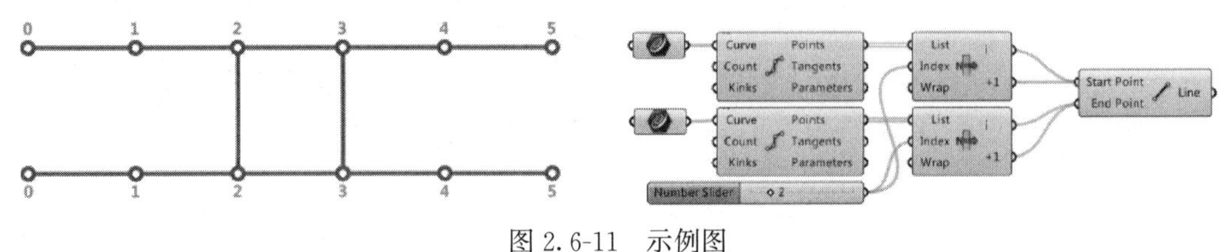
图2.6-11 示例图

偏移列表 Shift List

Shift List运算器会对List进行整体偏移，改变List的项目排序。

在上部曲线生成的等分点List后，我们接入了Shift List运算器，并把Shift项目数设为1，即原有List会顺移后一位。从图形上来看，原来的第一项后移一位到P1的位置，第二项后移一位到P2的位置……依次类推。而在Wrap端，输入的是一个布尔值，这里输入False（默认为False），即当偏移到最后一位的时候，由于List长度是固定的，所以偏移到原来P0的位置。与顺序不变的下部点相连后得到如图2.6-12结果。

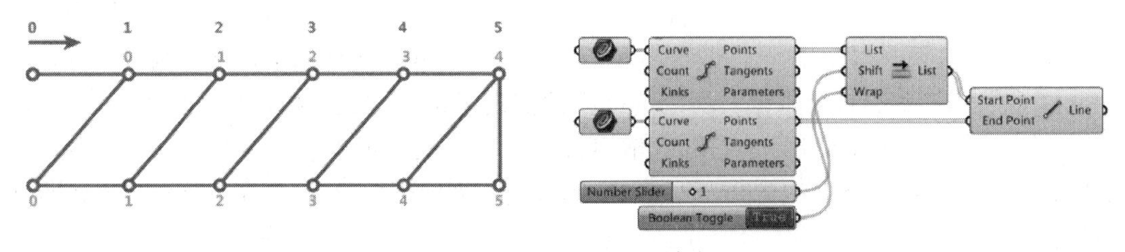
图2.6-12 Shift List（Wrap端为True）

如果我们将Wrap输入端设为True，则原有最后一项会被偏移出List，细分点List从原来的6个变为4个，当与下部点List连线时，两个List长度不一，多余的最后一项P5则会默认与上部曲线细分点List的最后一项P4相连，得到如图2.6-13结果。

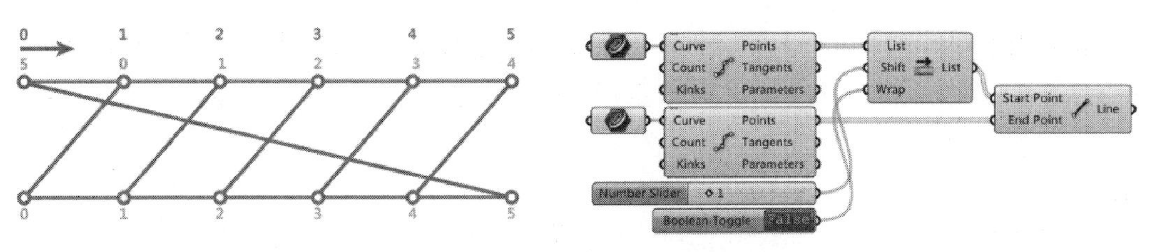

图 2.6-13 Shift List（Wrap 端为 False）

分割列表 & 列表长度 Split List & List Length

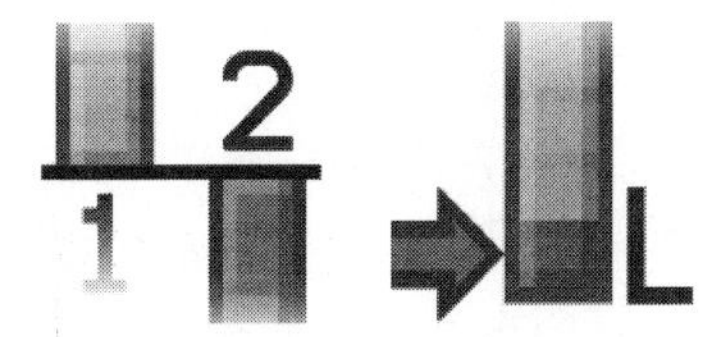

如图 2.6-14 所示，我们在 Rhino 中建立 7 个点物件并拾取入 Grasshopper 空间，用 Split List 运算器，并在 Index 端输入 3，这代表将原有的包含 7 个点的 List 从第三项后分开，产生的 List A 和 List B 通过 List-Length 运算器可以看到分别包含 3 个物件与 4 个物件。我们另外指定了两个点 P1 和 P2，分别与 List A 内的点和 List B 内的点连线，得到如图 2.6-14 所示的结果。

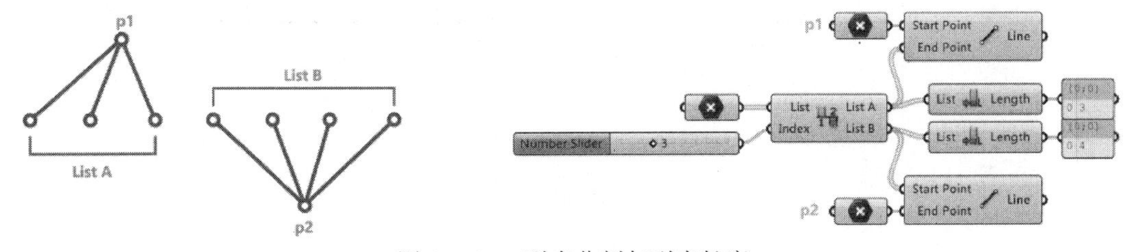

图 2.6-14 列表分割与列表长度

反转列表 Reverse List

如图 2.6-15 所示，Reverse List 运算器即将原有的 List 倒序。

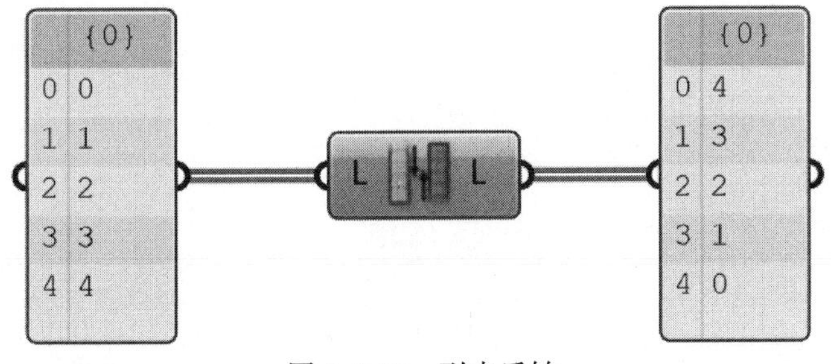

图 2.6-15 列表反转

我们用上面的例子，将上部直线的细分点 List 进行 Reverse，依然与下部曲线细分点连线，由于上部点进行了倒序，所以计算出如图 2.6-16 结果。

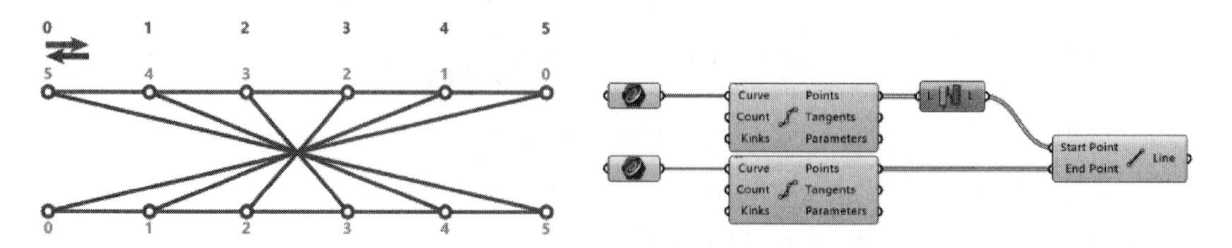

图 2.6-16 列表反转连线

在 Grasshopper 里，Reverses List 是一种常见的对 List 进行操作的手段，所以在输入端或输出端右击鼠标都可以看到 Reverse 的选项（如图 2.6-17 所示）。

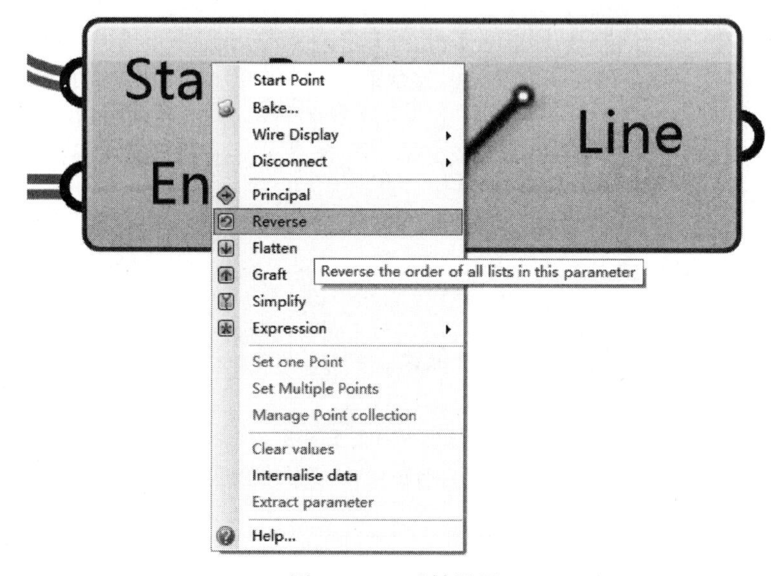

图 2.6-17 反转设置

列表分配 Dispatch

Dispatch 运算器是根据输入的 Pattern 对输入 List 进行划分。

如图 2.6-18 所示，我们通过 0、1（False、True 的布尔值）的 pattern 输入 P 端，对点 List 进行划分，True 的数据被分入 List A，False 的数据被分入 List B。我们可以通过 Point List 运算器观察点的位置。

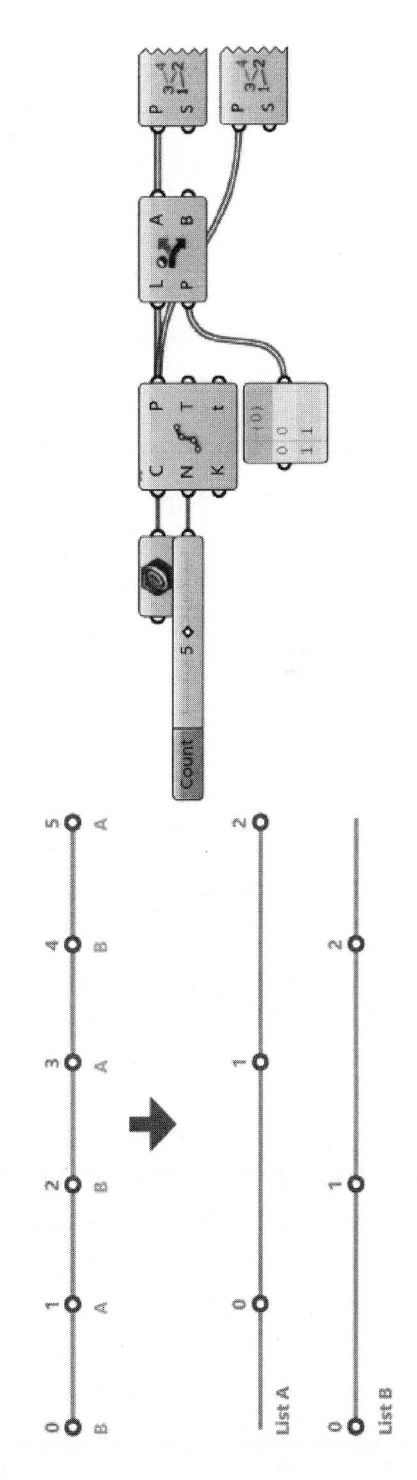

图 2.6-18 脚本示例

重编列表 Weave

Weave 运算器是根据输入的 Pattern 对多个输入的 List 整合为一个 List。

继上一步 Dispatch 后的 List，我们通过同样的 Pattern 还原为原单个 List。Weave 输入端为 Pattern（P）和 Stream0（0）、Stream1（1）。值得注意的是，这里我们需要颠倒 List A、B 的连接顺序，将其分别连入 1、0，是因为在 Dispatch 时，List A 对应的是值为 1 的项，List B 对应的是值为 0 的项，我们分别将其作为 Stream 的编号连入对应 Stream 即可（如图 2.6-19 所示）。

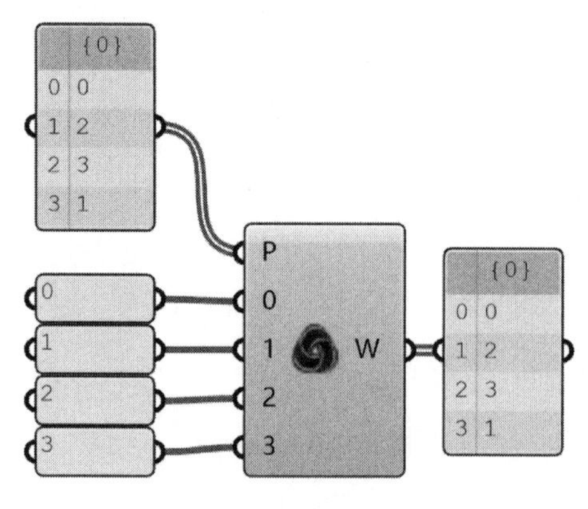

图 2.6-19 数据整合

但与 Dispatch 有所区别，Weave 运算器输入端可以输入多个 List 来进行整合。Pattern 对应的其实是输入端 Stream0、1，而不是布尔值，所以可以输入多个整数对应 0、1、2…输入端 List 进行整合。如图 2.6-19 所示，我们依次将 0、1、2、3 作为单个 List 输入 Weave，而 Pattern 更换为 0、2、3、1，在输出端我们就可以看到单个 List 按照我们输入端的顺序整合为一个 List（如图 2.6-20 所示）。

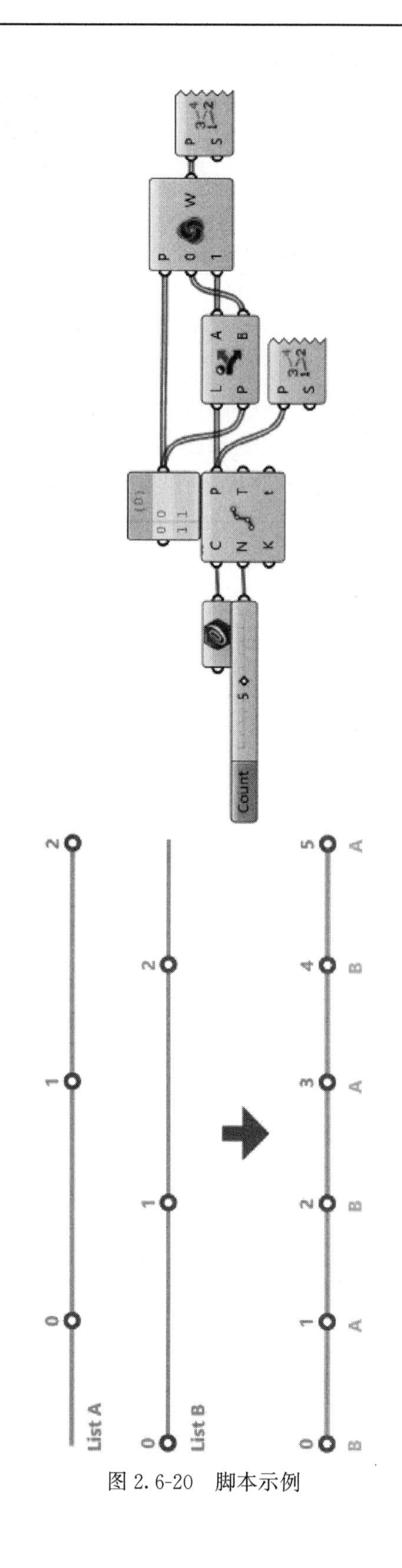

图 2.6-20 脚本示例

2.6.3.2　序列 Sequence

在 Sequence 栏中，包含着一些通过创建和控制数列来操作几何物体的运算器。

按序号删除项目　Cull Index

Cull Index 和 List item 运算器功能有些相反。通过指定 Indices，剔除 List 内的对应项目输出剔除后的新 List。

接着上个例子，我们将输出的点 List 剔除第三个数据（P2），然后用新 List 连线，得到如图 2.6-21 所示结果。

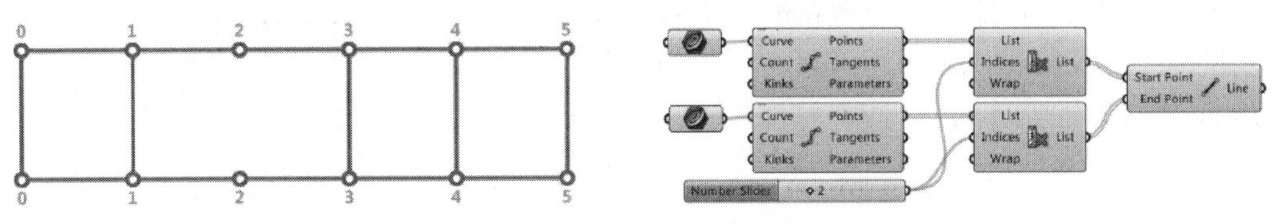

图 2.6-21　列表项目删除

即两条直线上的第三个点 P2 被剔除了，所以连线只有其余几条。

按规律删除项目　Cull Pattern

Grasshopper 中还有一种选择机制，即通过指定一个重复的规则去筛选数据。这里的规则即 True 和 False，也就是布尔值。当为 True 的时候，对应项保留，为 False 的时候，对应项删除。运算器 Cull Patter 即能达到此效果（如图 2.6-22 所示）。

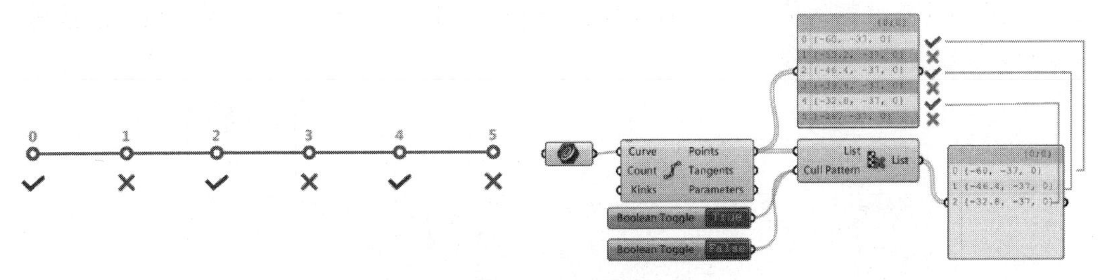

图 2.6-22　按规律删除项目

布尔值我们可以通过 Bollean Toggle（Params＝＞Input）输入，双击黑色按钮即可更换布尔值。同样，按住 Shift 将两个布尔值连入 Cull Pattern 输入端（注意有次序之分），我们便按照 True，False，True，False…的规律来对输入 List 进行筛选（这个规则将根据 List 长度一直循环下去)，间隔性地剔除了 P1、P3、P5，得到的新 List 只含有 P0、P2、P4 三个点（如图 2.6-23 所示）。

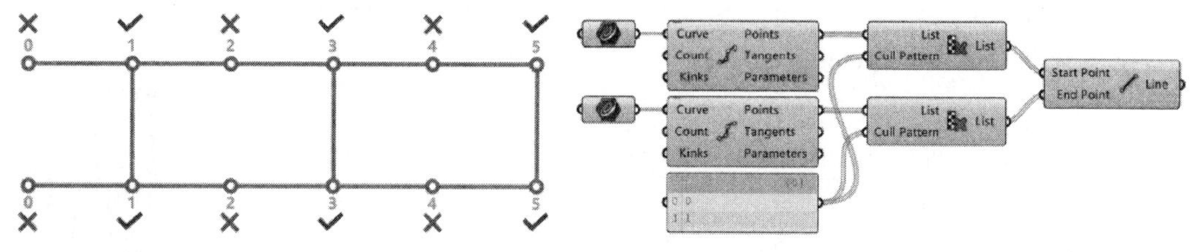

图 2.6-23　示例图

我们继续通过 Cull Pattern 对原有点 List 进行筛选，然后连线，就得到了三条间隔的直线。这里我们通过 Panel 直接输入了布尔值，并用 0 代替了 False，1 代替了 True。可以看到当我们按住 Shift 进行输入端连线的时候，相当于按照连接顺序创建了一个 List。

注意：Panel 在输入多行数据时，要右键点击取消 Multiline Data 才可以正确识别为 List（如图 2.6-24 所示）。

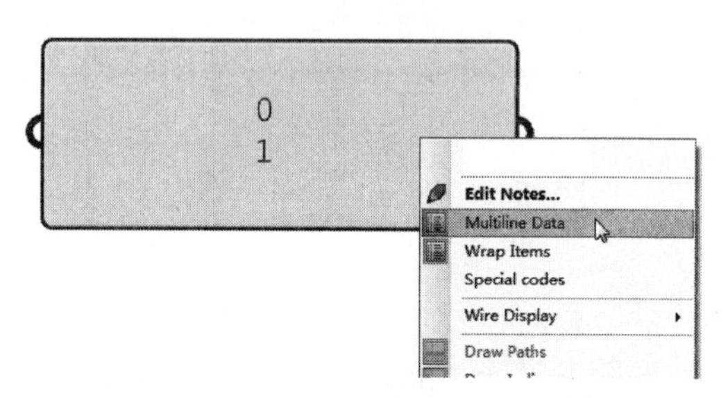

图 2.6-24　PANEL 数据类型设置

数列　Series

Series 是 Grasshopper 中非常常用的运算器。用来产生一个数列。

如图 2.6-25 所示，Series 运算器包含三个输入端：Start（S），Step（N），Count（C）。我们分别将其输入值 0、1、5，即代表生成一个以 0 为开头，1 为递增值，总数为 5 的数列，如输出端 Panel 所示。

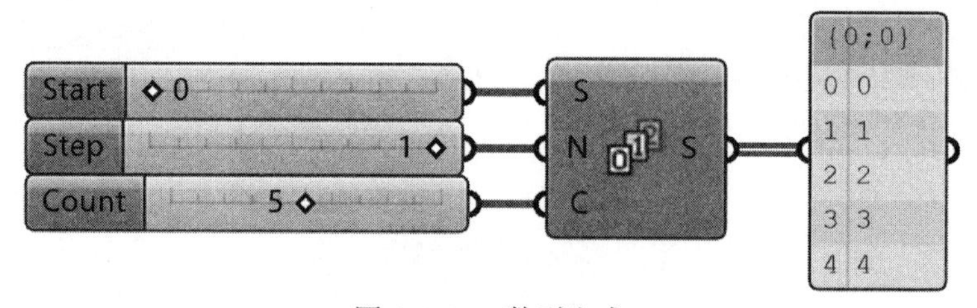

图 2.6-25　数列生成

我们将同一个数列连入图 2.6-25 所示的逻辑。可以看到输入的曲线（椭圆）被移动了 5 次，是因为在 Move 运算器的向量输入端（T）输入的不是一个向量，而是方向为 Z

轴方向，向量长度为 0、1、2、3、4 的五个向量。要注意移动后的首项由于移动向量长度为 0，故与原输入曲线重合（如图 2.6-26 所示）。

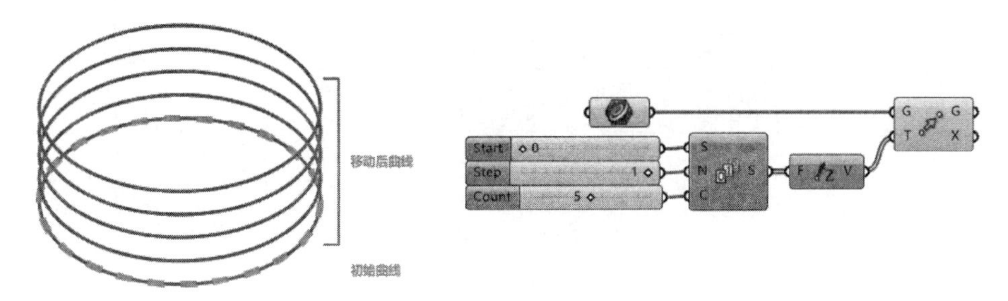

图 2.6-26 示例图

总结来讲，Series 运算器生成的是一个指定的等差数列，不论在像图 2.6-26 一样的等距移动、阵列，还是在数据筛选上都会有很高频的使用率。

范围 Range

Range 运算器生成的结果也是一个数列，但运算逻辑与 Series 不同。

Range 运算器的输入端为 Domain（D）和 Step（N），输出端 Range（R）为一个数列。我们通过 Panel 直接输入 **0 to 10**。即为一个 0～10 的区间（D）（这也是常用的快捷输入方法之一），将 N 输入 4。得到一个包含 5 个数的数列。

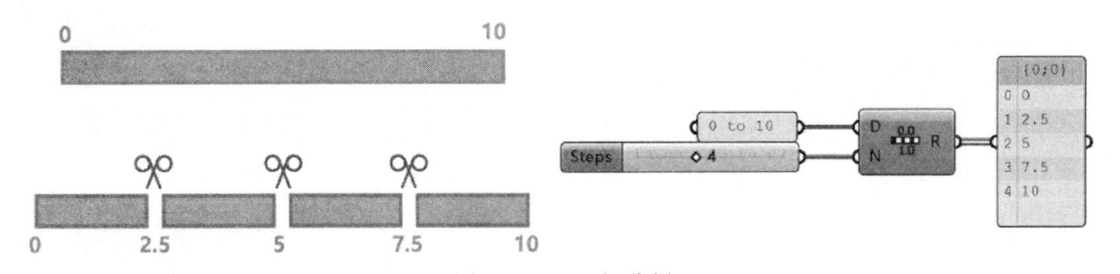

图 2.6-27 区间分割

如图 2.6-27 所示，为了得到 5 个数，我们输入 4 的原因是要将原有的区间分为四份，故而得到 5 个终点值，这也是 Range 运算器很需要注意的地方。当输入端的 N 来自于其他运算器的结果时，为了保证数据的匹配我们也常在 N 端鼠标右键，在 Expression 处直接输入表达式 * * **x-1** * *，这样 N 的输入与输出结果的项目数就匹配了（如图 2.6-28 所示）。

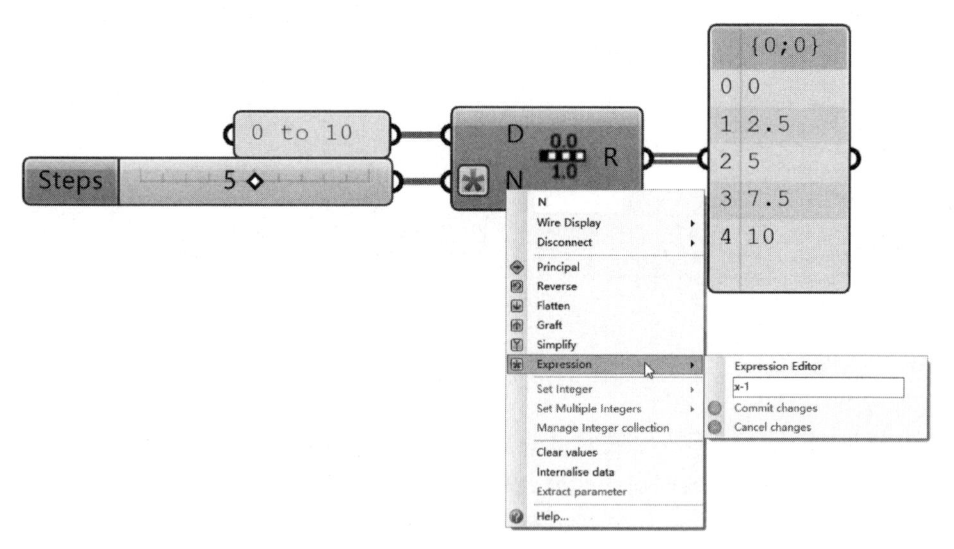

图 2.6-28 数目匹配

也就是说，**Series** 运算器是已知起始项、递增数与输出数列项目总数而生成数列，**Range** 运算器是已知起始项、终止项与输出数列项目总数（x-1）而生成数列。

随机 Random

Random 运算器的输入端为 Range（R），Number（N）和 Seed（S）。即，在输入的区间内，生成 N 个随机数，而 Seed 类似于筛子，不同的 Seed 会有不同的随机结果（如图 2.6-29 所示）。

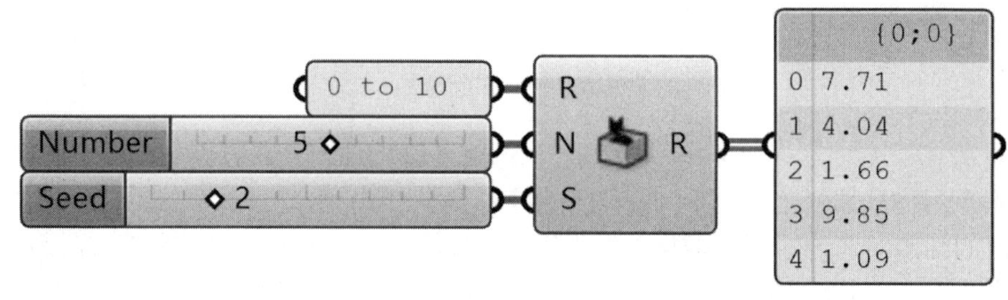

图 2.6-29 区间内的随机数

如图 2.6-30 所示，默认输出结果可能为精确到小数点后 6 位的数列，在 File—Preference 中可以调整精确位数：

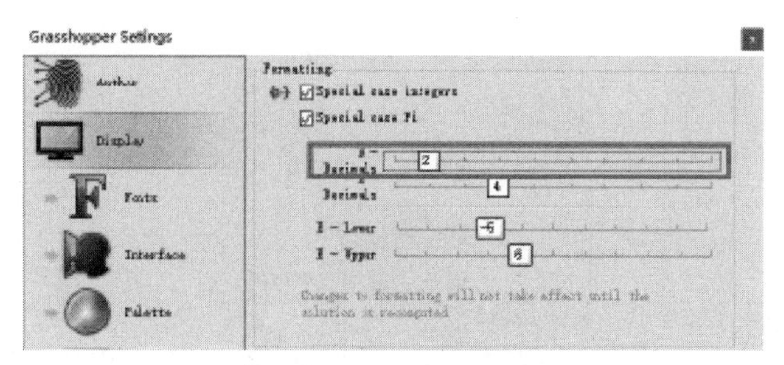

图 2.6-30 设置界面

随机删减 Random Reduce

Random Reduce 运算器输入端为 List（L）、Reduction（R）和 Seed（S）。功能是将输入的 List 随机剔除 R 个数据作为新的 List 输出。

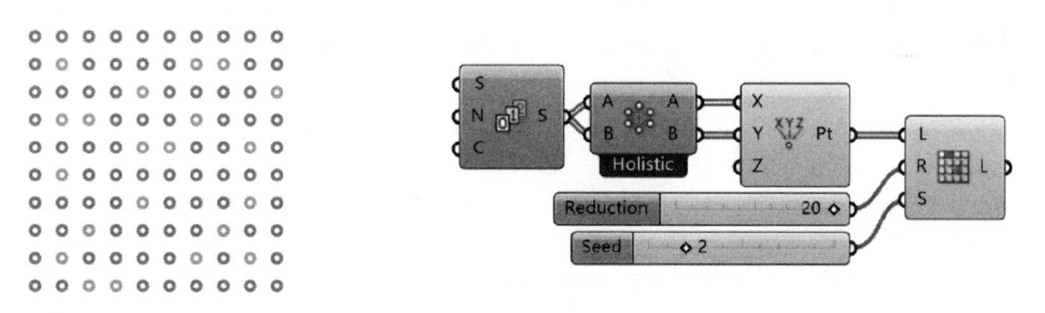

图 2.6-31 随机删减

如图 2.6-31 所示，我们用默认的 Series（S=0，N=1，C=10）将结果输入 Cross-Reference 的 A、B 端，然后输入 Construct Point 的 X、Y 端生成一个二维点阵，将这个点阵作为 List 输入 Random Reduce，结果即是剔除了 20 个灰色点后的红色点阵。

列表抖动 Jitter

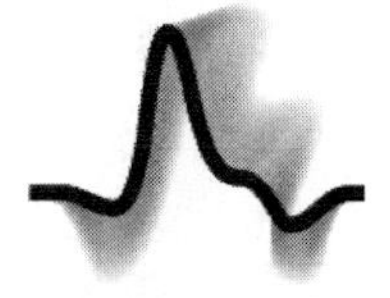

Jitter 运算器输入端为 List（L），Jitter（J）和 Seed（S）。它的功能是将输入的 List 随机进行打乱，Jitter 端是 0 到 1 的小数，代表被打乱的程度，1 为完全打乱（如图 2.6-32 所示）。

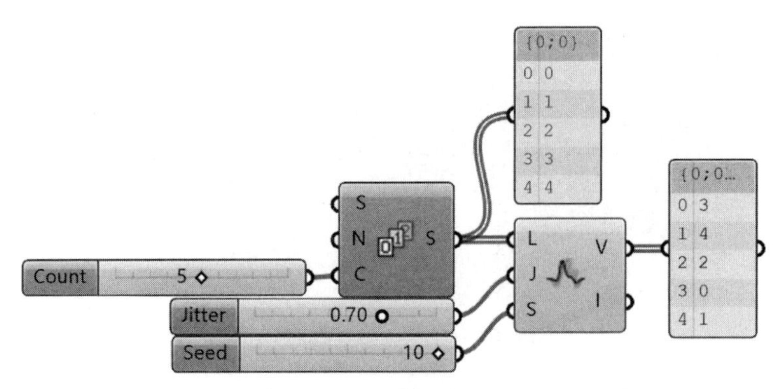

图 2.6-32 列表随机打乱

2.6.4 列表可视化 List Visualization

很多时候在 Grasshopper 中对于数据的处理需要我们通过可视化的方式去查看数据，通常我们有以下几种方式来查看数据。

面板 Panel

Panel 是我们在 Grasshopper 中最常用的运算器之一。不论是创建数据、查看数据都会用到。本质上 Panel 就是个文本编辑器，而所有数据在编程的角度来讲都是一系列文本。

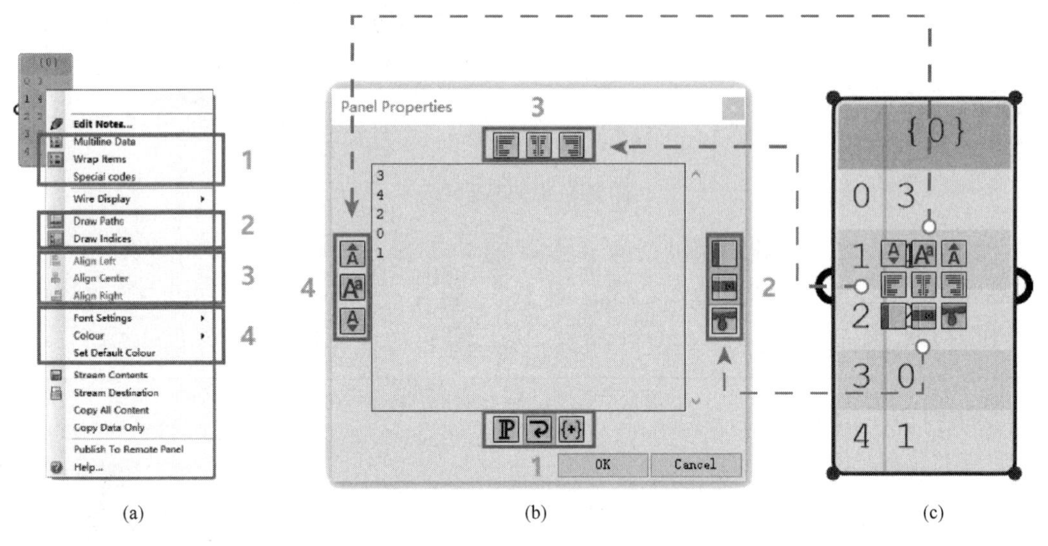

(a) (b) (c)

图 2.6-33 面板调置

如图 2.6-33（a）所示，当鼠标右键点击 Panel 时会弹出菜单，其中有几个选项是比较常用的：

（1）数据选项

1）Multiline Data：默认选项为选中，输入 Panel 的数据会被视为多行数据，而一般运算我们会将其取消，将每个数据作为单行成为一个 List 输入。

2）Wrap Items：取消时，数据的显示会受 Panel 大小限制，强制单个数据显示为等高的一行，显示不出来的变为省略号。选中时，数据会完整显示，不再强制为等高的行列。

（2）List 显示（见 2.6.1）：

1）Draw Paths：显示 Path。

2）Draw Indices：显示 Indices。

（3）对齐：文本对齐选项。

（4）外观：包括字体设置、Panel 颜色。

如图 2.6-33（b）所示，双击打开一个 Panel 也会有类似的选项可以设置。

如图 2.6-33（c）所示，而当画布缩小至一定程度时，Grasshopper 的 ZUI 会使 Panel 上显示对于 Panel 外观的快捷设置。

点列表　Point List

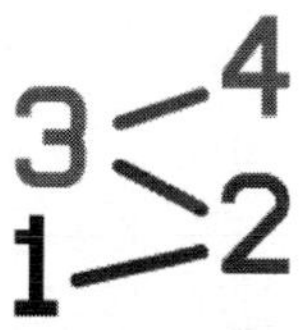

很多时候，我们会通过查看点的顺序，或者直接查看点来观察数据与几何物体的对应关系。

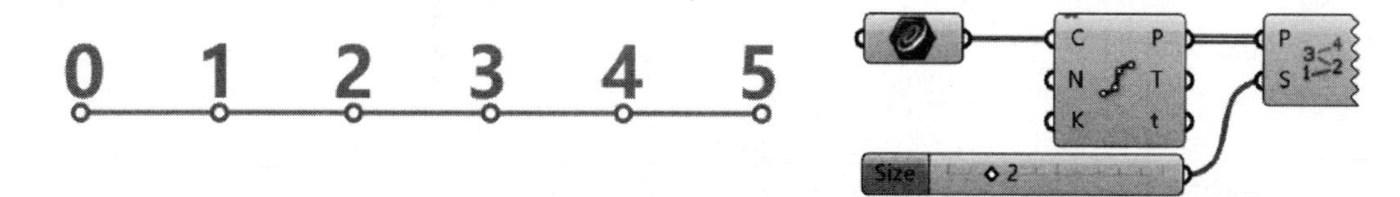

图 2.6-34　点列表显示

如图 2.6-34 所示，我们将一条直线分为 6 个点，连入 Point List 运算器的 P 端，另一个输入端 Size（S）决定了 PointList 显示的文字大小，即可看到这些点在曲线上的顺序，或者可以理解为 List 内的点在空间内的排序位置。

Point List 运算器的结果 Bake 到 Rhino 空间中为 Text Dot 物件。

文字注释　Text Tag

Text Tag 运算器允许我们在特定位置显示一个字符信息。输入端 Location（L）要输入一个点位置，Text（T）则为标注内容，Color（C）为显示颜色。

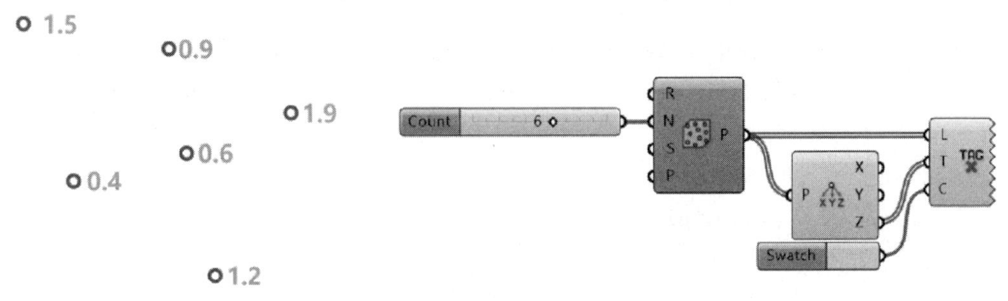

图 2.6-35 文字注释

如图 2.6-35 所示，我们用 Population 3D 运算器在空间中生成 6 个随机点，再通过 Deconstruct Point 提取到每个点的 Z 轴坐标，输入 Text Tag 的 T 端，L 端输入点位置，C 可以通过 Color Swatch 运算器自定义颜色。得到图 2.6-35 所示结果。

当 Text Tag 运算器 Bake 到 Rhino 空间时，会得到 Text Dot 物件。

三维文字注释 Text Tag 3D

与 Text Tag 毗邻的运算器 Text Tag 3D 为其的进阶版。输入端多了 Size（S）控制文字大小，和 Justification（J）控制文字与点的对齐方式，鼠标右键点击 J 端可看到详细选项（如图 2.6-36 所示）。

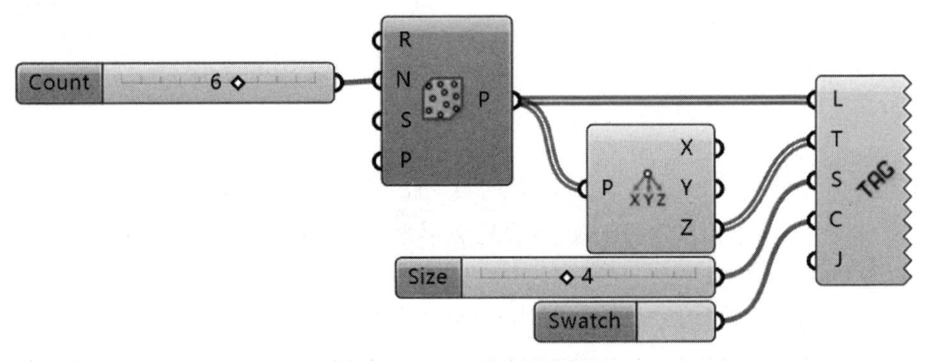

图 2.6-36 三维文字注释

与 Text Tag 不同，Text Tag 3D 运算器的结果 Bake 到 Rhino 空间中为 Text 物件。

2.6.5 案例

用下面这个例子来综合应用上述我们学到的知识。

（1）用 SqGrid 运算器生成一个 20×20 的矩形阵列，将输出端 Flatten 取消树形数据结构，成为一个单一的 List（如图 2.6-37 所示）。

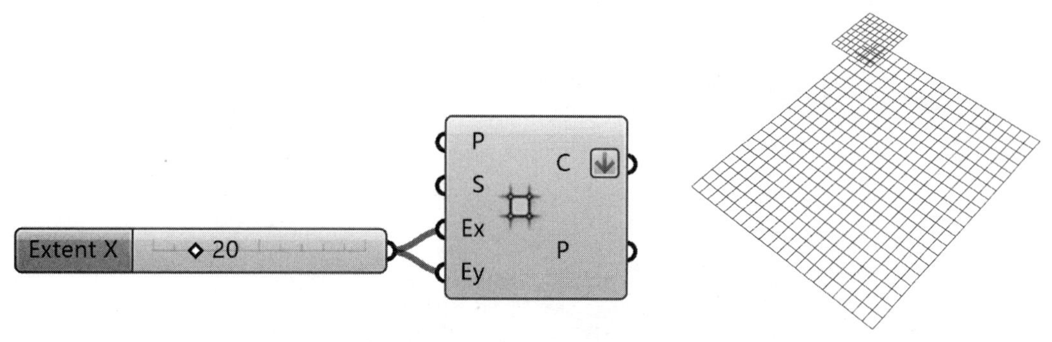

图 2.6-37 构建矩阵

（2）将这些矩形用 Boundary Surfaces 运算器进行封面（如图 2.6-38 所示）。

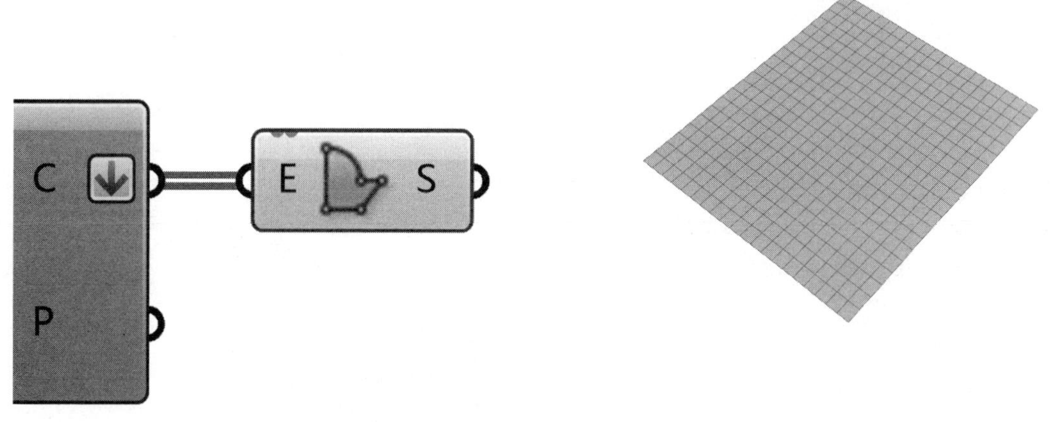

图 2.6-38 封面

（3）然后用 Extrude 运算器将这些面挤出成为立方体，挤出方向为 Z 轴方向，距离采用默认数值（如图 2.6-39 所示）。

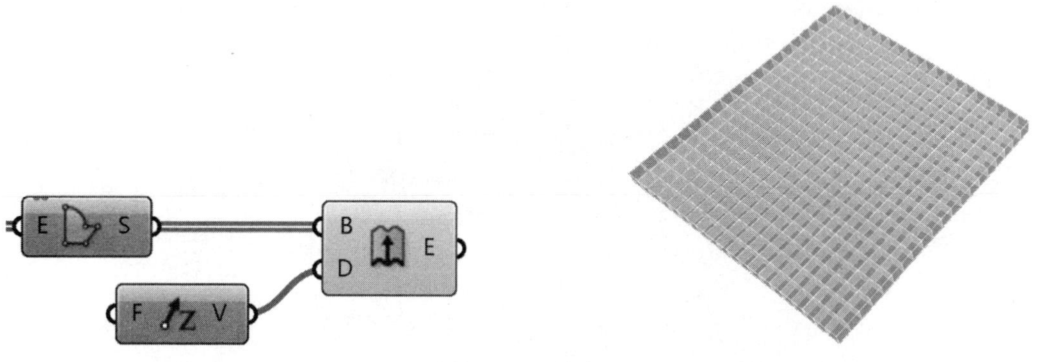

图 2.6-39 挤出

（4）我们想要将挤出的高度随机化，得到一个更复杂的结果。这里使用 Random 运算器来产生随机的高度，Range 输入端是通过 Construct Domain 运算器指定的高度区间，Number 输入由 List Length 运算器得到的整个矩形阵列的列表长度（20×20＝400），

Seed 输入端可以输入任意整数产生不同的随机效果（如图 2.6-40 所示）。

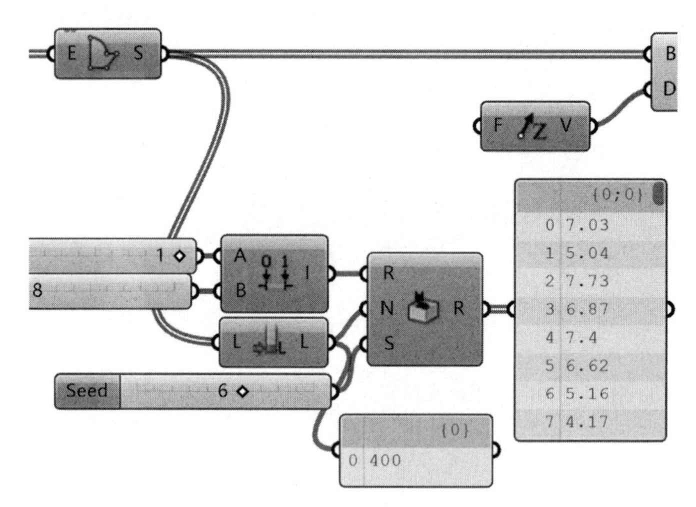

图 2.6-40 生成随机数

（5）如图 2.6-41 所示，将 Random 运算器计算的结果直接输入 Z 运算器取代默认值，便得到了一个随机挤出的立方体阵列（如图 2.6-42 所示）。

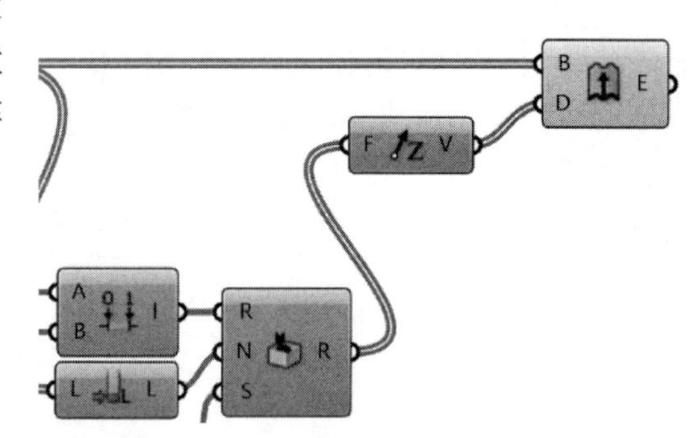

图 2.6-41 将随机数作为挤出高度

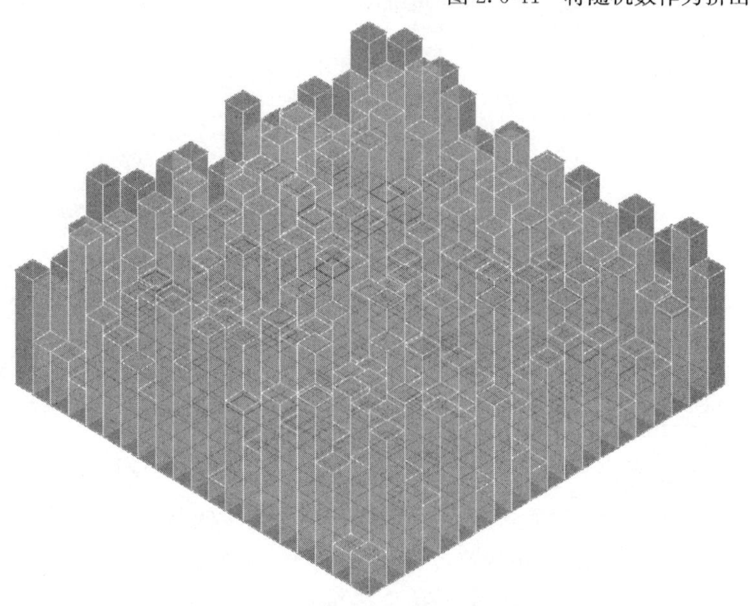

图 2.6-42 挤出效果

（6）生成的阵列过于密集，通过CullPattern运算器将其中一些剔除，其Pattern运算器输入的是布尔值，默认如图2.6-43所示，根据List的运算法则，这个Pattern会不断重复直到与立方体的数目匹配，所以我们将会得到每间隔两个立方体剔除两个立方体的结果（如图2.6-44所示）。

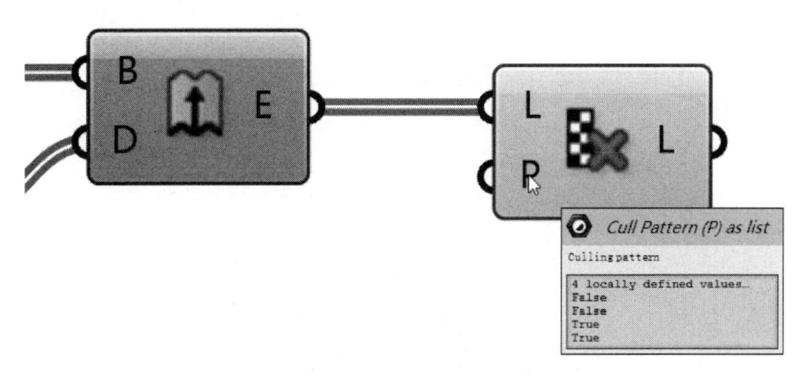

图2.6-43　剔除数据

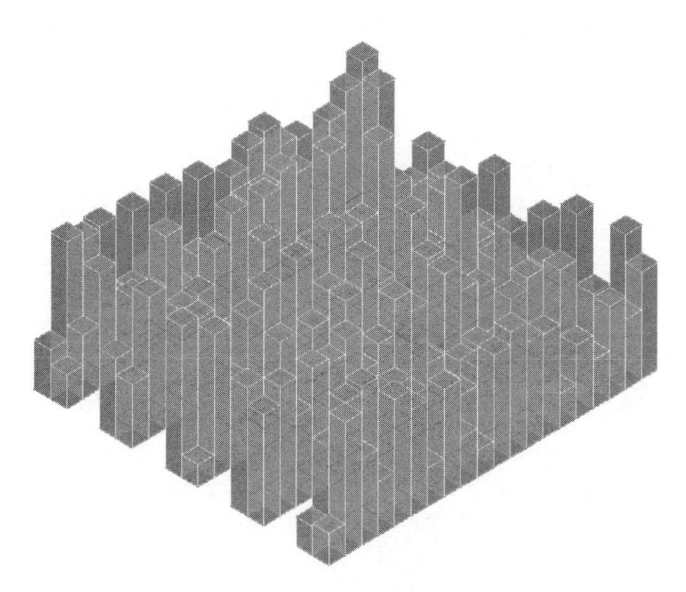

图2.6-44　调整后的挤出效果

（7）这样的结果无疑破坏了随机计算的效果，所以我们再通过一层数据的随机化优化结果。

1）首先我们在Panel中输入0，1两行数据作为False、True的布尔值，输入Repeat运算器的Data端，然后用List Length运算器得到所有立方体的数目，输入到Length端，这样得到了一个不断重复0、1布尔值，长度与立方体数目相匹配的List（如图2.6-45所示）。

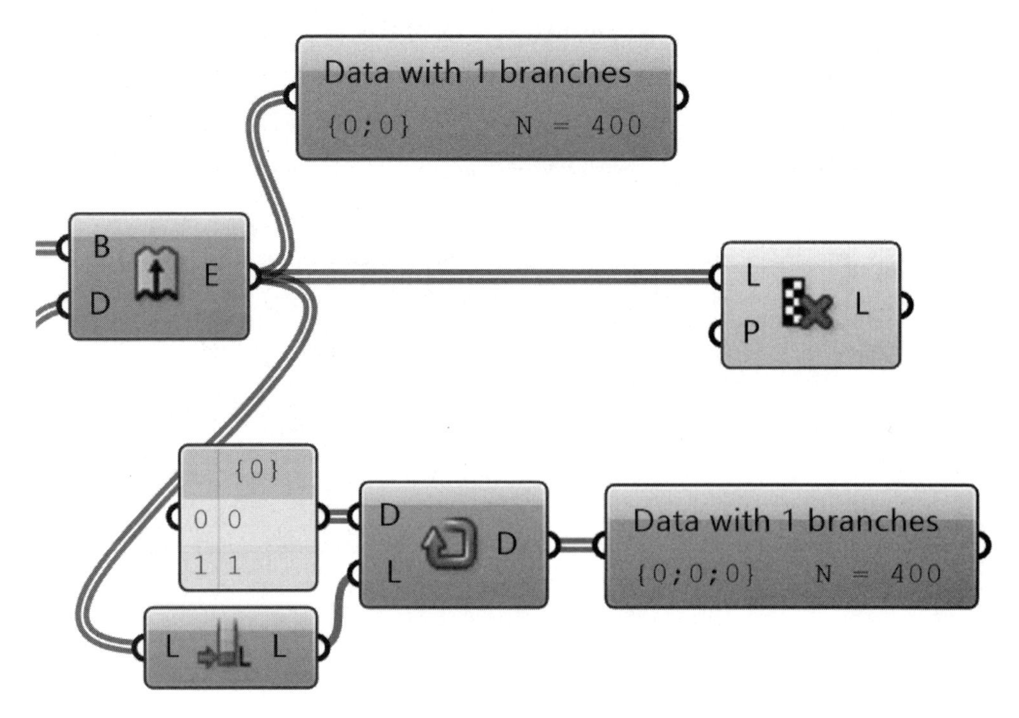

图 2.6-45　得到循环数据列表

2）然后将这个 List 输入到 Jitter 运算器的 List 端，第二个输入端 Jitter 代表数据打乱的程度，输入一个 0～1 之间的小数，值越大打乱程度越高，Seed 与 Random 运算器的 Seed 相同，输入任意整数取得不同的随机结果。经此处理，我们将原来的 0、1 不断重复的 List 打乱为随机 List（如图 2.6-46 所示）。

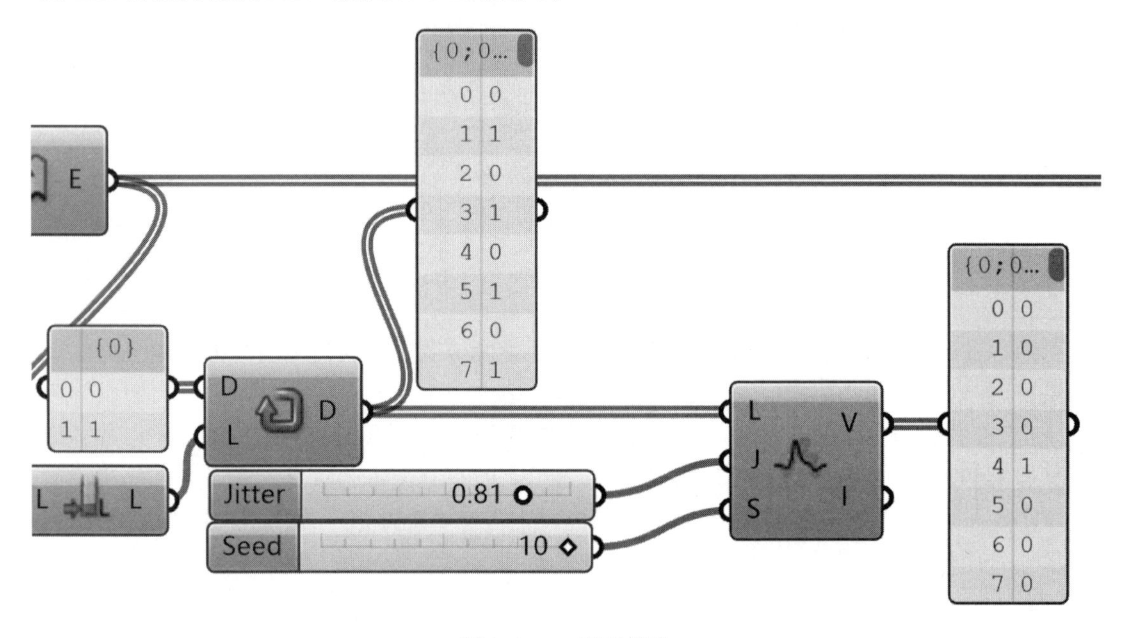

图 2.6-46　列表扰乱

(8) 如图 2.6-47 所示，将 Jitter 运算器输出的结果输入到 CullPattern 运算器的 Pattern 端，就得到了更随机的剔除结果（如图 2.6-48 所示）。

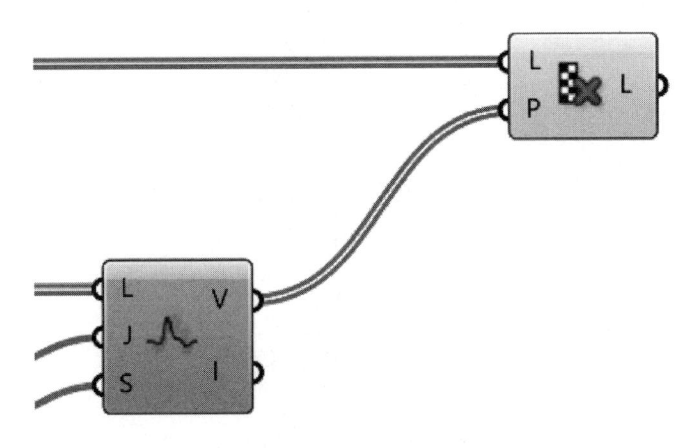

图 2.6-47 剔除数据

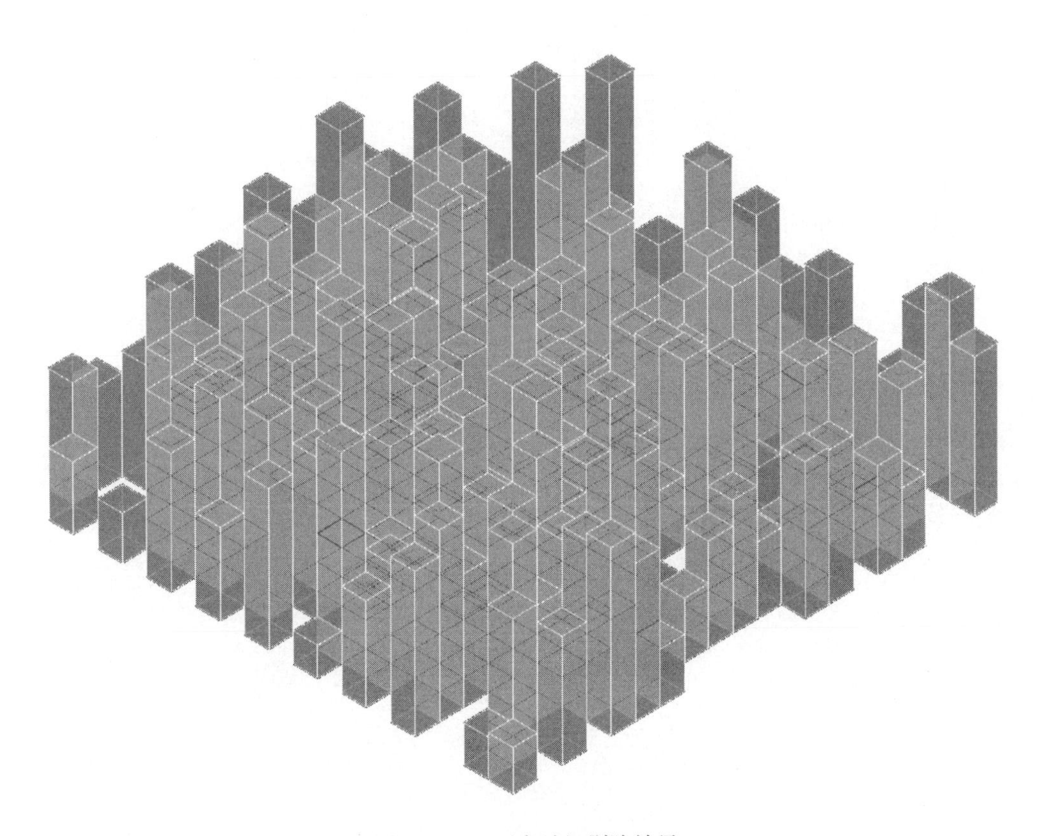

图 2.6-48 两次随机剔除效果

通过两次随机化的处理，我们可以得到千变万化的变种，这里要深刻理解 List 的计算逻辑与数据匹配的问题。以下是整个算法的截图：

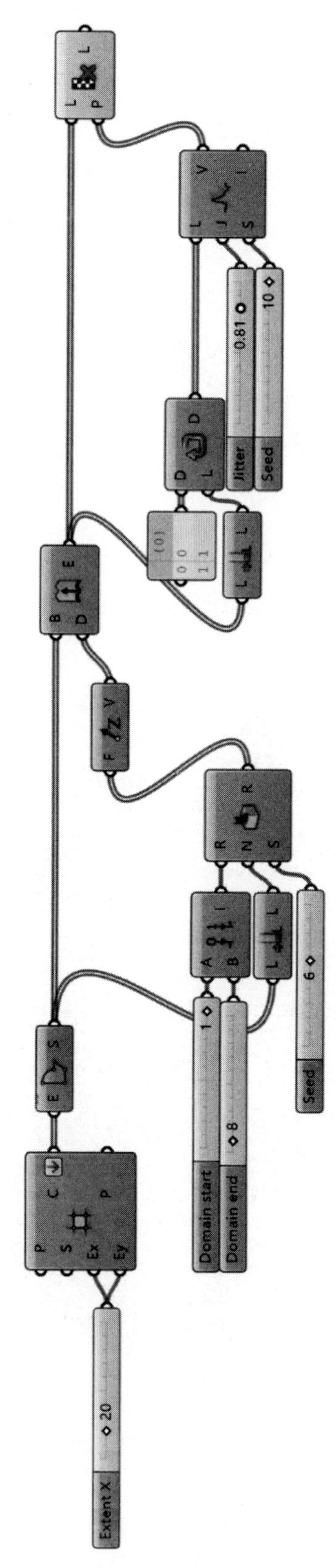
Jitter
0.81
Seed
10
Seed
6
Domain start
1
Domain end
8
Extent X
20

图 2.6-49　脚本示例

2.7 树形数据 Data Tree

随着设计与模型的深入，Grasshopper 中处理的数据势必会越来越复杂。而 Data Tree 则是 Grasshopper 中最重要的一种复杂数据存储方式。本节将学习树形数据在 Grasshopper 中的处理。

2.7.1 树形数据的定义 What is Data Tree

Data Tree，即树形数据结构，是一种层级式的数据存储方式。当涉及多个数据输入运算器时，得到的结果往往是包含多个分支的树形数据。可以将树形结构对比为文件夹，母文件夹下还可以包含多个子文件夹，子文件夹内可以包含多个文件，而原有的文件结构分类清晰不被打乱。当定位一个文件时，你会通过母文件夹—子文件夹—具体文件的逻辑去寻找。而在 Data Tree 中，文件的路径即是 Path，具体文件的编号即是 Index。

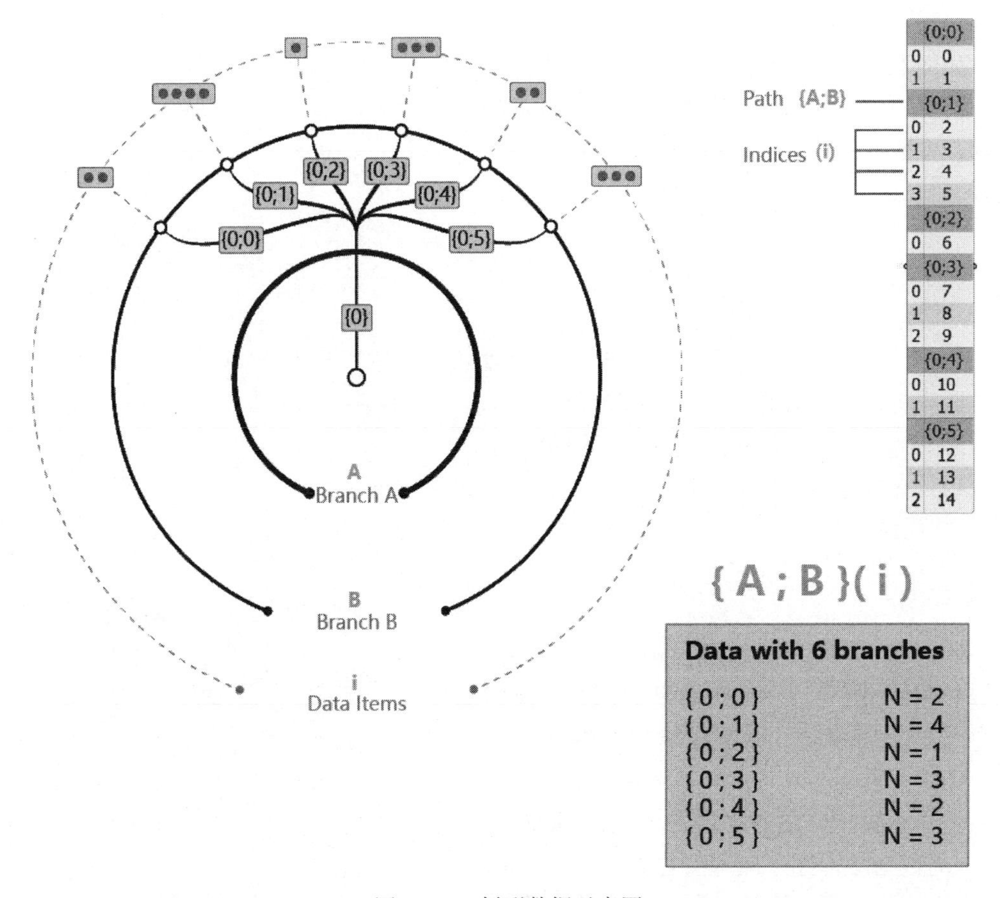

{0;0}	
0	0
1	1
{0;1}	
0	2
1	3
2	4
3	5
{0;2}	
0	6
{0;3}	
0	7
1	8
2	9
{0;4}	
0	10
1	11
{0;5}	
0	12
1	13
2	14

图 2.7-1 树形数据示意图

以图 2.7-1 为例，我们建立了一个包含 6 个分支的树形数据。每个分支即为一个 List，每个 List 内包含的项目数用 N 表示。从图示上来看，树形数据就是一个类似树枝不断向下分支的层级结构。第一级为 {0}，即根分支，一般我们可以直接省去，因为它并不包含分支的信息。第二级为{0；1}{0；2}…即次分支，也就是我们的分组。而在每个分组内包含具体的不同数目的 Item，即具体数据。由于每个分组实质是一个 List，所以内部项目都会通过 Indice 排序。简化为字母，具体定位一个树形数据中的项目就是{A，B}(i)。比如我们要定位到"7"这一项，那它在树形数据中的位置即为{0；3}(0)，第四组的第一项。

树形数据与列表比较 Data Tree vs List

那么 Data Tree 和 List 又有什么不同？我们通过右图说明：

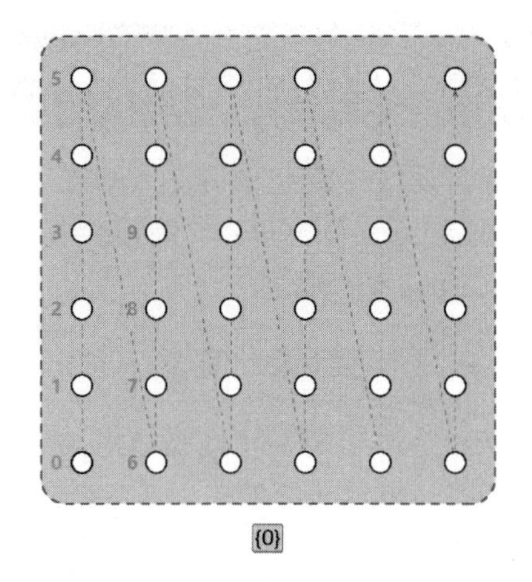

图 2.7-2 List

如图 2.7-2 所示，一个 6×6 的点阵，如果作为一个单独的 List，可能会是如图所示的排列，在数据的读取与定位、控制上都十分不便利。

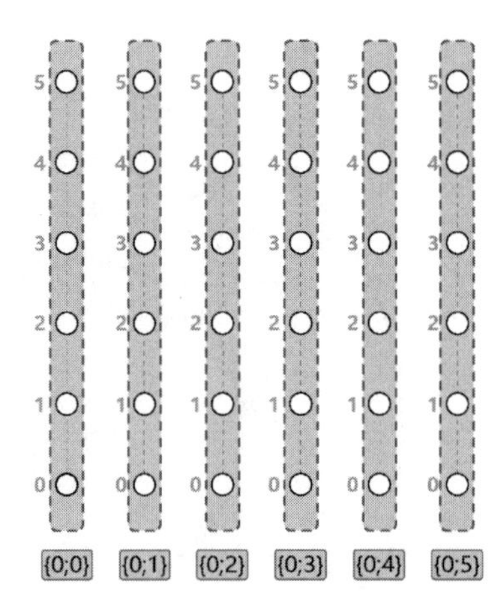

图 2.7-3 包含 6 个分支的树形数据

如图 2.7-3 所示，如果将该点阵建立为树形数据，可以将其分为 6 列，每列为包含 6 个数据的 List。假如我们要定位到第三列第四个点，则其在位置为{0；2}(3)。

如图 2.7-4 所示，如果出现了两个点阵，我们想在创建图 2.7-3 树形数据的同时还保留两个点阵数据独立，则数据结构会变成{1，1}(实际上会是{0；1；1}，在这里根目录的第一位 0 不起到分组的作用被省略)，即比图 2.7-3 的数据结构深一层(要注意图 2 中{0；1}这样的路径中 0 是可以省去的)。我们如果要定位到第二个点阵中第二列第三个数据，则其位置为{1；1}(2)。

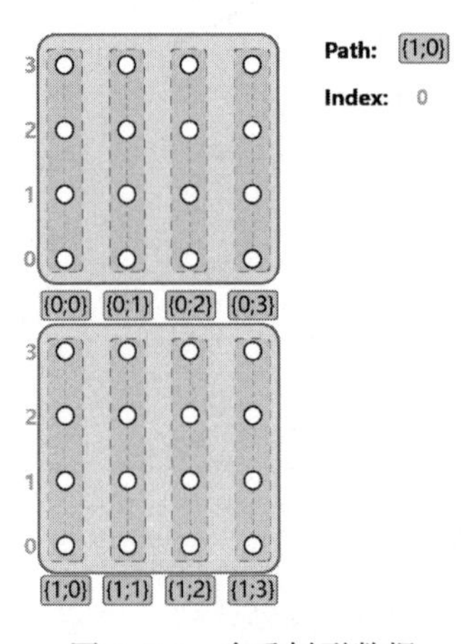

图 2.7-4 多重树形数据

接下来我们用一个更形象的例子来帮助读者理解：

如图 2.7-5 所示，有一个学习班，里边有 24 位成员，我们最开始可以将其按照顺序编号（从 0 开始），这就是一个 List。

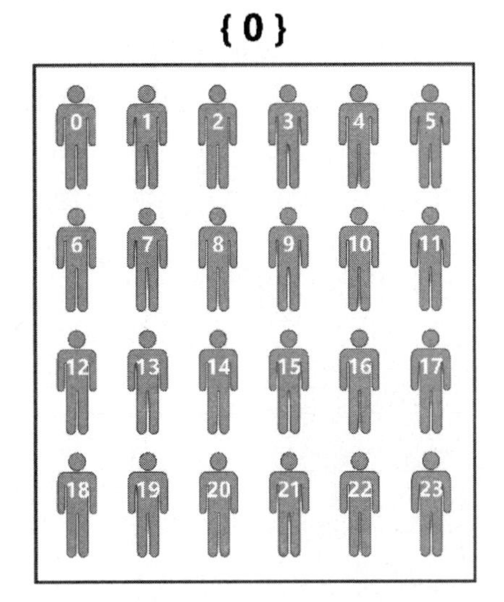

图 2.7-5　24 位成员

如图 2.7-6 所示，在某节课堂中我们需要将其分为 6 组成员分别进行任务，将小组名编号为 {0；0}、{0；1} …每组内会有四名成员，成员依然依次编号，那么如果我们需要寻找第四组第三位成员便可通过编号 {0；3}（2）找到他，这就是一个包含 6 个分支的树形数据，每个分支内有 4 个成员。

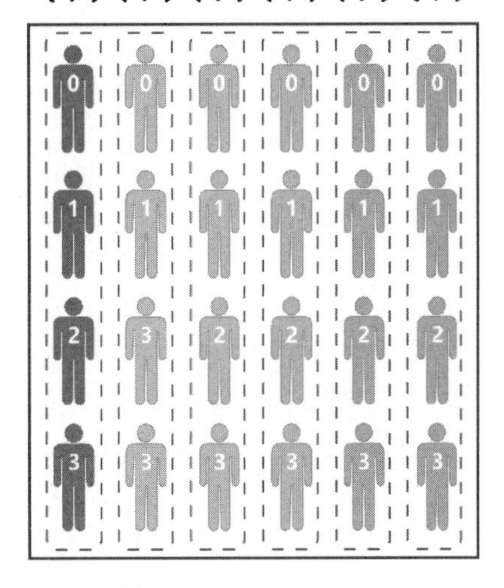

图 2.7-6　分为六个组

如图 2.7-7 所示，当我们的学习班招生越来越多后，仅仅一个班是不够的，我们便开始分班，而班内的学习小组依然保留，班级编号为第一位的 {0}、{1}，小组编号为第二位的 {0}、{1}，如果我们要找到三班第一组的第二名同学便可通过 {2；0}（1）的路径来找到他。这就是一个多层树形数据。

按照以上的逻辑，树形数据的分支和深度可以不断增加，来达到管理、定位数据的目的。

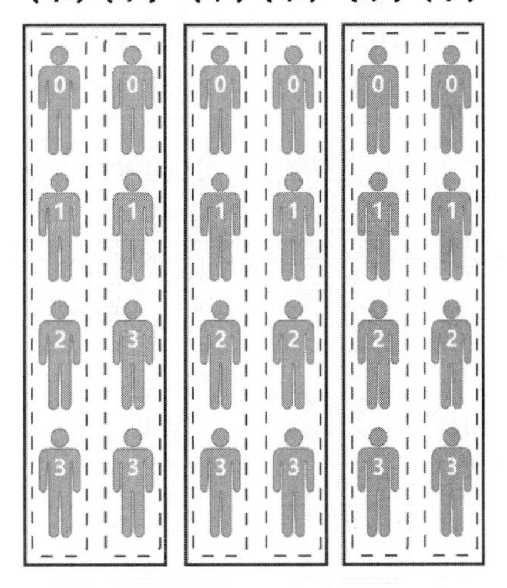

图 2.7-7　分为三个班

2.7.2 树形数据的可视化 Data Tree Visualization

我们通过前面的内容已经知道，通常我们都会有 Panel 运算器来查看数据。而对于树形数据来说，除了 Panel 运算器以外，还有其他一些运算器可以查看树形数据中不同的内容。

参数查看 Param Viewer

Param Viewer 是 Grasshopper 中对树形数据最常用的查看运算器。

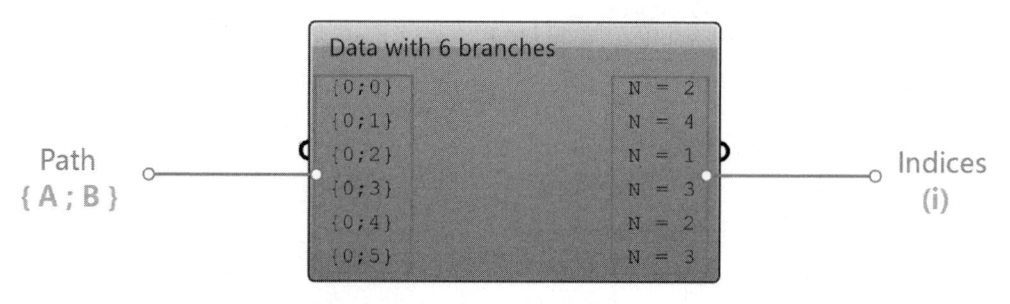

图 2.7-8 参数查看

如图 2.7-8 所示，当数据连入 Param Viewer 运算器时，左边会显示 Path，即数据的分组情况。我们可以看到是分为 6 组（第一位的 0 由于都处于同一母分支下所以可以省略）；在右边会显示每个分支的 List 内有多少个数据。

当我们在运算器空白处鼠标右键点击可以看到有一个 Draw Tree 的选项（或者直接双击运算器），会以分支图示的方式可视化树形数据的结构。

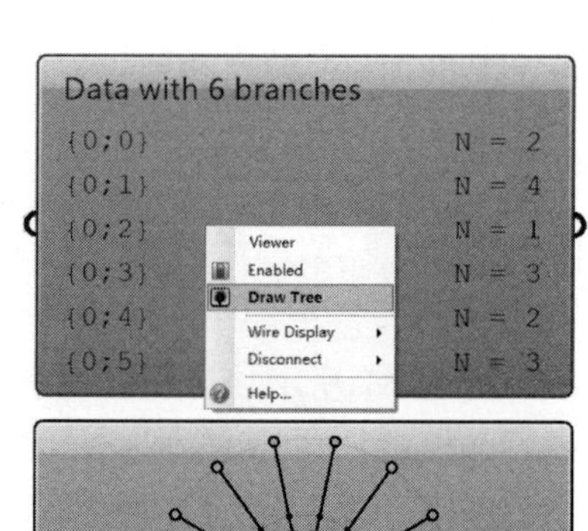

如图 2.7-9 所示，我们可以看到该数据从根路径 {0} 处分支处 6 个分支 {0; 0}、{0; 1} …而线终点的空心圆代表实际数据存储的位置。

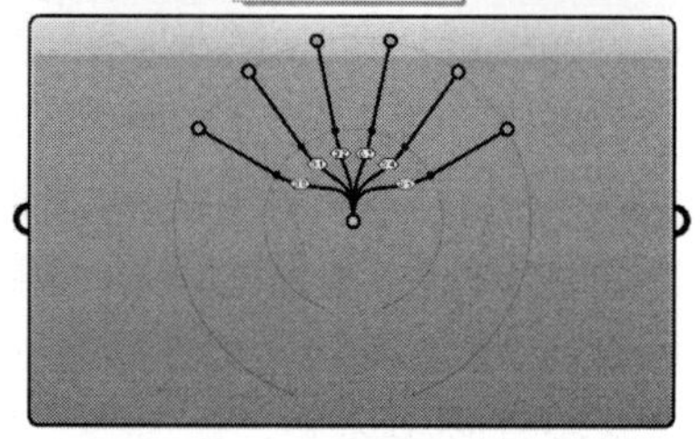

图 2.7-9 树形数据可视化

树形数据分析 Tree Statistics

Tree Statistics 输入端 表 2.7-1

名称	数据类型	说明
Tree(T)	Data	要分析的树形数据

Tree Statistics 输出端 表 2.7-2

名称	数据类型	说明
Path(P)	Path	数据分支路径
Length(L)	Integer	每个分支的数据长度
Count(C)	Integer	分支的个数

如图 2.7-10 所示，当一个树形数据连入运算器的输入端 Tree（T），三个输出端 Path（P）、Length（L）、Count（C）会分别输出路径、每个分支 List 的长度和树形数据的分支数。

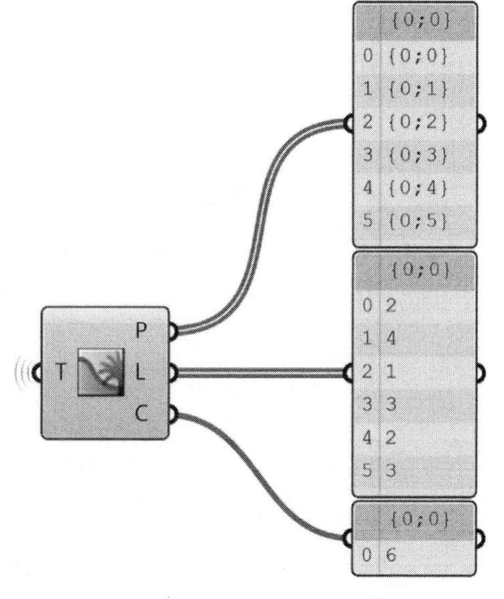

图 2.7-10 树形数据查看

2.7.3 树形数据的管理 Data Trees Management

Grasshopper 中有很多可以管理、改变和自定义树形数据结构的运算器。

拍平树形数据 Flatten

Flatten 输入端 表 2.7-3

名称	数据类型	说明
Tree(T)	Data	目标数据
Path(P)	Path	要拍平的目标路径

Flatten 输出端 表 2.7-4

名称	数据类型	说明
Tree(T)	Data	拍平后的数据

如字面意思一样，Flatten 运算器将所有的树形数据“拍平”，即移去分支结构，直接按照顺序排列为一个 List。

如图 2.7-11 所示，我们输入一个包含 5 个分支的树形数据，经过 Flatten 运算器后所有数据都被拍平进入一个 List，我们可以通过在输入端、输出端连入 Param Viewer 运算器的 Tree 视图来直观地看到数据结构的变化。

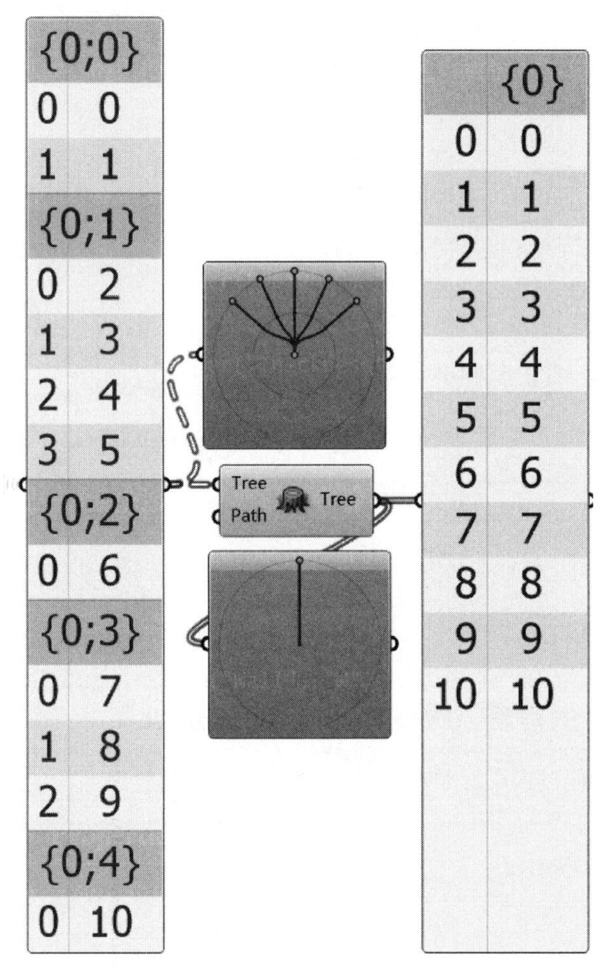

图 2.7-11　拍平树形数据

为每个项目创建树形数据分支 Graft

Graft 输入端　　**表 2.7-5**

名称	数据类型	说明
Tree(T)	Data	目标树形数据

Graft 输出端　　**表 2.7-6**

名称	数据类型	说明
Tree(T)	Data	处理后的树形数据

Graft 运算器则与 Flatten 功能相反，它会将每个树形数据分支内的成员分成一个独立的新分支，即在原有的数据结构上加深一层。原来一个分支下的所有数据成员都变成了一个独立分支与其他成员不关联。

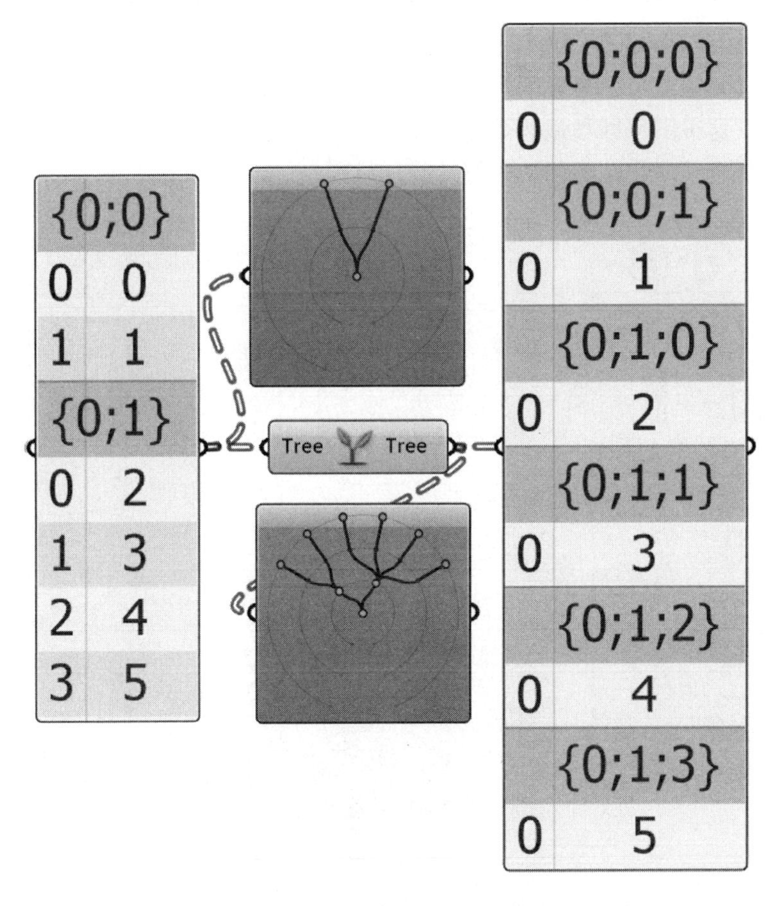

图 2.7-12 建立树形数据分支

如图 2.7-12 所示，原来包含两个分支的树形数据输入 Graft 后，每个分支内又依据其包含的成员个数分出了新的分支。从 ParamViewer 运算器可以直观地看到数据结构的继承与变化。

简化树形数据路径 Simplify

Simplify 输入端 **表 2.7-7**

名称	数据类型	说明
Tree(T)	Data	要分析的树形数据

Simplify 输出端 表 2.7-8

名称	数据类型	说明
Front(F)	Bool	是否将路径折叠限制为仅在路径开始处索引

Simplify Tree 运算器会将树形数据结构内的不必要的路径移去，通常会是最根部的{0}这一级，或者从路径上来看即第一位的{0}。从路径上来看，当一级路径在所有的分支上都相等时，这级路径即被视为重复的或者多余的。这种操作并不会打乱或破坏树形数据的结构，只是将其简化，保留最必要的路径结构。

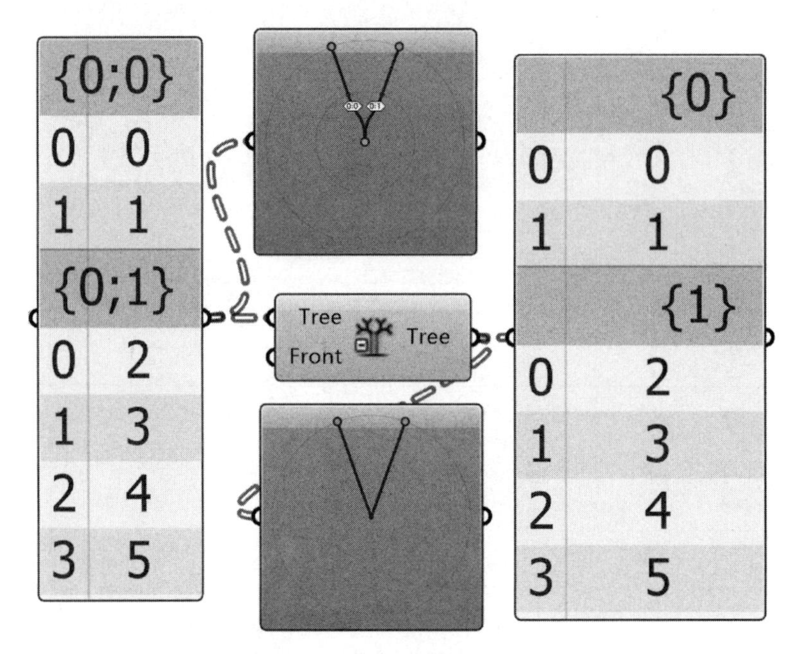

图 2.7-13 简化树形数据路径

如图 2.7-13 所示，输入的树形数据路径结构为{0；A}，可以看到就分组来讲，第一位的路径两个分支都相等，为 0，所以它并不是必要的，所以连入 Simplify Tree 后，树形数据路径只保留第二位的分组{A}，但同时数据结构并没有被破坏。

以上所说的几个运算器，由于在数据处理上太常用，所以 Grasshopper 将其加入了大部分运算器的输入端/输出端，鼠标右键点击就可以选择对应的选项而不用连接运算器。

翻转树形数据 Flip Matrix

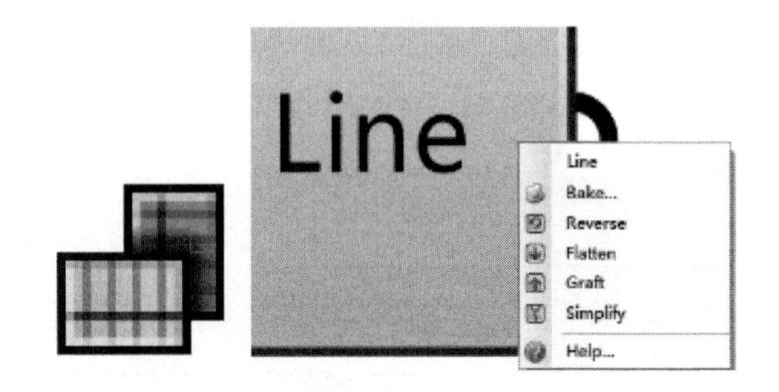

Flip Matrix 输入端 **表 2.7-9**

名称	数据类型	说明
Tree(T)	Data	目标树形数据

Flip Matrix 输出端 **表 2.7-10**

名称	数据类型	说明
Tree(T)	Data	翻转后的树形数据

Flip Matrix 的功能是交换树形数据的行和列。或者说，交换分支（Branch）与编号（Indice）。我们先来看下面的图示：

如图 2.7-14（a）所示，原树形数据是包含 4 个分支，每个分支内有 6 个成员。按照矩阵的方式排列就是图中（a）所示的结果。

而连入 Flip Matrix 后，数据结构会变成 6 个分支，每个分支内有 4 个成员，从图示来看就是（a）图的分组方式进行了行和列的对调，原有数据是按照列来分组，交换后按照行分组，如图 2.7-14（b）所示。

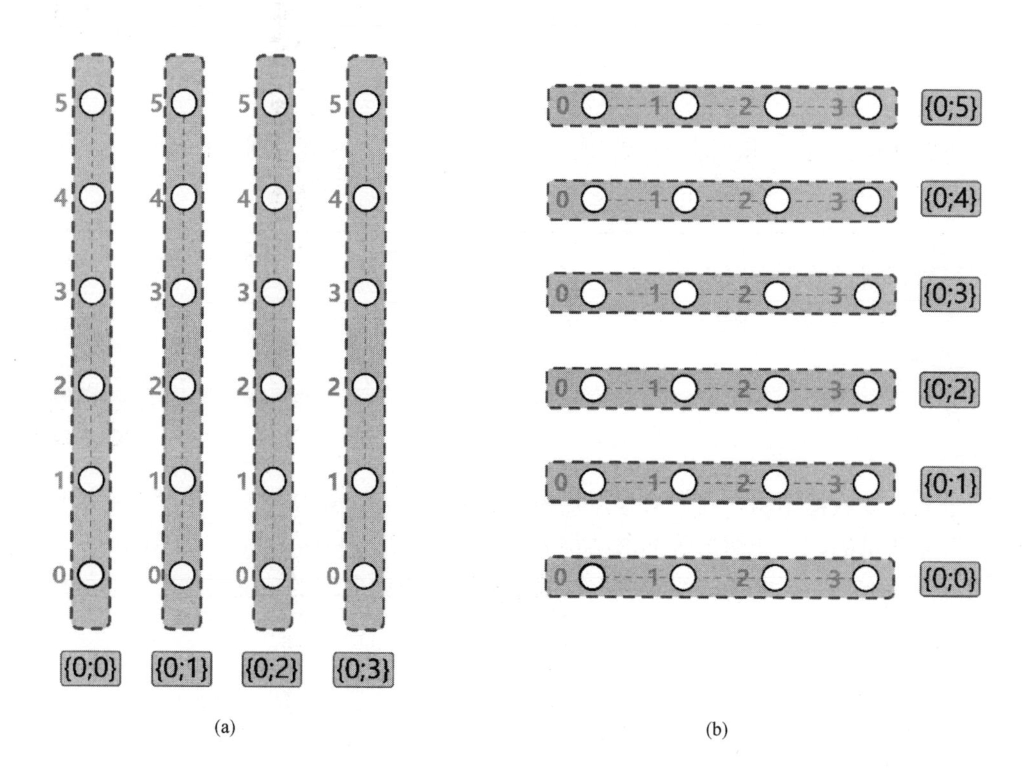

图 2.7-14 翻转数据

如图 2.7-15 所示，原数据包含 4 个分支，每个分支内有两个成员，经过 Flip Matrix 后变成 2 个分组，每个分组内有 4 个成员。Branch 的个数与 List 的长度对换。

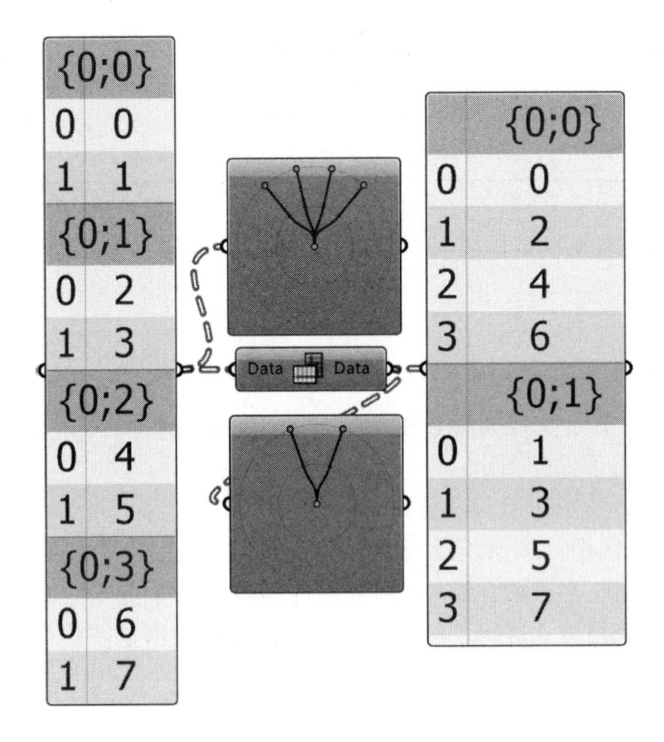

图 2.7-15　数据结构示例图

但需要注意的是，FlipMatrix 要求输入的 List 为二维树形数据，且每个分支内包含的成员个数相等。否则会计算错误。

树形数据路径编辑　Path Mapper

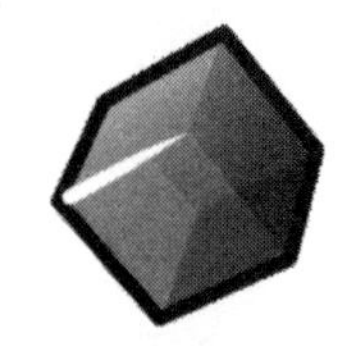

对于复杂的数据结构，我们通常需要用到 Path Mapper 运算器来改变其数据结构。如同我们开始所讲的，一个树形数据的结构即｛A；B；C；D⋯｝（i），PathMapper 运算器即通过改变原有的路径结构来控制数据。我们将通过下面的案例来说明这个运算器的使用方法。

2.7.4　案例

2.7.4.1　编织

我们将以下面这个案例来对 List 进行简单的操作来展示为什么 Grasshopper 中所有的数据与几何物体变动实现都是基于 List 和 DataTree 这些基础的数据结构的。

图 2.7-16 是位于新加坡的 Helix Bridge，由 Cox Architecture with Architects 61 设计，本次我们将尝试用 Grasshopper 来复现其基本形态逻辑。

图 2.7-16 新加坡 Helix Bridge

从图 2.7-17 的剖面图可以看到，螺旋的桥体横截面实际上为一个正圆，每环正圆内部由 10 个铰接点来建立纵向的钢索拉起桥身。那如何实现这种类似 DNA 的螺旋结构？

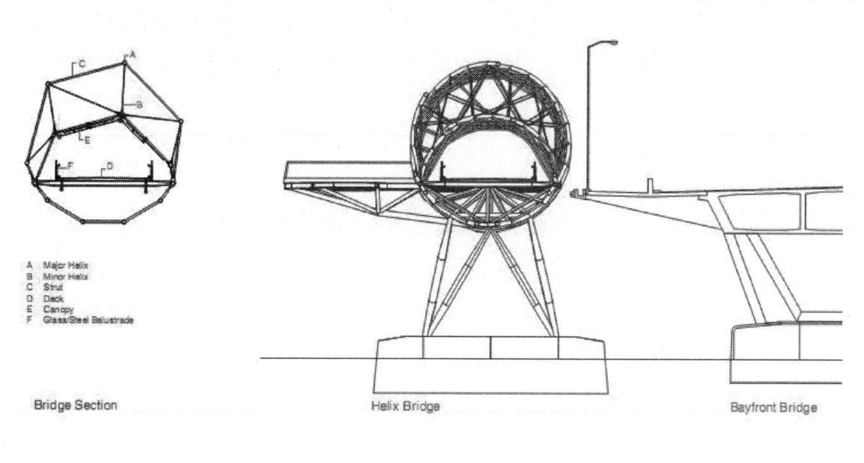

图 2.7-17 桥体剖面图

（1）首先我们在 Rhino 中建立桥体的轨迹线，将其拾取入 Grasshopper 中，并用 Divide Curve 进行分段，分度的数目决定了螺旋的数目（如图 2.7-18 所示）。

（2）在这些均分点上用 PerpFrame 运算器生成和曲线垂直的截面平面，这个平面我们用来生成所需要的截面圆（如图 2.7-19 所示）。

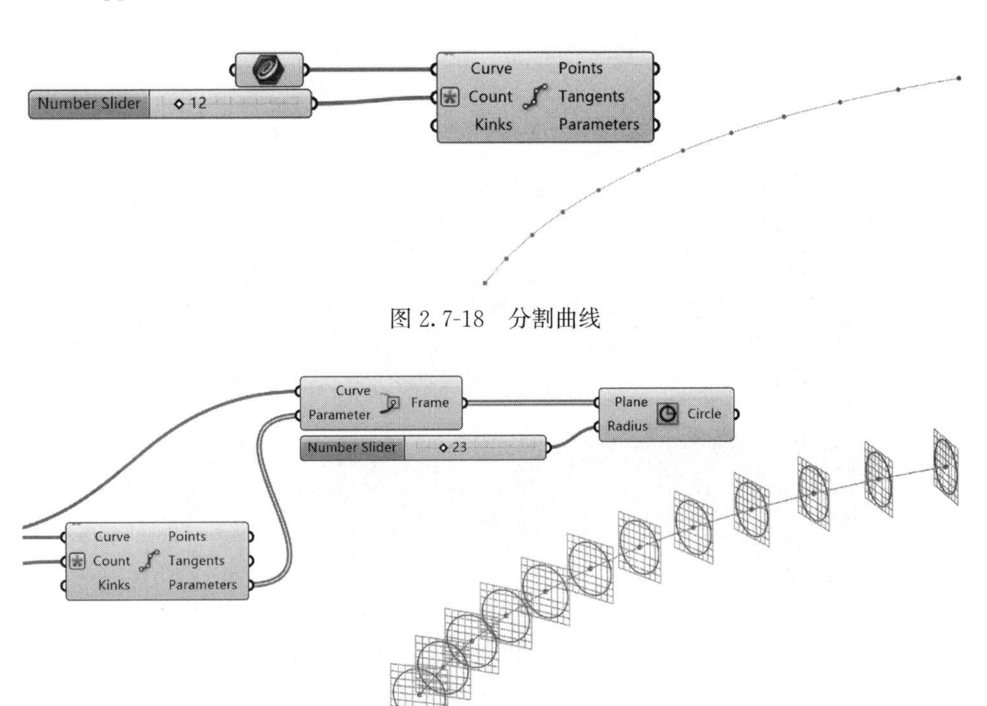

图 2.7-18　分割曲线

图 2.7-19　生成截面圆

（3）在这些圆上生成 10 个分段点，作为之后沿着桥路径方向的纵向连接杆的定位点。在此之前我们将 Circle 运算器输出端生成的所有圆进行 Graft 和 Simplify 两个数据结构的操作，便于接下来我们对数据结构的处理和分析，同样在 Divide Curve 运算器的 Points 输出端也选择 Simplify 对数据结构进行简化，剔除不必要的数据分支（如图 2.7-20 所示）。

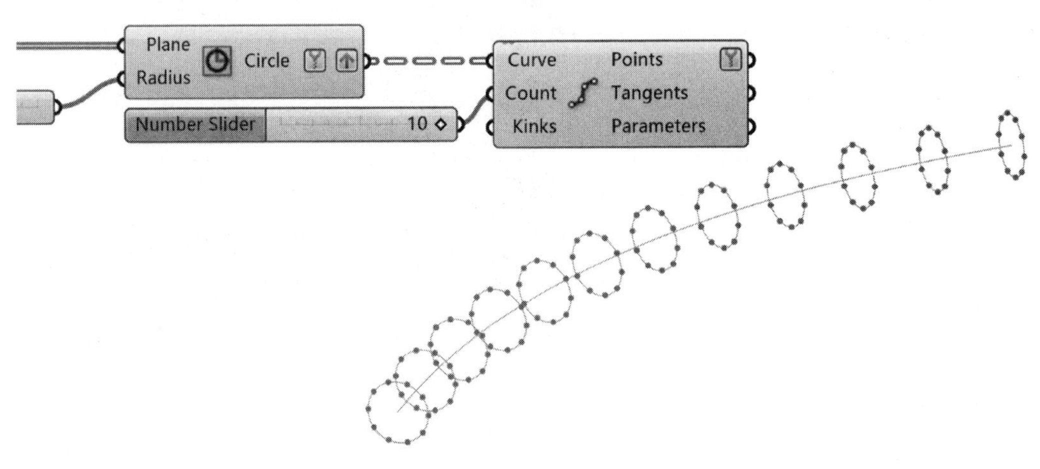

图 2.7-20　分割截面圆

（4）接下来我们需要建立纵向连接杆。我们可以使用 Interpolate 运算器来建立控制点曲线，但是输入端 Point 要求的是同一个 List 内的所有点，就现在的数据结构来看，我们直接连接与原来的圆别无二致，因为所有的细分点还是基于其上的圆成为一个 List（如图 2.7-21 所示）。

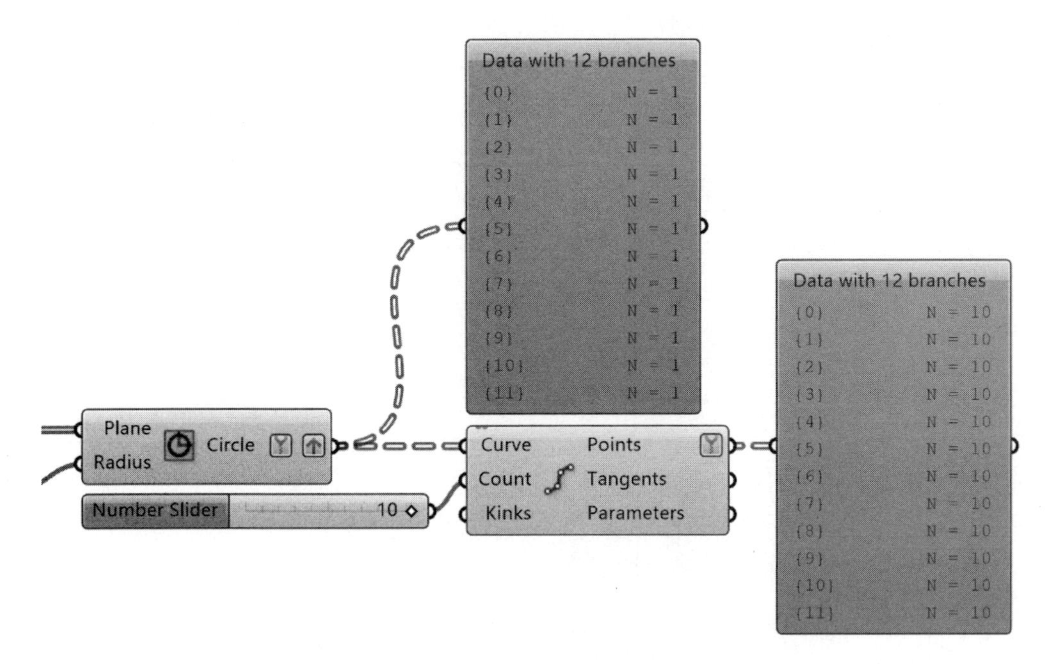

图 2.7-21 分析数据结构

(5) 所以要将每个圆内部的所有点连线，变成圆与圆之间对应编号的点连线，我们需要将原有数据结构进行翻转，Flip Matrix 运算器可以达到此目的。

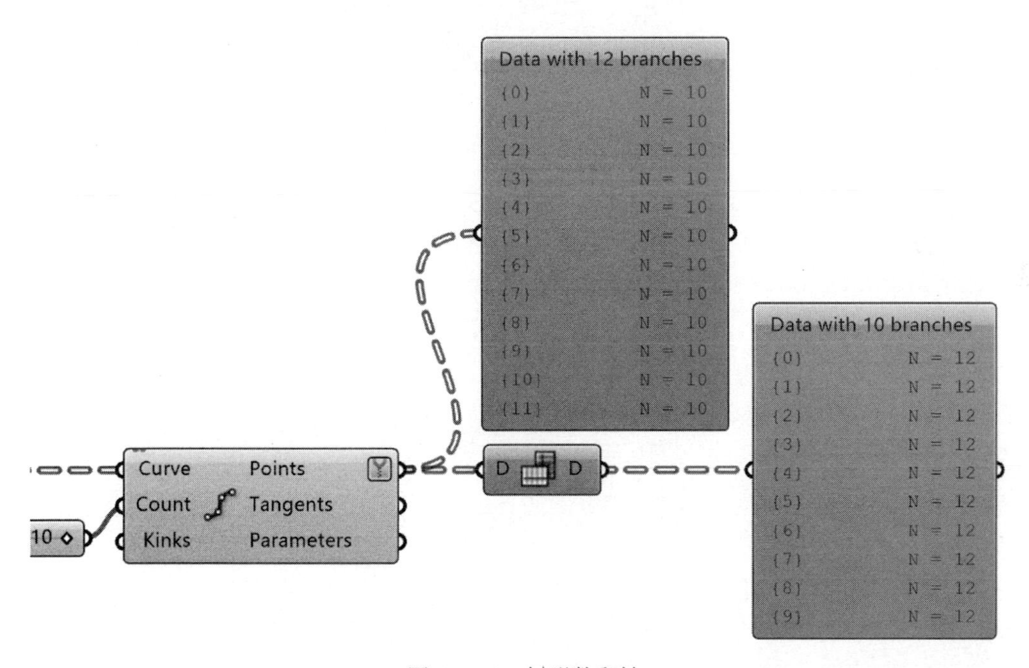

图 2.7-22 树形数翻转

从图 2.7-22 可以看到，在 Flip Matrix 之前，数据分为 12 个 List，每个 List 内有 10 个项目；而运算后变为 10 个 List，每个 List 内有 12 个项目，也就是分组数与项目数对调了，但这并不能让我们直观地理解数据发生了什么变化，接着来看图 2.7-23。

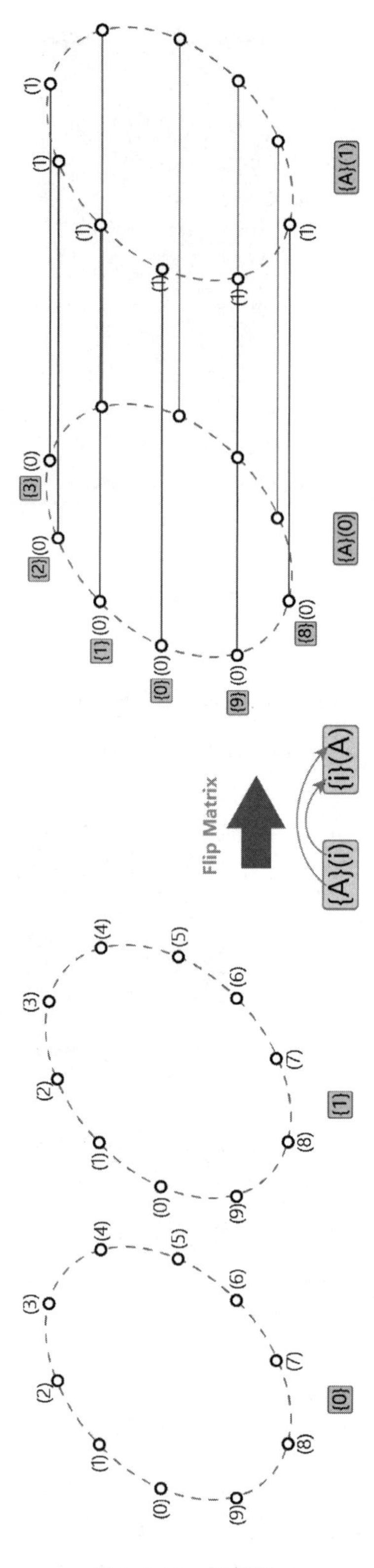

图 2.7-23　示例图

图 2.7-23 左半部分，是原来的数据，也就是说，每个圆分为一组，一共有 12 组即 12 个圆，而每个 List（即圆）包含其上分布的 10 个点，即 10 个项目，从简化后的数据格式来看，可写作 {A}（i），A 代表第几个圆即第几个 List，i 代表在这个 List 中的编号，这样可以定义到这个数据结构中任意一个点。而经过 Flip Matrix 运算器后，从数据结构的字面改动上看，即将 A 和 i 的位置调换，从右图看到其实际意义即是，所有在原来圆上编号相同的点（例如 0）成了一个 List，而原来圆的编号成了 List 中点的编号，所以通过 Flip Matrix，我们才能实现纵向上将这些点相连（如图 2.7-24 所示）。

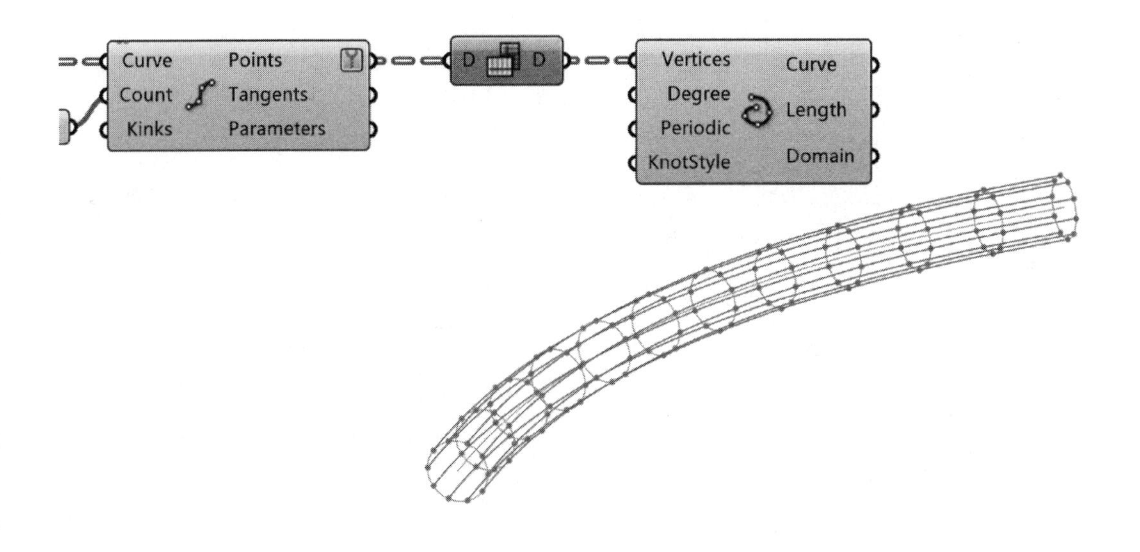

图 2.7-24 示例图

（6）很明显，这里的纵向杆件都是平行于水平面的，并没有实现案例中螺旋的形状，我们仍然需要对数据进行一些处理。

由于所有圆的分段点排序都如图 2.7-23 中 {0} 组所示，所以连接对应编号的点不会出现螺旋状的形态。我们需要做的是从第二个圆开始，将每个圆上分段点的编号依次往后顺移 1、2、3…位，依次类推。所以我们需要将这些 List 依次进行 Shift List 运算器的计算，并且偏移的位置依次为 1、2、3…位，这样对应编号相同的点在 Flip Matrix 之后相连成的线就会螺旋旋转，达到我们想要的目的，如图 2.7-25 所示。

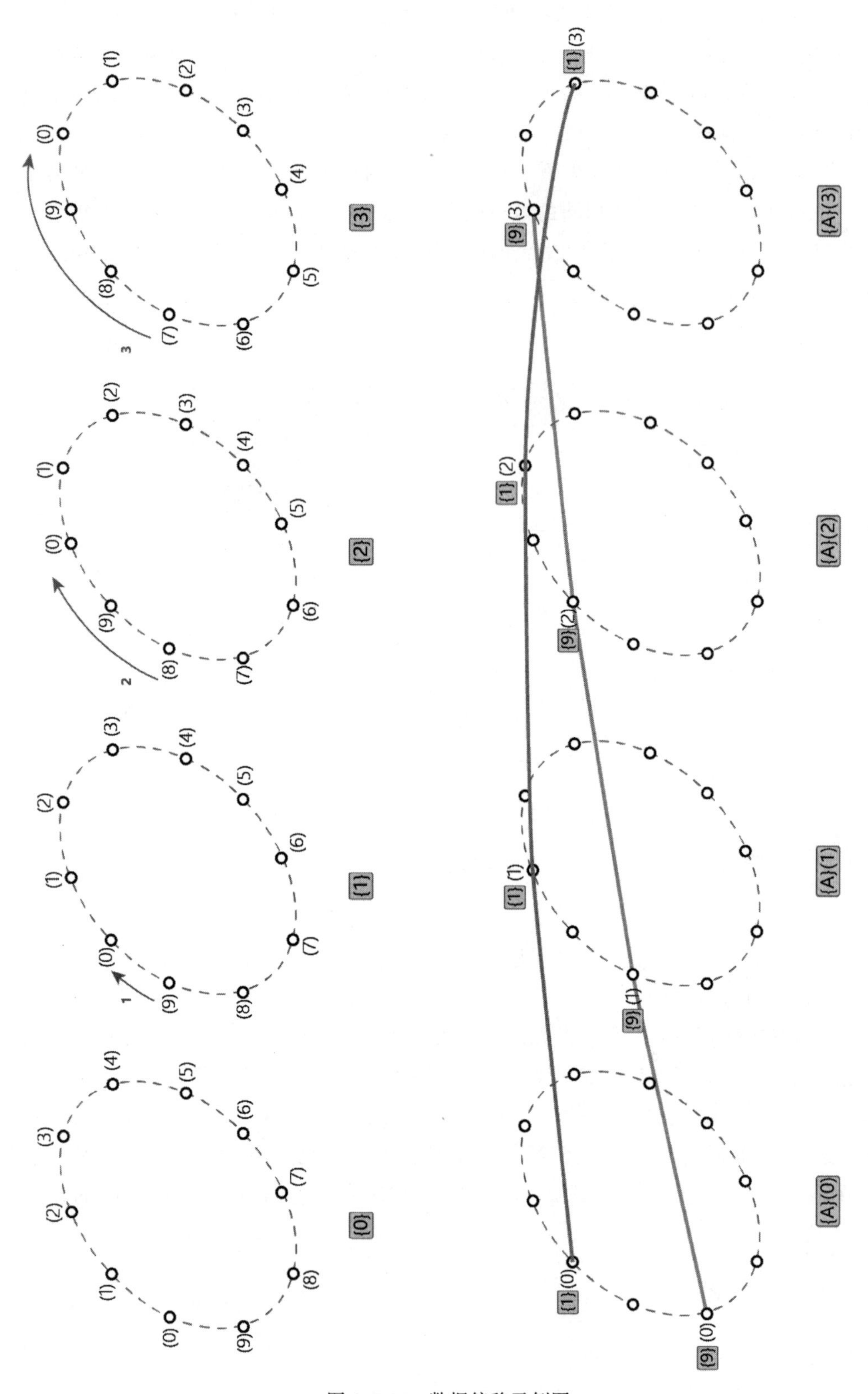

图 2.7-25　数据偏移示例图

（7）知道原理后，调出 Shift List 运算器，这里 List 输入的是 12 个 List，即 12 个圆，而 Shift 端需要对应每个 List 要偏移的数目，即 1、2、3…依此类推，不难猜出偏移的数目可以通过 Series 运算器来产生一个等差数列，其 Count 输入端即输入圆的个数 12，但与树形数据计算，我们需要将本是单一 List 的 Series 运算结果 Graft（注意这里同样选择了 Simplify 来保持数据结构的对应），让其也成为一个包含 12 个分支的树形数据，根据一一对应的计算原则，每个 Series 的 List 将作为每个圆 List 的偏移值输入到 Shift List 运算器中，达到我们的目的（如图 2.7-26 所示）。

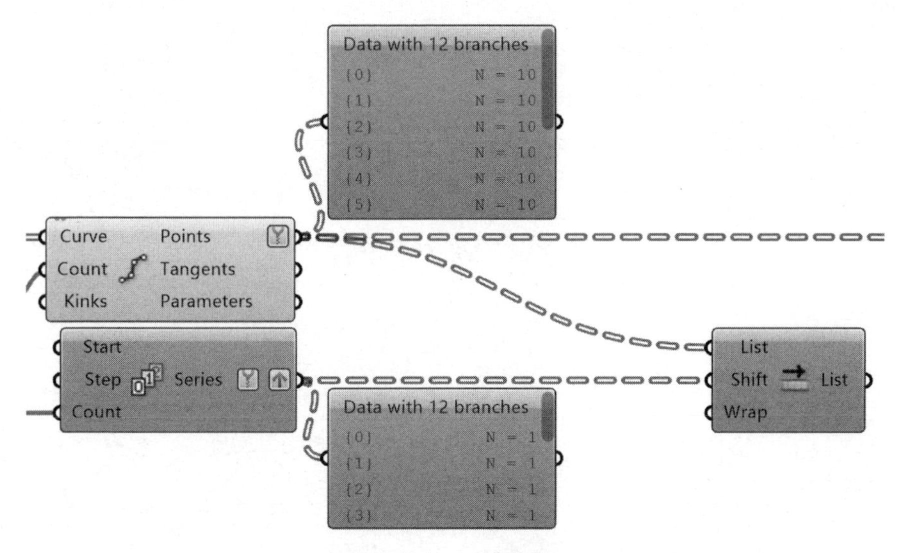

图 2.7-26　数据偏移

（8）接下来我们将 Shift 后的数据如第 5 步一样连入 Flip Matrix 运算器即可实现螺旋状的纵向杆件（如图 2.7-27 所示）。

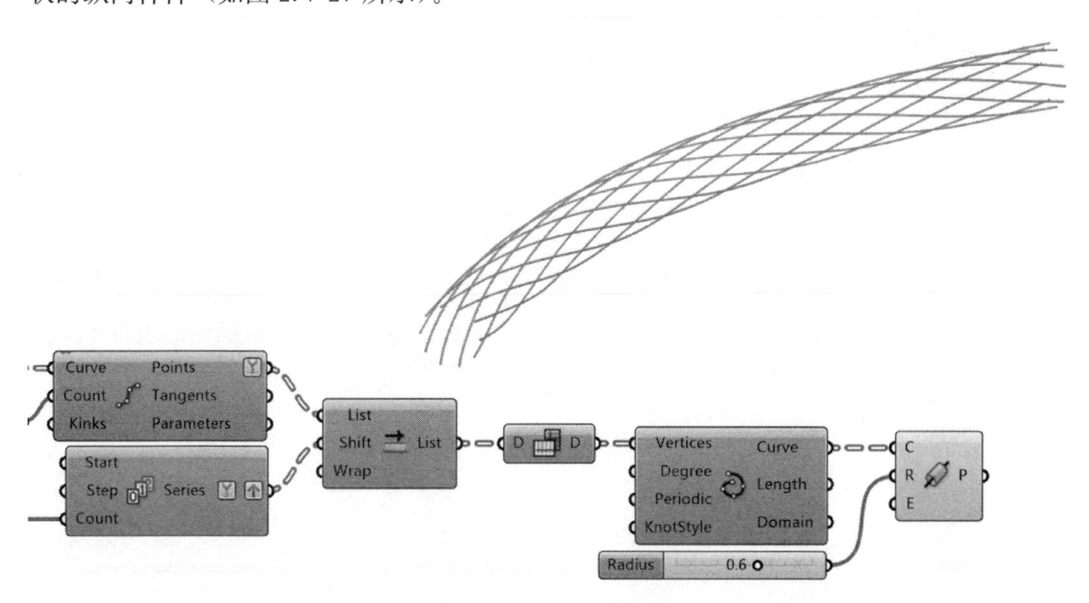

图 2.7-27　生成纵向螺旋件

（9）至于横向杆件则可以通过连接圆上的分段点成为多段线建立（如图 2.7-28、图 2.7-29 所示）。

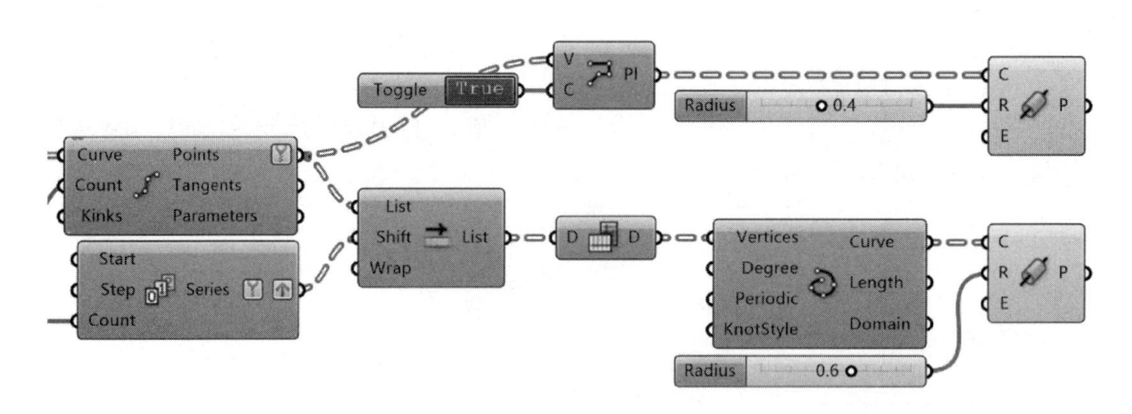

图 2.7-28　示例图

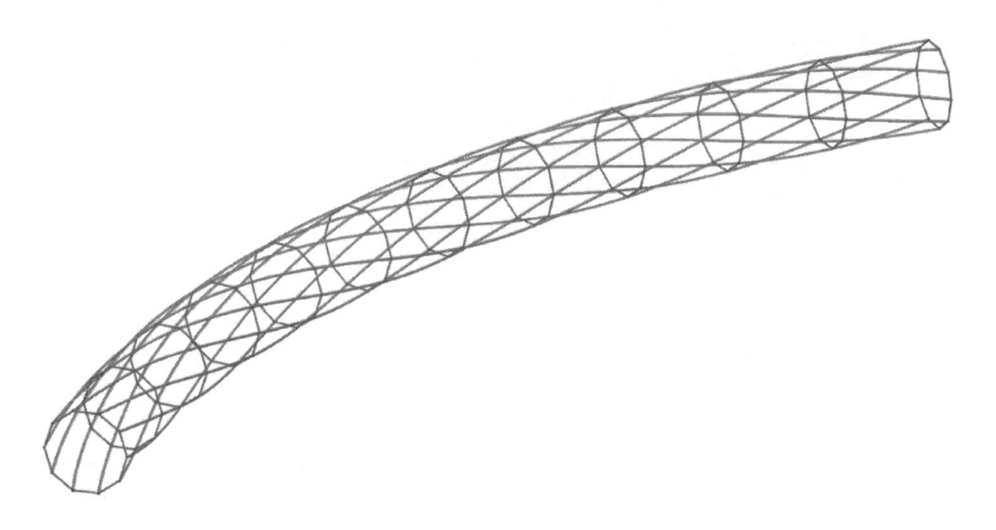

图 2.7-29　生成横向杆件

（10）至此这个案例的主要逻辑思路已经完成了，其余细节和变化则留给读者自己探索。这个案例对于数据之间的计算、匹配原则、数据结构和数据结构的操作都进行了一些初级的尝试，希望读者能够打牢基础，仔细领会，这将成为以后 Grasshopper 逻辑理解的基石。

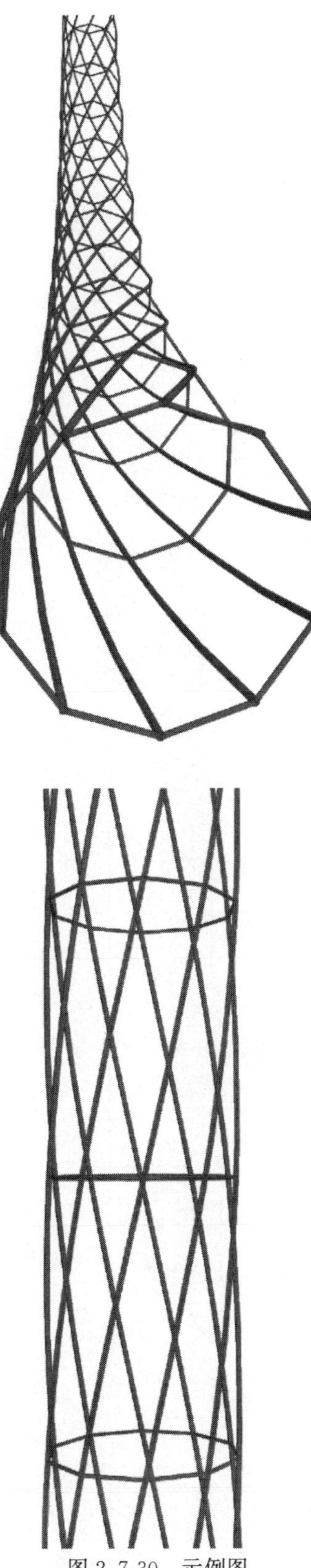

图 2.7-30 示例图

以下是整个算法的截图：

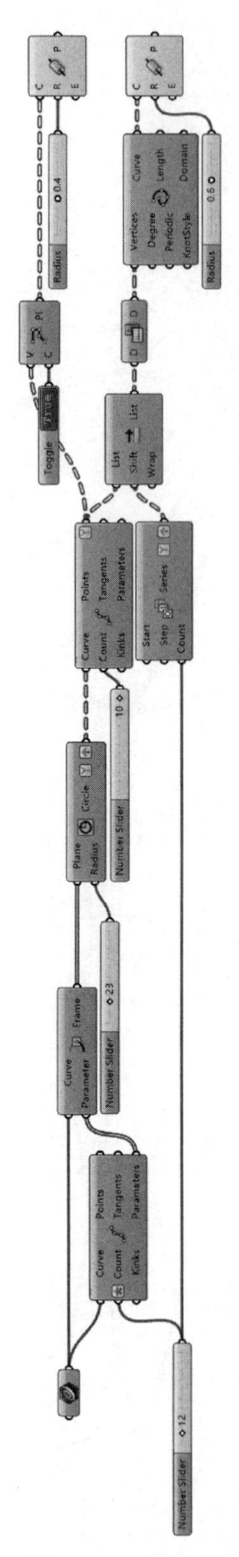

图 2.7-31　脚本示例

2.7.4.2 曲面网架

在体育馆等大型公共建筑中，通常需要实现大面积无柱空间，所以我们常常会在这类建筑中看到屋面的网架系统。本例将从这个角度出发，编写一个适用于任何曲面的参数化网架系统（如图 2.7-32 所示）。

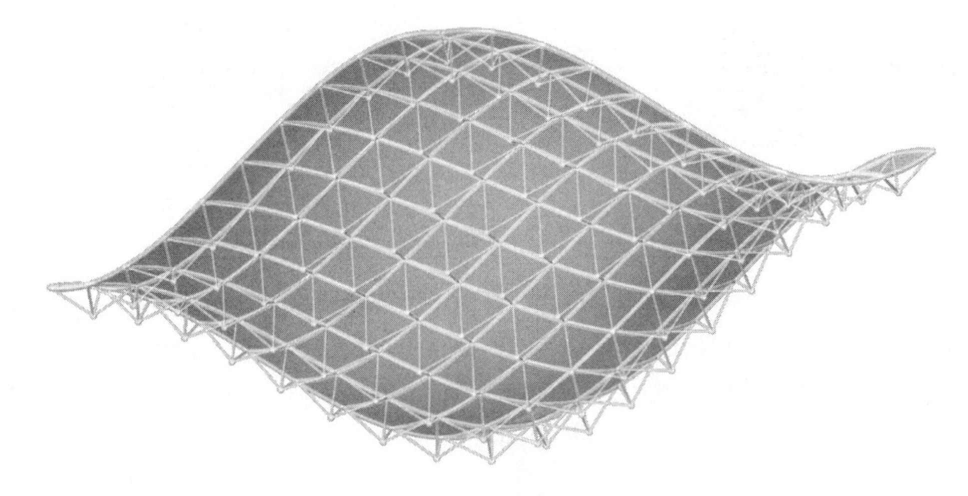

图 2.7-32 网架系统

（1）这个案例我们只需要建立出网架单元的三个部分（如图 2.7-33 所示）。

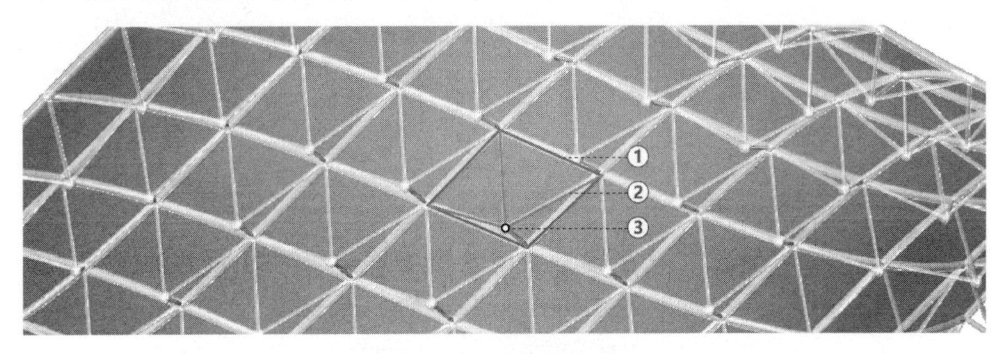

图 2.7.33 杆件示意图

①—底杆；②—撑杆；③—铰接件

（2）首先我们用 Divide Domain2 和 Isotrim 运算器将从 Rhino 建立的曲面分为小的次级面，用来作为网架系统的单元参考（如图 2.7-34 所示）。

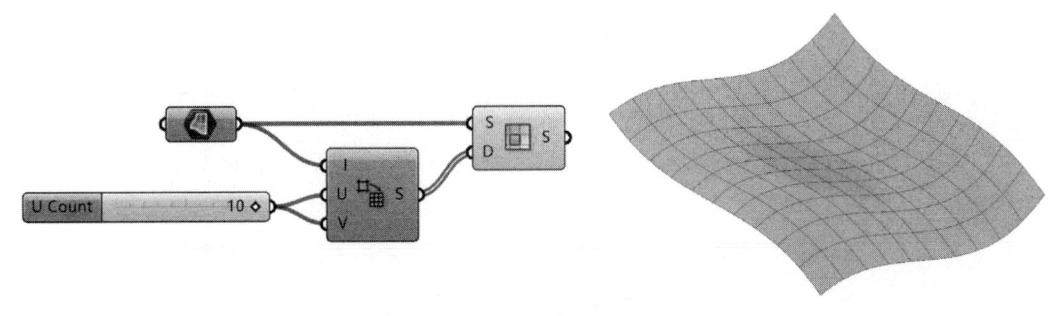

图 2.7-34 曲面细分

（3）我们先用次级面的四条边作为底杆的定位轴线，这里用到了 Deconstruct Brep 运算器，顾名思义，这个运算器会得到输入 Brep 的所有面、顶点与边，这里我们用边缘成管（如图 2.7-35 所示）。

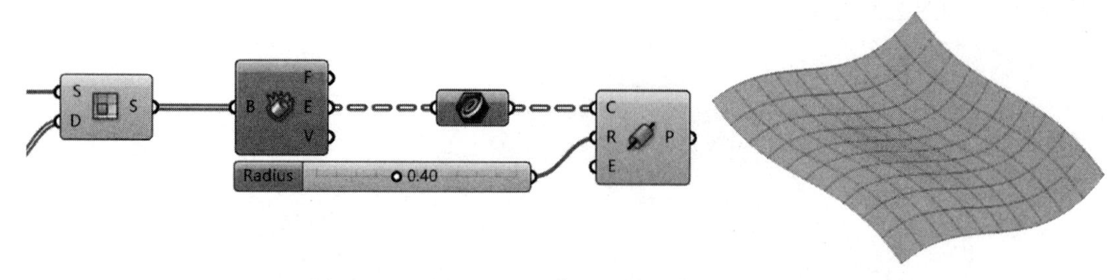

图 2.7-35　曲面边缘成管

（4）接下来要完成的腹杆和顶部铰接件，都离不开铰接件的定位点。所以我们先以次级面的中心点为基准，向曲面法向偏移一个距离作为铰接点的定位。这里我们要用 Evaluate Surface 运算器来计算得到曲面中心点的法向向量，再通过 Amplitude 运算器将单位向量附加一个固定的长度（如图 2.7-36 所示）。

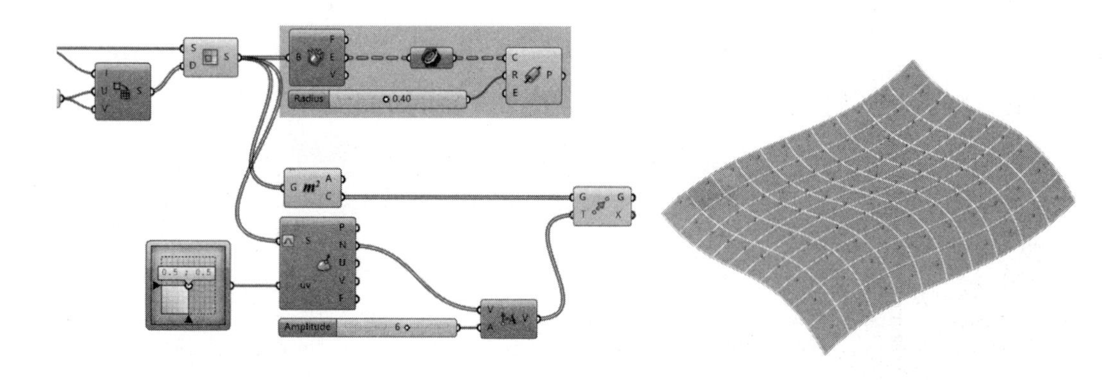

图 2.7-36　获得定位点

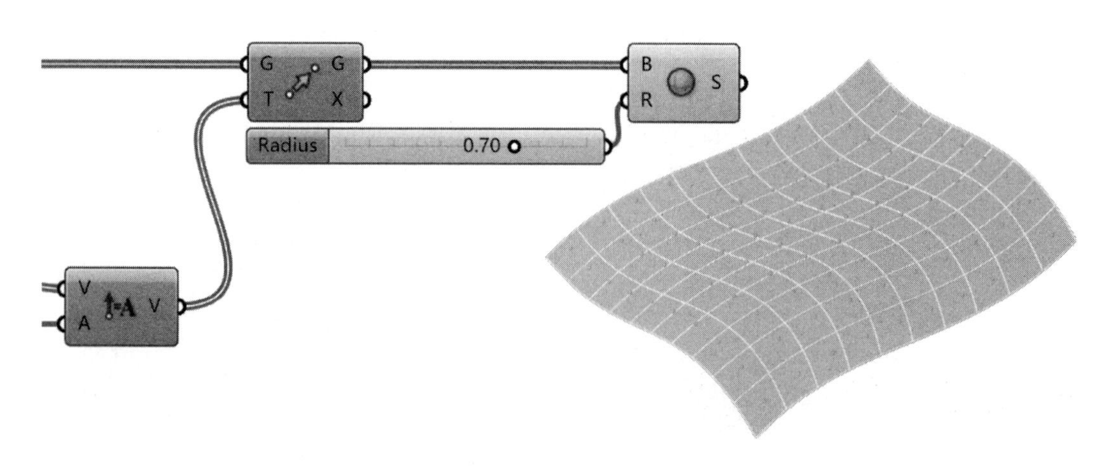

图 2.7-37　创建球体

（5）如图 2.7-37 所示，将偏移后的点作为铰接点定位的圆心，创建球体。

（6）创建腹杆的逻辑简单，但是由于多层数据的出现，这里会对树形数据做一些处理。我们要将每个次级面的顶点与其中心点偏移后的铰接点中心点一一相连再成管。这里我们先用 Param Viewer 观察数据结构（如图 2.7-38 所示）。

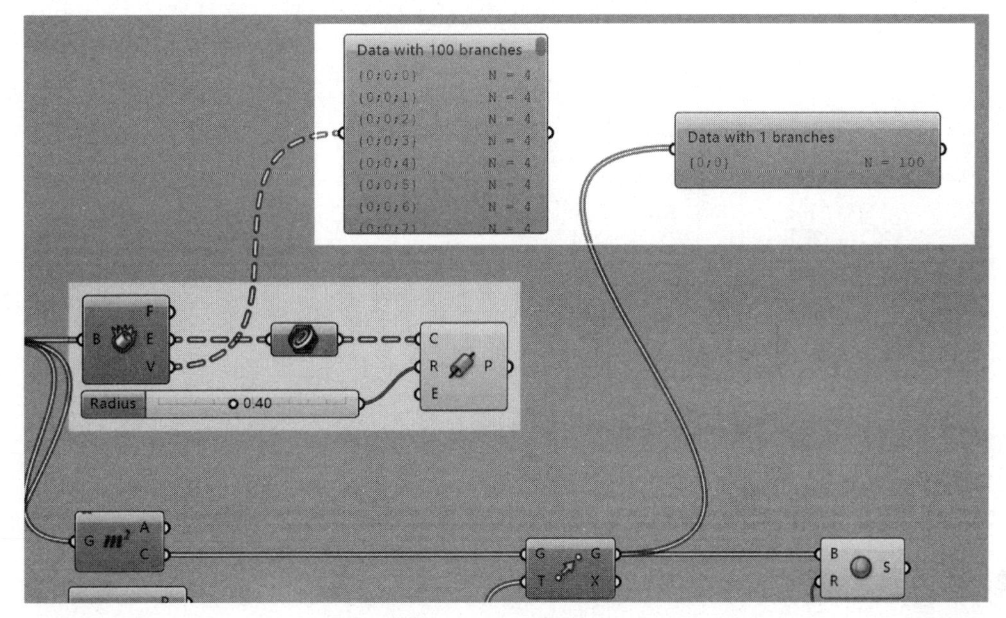

图 2.7-38 观察数据

可以看到，从层级结构上看，每个次级面的顶点比偏移后的中心点多一层数据结构（如图 2.7-39 所示）。

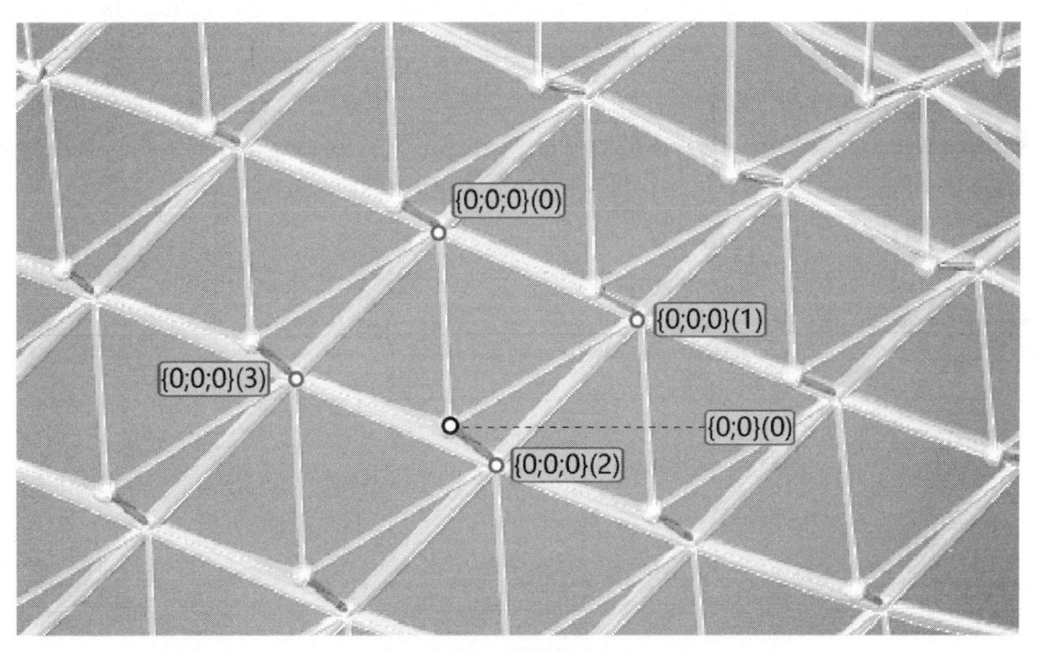

图 2.7-39 顶点数据结构

实际上，Move 运算器后的数据只是一个单层 List，不包含层级结构，也就是所有的次级面偏移后的中心点都在同一个 List 中，而 Deconstruct Brep 运算器得到的次级面顶点，则是以每个次级面为一组，每组内包含了四个顶点。所以要使每个次级面的顶点分别与偏移后的中心点进行一次连线，首先就也要将中心点的数据结构变为以每个次级面为一组，每组内包含一个中心点，所以我们将 Graft 运算器连入 Move 运算器的 Geometry 输出端（如图 2.7-40 所示）。

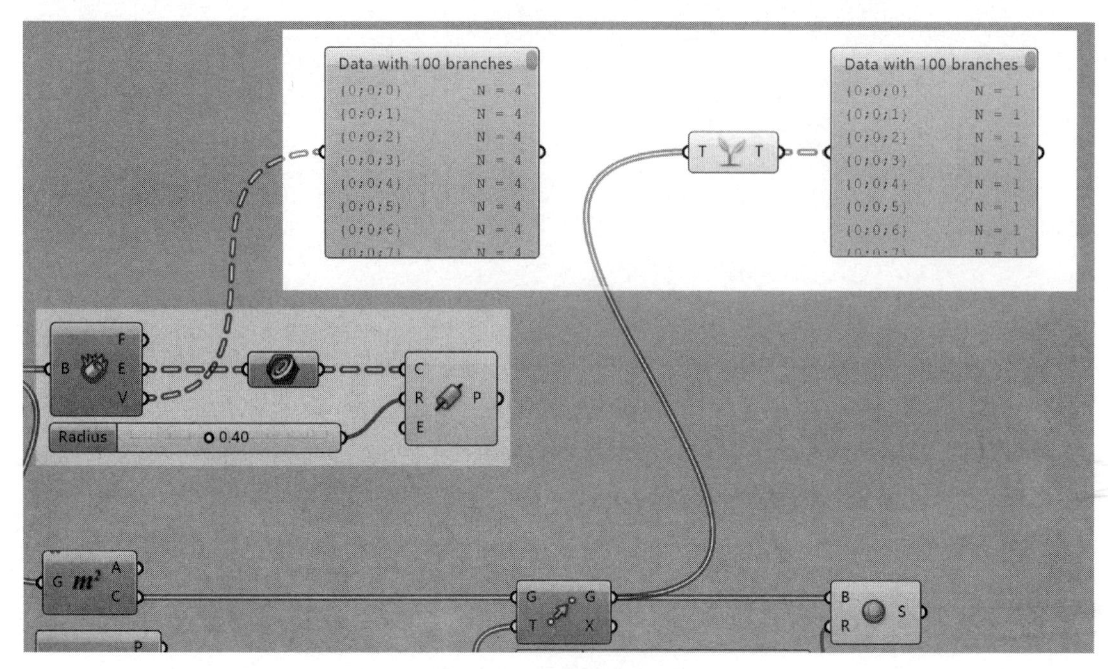

图 2.7-40　数据结构处理

这样，两个树形数据的分支数目一致，层级也一致，所以分支之间就会遵循 List 运算的 Longest List 原则，每个顶点与中心点都会计算一次。

（7）数据处理完成后，将对应的两组点连入 Line 运算器的两个输入端，就可以看到我们得到了腹杆的定位线（如图 2.7-41、图 2.7-42 所示）。

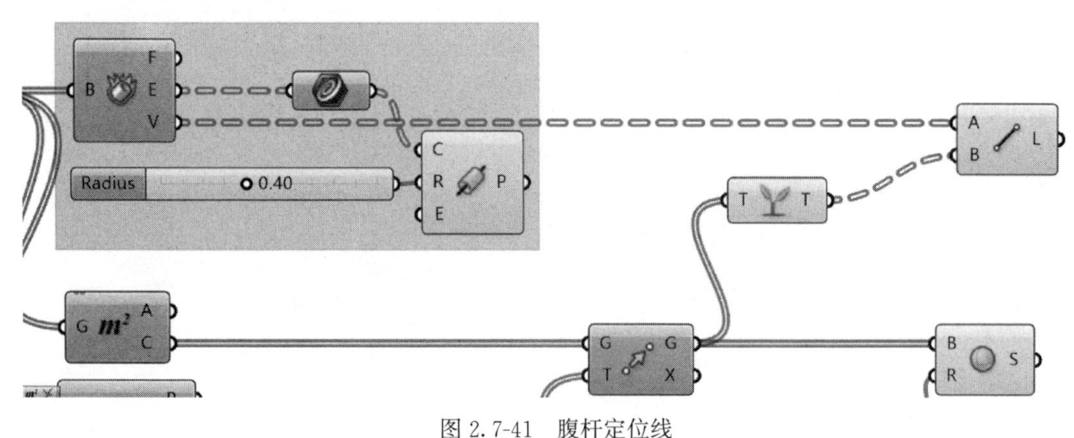

图 2.7-41　腹杆定位线

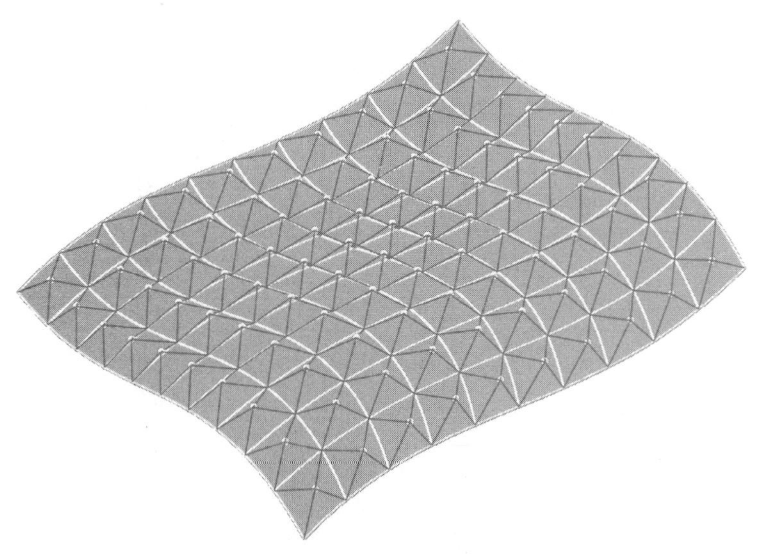

图 2.7-42　腹杆示意图

（8）同理，对定位线进行成管（如图 2.7-43、图 2.7-44 所示）。

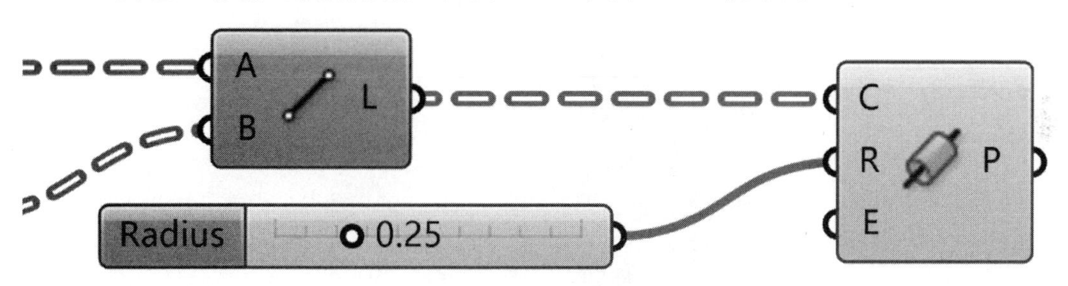

图 2.7-43　定位线成管

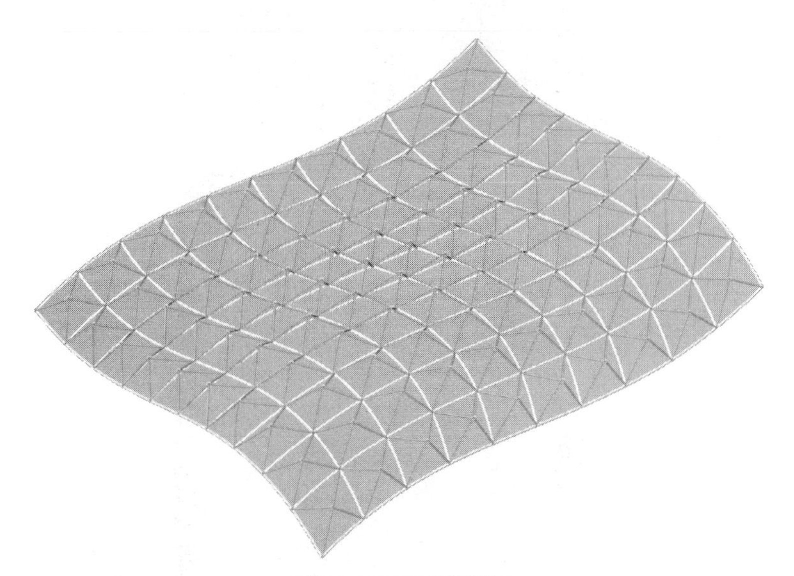

图 2.7-44　示例图

以下是整个算法截图：

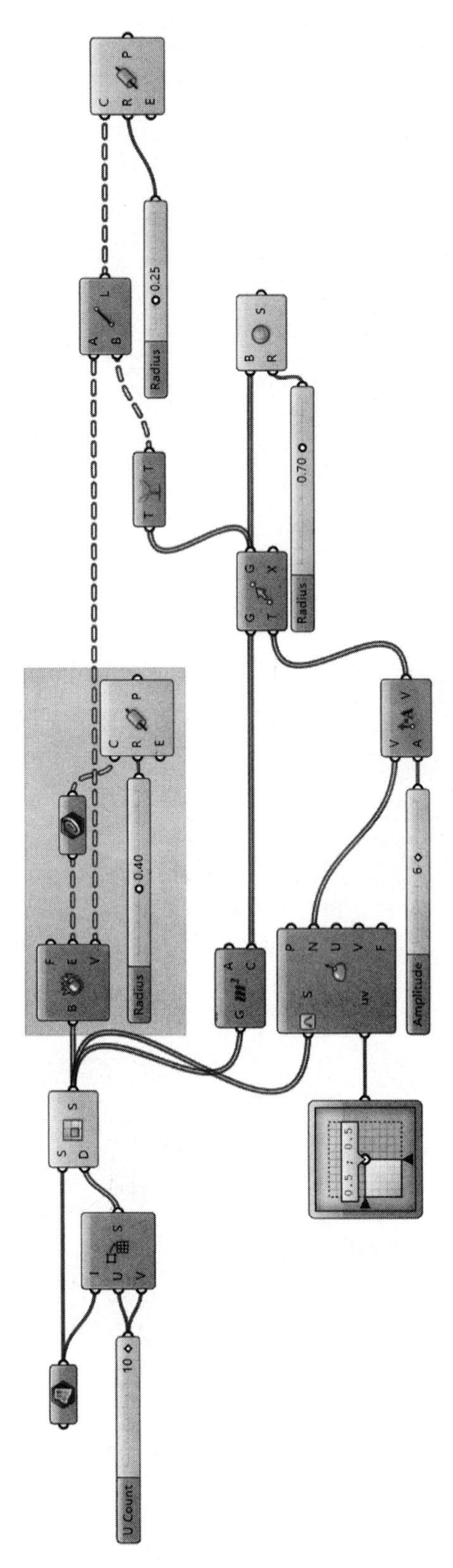

图 2.7-45 脚本示例

2.8 深入理解Mesh Mesh in Depth

在三维计算机图形和实体建模中，多边形网格是由一组顶点（vertice）、边缘（edge）和面（face）来定义多面体的方法。面由三角形、四边形或其他简单多边形组成。在计算机图形学中，网格是一个很重要的分支，多边形网格广泛应用于建模、动画等行业，借由不同的目的会采用不同的网格表达方式，针对网格有很多成熟的算法存在，比如布尔运算、光滑、简化、光线追踪、碰撞检测、刚体动力学等。

2.8.1 多边形网格 Polygon Mesh

一个多边形网格通常存储以下数据（如图 2.8-1 所示）。

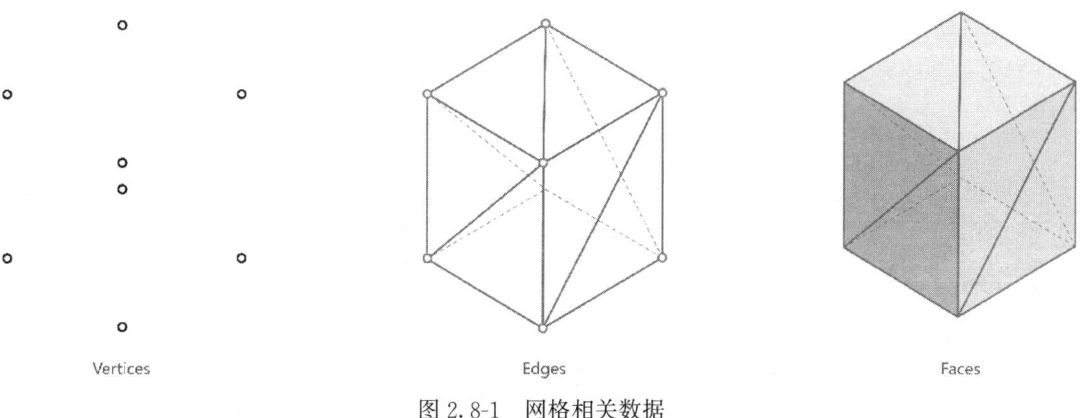

图 2.8-1 网格相关数据

1. 顶点（vertice）：顶点在世界坐标系中的位置，顶点位置影响着整体网格的形状。还包含如颜色，法线向量和纹理坐标等信息。

2. 边缘（edge）：两个顶点之间的连接。

3. 面（face）：一组封闭的边缘和点构成，一般都是三角形、四边形或多边形。这些面并不一定是平面的多边形。只有三角形网格保证是平面的（三点总是共面），四边形网格不一定是平面的。但由平面组成的四边形网格被称作 **PQ Meshes**（Planar Quadrilateral Meshes），是自由形体建筑幕墙嵌板技术的基础。在支持多边缘面的系统中，多边形（polygon）和面（face）是等效的。

4. 材质（material）：通常会定义材质，允许网格的不同部分在渲染时使用不同的着色器。

5. UV 坐标（UV cordinates）：大多数网格格式还支持某种形式的 UV 坐标，这些坐标是网格“展开”的单独 2d 表示，以显示应用于网格的不同多边形的 2 维纹理贴图。网格还可以包含顶点属性信息，例如颜色、切向量、控制动画的权重图等（有时也称为通道）。

2.8.2 几何和拓扑

对于 Mesh 来讲，其最重要的就是拓扑关系，也就是我们所说的连接性。可以理解为，将构成 Mesh 的每个顶点进行编号，编号顺序决定了边缘与面的关系。

顶点之间连接的方向决定了一个面的朝向，如果顶点连接边缘的方向是逆时针的，这个面就是正面，相邻的面如果有相同的朝向便称其为兼容的（compatible），一个由兼容的面构成的网格被称为有方向的（orientable）（如图 2.8-2 所示）。

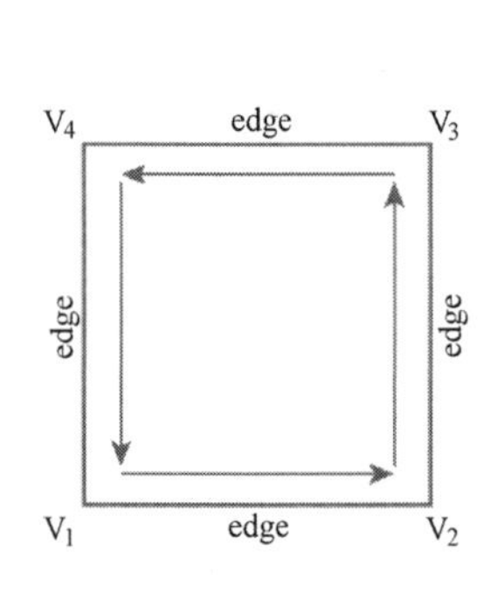

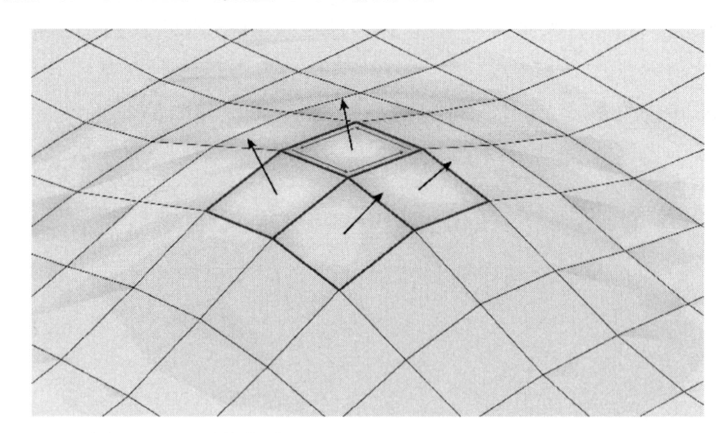

图 2.8-2　面的朝向

网格基本上是一个由空间中一系列点定位的几何物体，顶点之间连接边缘的逻辑决定了其拓扑结构。比如图 2.8-3，两个 Mesh 有相同的顶点但不同的拓扑结构，即在外观上完全相同的 Mesh 并不代表其拓扑结构相同。

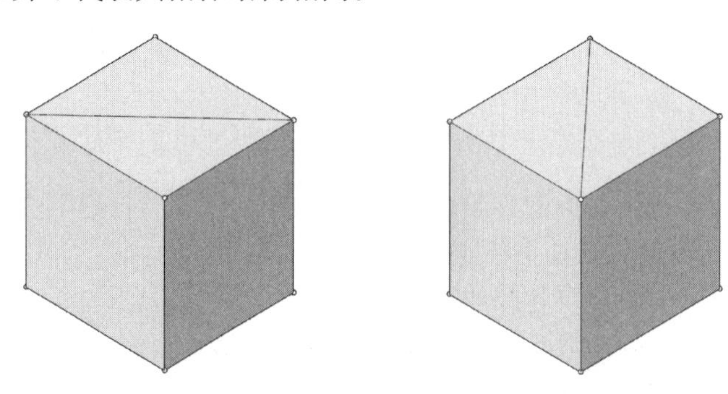

图 2.8-3　几何物体不同的拓扑结构

图 2.8-4 则说明了两个有相同拓扑结构但顶点不同的网格。

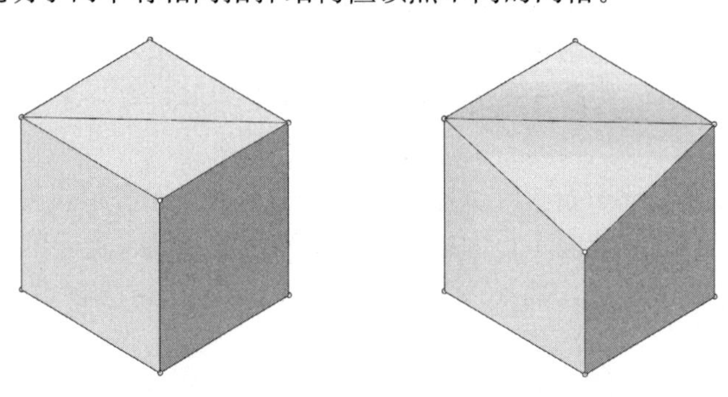

图 2.8-4　顶点不同的网格

网格建模中使用的基本对象是顶点，即三维空间中的点。由直线连接的两个顶点成为边缘。三个顶点，由三个边缘彼此连接，限定一个三角形，这是在欧几里得空间中最简单的多边形。可以从多个三角形中创建更复杂的多边形，或者作为具有多于 3 个顶点的单个对象创建更复杂的多边形，比如四边形，甚至六边形（如图 2.8-5 所示）。

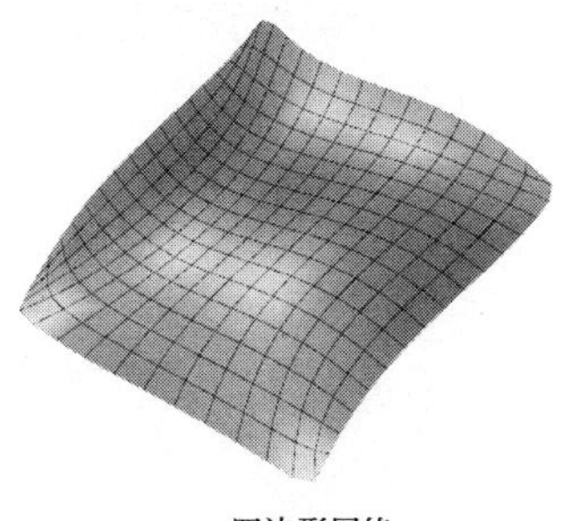

四边形网络

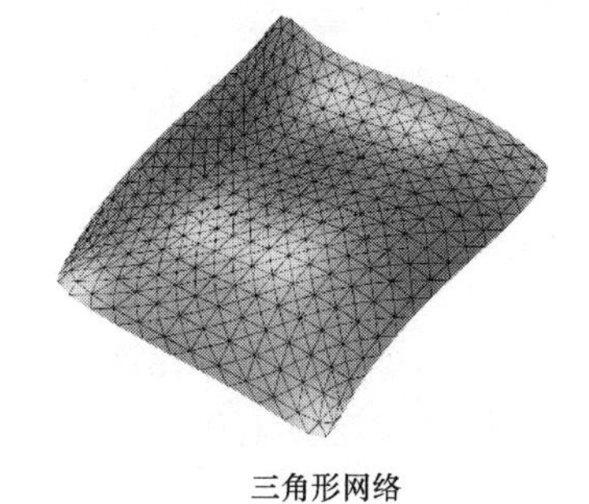

三角形网络

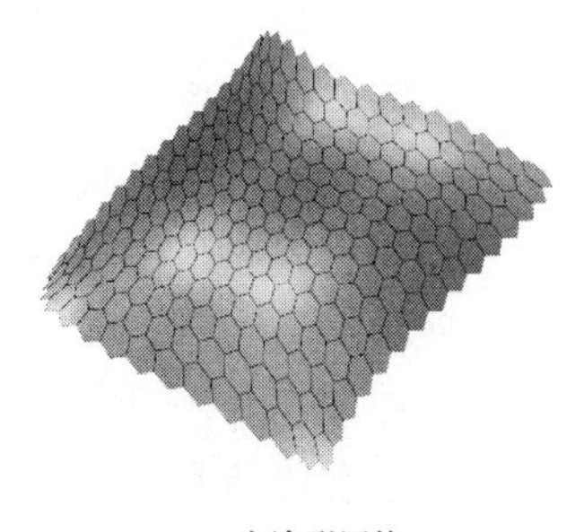

六边形网络

图 2.8-5　多边形构建

在欧氏几何中，任何三个非共线点确定一个平面。因此，三角形总是位于一个平面上。然而，对于更复杂的多边形，这不一定是正确的。三角形的平坦性质也使得确定它们的表面法线变得简单，这是一个垂直于三角形表面的三维向量。

多边形网格有多种方式可以表示，使用不同的方法存储顶点、边缘和面数据。这些方法包括：

面-顶点网格　Face-Vertex Mesh

一个简单的包含顶点的列表，以及一组指向其使用点的多边形。面顶点网格将对象表示为一组面和一组顶点。这是使用最广泛的网格表示，是现代图形硬件通常接受的输入。面顶点网格在用于建模的 VV 网格上有所改进，因为它们允许显式查找面的顶点以及围绕顶点的面。

为了进行渲染，通常将面列表作为一组顶点索引发送到 GPU，并将顶点作为位置/颜色/法线结构发送。这样的好处是，可以通过简单地重新发送顶点数据而不更新面连接性来动态更新形状而不是几何形状的更改。建模需要遍历所有结构，使用面-顶点网格，很容易找到面的顶点。同样，顶点列表包含连接到每个顶点的面的列表。与 VV 网格不同，面和顶点都是显式的，因此定位相邻的面和顶点是固定的时间。但是，边缘是隐式的，因此仍需要进行搜索以找到围绕给定面的所有面。其他动态操作（例如，分割或合并面）对于面-顶点网格也很困难。

翼边网格　Winged-Edge Mesh

每个边缘都指向两个顶点，两个面，以及四条邻接的边缘（顺时针方向和逆时针方向），翼边网格允许遍历面，但需要更大的存储空间。

由 Baumgart 引入的有翼边网格物体明确表示网格物体的顶点，面和边缘。由于可以快速完成拆分和合并操作，因此该表示法在建模程序中被广泛使用以在动态更改网格几何形状方面提供最大的灵活性。它们的主要缺点是存储需求大，并且由于维护许多索引而增加了复杂性。

翼状边缘网格物体解决了从边缘到边缘遍历的问题，并提供了围绕边缘的有序面集。对于任何给定的边缘，输出边缘的数量可以是任意的。为了简化此过程，翼状边缘网格在每个末端仅提供四个（最接近的顺时针和逆时针）边缘。其他边缘可以递增地遍历。因此，每个边缘的信息类似于蝴蝶，因此是“有翼的”网格。

用于图形硬件的翼状边缘网格物体的渲染需要生成面索引列表。通常只有在几何形状更改时才执行此操作。翼状边缘网格非常适合动态几何（例如细分曲面和交互式建模），因为对网格的更改可以局部发生。碰撞检测可能需要跨网格的遍历可以高效完成。

半边网格 Half Edge Mesh

类似于翼边网格，只不过只用到了一半数目的边缘遍历信息。

四边网格 Quad-Edge Mesh

存储不参照多边形的边缘、半边和顶点信息，在这种表达方式里多边形是隐式的，有可能通过遍历结果来找到，与半边网格的运算量相似。

角点表 Corner-Tables

在预先定义好的表格中存储顶点信息，在这种表达方式中边缘和面的信息都是隐式的。在硬件图像渲染中，这是三角面片的核心。该表达方式更紧凑，在读取多边形上更有效率，但对于多边形的修改操作是很慢的。而且，角点表并不完全表达整个网格，如此需要多个角点表才能表达最多的网格。

顶点-顶点网格 Vertex-Vertex Mesh

顶点-顶点网格将几何物体表达为一组包含与其他顶点相连信息的顶点数据。这是Mesh最简单的表达方式，但由于面和边缘的信息过于隐晦而并不常用。因此，有必要将这些点的数据遍历来生成面，从而便于渲染。而且对于边缘和面的操控也显得很困难。

但是，顶点-顶点网格的优势在于极小的内存占用和有效的形体变形能力。一个通用的网格系统必须有能力处理与任意数量顶点相连的顶点的信息。

2.8.3 创建网格 Creating Mesh

Grasshopper中也包含了创建Mesh的工具。除了一些预设的基本几何体（平面、方体、球体等），通常有以下三种方式来在Grasshopper中创建Mesh：

（1）通过拓扑关系创建Mesh。

（2）通过三角细分创建Mesh。

（3）通过NURBS转换为Mesh。

2.8.3.1 通过拓扑关系创建网格 Construct Mesh

Mesh的拓扑关系主要包含了一系列有顺序的点，点的连接顺序生成了边缘与面。从最简单的三角形Mesh入手，用Construct Mesh运算器建立一个只包含一个三角面的Mesh。

Construct运算器包含三个输入端，Vertices是三维空间中的点，作为角点表，Face则是输入的多边形，Color作为可选项，表示Mesh的颜色。

如图2.8-6所示，我们用Mesh Triangle运算器作为三角面输入Face输入端，在Rhino空间中定义的三个点输入Vertices输入端。在这里Mesh Triangle的三个角点输入端其实是我们真实三维空间中点的编号，也就是Point拾取的以0、1、2作为编号的三个参考点，Triangle输入的索引顺序与Point拾取的点列表索引一一对应，这就决定了我们生成的这个三角Mesh的拓扑关系。如果我们改变Triangle三个输入端的索引顺序（比如

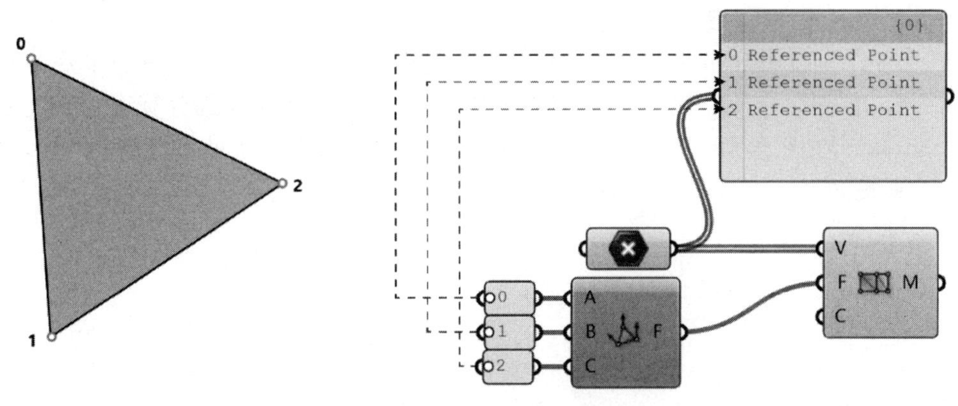

图 2.8-6　构建 Mesh

2、0、1），生成的 Mesh 虽然外形相同但拓扑关系完全不同了。

在前面我们讲了角点的连接顺序为逆时针时，这个面即是正面，上边的例子即是一个正面向上的 Mesh。如果空间中是四个点，我们通过在 Triangle 运算器输入新的编号指定角点连接顺序，即会生成新的三角面。

所以在 Triangle 运算器的三个输入端每个都输入了两个数据，实际上两个面的点连接顺序为（按照 List 依次运算的逻辑）：（0、1、2）和（0、2、3），都是按照逆时针连接，所以两个面都是正面，这个 Mesh 即是我们说的“可兼容”的 Mesh（如图 2.8-7 所示）。

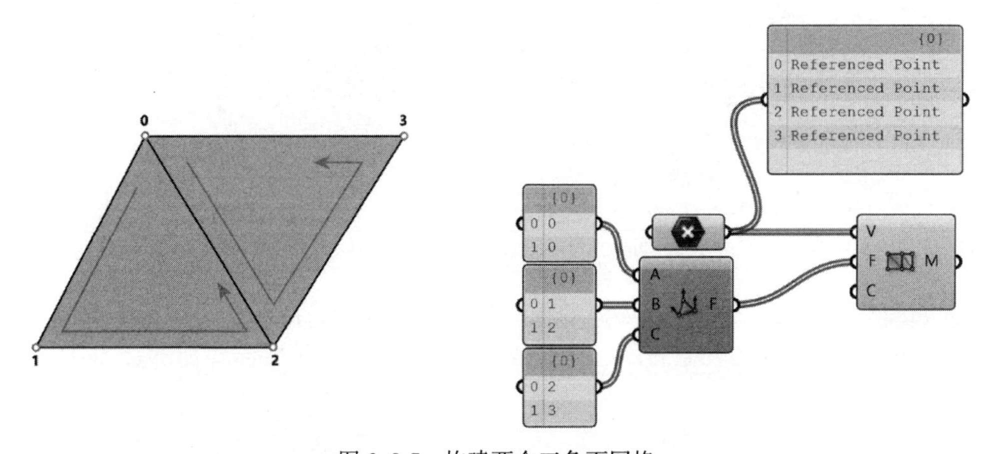

图 2.8-7　构建两个三角面网格

同理，如果我们在 Construct Mesh 的 Face 输入端输入四边形，就能创建由四边形面组成的网格（如图 2.8-8 所示）。

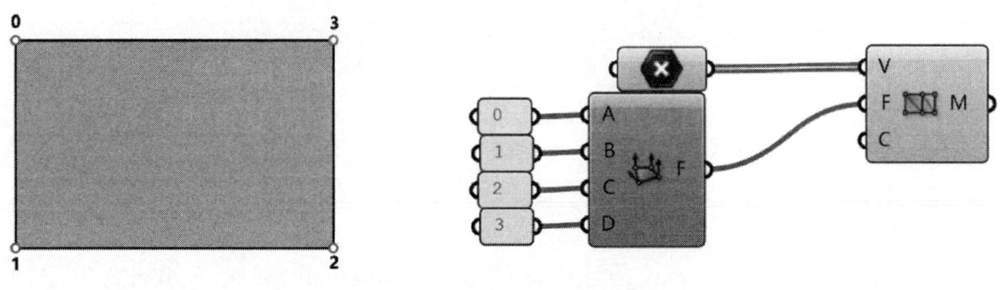

图 2.8-8　构建四边形网格

2.8.3.2 通过三角细分创建网格 Delaunay Mesh

上述方法是通过 Mesh 最根本的拓扑关系来创建 Mesh，但是如果出现数量众多的点，用这种手动指定点连接顺序的方法显然是不实际的。所以引入三角细分算法（Triangulation Algorithm），三角细分算法会将三角面之间的差异最小化，也就是得到一个均匀的三角网格，避免太过狭长的三角面出现，如图 2.8-9 所示。

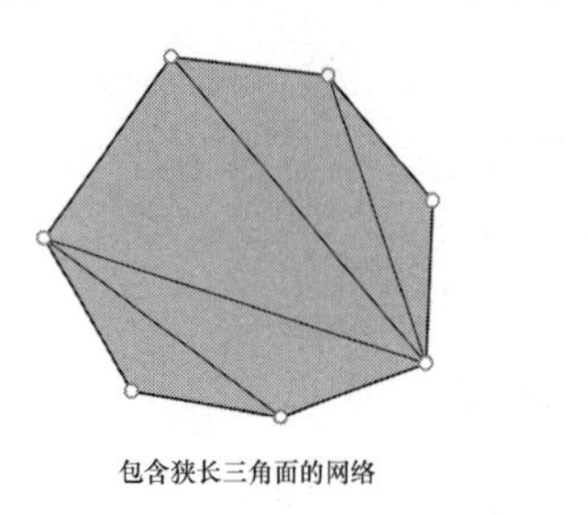

图 2.8-9 三角细分

三角细分的算法有很多，本例介绍的是其中最著名的之一——Delaunay 算法，该算法由数学家 Boris Delaunay 发明。该算法的原则是在连接顶点时，最大化三角面中最小夹角的角度值，从而有效避免了过于狭长的三角面出现，如图 2.8-10 所示。

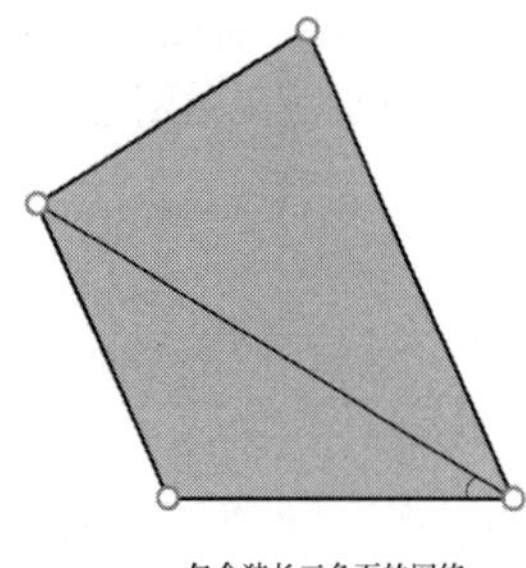

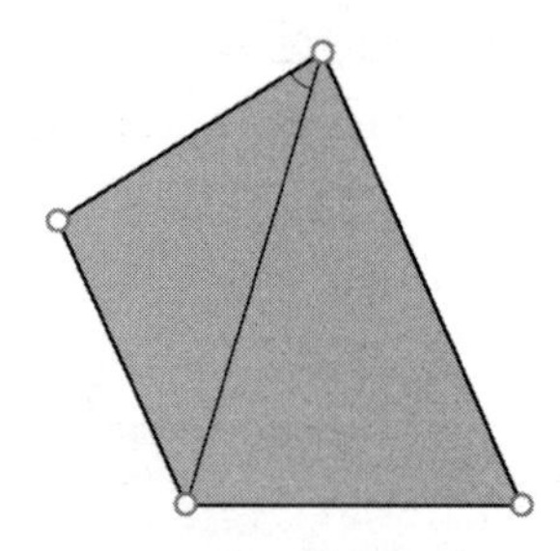

图 2.8-10 Delaunay 算法优化

Delaunay 算法连接三个点创建三角面时遵循以下原则：同一个三角面上的三个顶点可以定义一个圆，而其他任意的顶点都不能在这个圆内（如图 2.8-11 所示）。

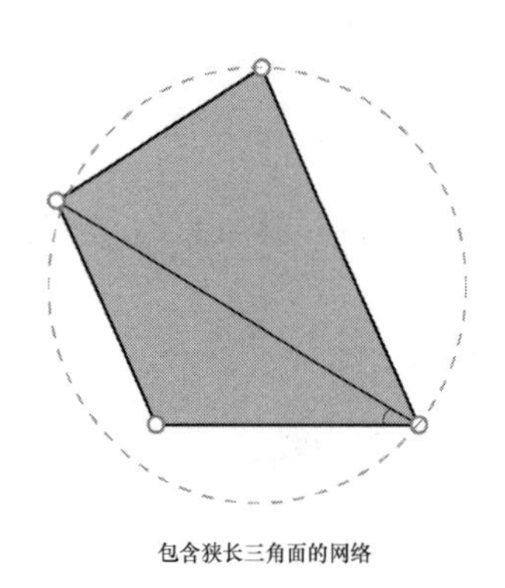

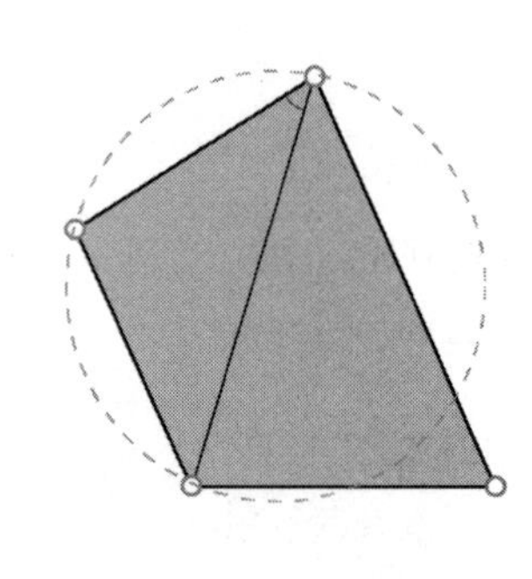

图 2.8-11 算法原则

Grasshopper 内置了 Delaunay 算法的运算器——Delaunay Mesh（如图 2.8-12 所示），

第一个输入端 Points 即顶点列表，第二输入端为 Mesh 生成参考的平面。输入的点会自动根据 Delaunay 算法排序形成最优化的网格（输出端连接 MeshEdges 便于观察三角网格的拓扑关系）。

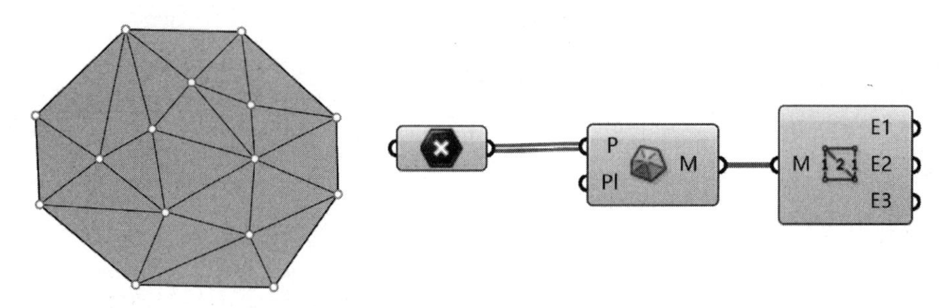

图 2.8-12　Delaunay Mesh

2.8.3.3　通过 Nurbs 转换 Mesh

在 Rhino 中，可以便利地将 Nurbs 曲面转换为 Mesh。Grasshopper 中也有同样的功能。

Mesh Surface（Mesh UV）可以通过指定 U、V 方向的多边形数目将 Nurbs 曲面转换为四边形网格（如图 2.8-13 所示）。

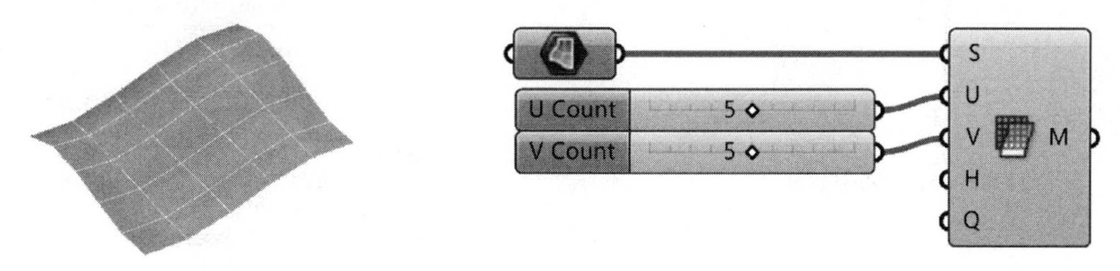

图 2.8-13　Nurbs 转为 Mesh

除了使用 Mesh Edges 运算器，在 Grasshopper 中打开 Display>Preview Mesh Edges 选项来预览 Mesh 的边缘（如图 2.8-14 所示）。

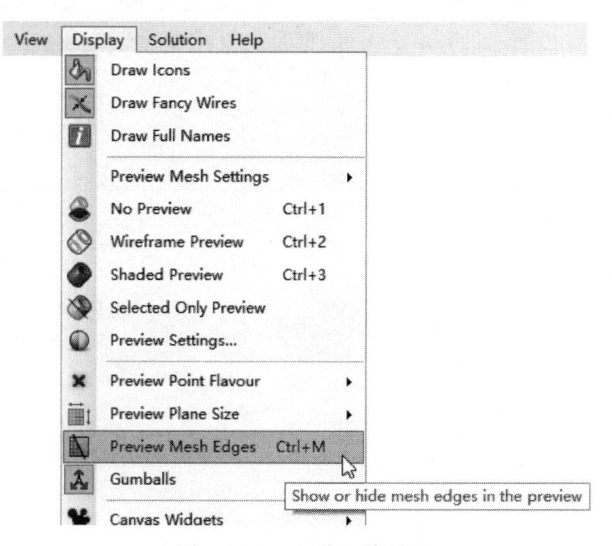

图 2.8-14　预览边缘设置

如果安装了 Mesh Edit 插件（如图 2.8-15 所示），在四边形网格的基础上，可以使用 Triangulate 运算器将四边形一分为二，进一步细分为三角形网格。

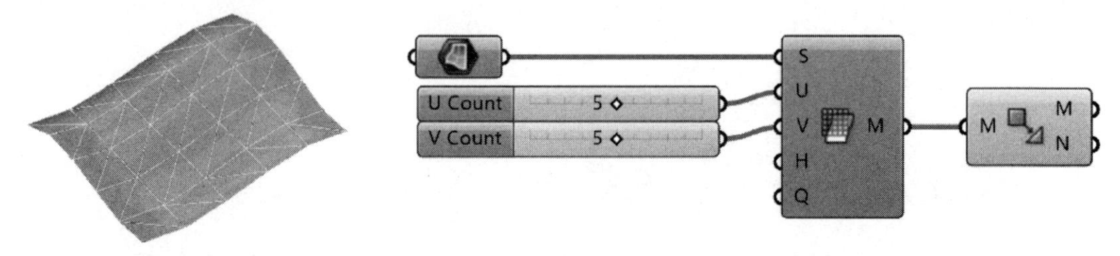

图 2.8-15　三角形网格细分

前面已经提到过，三角形网格的每个面必然是平面的，但四边形网格不一定如此。所以在实际工程应用中，测试四边形网格的平面性显得至关重要。在某些特定的情况下，Nurbs 曲面通过 Mesh UV 转换的 Mesh 会是平面的四边形网格，比如通过旋转或者挤出创建的 Nurbs 曲面（如图 2.8-16 所示）。

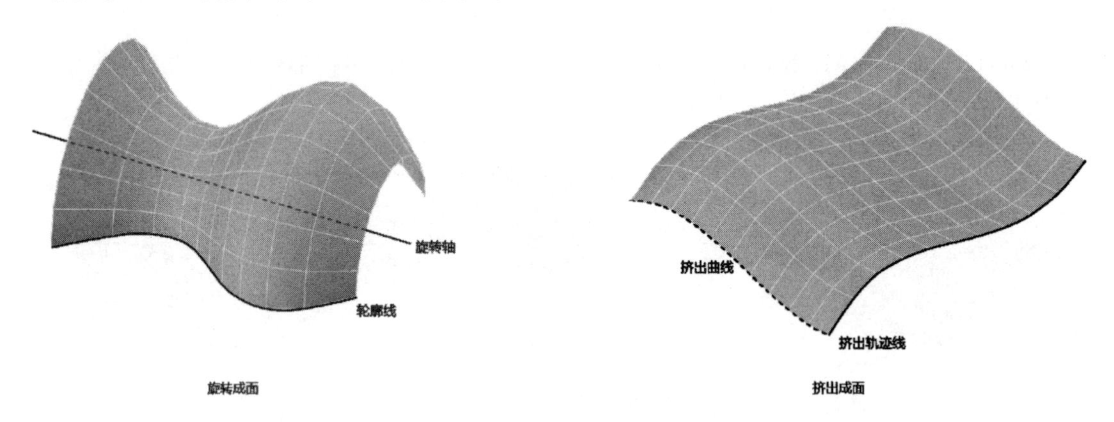

图 2.8-16　四边形网格的平面性

有两种方法可以测得 Mesh 面是否为平面，一种是通过 Face Boundaries 运算器得到面的边缘，再用 Planar 运算器验证边缘是否为平面，返回值为 True 则为平面（如图 2.8-17 所示）。

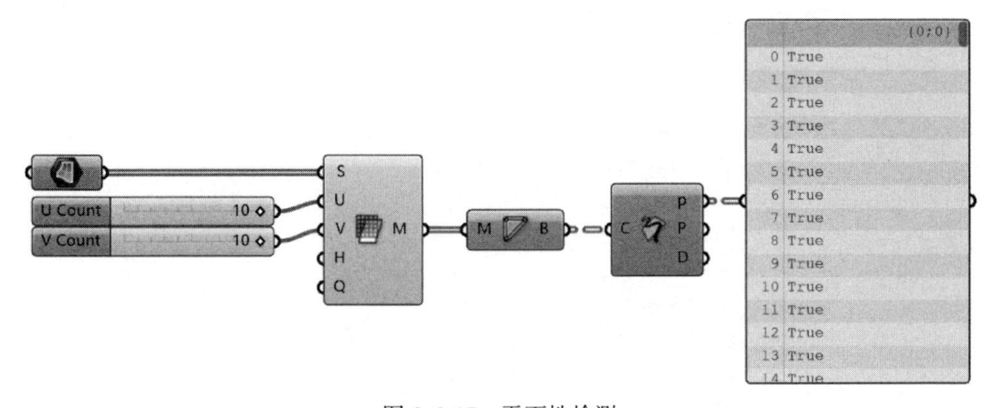

图 2.8-17　平面性检测

也可以直接将 Mesh 边缘作为输入端输入 Boundaries Surface 运算器，该运算器是通过封闭的平面曲线来生成一个面，所以如果边缘不是平面，该运算器则会产生错误（如图 2.8-18 所示）。

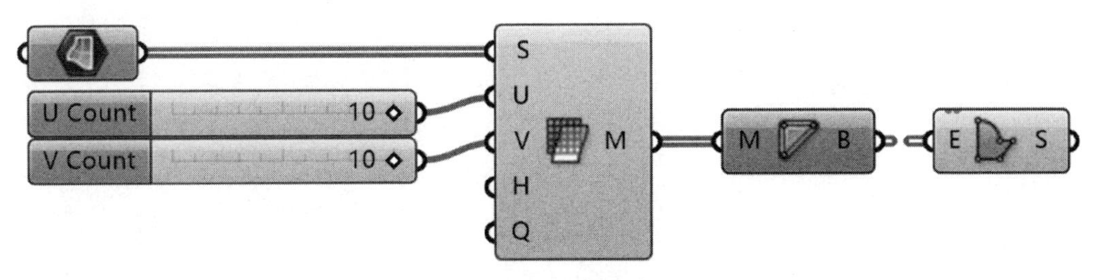

图 2.8-18　平面性检测

2.8.4　SubD 网格细分：Weavebird

SubD（即 Subdivision Surface）是网格建模中非常重要的技术。所谓 SubD 就是对于任何输入的网格，经过细分都能得到一个平滑的网格面，以下简称细分算法。常见的建模、动画软件中都包含着 SubD 技术，为网格的圆滑提供了技术解决方案。根据输入初始网格的拓扑关系，有不同的细分算法，本书针对在 Grasshopper 中常用的两种作简要讲解：

（1）Loop 细分算法；

（2）Catmull-Clark 细分算法。

当初始网格是三角形网格时，通常使用 Loop 细分算法，而初始网格是四边形网格时，则会使用 Catmull-Clark 细分算法。本书将通过 Giulio Piacentino 开发的［Weavebird 插件］（http：//www.giuliopiacentino.com/weaverbird）来介绍这两种网格细分算法。该插件包含了网格的细分、变动、基础网格物体以及网格中元素提取的功能（如图 2.8-19 所示）。

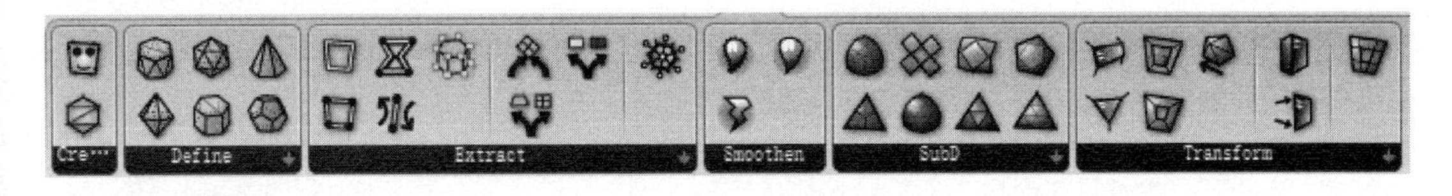

图 2.8-19　Weavebird 插件面板

2.8.4.1　Loop 细分算法：针对三角形网格

1978 年，Charles Loop 提出了针对三角形网格循环细分的方法——Loop 细分算法。简单来说，该算法的每一次循环，都提取网格上每个三角面的中点作为新三角面的顶点，进行连线成为新的三角面边缘，每个三角形面在细分一次后会被四个细分三角面代替（如图 2.8-20 所示）。

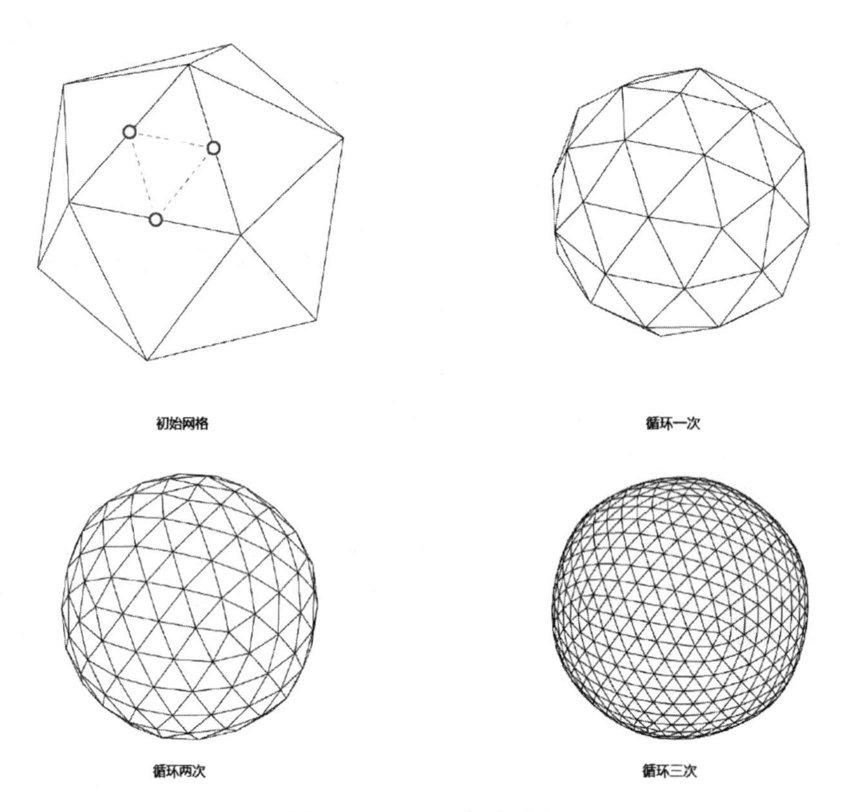

图 2.8-20　Loop 细分算法

在 Weavebird 插件中，执行 Loop 算法的是 wbLoop 运算器。它包含三个输入端，Mesh 输入端是要细分的网格，Loop 输入端是细分循环迭代的次数，需要输入一个 0～3 的整数（迭代三次已经是很光滑的网格了），越是简单的网格细分后的结果越圆滑（如图 2.8-21 所示）。

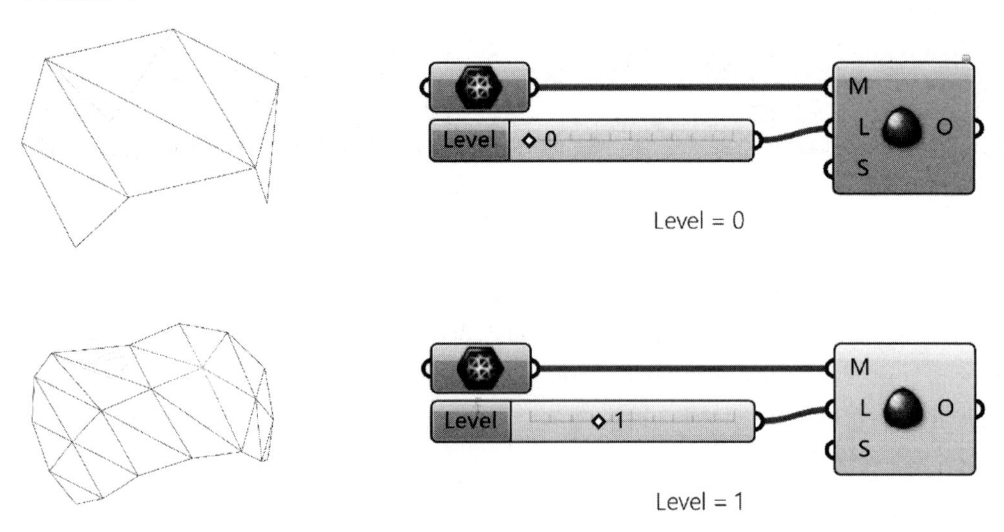

图 2.8-21　Wbloop 运算器（一）

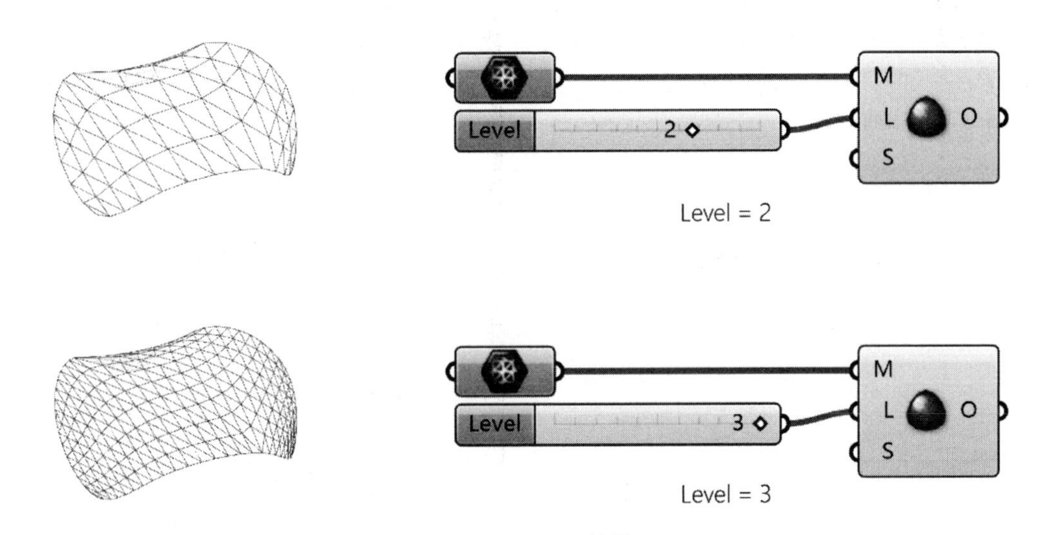

图 2.8-21　Wbloop 运算器（二）

该运算器的第三个输入端 Smooth Naked Edges 则是对网格裸露的边缘（即与外部直接接触的边缘）圆滑设置进行了规定，该输入端只接受 0～2 的整数（默认为 1），代表了三种对裸露边缘的设置（如图 2.8-22 所示）。

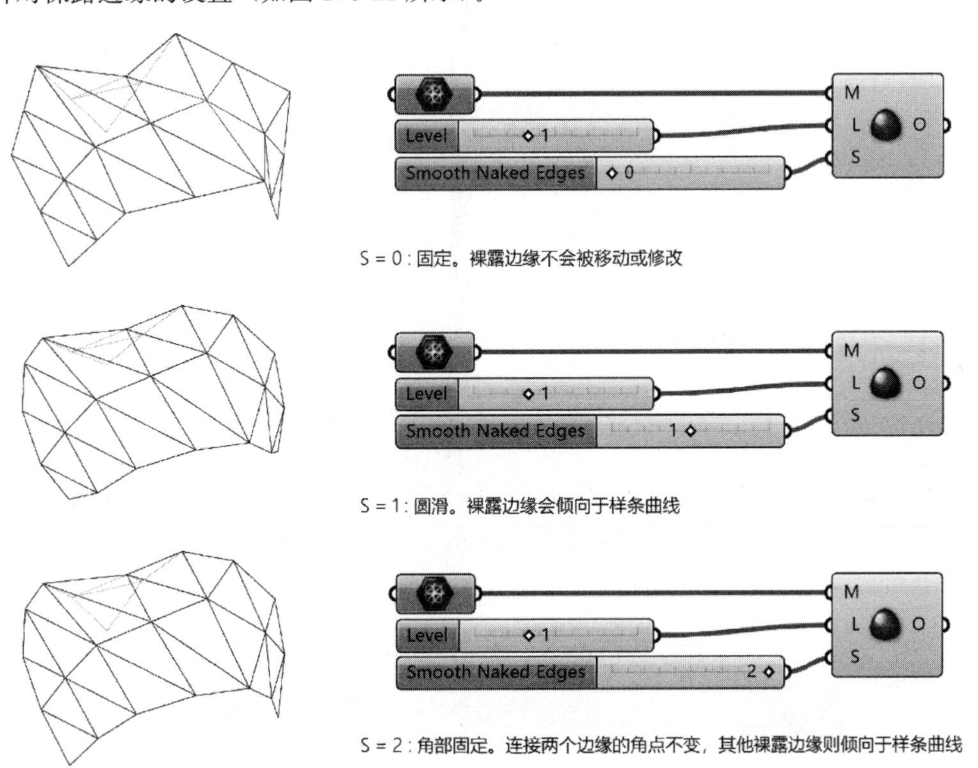

图 2.8-22　Smooth Naked Edges 设置

2.8.4.2 Catmull-Clark 细分算法：针对四边形网格

1978 年，Edwin Catmull 和 Jim Clark 提出了一种网格的细分算法，命名为 Catmull-Clark 细分算法，通过在每个面上添加新的顶点，得到一个圆滑的四边形网格（如图 2.8-23 所示）。

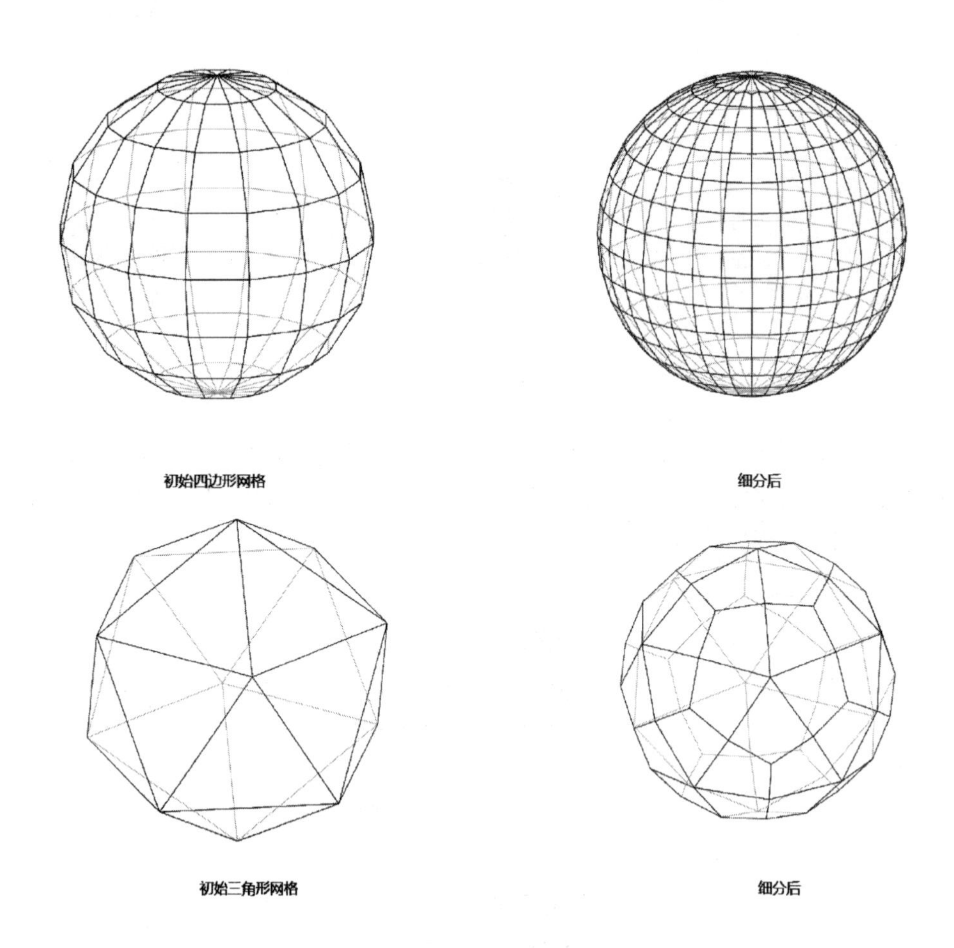

图 2.8-23 Catmull-Clark 细分算法

同样，Weavebird 中也提供了 Catmull-Clark 算法的运算器——wbCatmullClark。三个输入端与 wbLoop 运算器相同（如图 2.8-24 所示），这里就不再赘述。

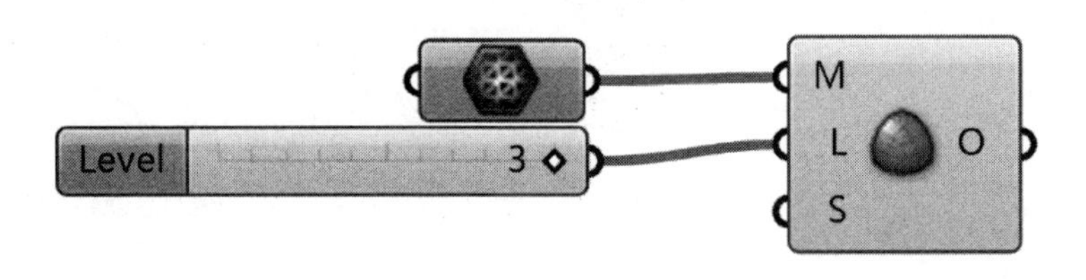

图 2.8-24 wbatmullClark 运算器

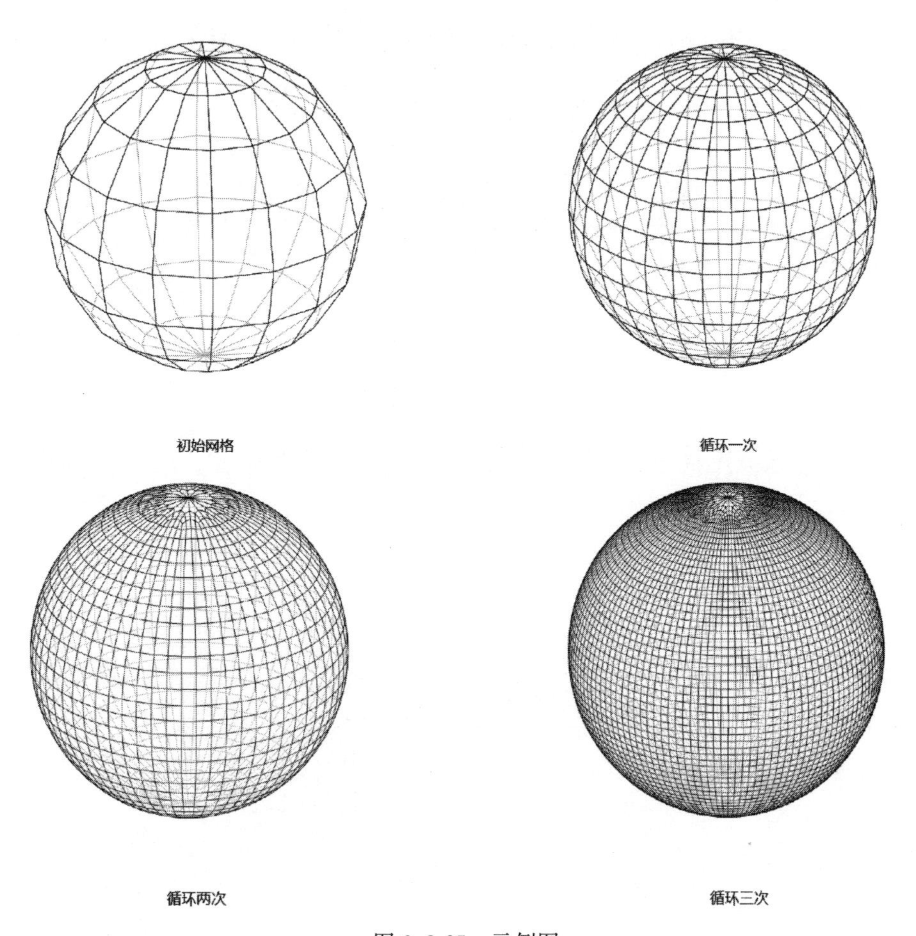

图 2.8-25 示例图

2.8.5 案例：曲率图案网格

以下案例我们将通过影响的方式来参数化地建立一个圆滑的 Mesh。

（1）首先在 Rhino 中建立一个有明显曲率变化的 Nurbs 曲面，如图 2.8-26 所示，并通过 Surface 运算器将这个曲面拾取进 Grasshopper。

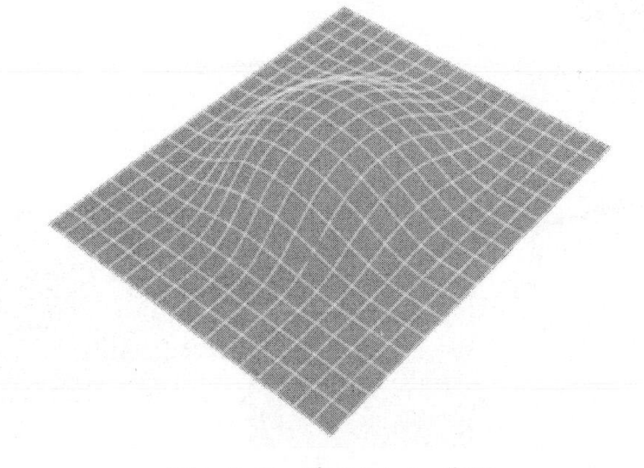

图 2.8-26 建立 Nurbs 曲面

（2）然后通过 LunchBox 插件的 Diamond 运算器，在曲面上生成菱形网格（如图 2.8-27 所示）。

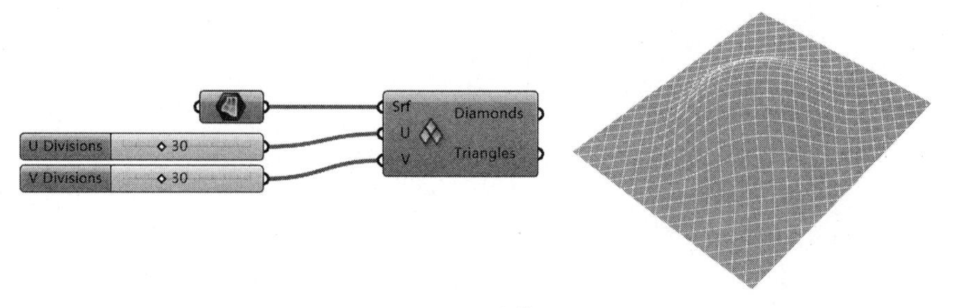

图 2.8-27 生成菱形网格

（3）通过 Area 运算器得到每个菱形的中心点，并向 Z 轴方向向上移动（如图 2.8-28 所示）。

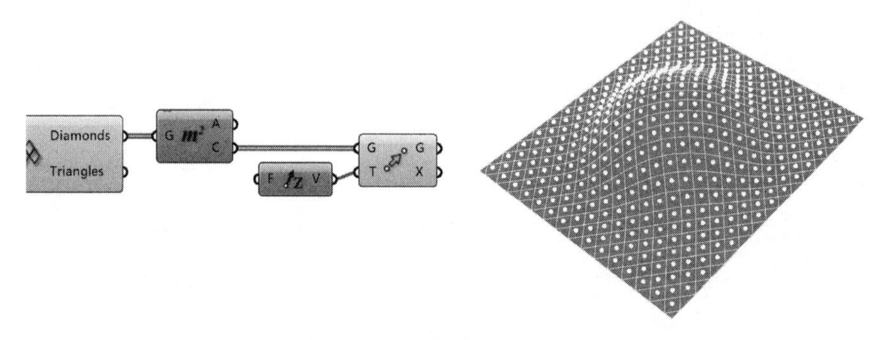

图 2.8-28 菱形中心点移动

（4）这里我们引入另一种影响方式，通过曲面的高斯曲率来影响最终的 Mesh 呈现效果。从这一步讲就是通过中心点在曲面上的高斯曲率，来影响中心点向 Z 轴方向移动的距离。首先我们需要 Surface Closest Point 运算器将菱形中心点在原曲面上的 UV 坐标计算出来，将初始曲面输入 Surface 端，菱形中心点输入 Point 端，也就完成了从世界坐标系到曲面本地坐标系的转换。然后将 uvPoint 输出端输入 Surface Curvature 运算器的 uv 端，初始曲面输入 Surface 端，取得每个点对应的高斯曲率（如图 2.8-29 所示）。

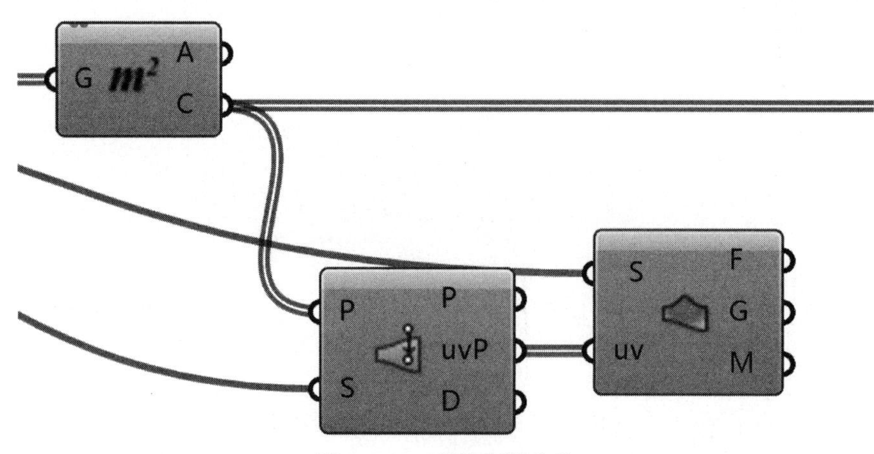

图 2.8-29 获取高斯曲率

(5) 高斯曲率的值都很小，我们仍然通过 Remap Numbers 运算器的逻辑将这些数值重映射到指定的区间内（如图 2.8-30 所示）。

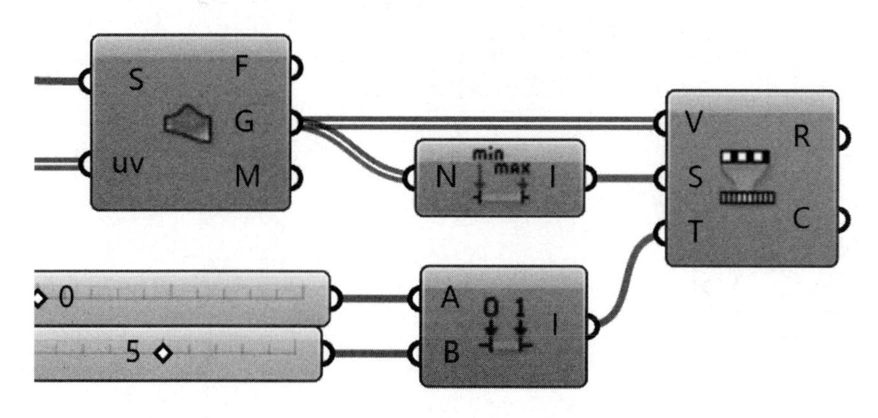

图 2.8-30 数值区间重映射

(6) 将重映射的数值输入到 Z 运算器，作为最终菱形中心点的移动距离（如图 2.8-31 所示）。

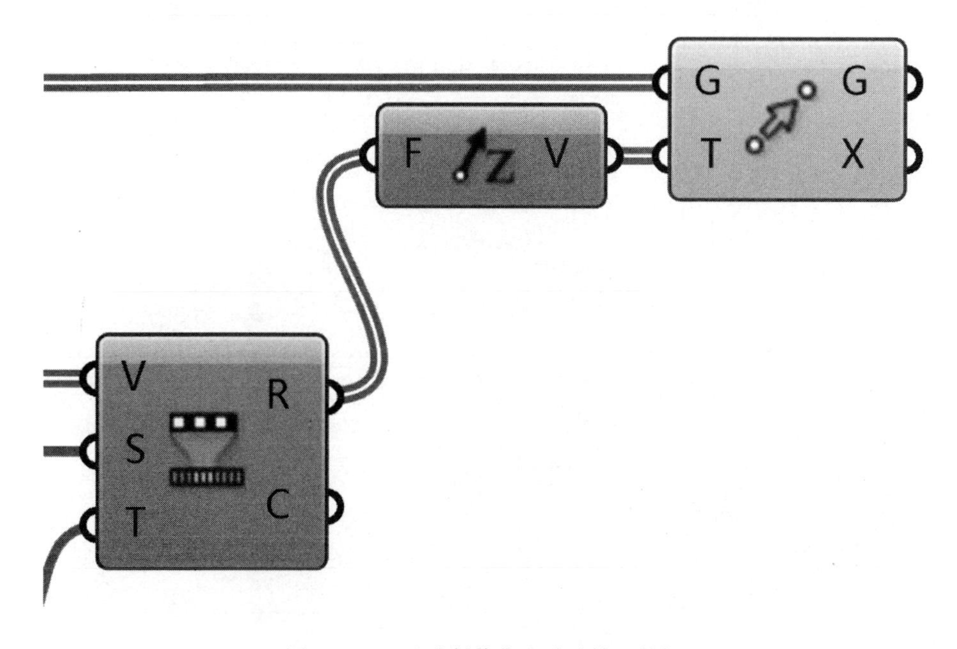

图 2.8-31 重映射值作为移动输入数据

(7) 我们要产生的新 Mesh 是以菱形中心点为中心，四个顶点为角点的拓扑关系，将 Diamonds 运算器输出的 Diamond 端连接 Deconstruct Brep 运算器得到四个角点，与中心点连入 Merge 运算器进行数据的并和，可以看到现在每组是以每个菱形为划分的五个角点（如图 2.8-32 所示）。

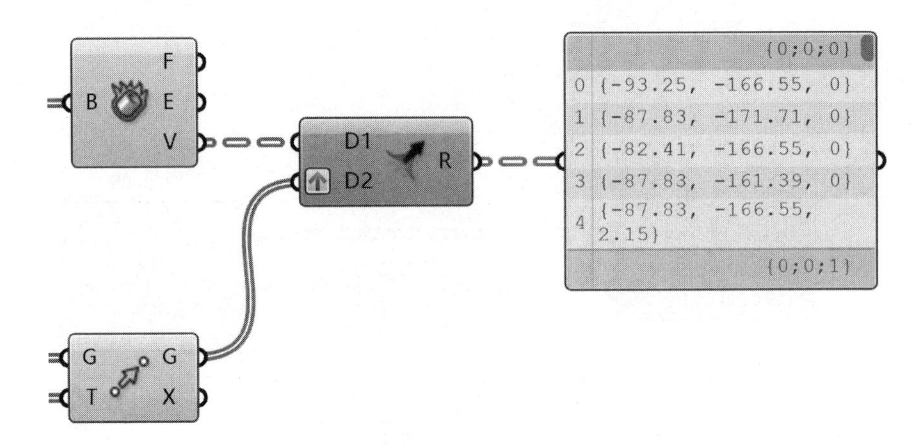

图 2.8-32 数据合并

（8）将并和后的点输入 Delaunay Mesh 运算器得到初始的 Mesh（如图 2.8-33 所示）。

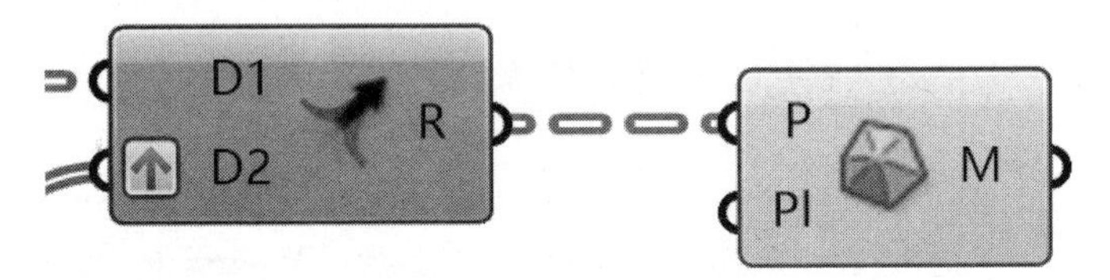

图 2.8-33 建立 Mesh

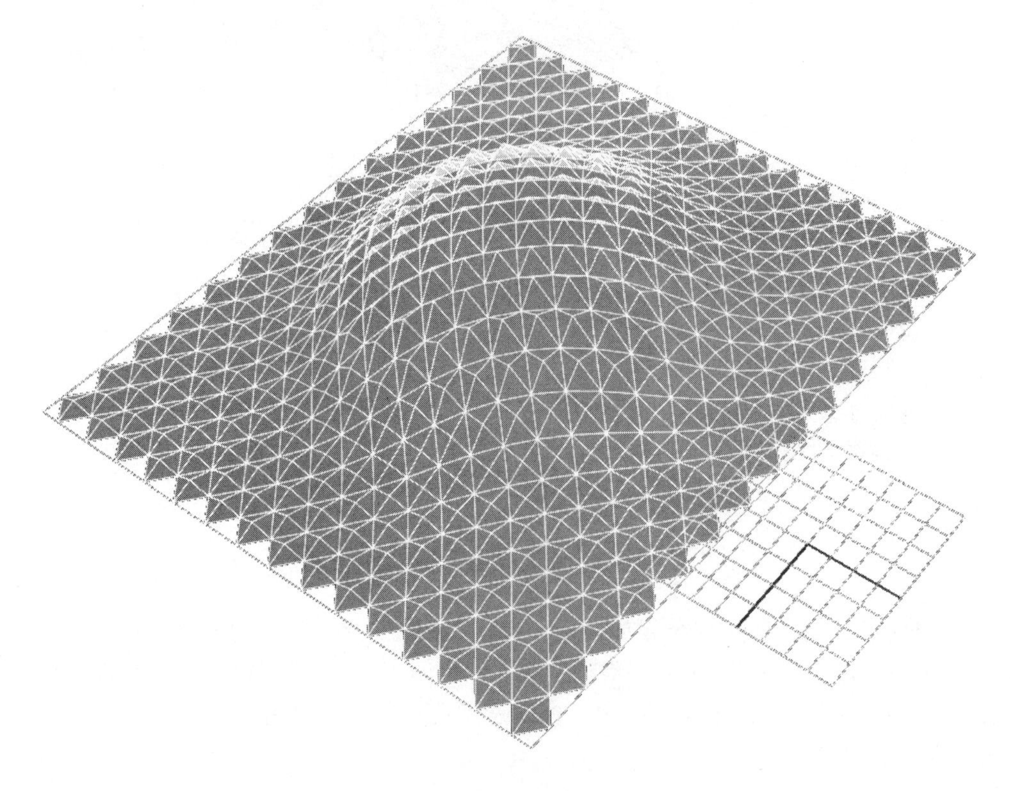

图 2.8-34 示例图

（9）注意到整个面边缘的部分丢失了，这部分面仍然以 Nurbs 曲面的形式存储在 Diamonds 运算器的 Traingles 输出端中，将这个输出端的内容通过 Mesh 运算器强制转换为 Mesh，与已经生成的 Mesh 并和为一组，注意这里都将两个数据进行了 Flatten 操作保证数据结构的一致（如图 2.8-35、图 2.8-36 所示）。

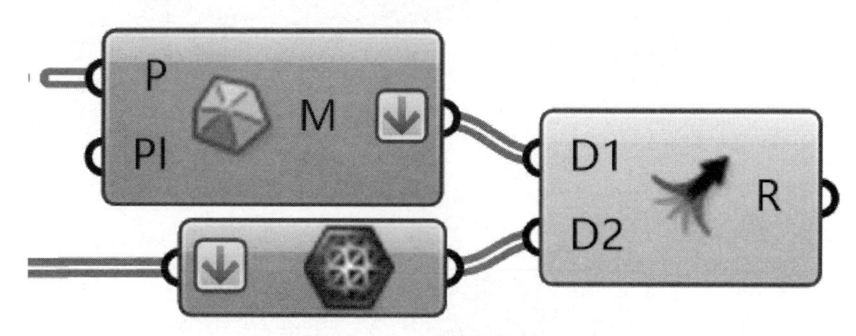

图 2.8-35 数据结构拍平

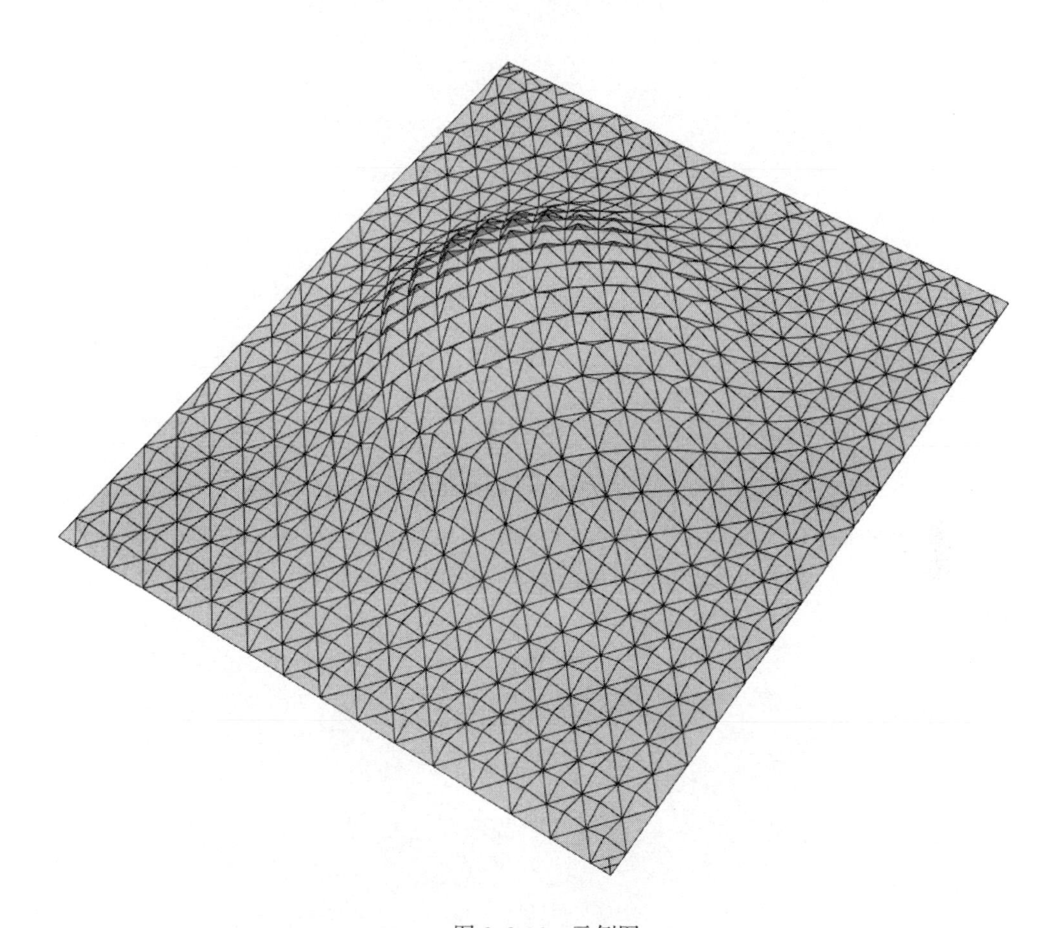

图 2.8-36 示例图

（10）将整合后的结果连入 wbJoin 运算器组合为一个 Mesh，Weld 输入端输出 True 将重合的网格顶点焊接为一个顶点，最后通过 wbCatmullClark 运算器圆滑（如图 2.8-37、图 2.8-38 所示）。

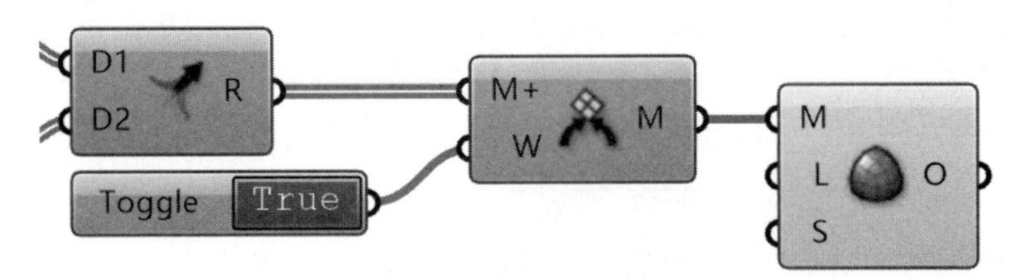

图 2.8-37 网格组合圆滑

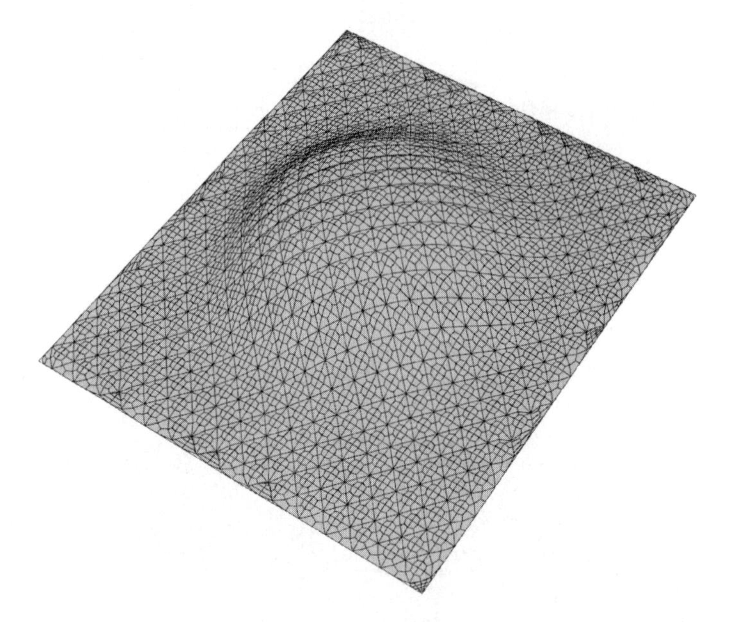

图 2.8-38 示例图

（11）将结果 Bake 到 Rhino 中就可以看到产生的新 Mesh（图 2.8-39）。

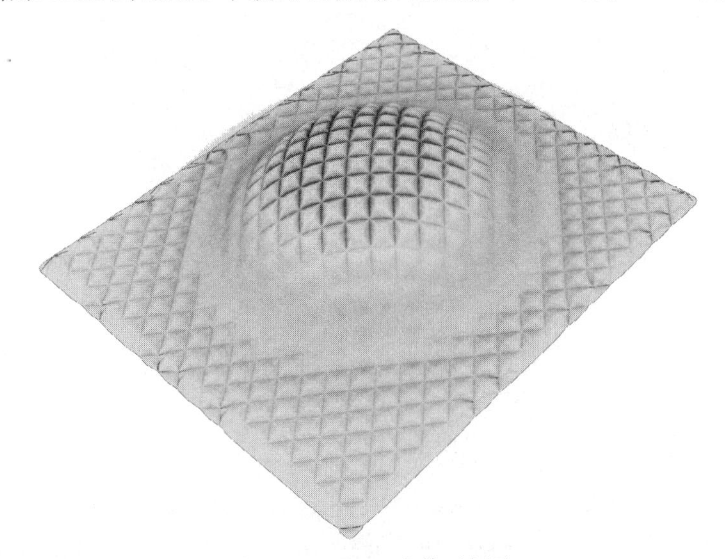

图 2.8-39 Bake 实体示例图

以下是整个算法的完整截图：

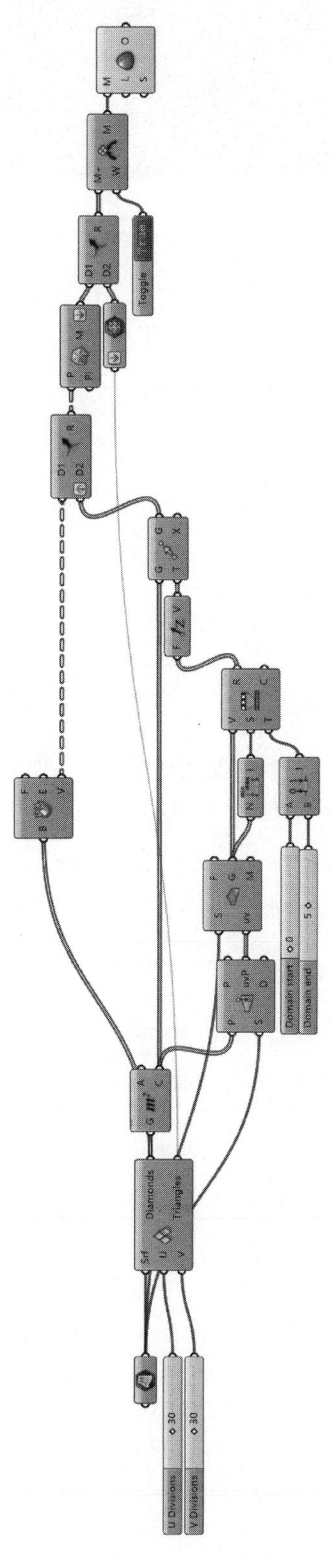

图 2.8-40　脚本示例

```
namespace MyProject1
{
    public class MyProject1Component : GH_Component
    {
        /// <summary>
        /// Each implementation of GH_Component must provide a public
        /// constructor without any arguments.
        /// Category represents the Tab in which the component will appear,
        /// Subcategory the panel. If you use non-existing tab or panel names,
        /// new tabs/panels will automatically be created.
        /// </summary>
        public MyProject1Component()
          : base("MyProject1", "Nickname",
              "Description",
              "Category", "Subcategory")
        {
        }

        /// <summary>
        /// Registers all the input parameters for this component.
        /// </summary>
        protected override void RegisterInputParams(GH_Component.GH_InputParamManager pManager)
        {
            pManager.AddNumberParameter("Value", "V", "The image gray value", GH_ParamAccess.
            list);
            pManager.AddIntegerParameter("Module", "M", "The division module", GH_ParamAccess.
            item);
            pManager.AddNumberParameter("MaxRadius", "MaxR", "The maximum radius",
            GH_ParamAccess.item);
            pManager.AddNumberParameter("MinRadius", "MinR", "The minimum value of radius",
            GH_ParamAccess.item);
            pManager.AddPointParameter("UVPlanes", "UV", "The UV planes of the surface",
            GH_ParamAccess.list);

        }

        /// <summary>
        /// Registers all the output parameters for this component.
        /// </summary>
        protected override void RegisterOutputParams(GH_Component.GH_OutputParamManager pManager)
        {
            pManager.AddPointParameter("Ptslist", "P", "The central points of circles",
            GH_ParamAccess.list);
            pManager.AddNumberParameter("Radiuslist", "R", "The radius of circles",
            GH_ParamAccess.list);
        }

        /// <summary>
        /// This is the method that actually does the work.
        /// </summary>
        /// <param name="DA">The DA object can be used to retrieve data from input parameters
        and
        /// to store data in output parameters.</param>
        protected override void SolveInstance(IGH_DataAccess DA)
        {
```

3.1　C＃编程语言基础

C＃（读作“See Sharp”）是一种简洁、现代、面向对象且类型安全的编程语言。

20 世纪 70 年代，高效强大的 C 语言诞生，后来加入面向对象技术后发展出了 C＋＋语言，增强了程序的功能性和灵活性，但语法仍旧冗余。C＃语言在继承 C 语言和 C＋＋语言的同时，摒弃了一些它们的复杂特性，所以 C＃语言在功能强大、高度灵活的同时，保持语法的简洁、流畅，更加简单、易学。

C＃起源于 C 语言家族，因此，具有 C、C＋＋和 Java 编程语言基础的程序员，可以很快熟悉这种新的语言（如图 3.1-1 所示）。

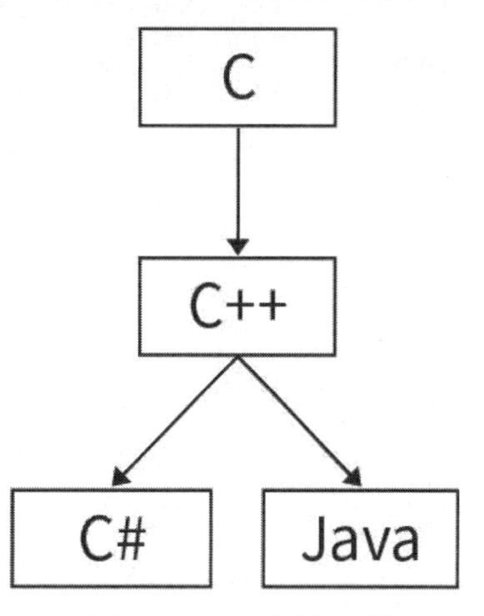

图 3.1-1　C＃语言起源

C＃的含义是在 C＋＋语言的基础上再扩展两个“＋”，即 C＋＋＋＋，最终写作 C＃（如图 3.1-2 所示）。

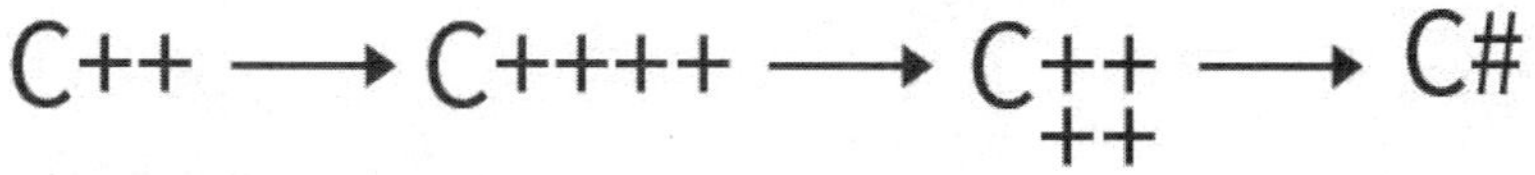

C++ ⟶ C++++ ⟶ C++ ++ ⟶ C#

图 3.1-2　C＃写法来源

C＃是面向对象的语言，因为 C＃具有一个同一类型系统（unified type system）。所有 C＃类型（比如 int 和 double 之类的基元类型）都继承于这一个根类型：object。因此，C＃使用通用类型系统（Common-Type System）来进行工作，所有类型都共享一组通用操作，并且任一类型的值都可以通过相同的方式进行存储、传递和操作。除了支持封装、继承、多态等面向对象的主要技术特性，C＃还增加了特性（Attribute）、属性（Property）、委托（Delegation）、可空类型（Nullable Type）等类型，功能更加强大。此外，C＃的错误处理能力也十分突出，比如异常处理机制（Exception Handling）提供了错误检测和处理的方法；垃圾回收机制（Garbage Collection）可以自动回收无用对象占用的内存。这些技术都可以帮助我们提升编程效率，解决不明 bug 带来的问题，因此本书采用 C＃语言作为 Grasshopper 二次开发的编程语言。

3.1.1　.NET 框架

.NET 框架（.NET Framework）即为支持 Windows 应用开发的框架，是一种编程环境，支持多种编程语言。

.NET 框架还提供了一整套技术使软件开发更有效率，程序更加健壮、安全。图 3.1-3 中可以看到 .NET 应用程序包含一个或多个程序集，通常扩展名是 EXE 或 DLL。这些可执行程序又包含很多不同名的命名空间，描述了程序集中定义的所有类型及其成员的信息，即方法、属性、事件和字段（如图 3.1-3 所示）。

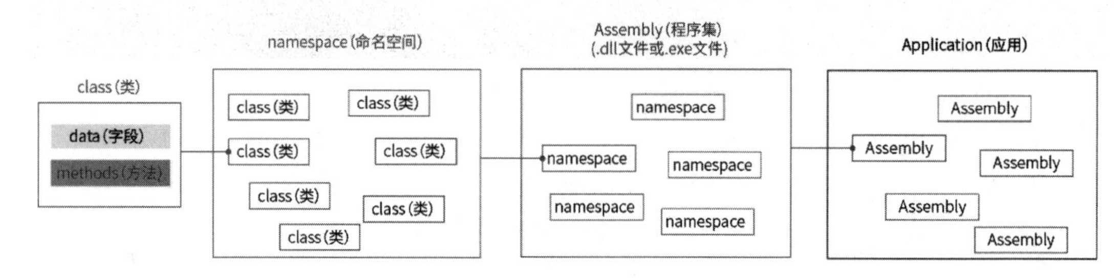

图 3.1-3　NET 应用架构

为了运行 C# 代码，需要将其转化成能被计算机读懂的语言，即机器语言（Native Code），这个过程被称为编译过程，由编译器执行。在 .NET 框架下，任何可执行的程序项目都链接到公共语言运行库（Common Language Runtime，CLR），并由它代理编译和执行。第一阶段的编译是通过编译器将我们的 C# 代码编译成程序集文件（exe 文件和 dll 文件），称为中间语言（Intermediate Language，IL），包含指令形式的可执行代码和元数据（metadata）形式的符号信息。中间语言可以被 .Net Framework 识别，但是还不是真正的机器语言。在第二阶段，公共语言运行时（Common Language Runtime，CLR）通过实时编译器（Just In Time Compiler，JIT）再将中间语言翻译成可以被计算机识别的机器语言（二进制指令），以适应目标平台，最终使程序在目标平台上顺利运行。

.NET 框架下的 C# 程序编译过程如图 3.1-4 所示。

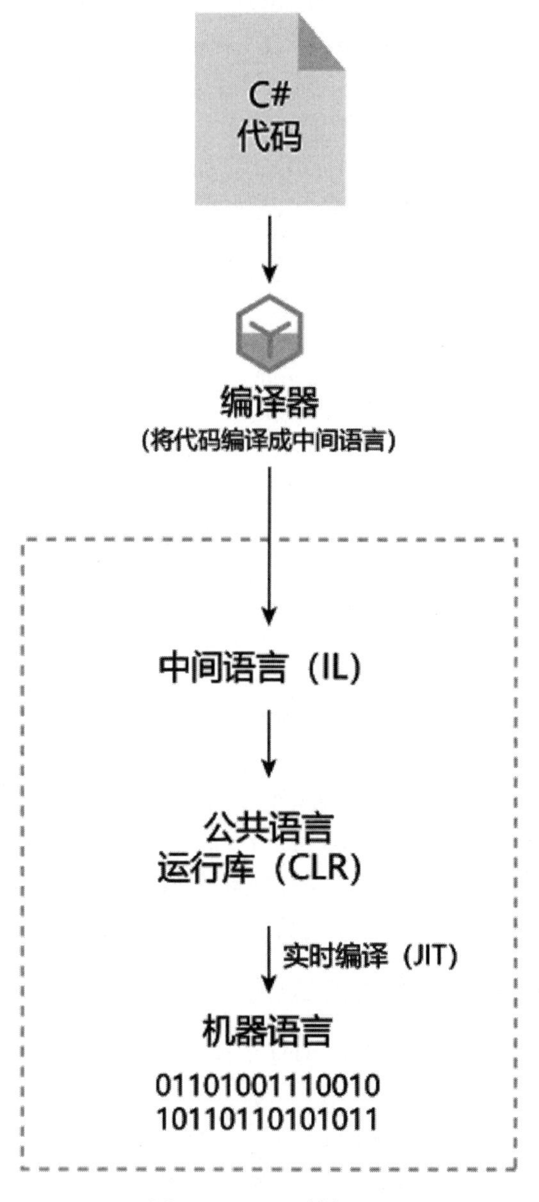

图 3.1-4　C# 编译过程

3.1.2 类和命名空间

类（class）是最基础的 C# 类型。类是一个数据结构，将状态（字段）和操作（方法和其他函数成员）组合在一个单元中。类类型定义了一个包含数据成员（字段）和函数成员（方法、属性等）的数据结构。类为动态创建的类实例（instance）提供了定义，实例也称为对象（object）。例如，人类是一个类的名称，其中具体的张三这个人就是实例（或对象）。C# 的类型系统是统一的，因此任何类型的值都可以按对象处理。C# 中的每个类型直接或间接地从 object 类类型派生，而 object 是所有类型的最终基类。

使用类声明可以创建新的类。类声明以一个声明头开始，其组成方式如下：先指定类的特性和修饰符，然后是类的名称，接着是基类（如有）以及该类实现的接口。声明头后面跟着类体，它由一组位于一对大括号 { 和 } 之间的成员声明组成。

下面是一个名为 Point 的简单类的声明：

```
1.  public class Point
2.  {
3.      public int x, y;
4.      public Point(int x, int y)
5.      {
6.          this.x = x;
7.          this.y = y;
8.      }
9.  }
```

类的实例使用 new 运算符创建，该运算符为新的实例分配内存、调用构造函数初始化该实例，并返回对该实例的引用。下面的语句创建两个 Point 对象，并将对这两个对象的引用存储在两个变量中：

```
1.  Point p1 = new Point(0, 0);
2.  Point p2 = new Point(10, 20);
```

当不再使用对象时，该对象占用的内存将自动收回。

命名空间的设计目的是为我们自己的类型创建真正独立的名称，在一个命名空间中声明的类的名称与在另一个命名空间中声明的相同的类的名称不冲突。命名空间可以包含任意多个类和其他类型，每个类可以包含任意多个方法，命名空间甚至可以包含其他的命名空间，形成嵌套关系。我们知道，.Net Framework 其实就是一个庞大、丰富的代码仓库，而命名空间就像是其中一个仓库的名称。当我们需要使用某个类时，就去该类所在对应名称的仓库中查找。如何开启这个仓库呢？使用时在程序文件的头部进行引用（using）就行了。

例如：

```
1.  using 命名空间名称;
```

若是需要引用有嵌套关系的命名空间，就需要用“.”隔开。

```
1. using 命名空间A.命名空间B;
```

3.1.2.1 成员

类的成员或者是静态成员（static member），或者是实例成员（instance member）。静态成员属于类，实例成员属于对象（类的实例）。

表 3.1-1 提供了类所能包含的成员种类的概述。

成员种类 表 3.1-1

成员	说明
常量	与类关联的常量值
字段	类的变量
方法	类可执行的计算和操作
属性	与读写类的命名属性相关联的操作
索引器	与以数组方式索引类的实例相关联的操作
事件	可由类生成的通知
运算符	类所支持的转换和表达式运算符
构造函数	初始化类的实例或类本身所需的操作
析构函数	在永久丢弃类的实例之前执行的操作
类型	类所声明的嵌套类型

3.1.2.2 可访问性

类的每个成员都有关联的可访问性，它控制能够访问该成员的程序文本区域。有五种可能的可访问性形式。表 3.1-2 概述了这些可访问性。

可访问性 表 3.1-2

可访问性	含义
public	访问不受限制
protected	访问仅限于此类或从此类派生的类
internal	访问仅限于此程序
protected internal	访问仅限于此程序或从此类派生的类
private	访问仅限于此类

3.2 语言基础

3.2.1 变量和类型

编程的核心是对数据的处理，数据的表现形式就是各类变量。

变量的作用就是存储数据、构建数据结构等。计算机存储变量需要三个步骤：

（1）声明变量

变量在被声明时，就是在计算机的内存中占用了一个区域，用于存储变量的值。变量的声明至少需要包括数据类型和变量名（标识符）。数据类型决定了计算机需要为这个变量占用多大的内存。变量名相当于存储的变量地址，方便我们使用时调用它。地址在计算机内的表示是二进制的，很难被人读懂，因此我们给变量起一个名字，用来代替这个地址，这就是变量名。

例如：

```
1.  int a;
2.  //int 就是数据类型，age 是变量名
```

(2) 给变量赋值

变量最重要的作用就是存储数据，我们通过等号“=”来给变量进行赋值操作。等号左边是变量名，右边是我们需要存放的数值。

例如：

```
1.  a=4;
2.  //此时，变量 age 的内存区域中存放的就是 18 这个数值
```

当然，我们也可以将第 1、2 步合并，声明变量的同时给变量赋值。

例如：

```
1.  int a=4;
```

(3) 使用变量

声明一个变量必然是需要使用它。如果只是对变量进行声明和赋值，而没有使用，那这个变量就是毫无意义的，还占用了内存。因此，在编程时如果有一个声明的变量没有在下文中被使用时，IDE 会提醒我们这个变量并未被使用。

我们可以通过一段简单的代码来体会一下变量的使用，在程序的主函数中输入以下代码：

```
1.  static void Main(string[] args)
2.  {
3.      int a=4;
4.      int b=3;
5.      int sum, sub;
6.      sum=a+b;
7.      sub=a-b;
8.  }
9.
10. //运算后得到 sum=7, sub=1;
```

C# 中的类型有两种：值类型（value type）和引用类型（reference type）。值类型的变量直接包含它们的数据，而引用类型的变量存储对它们的数据的引用，后者称为对象。对于值类型，每个变量都有它们自己的数据副本（除 ref 和 out 参数变量外），因此对一个变量的操作不可能影响另一个变量。将变量声明为值类型时，计算机会分配存储这种值的内存。比如，声明 int 类型会分配 4 字节（32 位）的内存块。对于引用类型，两个变量

可能引用同一个对象，因此对一个变量的操作可能影响另一个变量所引用的对象。比如，Rhino 中的所有物件（点、线、面等）都属于引用类型。

C# 的值类型进一步划分为简单类型（simple type）、枚举类型（enum type）、结构类型（struct type）和可以为 null 的类型（nullable type），C# 的引用类型进一步划分为类类型（class type）、接口类型（interface type）、数组类型（array type）和委托类型（delegate type）。

表 3.2-1 为 C#类型系统的概述。

C#类型系统 **表 3.2-1**

类别		说明
值类型	简单类型	有符号整型:sbyte、short、int、long
		无符号整型:byte、ushort、uint、ulong
		Unicode 字符:char
		浮点数:float、double
		高精度小数型:decimal
		布尔值:bool
	枚举类型	enum E {…} 形式的用户定义的类型
	结构类型	struct S {…} 形式的用户定义的类型
	可空类型	其他所有具有 null 值的值类型的扩展
引用类型	类类型	所有其他类型的最终基类:object
		Unicode 字符串:string
		class C {…} 形式的用户定义的类型
	接口类型	interface I {…} 形式的用户定义的类型
	数组类型	一维和多维数组,例如 int[] 和 int[,]
	委托类型	delegate int D(…) 形式的用户定义的类型

3.2.2 注释 Comments

注释可以增强程序的易读性，通过添加注释来方便其他程序员理解自己的程序意图，也避免自己回顾程序时忘记当初的思路。C#中主要用到这两种形式的注释：行注释和块注释。行注释（Single-line comment）以字符“//”开头并延续到代码行的结，每行都需要添加字符“//”。带分隔符的注释（Delimited comment）以字符“/*”开头，以字符“*/”结束。带分隔符的注释可以跨多行。此外，.Net 框架允许开发人员在源代码中插入 XML 注释，以字符“///”开头并延续到该行的结尾，便于直观了解类或方法的作用，也方便 IDE 智能提示（如图 3.2-1 所示）。注释主要是给程序员看的，在 C#编译器运行时，计算机会自动忽略掉注释，不会占用编译资源。

类别	语法	说明
单行注释	//注释文字	
多行注释	/* 注释文字 */	多行注释快捷键:Ctrl+K+C 取消多行注释快捷键:Ctrl+K+U
XML注释	///注释文字	

图 3.2-1 常见注释

3.2.3 标识符 Identifier

程序中的变量名、常量名、类名、方法名，用户定义的类型都叫做标识符。C#有一套自己的命名规则，如果命名不规范，就会出现错误。

标识符的命名都需要遵守下面 3 条规则：

(1) 标识符只能由英文字母、数字和下划线组成，不能包含空格和其他字符；

(2) 变量名不能用数字开头；

(3) 不能使用关键字作为变量名。

常用的命名规则有驼峰法和 Pascal 法。

命名规则：

(1) 驼峰法

若是由两个或两个以上的单词拼接而成的命名，则第一个单词为小写开头，后面的单词均为大写开头，所有变量的命名均适用于此方法。例如，myVariable。

(2) Pascal 法

若是由两个或两个以上的单词拼接而成的命名，则每一个单词的首字母都大写，类名、类的方法名、名称空间的命名均适用于此方法。例如，CalculateNumber。

3.2.4 关键字 Keyword

关键字时对编译器具有特殊意义的预定义保留标识符，不能用作标识符，除非加一个@前缀。例如，@if 是有效标识符，而 if 则不是，因为 if 是关键字。

常见的关键字有（图 3.2-2）：

int	float	double	decimal
bool	char	long	short
null	string	true	false
static	if	else	while
void	catch	break	continue
for	foreach	object	private
public	return	switch	using

图 3.2-2 常见关键字

3.2.5 操作符 Operators

C# 的操作符用于对操作数进行运算，图 3.2-3 中按优先级从高到低的顺序列出各运算符类别。同一类别中的运算符优先级相同。

<table>
<tr><th>类别</th><th>表达式</th><th>说明</th></tr>
<tr><td>基本</td><td>x.m</td><td>成员访问</td></tr>
<tr><td></td><td>x(…)</td><td>方法和委托调用</td></tr>
<tr><td></td><td>x[…]</td><td>数组和索引器访问</td></tr>
<tr><td></td><td>x++</td><td>后增量</td></tr>
<tr><td></td><td>x--</td><td>后减量</td></tr>
<tr><td></td><td>new T(…)</td><td>对象和委托创建</td></tr>
<tr><td></td><td>typeof(T)</td><td>获取 T 的 System.Type 对象</td></tr>
<tr><td>一元</td><td>+x</td><td>恒等</td></tr>
<tr><td></td><td>-x</td><td>求相反数</td></tr>
<tr><td></td><td>!x</td><td>逻辑求反</td></tr>
<tr><td></td><td>~x</td><td>按位求反</td></tr>
<tr><td></td><td>++x</td><td>前增量</td></tr>
<tr><td></td><td>--x</td><td>前减量</td></tr>
<tr><td>乘法</td><td>x * y</td><td>乘法</td></tr>
<tr><td></td><td>x / y</td><td>除法</td></tr>
<tr><td></td><td>x % y</td><td>求余</td></tr>
<tr><td>加减</td><td>x + y</td><td>加法、字符串串联、委托组合</td></tr>
<tr><td></td><td>x – y</td><td>减法、委托移除</td></tr>
<tr><td>移位</td><td>x << y</td><td>左移</td></tr>
<tr><td></td><td>x >> y</td><td>右移</td></tr>
<tr><td>关系和类型检测</td><td>x < y</td><td>小于</td></tr>
<tr><td></td><td>x > y</td><td>大于</td></tr>
<tr><td></td><td>x <= y</td><td>小于或等于</td></tr>
<tr><td></td><td>x >= y</td><td>大于或等于</td></tr>
<tr><td></td><td>x is T</td><td>如果 x 为 T，则返回 true；否则，返回 false</td></tr>
<tr><td></td><td>x as T</td><td>返回转换为类型 T 的 x，如果 x 不是 T，则返回 null</td></tr>
<tr><td>相等</td><td>x == y</td><td>等于</td></tr>
<tr><td></td><td>x != y</td><td>不等于</td></tr>
<tr><td>逻辑“与”</td><td>x & y</td><td>整型按位 AND，布尔逻辑 AND</td></tr>
<tr><td>逻辑XOR</td><td>x ^ y</td><td>整型按位 XOR，布尔逻辑 XOR</td></tr>
<tr><td>逻辑 OR</td><td>x | y</td><td>整型按位 OR，布尔逻辑 OR</td></tr>
<tr><td>条件 AND</td><td>x && y</td><td>仅当 x 为 true 时，才对 y 求值</td></tr>
<tr><td>条件 OR</td><td>x || y</td><td>仅当 x 为 false 时，才对 y 求值</td></tr>
<tr><td>null 合并</td><td>X ?? y</td><td>如果 x 为 null，则计算结果为 y，否则计算结果为 x</td></tr>
<tr><td>条件</td><td>x ? y : z</td><td>如果 x 为 true，则对 y 求值；如果 x 为 false，则对 z 求值</td></tr>
<tr><td>赋值或匿名函数</td><td>x = y</td><td>赋值</td></tr>
<tr><td></td><td>x op= y</td><td>复合赋值；支持的运算符有：
*= /= %= += -= <<= >>= &= ^= |=</td></tr>
<tr><td></td><td>(T x) => y</td><td>匿名函数（lambda 表达式）</td></tr>
</table>

图 3.2-3 常见操作符

3.2.6 表达式 Expression

表达式由操作数（operand）和操作符（operator）构成。表达式的运算符指示对操作数适用什么样的运算。操作符的示例包括+、-、*、/ 和 new。操作数的示例包括文本、字段、局部变量和表达式。

当表达式包含多个操作符时，操作符的优先级（precedence）控制各运算符的计算顺序。例如，表达式 x + y * z 按 x +（y* z）计算，因为 * 操作符的优先级高于 + 操作符。

图 3.2-4 将按运算符优先级从高到低列出各个运算符，具有较高优先级的运算符出现在表格的上面，具有较低优先级的运算符出现在表格的下面。在表达式中，较高优先级的运算符会优先被计算。

<table>
<tr><th>类别</th><th>运算符</th><th>结合性</th></tr>
<tr><td>后缀</td><td>() [] -> . ++ --</td><td>从左到右</td></tr>
<tr><td>一元</td><td>+ - ! ~ ++ - - (type) * & sizeof</td><td>从右到左</td></tr>
<tr><td>乘除</td><td>* / %</td><td>从左到右</td></tr>
<tr><td>加减</td><td>+ -</td><td>从左到右</td></tr>
<tr><td>移位</td><td><< >></td><td>从左到右</td></tr>
<tr><td>关系</td><td>< <= > >=</td><td>从左到右</td></tr>
<tr><td>相等</td><td>== !=</td><td>从左到右</td></tr>
<tr><td>位与 AND</td><td>&</td><td>从左到右</td></tr>
<tr><td>位异或 XOR</td><td>^</td><td>从左到右</td></tr>
<tr><td>位或 OR</td><td>|</td><td>从左到右</td></tr>
<tr><td>逻辑与 AND</td><td>&&</td><td>从左到右</td></tr>
<tr><td>逻辑或 OR</td><td>||</td><td>从左到右</td></tr>
<tr><td>条件</td><td>?:</td><td>从右到左</td></tr>
<tr><td>赋值</td><td>= += -= *= /= %=>>=<<= &= ^= |=</td><td>从右到左</td></tr>
<tr><td>逗号</td><td>,</td><td>从左到右</td></tr>
</table>

图 3.2-4 常见运算符

3.3　数据类型

C# 的数据类型一共有两大类，分别是引用类型和值类型。引用类型包括类类型、接口类型和委托类型，值类型包括结构体类型和枚举类型。

图 3.3-1 是 C# 值类型中的常用类型及其基本数据。

值类型	C#类型	.NET 类型	字节数	取值范围
整型	byte	Byte	1	0 ~255
	short	Int16	2	-32768 ~32767
	int	Int32	4	–2147483648 ~ 2147483647
	long	Int64	8	–9223372036854775808 ~ 9223372036854775807
浮点型	float	单精度	4	$1.5 \times 10^{-45} \sim 3.4 \times 10^{38}$
	double	双精度	8	$1.5 \times 10^{-324} \sim 1.4 \times 10^{308}$
字符类型	char	Char	2	Unicode 字符 U+0000 ~ U+FFFF
	string	String		Unicode字符序列
布尔类型	bool	Boolean	1	true/false

图 3.3-1　值类型

3.3.1　变量　Variable

变量表示存储位置。每个变量都具有一个类型，用于确定哪些值可以存储在该变量中。C# 是一种类型安全的语言，C# 编译器保证存储在变量中的值总是具有合适的类型。通过赋值或使用 ++ 和 -- 运算符可以更改变量的值。

在可以获取变量的值之前，变量必须已明确赋值（definitely assigned）。

如下面的章节所述，变量是初始已赋值（initially assigned）或初始未赋值（initially unassigned）。初始已赋值的变量有一个正确定义了的初始值，并且总是被视为已明确赋值。初始未赋值的变量没有初始值。为了使初始未赋值的变量在某个位置被视为已明确赋值，变量赋值必须发生在通向该位置的每个可能的执行路径中。

C# 定义了 7 类变量：静态变量、实例变量、数组元素、值参数、引用参数、输出参数和局部变量。

在下面的示例中，x 是静态变量，y 是实例变量，v [0] 是数组元素，a 是值参数，b 是引用参数，c 是输出参数，i 是局部变量。

```
1.  class A
2.  {
3.      public static int x;
```

```
4.      int y;
5.      void F(int[] v, int a, ref int b, out int c)
6.      {
7.          int i = 1;
8.          c = a + b++;
9.      }
10. }
```

（1）静态变量

用 static 修饰符声明的字段，称为静态变量（static variable）。静态变量在包含了它的那个类型的静态构造函数执行之前就存在了，在退出关联的应用程序域时不复存在。静态变量的初始值是该变量的类型的默认值。出于明确赋值检查的目的，静态变量被视为初始已赋值。

（2）实例变量

未用 static 修饰符声明的字段，称为实例变量（instance variable）。

（3）数组元素

数组是一种数据结构，它包含可通过计算索引访问的零个或更多个变量。数组中包含的变量（又称数组的元素）具有相同的类型，该类型称为数组的元素类型。数组的元素在创建数组实例时开始存在，在没有对该数组实例的引用时停止存在。每个数组元素的初始值都是其数组元素类型的默认值。

（4）值参数

未用 ref 或 out 修饰符声明的参数，为值参数（value parameter）。值形参在调用该形参所属的函数成员（方法、实例构造函数、访问器或运算符）或匿名函数时开始存在，并用调用中给定的实参的值初始化。当返回该函数成员或匿名函数时，值形参通常停止存在。

（5）引用参数

引用形参是用 ref 修饰符声明的形参。引用形参不创建新的存储位置。它表示在对该函数成员或匿名函数调用中以实参形式给出的变量所在的存储位置。因此，引用形参的值总是与基础变量相同。

（6）输出形参

用 out 修饰符声明的形参，是输出形参。输出形参不创建新的存储位置。而输出形参表示在对该函数成员或委托调用中以实参形式给出的变量所在的存储位置。因此，输出形参的值总是与基础变量相同。

（7）局部变量

在方法体/函数体中进行定义的变量称为局部变量（local variable）。局部变量声明指定了类型名称、变量名称，还可指定初始值。

3.3.2 常量 Constant

常量（constant）是表示常量值（即，可以在编译时计算的值）的类成员。常量是固定值，程序执行期间不会改变。常量可以是任何基本数据类型，比如整数常量、浮点常量、字符常量或者字符串常量，还有枚举常量。

常量可以被当作常规的变量，只是它们的值在定义后不能被修改。

定义常量的语法如下：

```
1. const <数据类型> <常量名> = value;
```

3.3.3 结构 Sturct

结构类型是一种值类型，它可以声明常量、字段、方法、属性、索引器、运算符、实例构造函数、静态构造函数和嵌套类型。结构与类的相似之处在于，它们都表示可以包含数据成员和函数成员的数据结构。但是，与类不同，结构是一种值类型，并且不需要堆分配。结构类型的变量直接包含了自己的字段、方法、构造器，而类类型的变量所包含的只是对相应数据的一个引用（被引用的数据称为“对象”）。

声明结构要以 struct 开头，后面是自定义的类型名称，大括号中是结构的主体。例如，下面声明了一个名为 Student 的结构，其中包括三个公共字段，分别表示学生的班级、姓名和年龄。

```
1. struct Student
2. {
3.     public int class;
4.     public string name;
5.     public int age;
6. }
```

3.3.4 枚举 Enum Type

枚举类型（enum type）是具有一组命名常量的独特的值类型。下面的示例声明并使用一个名为 Color 的枚举类型，该枚举具有三个常量值 Red、Green 和 Blue。

```
1. using System;
2. enum Color
3. {
4.     Red,
5.     Green,
6.     Blue
7. }
8. class Test
9. {
10.     static void PrintColor(Color color)
11.     {
12.         switch (color)
13.         {
14.             case Color.Red:
```

```
15.                 Console.WriteLine("Red");
16.                 break;
17.             case Color.Green:
18.                 Console.WriteLine("Green");
19.                 break;
20.             case Color.Blue:
21.                 Console.WriteLine("Blue");
22.                 break;
23.             default:
24.                 Console.WriteLine("Unknown color");
25.                 break;
26.         }
27.     }
28.     static void Main()
29.     {
30.         Color c = Color.Red;
31.         PrintColor(c);
32.         PrintColor(Color.Blue);
33.     }
34. }
```

每个枚举类型都有一个相应的整型类型，称为该枚举类型的基础类型（underlying type)。没有显式声明基础类型的枚举类型所对应的基础类型是 int。枚举类型的存储格式和取值范围由其基础类型确定。一个枚举类型的值域不受它的枚举成员限制。具体而言，一个枚举的基础类型的任何一个值都可以被强制转换为该枚举类型，成为该枚举类型的一个独特的有效值。

3.3.5 数组 Array

数组（array）是一种包含若干变量的数据结构，这些变量都可以通过计算索引进行访问。数组中包含的变量（又称数组的元素）具有相同的类型，该类型称为数组的元素类型。

数组类型为引用类型，因此数组变量的声明只是为数组实例的引用留出空间。实际的数组实例在运行时使用 new 运算符动态创建。new 运算符指定新数组实例的长度(Length)，它在该实例的生存期内是固定不变的。数组元素的索引范围从 0 到 Length - 1。new 运算符自动将数组的元素初始化为它们的默认值，例如将所有数值类型初始化为零，将所有引用类型初始化为 null（图 3.3-2）。

数组	语法	说明
一维数组	int[ ] a1 = new int[5];	创建一个int类型的数组a1，a1中可包含5个元素
	int[ ] a = new int[5]{ 1, 2, 3, 4, 5};	创建并初始化一个int类型的数组a2，a2中包含5个int型元素，赋值为1、2、3、4、5
多维数组(矩阵)	int[,] b1 = new int[3, 4];	创建一个int类型的二维数组b1，大小为三行四列

	int[,] b2 = new int[2, 3]
	{
	{1, 2, 3},
	{4, 5, 6}
	};
		创建并初始化一个int类型的二维数组b2，b2大小为两行三列；这个二维数组中包含 2个 int 类型的一维数组：b2[0]、b2[1] 。而b2[0]、b2[1]中又分别包含 3 个 int 型元素：b2[0,0]、b2[0,1]、b2[0,2]、b2[1,0]、b2[1,1]、b2[1,2]

图 3.3-2　数组

在一维数组和二维数组内部的存储方式如图 3.3-3 所示。

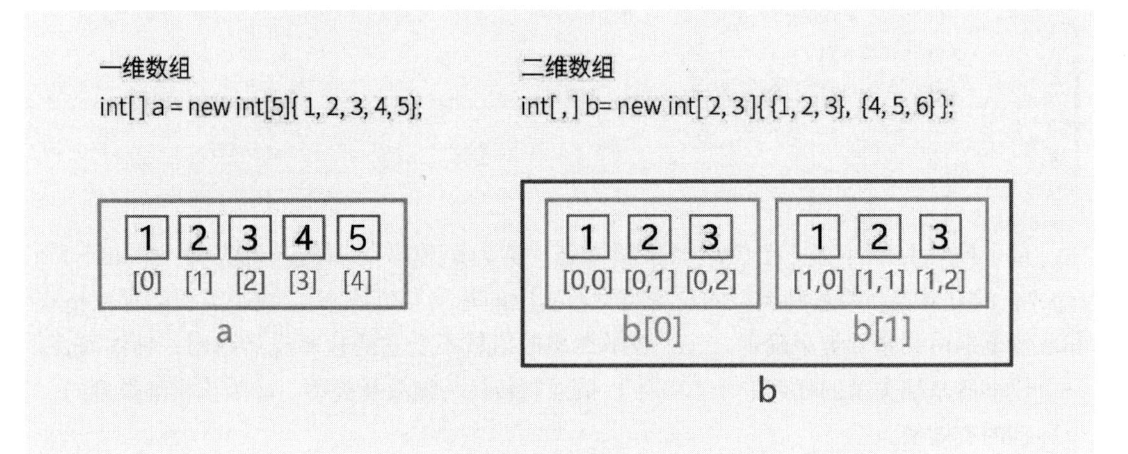

图 3.3-3　数组示意图

下面的示例创建一个 int 元素的数组，初始化该数组，并打印该数组的内容。

```
1.  using System;
2.  class Test
3.  {
4.      static void Main()
5.      {
6.          int[] a = new int[10];
7.          for (int i = 0; i < a.Length; i++)
8.          {
9.              a[i] = i * i;
10.         }
```

```
11.         for (int i = 0; i < a.Length; i++)
12.         {
13.             Console.WriteLine("a[{0}] = {1}", i, a[i]);
14.         }
15.     }
16. }
```

此示例创建并操作一个一维数组（single-dimensional array）。C＃ 还支持多维数组（multi-dimensional array）。数组类型的维数也称为数组类型的秩（rank），它是数组类型的方括号之间的逗号个数加 1。下面的示例分别分配一个一维数组、一个二维数组和一个三维数组。

```
1.  int[] a1 = new int[10];
2.  int[,] a2 = new int[10, 5];
3.  int[,,] a3 = new int[10, 5, 2];
```

a1 数组包含 10 个元素，a2 数组包含 50（10 × 5）个元素，a3 数组包含 100（10×5×2）个元素。

数组的元素类型可以是任意类型，包括数组类型。对于数组元素的类型为数组的情况，我们有时称之为交错数组（jagged array），原因是元素数组的长度不必全都相同。下面的示例分配一个由 int 数组组成的数组：

```
1.  int[][] a = new int[3][];
2.  a[0] = new int[10];
3.  a[1] = new int[5];
4.  a[2] = new int[20];
```

第一行创建一个具有三个元素的数组，每个元素的类型为 int[] 并具有初始值 null。接下来的代码行使用对不同长度的数组实例的引用分别初始化这三个元素。

new 运算符允许使用数组初始值设定项（array initializer）指定数组元素的初始值，数组初始值设定项是在一个位于定界符 { 和 } 之间的表达式列表。下面的示例分配并初始化具有三个元素的 int[]。

```
1. int[] a = new int[] {1, 2, 3};
```

注意数组的长度是从 { 和 } 之间的表达式个数推断出来的。对于局部变量和字段声明，可以进一步简写，从而不必再次声明数组类型。

```
1. int[] a = {1, 2, 3};
```

前面的两个示例都等效于下面的示例：

```
1.  int[] t = new int[3];
2.  t[0] = 1;
3.  t[1] = 2;
4.  t[2] = 3;
5.  int[] a = t;
```

3.3.6 字符串 String

string 类型是直接从 object 继承的密封类类型。string 类的实例表示 Unicode 字符串。

string 类型的值可以写为字符串。

关键字 string 只是预定义类 System.String 的别名。

3.3.7 委托 Delegate Type

委托类型（delegate type）表示对具有特定参数列表和返回类型的方法的引用。通过委托，我们能够将方法作为实体赋值给变量和作为参数传递。委托类似于在其他某些语言中的函数指针的概念，但是与函数指针不同，委托是面向对象的，并且是类型安全的。

委托既可以引用静态方法（例如前一示例中的 Square 或 Math.Sin），也可以引用实例方法（例如，前一示例中的 m.Multiply）。引用了实例方法的委托也就引用了一个特定的对象。当通过该委托调用这个实例方法时，该对象在调用中成为 this。

也可以使用匿名函数创建委托，这是即时创建的“内联方法”。匿名函数可以查看外层方法的局部变量。因此，可以在不使用 Multiplier 类的情况下更容易地写出上面的乘法器示例：

```
1. double[] doubles =  Apply(a, (double x) => x * 2.0);
```

委托的一个有趣且有用的属性在于，它不知道也不关心它所引用的方法的类；它仅关心所引用的方法是否与委托具有相同的参数和返回类型。

3.4 基本语句

3.4.1 选择语句

选择语句会根据表达式的值从若干个给定的语句中选择一个来执行。

1. 条件语句/if 语句

if 语句是 C# 中最常见的语句之一，它的选择依据是对 if 后面所跟的括号中的布尔表达式（也称为条件）进行求值。若结果为真（true），则执行 if 后跟的后续语句（consequence-statement）；若结果为假（false），则执行 else 后面所跟的替代语句（alternative-statement）。if 语句可以嵌套使用，在一个 if 语句中可以使用另一个 if 语句。

语法如下：

```
1. if（条件）
2. {
3.     consequence-statement; //条件为真时执行后续语句
4. }
5. else
6. {
7.     alternative-statement; //条件为假时执行替代语句
8. }
```

例如：

```
1.  static void Main()
2.  {
3.      int age;
4.      Console.WriteLine("请输入您的年龄：")
5.      age = System.Console.Readline();//读取用户输入的年龄
6.      if (age > 18)
7.      {
8.      Console.WriteLine("He/She is an adult.");
9.      }
10.     else
11.     {
12.         Console.WriteLine("He/She is a minor.");
13.     }
14. }
```

在使用过程中，如果需要对条件进行更加细致的划分，这时一个 if 语句并不能满足要求，但是重复使用多个 if 语句会使代码看起来十分累赘。我们就可以使用 if…else if…else 语句。需要注意的是，一旦某个 else if 的条件匹配成功，就直接执行该条件对应的语句，剩下的 else if 或者 else 就不会被测试。语法如下：

```
1.  if（条件 1）
2.  {
3.     Statement1; //条件 1 为真时执行
4.  }
5.  else if(条件 2)
6.  {
7.      Statement2;//条件 2 为真时执行
8.  }
9.  else if(条件 3)
10. {
11.     Statement3;//条件 3 为真时执行
12. }
13. else
14. {
15.     Statement4;//以上条件都不为真时执行
16. }
```

例如：

```
1. static void Main()
2. {
3.     double score;
4.     Console.WriteLine("请输入您的成绩：")
5.     score = System.Console.Readline();//读取用户输入的成绩
6.     if (score <= 60)
7.     {
8.         Console.WriteLine("The grade level is C.");
9.     }
10.    else if(score <= 80 )
11.    {
12.        Console.WriteLine("The grade level is B.");
13.    }
14.    else (score <= 100 )
15.    {
16.        Console.WriteLine("The grade level is A.");
17.    }
18. }
```

2. switch 语句

switch 语句包含多个分支，每个分支为一个 case，每个分支的末尾都需要使用 break 语句，来跳转到 switch 语句的尾部。当一个变量可能存在多个值的时候，就可以使用 switch 语句来检查。当匹配到对应的值时，就执行该值对应的语句。

switch 语句的表达式只能是整型（int，char，long 等）或者字符串（string），其他类型的表达式就只能使用 if 语句；其次，case 标签后必须是常量表达式且必须唯一，不能有两个相同的常量。

语法如下：

```
1. switch（表达式）
2. {
3.     case 常量1 :
4.         执行语句;
5.         break;
6.     case 常量2 :
7.         执行语句;
8.         break;
9.
10.    // 可以有任意数量的 case 语句
11.
```

```
12.     default : //default 分支是可选的 ，用于上面所有 case 都不匹配时执行
13.         执行语句;
14.         break;
15. }
```

例如：

```
1. static void Main(string[] args)
2. {
3.     int n = System.Console.Readline();//读取用户输入的数字
4.     switch (n)
5.     {
6.         case 0:
7.             Console.WriteLine("星期日");
8.             break;
9.         case 1:
10.            Console.WriteLine("星期一");
11.            break;
12.        case 2:
13.            Console.WriteLine("星期二");
14.            break;
15.        case 3:
16.            Console.WriteLine("星期三");
17.            break;
18.        case 4:
19.            Console.WriteLine("星期四");
20.            break;
21.        case 5:
22.            Console.WriteLine("星期五");
23.            break;
24.        case 6:
25.            Console.WriteLine("星期六");
26.            break;
27.        default:
28.            Console.WriteLine("请输入 0~6 之间的数字。");
29.            break;
30.    }
31. }
```

3.4.2 循环语句/迭代语句

程序有时需要执行具有规律的重复性语句，这时我们就可以使用循环语句。循环语句主要包括两个部分：一个是被反复执行的循环体；另一个是决定循环何时结束的终止条件。

（1）for 语句

for 语句是循环语句中最常用的，它能够执行特定次数的循环。for 语句中括号内的操作都与循环控制变量相关，循环控制变量的赋值最先执行且只执行一次，得到其初始值。然后，判断终止条件。当条件为真时，执行循环体，反之则不执行循环体，直接结束循环进入 for 语句之后的下一条语句。在满足条件执行完循环体之后，会对循环控制变量进行增量或减量，然后开始下一轮的条件判断。如果为真，则执行循环体，这个过程会不断重复（执行循环主体，然后增加或减少步值，然后再判断循环条件），直到条件判断为假时，终止循环。需要注意的是，控制变量的作用域只在 for 语句内，for 语句结束后控制变量也消失，不能在 for 语句结束后继续使用控制变量。另外，不同的 for 语句可以使用相同的控制变量名，因为每个变量所在的作用域是不同的。

语法如下：

```
1. for(初始值;终止条件;增量/减量)
2. {
3.     //循环体
4. }
```

例如：

```
1. static void Main(string[] args)
2. {
3.     for (int i = 0; i < 10; i++)//i++即 i=i+1
4.     {
5.         Console.WriteLine(i);
6.      }
7.  }
8.  /* 产生的结果为:
9.  0
10. 1
11. 2
12. 3
13. 4
14. 5
15. 6
16. 7
17. 8
18. 9
19. */
```

（2）foreach 语句

foreach 语句用来遍历数组或集合内的对象，通过设置循环变量来逐个表示集合内的每一项。循环主体可以对每一项执行指定操作。foreach 语句的优点是集合内的每一项只会被遍历一次，不会超出集合边界。

foreach 语句的常规语法如下：

```
1. foreach(数据类型 循环变量名 in 集合名)
2. {
3.     //循环主体语句
4. }
```

数据类型是根据集合类型来确定的，是 int 类型的集合就写 int。也可以将类型设为 var，这样编译器会自动根据集合类型推断集合内数据项的类型。

下例中就是将集合 args 中的各项进行逐项输出：

```
1. static void Main(string[] args)
2. {
3.     foreach (string s in args)
4.     {
5.         Console.WriteLine(s);
6.     }
7.  }
```

（3）while 语句

while 语句中，只要满足条件，就会重复执行循环体。

```
1. while(条件)
2. {
3.     //循环主体语句
4. }
```

while 语句的条件必须为布尔表达式，结果为任意非零值时都为真，条件为真就执行循环主体语句。条件为假时，程序流会结束循环，直接执行 while 循环的下一条语句。

```
1. static void Main(string[] args)
2. {
3.     int i = 0;
4.     while (i < args.Length)//args.Length 表示这个数组的长度
5.     {
6.         Console.WriteLine(args[i]);//输出 args 数组中的第 i 个数据
7.         i++;//循环变量增加步长
8.      }
9.      //当 i 值等于 args 数组的长度时，循环终止
10. }
```

(4) do 语句

与其他循环语句不同的是，do 循环语句的条件判断在循环底部执行，程序会确保至少执行一次循环。

```
1. do
2. {
3.     循环主体;
4. }while(条件);
```

do 语句中的循环主体在条件判断之前，所以程序会先运行循环主体的语句，然后再判断条件是否为真。若为真，则程序流会再回到前面执行循环主体语句，整个过程不断重复，直到给定的条件判断为假为止。

```
1. static void Main()
2. {
3.     string s;
4.     do{
5.         s = Console.ReadLine();
6.         if (s != null)
7.          Console.WriteLine(s);//if 语句的循环体只包含一个语句时可以不使用花括号
8.       } while (s != null);
9.  }
10. //只要用户输入的值不为空时，程序会一直输出用户输入的内容
```

3.4.3 跳转语句

当控制流执行到跳转语句时，程序会无条件跳转到程序的另一部分。跳转语句包括：break 语句、continue 语句、return 语句、goto 语句以及 throw 语句。这里，介绍前两条语句：

(1) break 语句

break 语句用于终止循环语句或 switch 语句。

当 break 语句在循环语句内被执行时，循环会立即终止，程序流将执行紧接着循环语句下一条语句。

当 break 语句用于嵌套循环时（即一个循环内嵌套着另一个循环），break 语句将会停止执行最内层的循环，然后开始执行内层循环的下一条语句。

当 break 语句用于 switch 语句时，它会结束当前的这个 case。

```
1. static void Main()
2. {
3.     while (true)
4.     {
```

```
5.         string s = Console.ReadLine();//读取用户输入的值
6.         if (s == null)
7.             break;//若输入值为空，则结束循环
8.         Console.WriteLine(s);//输入值不为空时，进行输出
9.     }
10. }
```

（2）continue 语句

C# 中的 continue 语句有点像 break 语句，但它不是终止整个循环而是中断本次循环，continue 会跳过当前循环中的代码，强迫开始下一次循环。

对于 for 循环，continue 语句会导致执行条件测试和循环增量部分。对于 while 和 do…while 循环，continue 语句会导致程序控制回到条件测试上。

```
1. static void Main(string[] args)
2. {
3.     for (int i = 0; i < args.Length; i++)
4.     {
5.         if (args[i].StartsWith("/"))
6.             continue;
7.         Console.WriteLine(args[i]);
8.     }
9. }
```

3.5 方法

方法（method）是一种成员，用于实现可由对象或类执行的计算或操作。静态方法（staticmethod）通过类来访问。实例方法（instancemethod）通过类的实例来访问。

方法具有一个参数（parameter）列表（可以为空），表示传递给该方法的值或变量引用；方法还具有一个返回类型（returntype），指定该方法计算和返回的值的类型。如果方法不返回值，则其返回类型为 void。

与类型一样，方法也可以有一组类型参数，当调用方法时必须为类型参数指定类型实参。与类型不同的是，类型实参经常可以从方法调用的实参推断出，而无需显式指定。

方法的签名（signature）在声明该方法的类中必须唯一。方法的签名由方法的名称、类型参数的数目以及该方法的参数的数目、修饰符和类型组成。方法的签名不包含返回类型。

3.5.1 声明方法

当声明一个方法时，从根本上说是在声明其结构包含的元素。

在 C# 中，定义方法的语法如下：

```
1. <访问修饰符> <返回值类型> <方法名称>(参数列表)
2. {
3.     方法主体
4. }
```

其中各项元素为：

访问修饰符：这个决定了变量或方法对于另一个类的可见性。

返回类型：一个方法可以返回一个值。返回类型是方法返回的值的数据类型。如果方法不返回任何值，则返回类型为 void。

方法名称：是一个唯一的标识符，且是大小写敏感的。它不能与类中声明的其他标识符相同。

参数列表：使用圆括号括起来，该参数是用来传递和接收方法的数据。参数列表是指方法的参数类型、顺序和数量。参数是可选的。也就是说，一个方法可能不包含参数，也可能包含一个或多个参数。

方法主体：包含了完成任务所需的指令集。

例如：

```
1. class CalNumber
2. {
3.     //这个方法用于寻找两个数中的最大值
4.    public int FindMaxValue(int num1, int num2)
5.    {
6.        // 局部变量定义
7.       int result;
8.       if (num1 > num2)
9.          result = num1;
10.      else
11.         result = num2;
12.      return result;
13.   }
14.   /*其他语句*/
15. }
```

我们可以通过使用方法名来调用方法。例如：

```
1. using System;
2. namespace Application
3. {
4.     class CalNumber
5.     {
6.         public int FindMaxValue(int num1, int num2)
```

```
7.         {
8.          // 局部变量定义
9.           int result;
10.          if (num1 > num2)
11.             result = num1;
12.          else
13.             result = num2;
14.          return result;
15.        }
16.      static void Main(string[] args)
17.      {
18.          // 局部变量定义
19.          int a = 100;
20.          int b = 200;
21.          int max;
22.          CalNumber n = new CalNumber();
23.
24.          //调用 FindMaxValue 方法
25.          max = n.FindMaxValue(a, b);
26.          Console.WriteLine("最大值是： {0}", ret );
27.          Console.ReadLine();
28.      }
29.   }
30. }
31.
32. /*输出结果为：
33. 最大值是：200
34. */
```

3.5.2 参数

参数用于向方法传递值或变量引用。方法的参数从调用该方法时指定的实参（argument）获取它们的实际值。有四类参数：值参数、引用参数、输出参数和参数数组。

值参数（value parameter）用于传递输入参数。一个值参数相当于一个局部变量，只是它的初始值来自为该形参传递的实参。对值参数的修改不影响为该形参传递的实参。

值参数可以是可选的，通过指定默认值可以省略对应的实参。

引用参数（reference parameter）用于传递输入和输出参数。为引用参数传递的实参必须是变量，并且在方法执行期间，引用参数与实参变量表示同一存储位置。引用参数使用 ref 修饰符声明。下面的示例演示 ref 参数的用法。

```
1. using System;
2. class Test
3. {
4.     static void Swap(ref int x, ref int y)
5.     {
6.         int temp = x;
7.         x = y;
8.         y = temp;
9.     }
10.    static void Main()
11.    {
12.        int i = 1, j = 2;
13.        Swap(ref i, ref j);
14.        Console.WriteLine("{0} {1}", i, j);  // 输出 "2 1"
15.    }
16. }
```

输出参数（output parameter）用于传递输出参数。对于输出参数来说，调用方提供的实参的初始值并不重要。除此之外，输出参数与引用参数类似。输出参数是用 out 修饰符声明的。下面的示例演示 out 参数的用法。

```
1. using System;
2. class Test
3. {
4.     static void Divide(int x, int y, out int result, out int remainder)
5.     {
6.         result = x / y;
7.         remainder = x % y;
8.     }
9.     static void Main()
10.    {
11.        int res, rem;
12.        Divide(10, 3, out res, out rem);
13.        Console.WriteLine("{0} {1}", res, rem);  // 输出 "3 1"
14.        }
15. }
```

参数数组（parameter array）允许向方法传递可变数量的实参。参数数组使用 params 修饰符声明。只有方法的最后一个参数才可以是参数数组，并且参数数组的类型必须是一维数组类型。System.Console 类的 Write 和 WriteLine 方法就是参数数组用法的很好示例。它们的声明如下：

```
1. public class Console
2. {
3.     public static void Write(string fmt, params object[] args) {...}
4.     public static void WriteLine(string fmt, params object[] args) {...}
5.     ...
6. }
```

在使用参数数组的方法中，参数数组的行为完全就像常规的数组类型参数。但是，在具有参数数组的方法的调用中，既可以传递参数数组类型的单个实参，也可以传递参数数组的元素类型的任意数目的实参。在后一种情况下，将自动创建一个数组实例，并使用给定的实参对它进行初始化。示例：

```
1. Console.WriteLine("x={0} y={1} z={2}", x, y, z);
```

等价于以下语句：

```
1. string s = "x={0} y={1} z={2}";
2. object[] args = new object[3];
3. args[0] = x;
4. args[1] = y;
5. args[2] = z;
6. Console.WriteLine(s, args);
```

3.5.3 常用方法

1. 数组相关常用方法（图 3.5-1）

数组相关方法	语法	说明
数组元素数量	a.Length();	获取数组a中元素数量
获取数组中的最大/最小元素	int max = a.Max(); int min = a.Min();	获取数组a中数值最大的元素max; 获取数字a中数值最小的元素min
拼接两个数组	int array1 = new int[] { 1,2,3 }; int array2 = new int[] { 4,5,6 }; int zip = array1.Zip(array2, (a,b) => (a+b));	拼接数组array1和array2，所得的zip数组中的元素值为{ 1, 2, 3, 4, 5, 6 }
获取数组中指定序列号的元素	Array.IndexOf(a, 2);	获取数组a中索引号为2的元素值(数组从0开始计，2对应数组第3个元素)
清除	Array.Clear(a, 0, 3);	清除第0位开始的3个元素
复制	Array.Copy(a, b, 5);	将数组a中的前5个元素复制到数组b中
排序	Array.Sort(a);	将数组a中的所有元素进行排序
倒序	Array.Reverse(a);	逆转数组a中所有元素的顺序

图 3.5-1 数组常用方法

2. 列表相关常用方法（图 3.5-2）

列表相关方法	语法	说明
添加元素	list.Add(1);	在列表list末尾添加元素“1”
添加多个元素	list.AddRange(new List<int> {4,5,6});	在列表list末尾添加新的列表
移除	list.Remove(1);	删除列表list中匹配到的第一个数值为“1”的元素
移除列表中特定位置的元素	list.RemoveAt(0);	删除列表list中索引为0的元素
获取某元素在列表中的位置	int index = list.IndexOf(1);	获取数字“1”在列表list中第一次出现的索引位置，返回的是索引号
检测列表中是否包含某元素	bool flag = list.Contains(1);	判断列表list中是否包含“1”这个元素值；包含返回“true”，否则返回“false”
列表长度	int amount = list.Count;	获取列表list的元素数量

图 3.5-2　列表常用方法

3. 字符串处理相关常用方法（图 3.5-3）

字符串相关方法	语法	说明
格式转换	ToLower() / ToUpper()	将字符串转换为小写形式/大写形式
查找	IndexOf(‘a’) LastIndexOf(“Hello”)	查找字符“a”第一次出现所在的位置（索引） 查找字符串中“Hello”最后一次出现所在的位置（索引）
截取	Substring(startIndex) Substring(startIndex, length)	获取从索引startIndex到最后的全部字符串 获取从索引startIndex开始截取lenth个长度的字符串
替换	Replace(‘a’ , ‘!’) Replace(“Point3d”, “Point3f ”)	用符号 ‘!’ 来替换字符串中的字母 ‘a’ 用“Point3f ”来替换字符串中的“Point3d”
分割	str.Split(‘ ’)	将原字符串在空格处断开，分割得到子字符串组成的数组
连接	Concat(str1, str2) Concat(str1, str2, str3) Join(‘,’ , str[ ])	将两个字符串连接为一个整体 将三个字符串连接为一个整体 以 ‘,’ 为分隔符，将字符串数组中的多个字符串连接起来
插入	Insert (startIndex, str)	在指定索引startIndex处插入字符串“str”
复制	Copy (str)	创建一个与字符串“str”相同的新字符串
删除剪切	Insert (startIndex, str) Trim(‘a’)	在指定索引startIndex处插入字符串“str” 去掉字符串内的字母 ‘a’ ；若括号内缺省，则默认去掉字符串首尾位置的空格
判断是否为空	String.IsNullOrEmpty(str) String.IsNullOrWhiteSpace(str)	判断字符串“str”是否为 null 或者为空 判断字符串“str”是否为 null 或者包含任意数量的空格，是返回“true”,否返回“false”

类型转换	int i= 1234;
	string s = i.ToString();
	int i = int.Parse(s);
	int j = Convert.ToInt32(s);
		将int类型转换为字符串类型
		
		将数字内容的字符串类型转换为int类型
		将字符串类型转换为int类型

图 3.5-3　字符串常见操作

4. 文件相关常用方法

C#语言中File类和FileInfo类都是用来操作文件的，并且作用相似，它们都能完成对文件的创建、更改文件的名称、删除文件、移动文件等操作（图3.5-4、图3.5-5）。

文件相关方法	语法	说明
1. 静态方法		
创建	File.Create(@"D:\Folder1\test.txt");	新建一个空白文本文件
复制	File.Copy(@"D:\Folder1\test.txt", @"D:\Folder2\test.txt", true);	将第一个路径中的test文件复制到第二个地址中
删除	File.Delete(@"D:\Folder1\test.txt");	删除文件
定义路径	var path = @"D:\Folder1\test.txt";	定义路径，方便引用
判断文件是否存在	File.Exists(path)	判断文件是否存在，是返回true，否返回false
2. 非静态方法（需实例化）		
创建	var fileInfo= new FileInfo(path);	创建FileInfo实例对象，对某一个文件进行操作
定义路径并复制	var newpath = @"D:\Folder2\test.txt"; fileInfo.CopyTo(newpath);	定义新的文件路径，将现有文件复制到新文件
删除	fileInfo.Delete();	删除文件
判断文件是否存在	if (fileInfo.Exists)	判断指定的文件是否存在，是返回true，否返回false

图3.5-4　文件相关方法

文件夹相关方法	语法	说明
1. 静态方法		
创建	Directory.CreateDirectory(@"C:\Folder1\test.txt");	新建一个空白文本文件
复制	var files = Directory.GetFiles(@"C:\Folder1", "*.txt", SearchOption.AllDirectories);	将第一个路径中的test文件复制到第二个地址中
删除		删除文件
定义路径	var directories = Directory.GetDirectories(@"C:\Folder1", "*.*", SearchOption.AllDirectories);	定义路径，方便引用
判断文件是否存在	Directory.Exists("...");	判断文件是否存在，是返回true，否返回false
2. 非静态方法（需实例化）		
创建	var directoryInfo = new DirectoryInfo("...");	创建FileInfo实例对象，对某一个文件进行操作
定义路径并复制	directoryInfo.GetFiles(); directoryInfo.GetDirectories();	定义新的文件路径，将现有文件复制到新文件
删除		删除文件
判断文件是否存在		判断指定的文件是否存在，是返回true，否返回false

图3.5-5　文件夹相关方法

File类是静态类，其成员也是静态的，通过类名即可访问类的成员；FileInfo类不是静态成员，其类的成员需要类的实例来访问。

使用文件和文件夹相关方法来创建和移动文件，例如：

```
1. class Program
2. {
3.     static void Main(string[] args)
4.     {
5.         //在 D 盘下创建 folder1 文件夹
6.         Directory.CreateDirectory("D:\folder1");
7.         FileInfo fileInfo = new FileInfo("D:\folder1\test1.txt");
8.         if (!fileInfo.Exists)
9.         {
10.            //创建文件
11.            fileInfo.Create().Close();
12.        }
13.        fileInfo.Attributes = FileAttributes.Normal;//设置文件属性
14.        Console.WriteLine("文件路径："+ fileInfo.Directory);
15.        Console.WriteLine("文件名称："+ fileInfo.Name);
16.        Console.WriteLine("文件是否只读："+ fileInfo.IsReadOnly);
17.        Console.WriteLine("文件大小：" +fileInfo.Length);
18.        //先创建 folder2 文件夹
19.        //将文件移动到 folder2 文件夹下
20.        Directory.CreateDirectory("D:\folder2");
21.        //判断目标文件夹中是否含有文件 test1.txt
22.        FileInfo newFileInfo = new FileInfo("D:\folder1\test1.txt");
23.        if (!newFileInfo.Exists)
24.        {
25.            //移动文件到指定路径
26.            fileInfo.MoveTo("D:\folder1\test1.txt");
27.        }
28.    }
29. }
```

4 二次开发入门

4.1 安装要求
4.2 Hello Grasshopper——第一个插件
4.3 从0开始构建 Grasshopper 插件
4.4. 应用案例

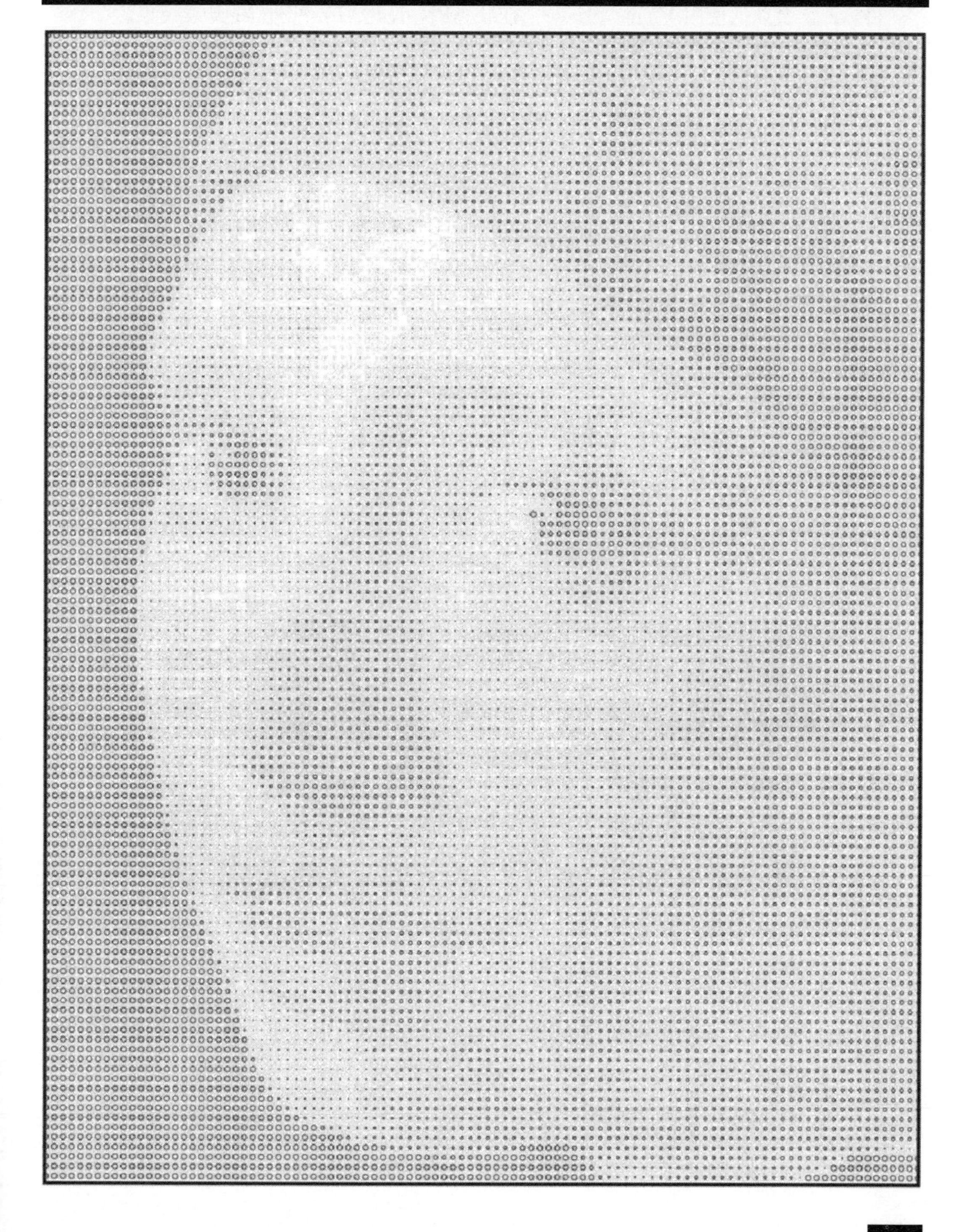

4.1 安装要求

这篇文章将从 0 教你搭建适合于 Rhino、Grasshopper 的开发环境。包含了下载软件、安装步骤与注意事项。

目标：学会如何使用 Visual Studio，挂载 API，使用 Grasshopper 开发模板。

4.1.1 配置要求

（1）Windows 7 或更新。

（2）Rhino6。

4.1.2 安装 Visual Studio

以下教程基于 Visual Studio Community Edition。

安装步骤：

（1）Visual Studio 2019 Community Edition 是免费软件。搜索 Visual Studio，选择［Visual Studio 官方网站］（https：//visualstudio. microsoft. com/zh-hans/）后，点击免费 Visual Studio，选择 Visual Studio Community 来下载［最新的 Visual Studio］（这里以 Visual Studio 2019 为例）网址［Visual Studio 下载］（https：//visualstudio. microsoft. com/zh-hans/free-developer-offers/）。

图 4.1-1 下载软件

（2）运行安装包。

（3）推荐以**典型**方式安装。取决于网络连接，安装持续几分钟不等。安装完成后，点击运行。

4.1.3 Grasshopper 组件模板

在 VisualStudio Marketplace 可以下载到由 McNeel 官方提供的 Grasshopper template［下载地

址］（https：//marketplace.visualstudio.com/items? itemName=McNeel.GrasshopperAssemblyforv6）（或在 Marketplace 搜索 Grasshopper）。这个模板可以让用户快速创建 Grasshopper 插件（如图 4.1-2 所示）。

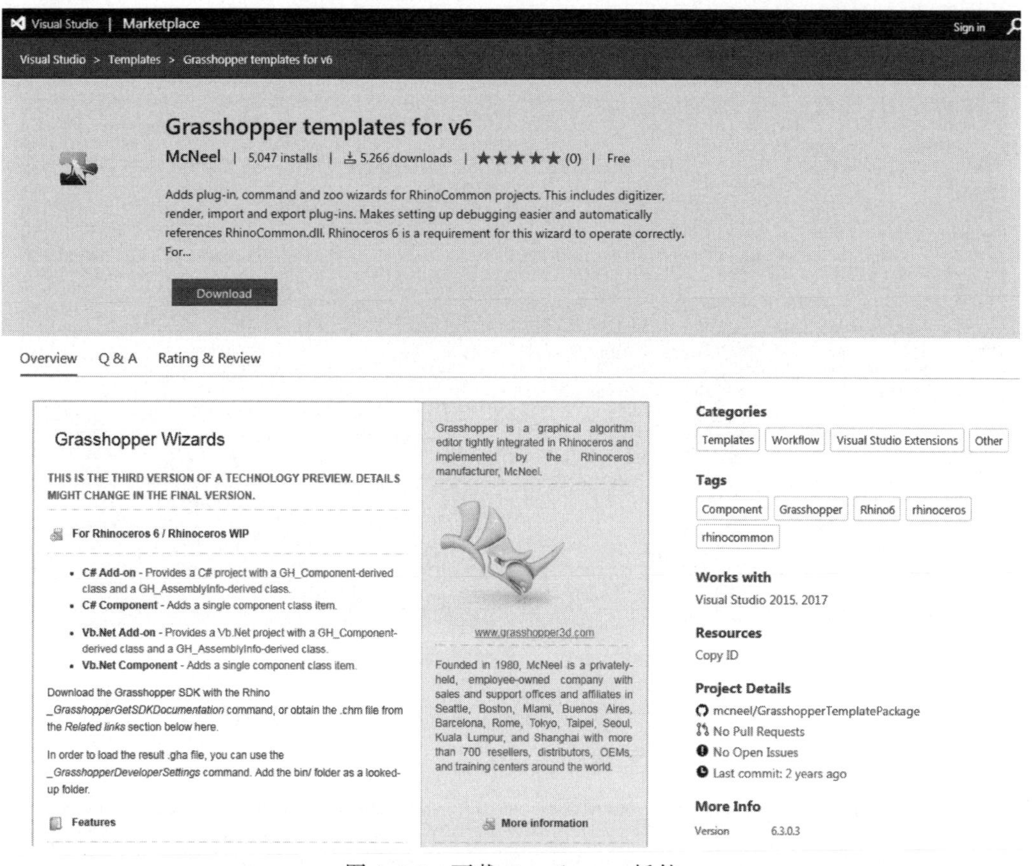

图 4.1-2 下载 Grasshopper 插件

安装：

（1）双击下载好的 vsix 文件，将会自动安装 Grasshopper Assembly 在 VS 上。*（注意：在安装Grasshopper Assembly Templete 之前，需要安装好Rhinoceros v6）*

（2）或者从 Visual Studio 内安装：

1）打开 Visual Studio；

2）在顶部导航栏定位到：工具——扩展与更新；

3）在左边导航栏选择在线，选择其下的 Visual Studio Marketplace，搜索 Grasshopper assembly for v6；

4）下载；

5）如果下载成功，该插件会出现在你的已安装扩展里。

4.2 Hello Grasshopper——第一个插件

我们将使用 Visual Studio 来创建我们的第一个 Grasshopper 插件。

4.2.1 新建项目 New Project

（1）每次打开 VisualStudio 时，会出现一个起始页。在这里我们可以选择从网络复制代码到本地、打开项目、打开文件夹以及创建一个新项目。如图 4.2-1 所示，这次我们先选择创建一个新项目。

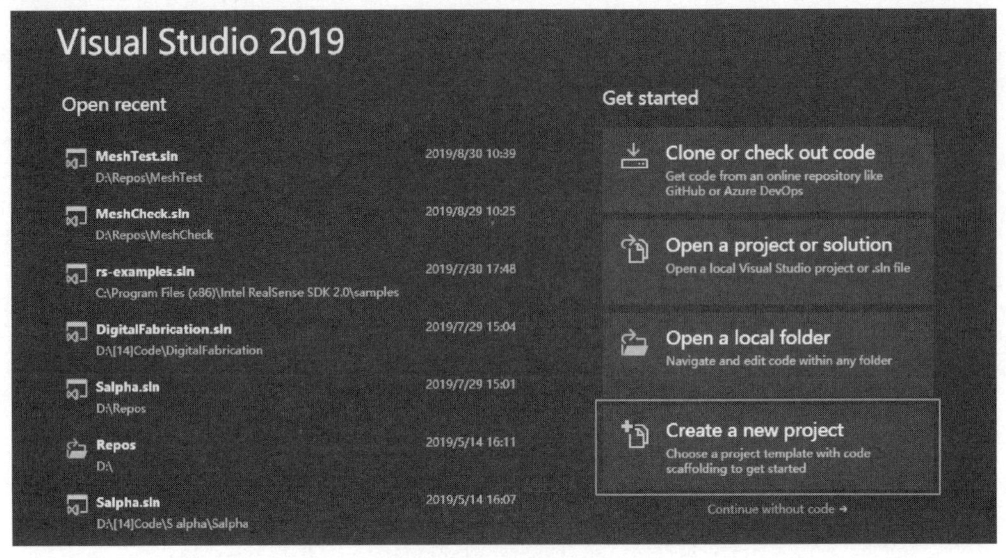

图 4.2-1 创建新项目

（2）在 Class Library（.NET Framework）中选择已安装的模板——Grasshopper Add-On for v6（C#）（图 4.2-2）。

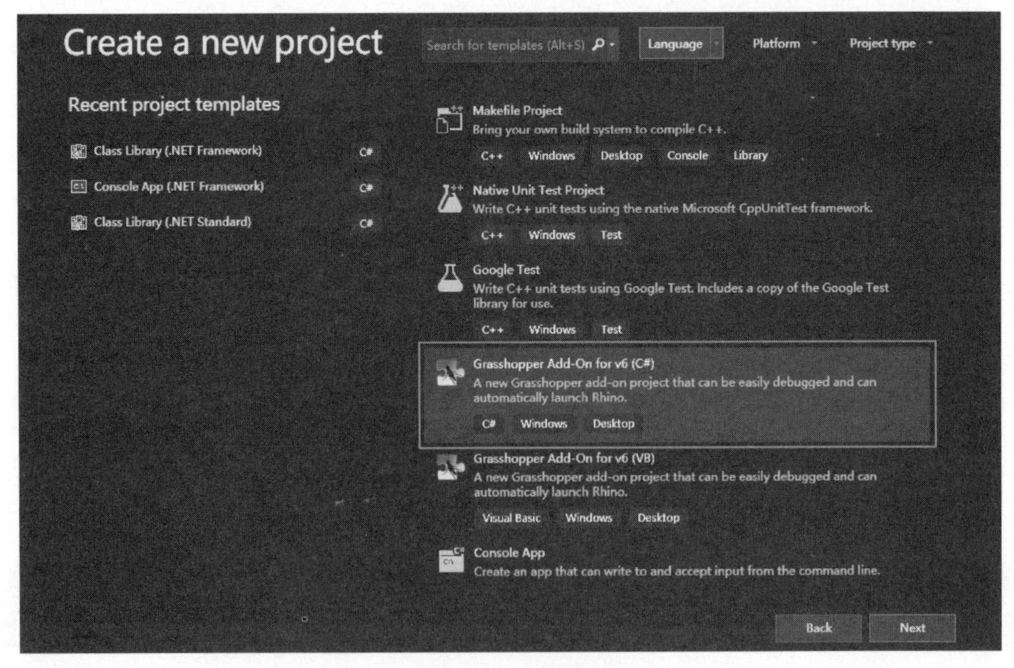

图 4.2-2 选择模板

（3）点击 Next 会弹出一个新的对话框，这是关于这个项目基础的文件信息，包括以下条目（图 4.2-3）：

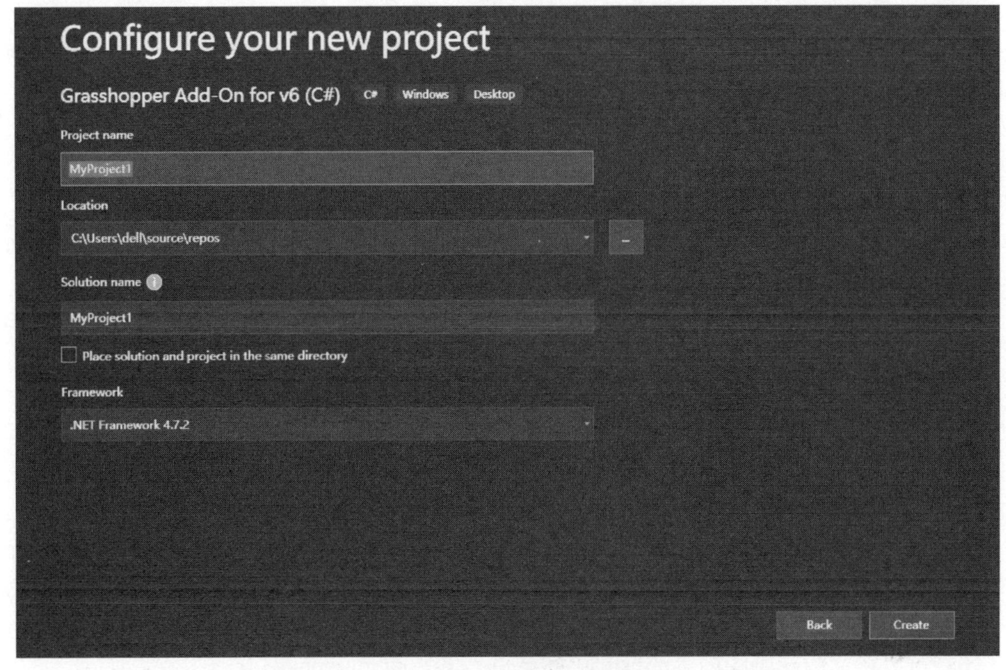

图 4.2-3 设置项目信息

1）Project name：项目名称；

2）Location：文件存储路径；

3）Solution name：解决方案名称（每个 Visual Studio 项目会新建一个 Solution 作为整个项目的容器，包含了一些基础的打包设置等）；

4）Framework：选择 .NET Framework 的版本，默认选择不做更改。

（4）点击 Create 后，会弹出一个新的名为 New Grasshopper Assembly 的对话框，这是 Grasshopper 插件模板内置的让用户设置该插件基础信息、Rhino/Grasshopper 依赖库的起始设置（如图 4.2-4 所示），每一项的内容如下：

1）Add-on display name：组件显示名称；

2）Component class：组件类；

3）Name：在 Grasshopper 中显示的组件名称；

4）Nickname：在 Grasshopper 中的组件昵称，可通过昵称快捷搜索到组件；

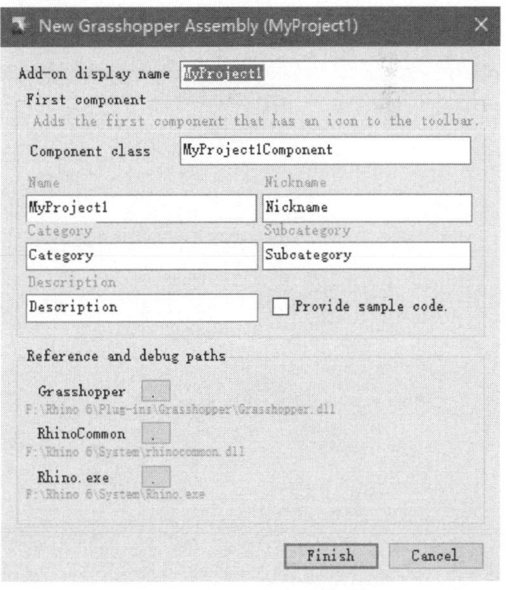

图 4.2-4 自定义插件信息

5）Category：在 Grasshopper 中显示的组件分类；
6）Subcategory：在 Grasshopper 中显示的组件次分类；
7）Description：在 Grasshopper 中显示的组件描述。
（5）这些条目在 Grasshopper 程序中对应以下内容（图 4.2-5）：

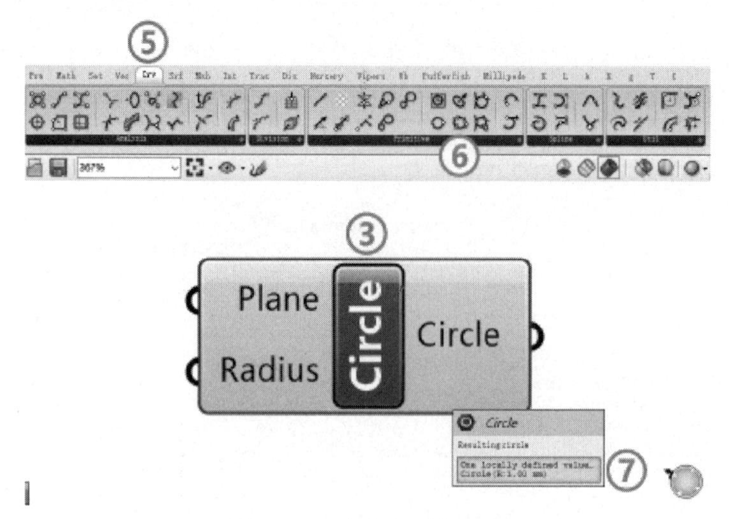

图 4.2-5　自定义项的显示

（6）可以将上边几条的内容改成自己想要的内容，点击 Finish，如图 4.2-6 所示。

图 4.2-6　完成设置

这样，我们就对编写的第一个插件做好了基础的设置。

4.2.2　插件的组成

完成上一步后，我们的工程文件便打开了，观察 Visual Studio 右侧的 Solution Explorer 窗口，可以看到整个工程文件的结构，如图 4.2-7 所示，最简单的一个编写插件的工程文件主要由以下几个部分构成：

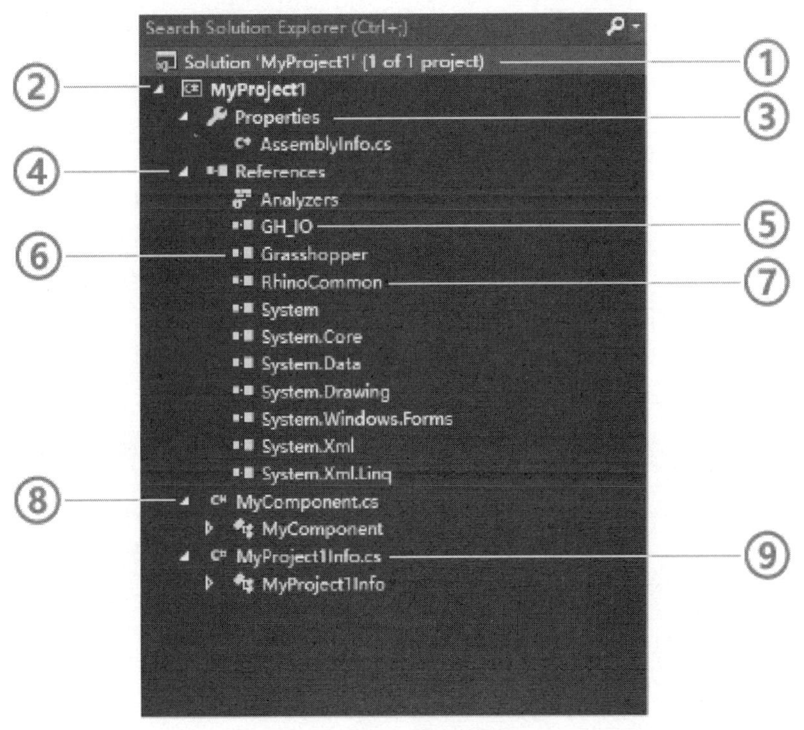

图 4.2-7　工程文件结构

Visual Studio 会为每个工程新建一个 Solution：

（1）Solution：可以看作是整个工程的“容器”，包含了所有的文件、依赖项、项目、设置等。

（2）Project：这是我们通过 Grasshopper Assembly 模板创建的项目文件。

（3）Properties：这个文件包含了项目文件的一些设置、信息等。

（4）References：所有的代码工程文件都会参照一些依赖库，这些库提供给程序员一些现成的方法、类等，随时方便调用。在本项目文件中，Reference 除了包含常见的 System 库，还包括了以下对于创建 Grasshopper 插件必需的依赖文件：

1）GH _ IO：是 Grasshopper 输入/输出端的库文件，用来读取和写入 Grasshopper 文件。

2）Grasshopper：是 Grasshopper 基础的名称空间，包含了所有 Grasshopper 的功能。

3）Rhino Common：是 Rhinoceros 的基础库文件，即 Rhinoceros .NET SDK，包含了所有 Rhinoceros 的功能与物件。

（5）MyComponent. cs：主要的代码文件，也是对插件编写进行自定义功能的地方。

（6）MyProject1Info. cs：包含了插件的基础信息，包括名称、图标等。

4.2.3 程序编译 Build

Build 是整个编写插件过程的最后一步，即把我们的代码通过 VisualStudio 用我们指定的设置打包为 Grasshopper 可识别的插件格式 . gha 文件。上一步我们已经完成了一个组件所需要的最基础内容，我们的插件其实已经可以打包成一个 . gha 文件加载到 Grasshopper 中使用了。在 Build 之前，还有几个重要的步骤需要我们设置，以加快日后的开发流程。

（1）在 SolutionExplorer 中双击 Properties 来进行设置。

（2）在左部边栏定位到 Build Events，可以看到第二行 Post-build event command line 已经被修改为我的 Grasshopper Library 的路径，将这个路径复制到"\ $ （ProjectName） . gha 之前，替换掉原来的 $ （TargetPath），最后第一行的命令应该是：

Copy" $ （TargetPath） " " Grasshopper Direction \ $ （ProjectName） . gha"

最后，按 Ctrl+S 保存。这样，每次我们 Build 完成，新生成的 . gha 文件便会自动在 Grasshopper Library 路径下替换掉老的 . gha 文件，进而加载入 Grasshopper 供我们进一步使用，如图 4. 2-8 所示。

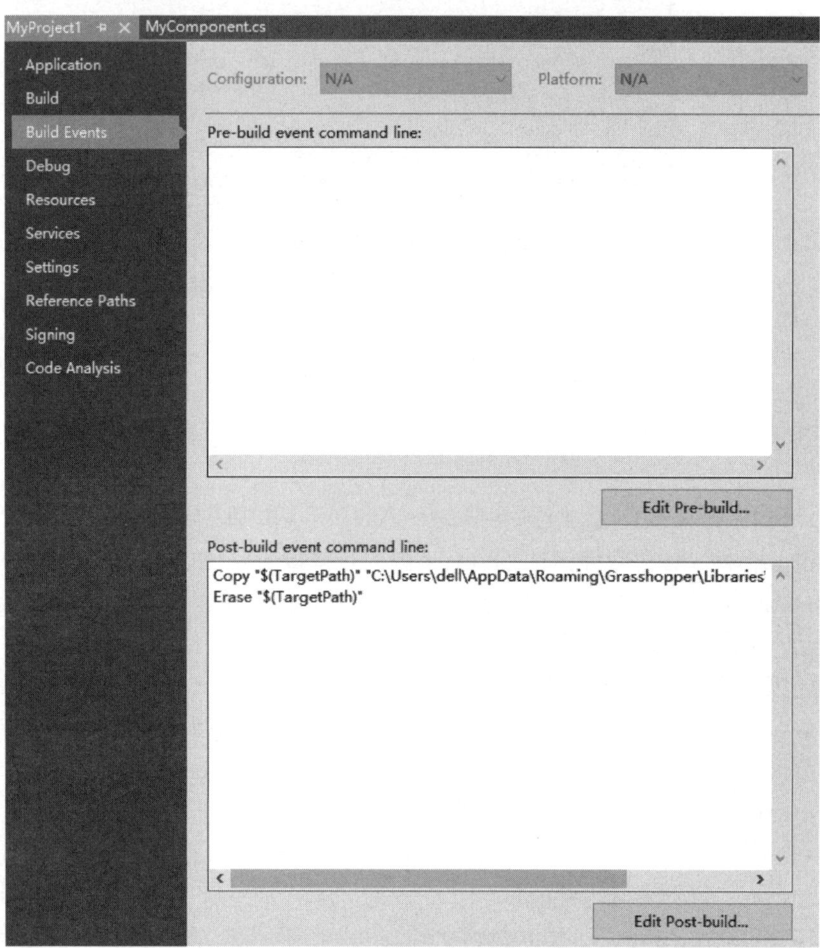

图 4. 2-8 GHA 文件生成自动替换

（3）在 Rhinoceros 中运行命令 **Grasshopper Developer Settings**，勾选 Memory-load- *.GHA assemblies using COFF byte arrays 选项（如图 4.2-9 所示）。

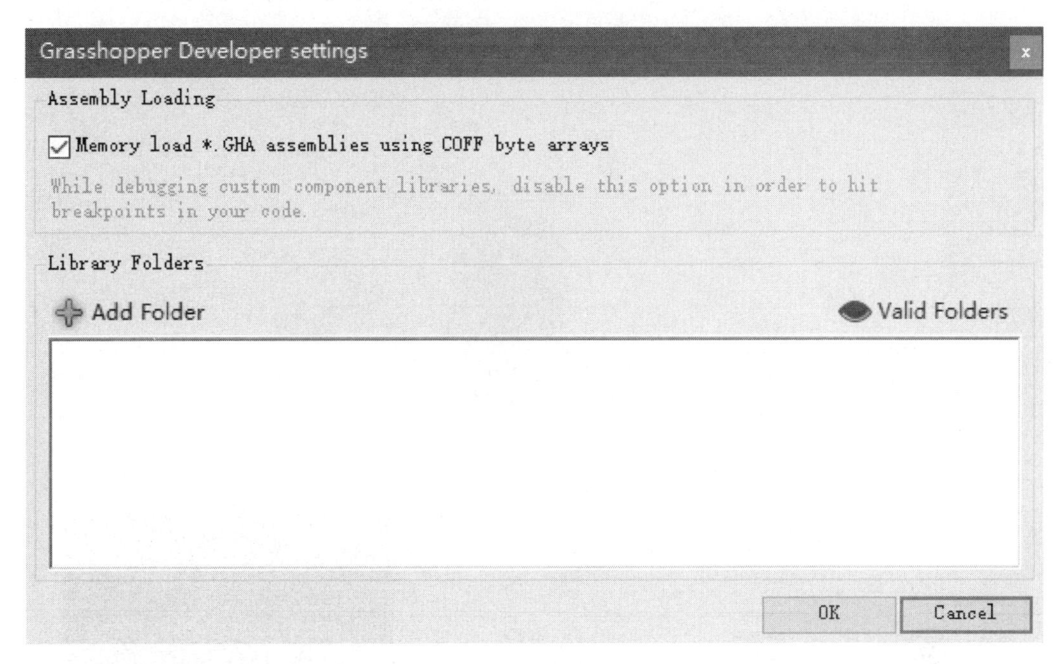

图 4.2-9 勾选选项

（4）在 VisualStudio 顶部的指令栏单击 Start，或使用键盘快捷键 F5 即开始 Build 流程，如图 4.2-10 所示。

图 4.2-10 顶栏 START 按钮

（5）在下部的 Output 对话框，我们可以看到 Build 信息（如图 4.2-11 所示）。

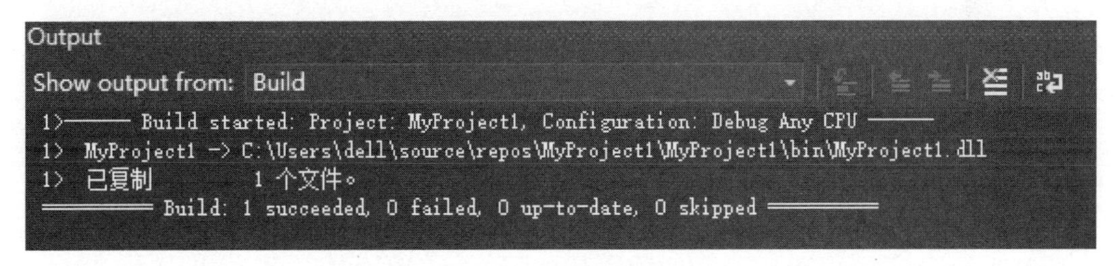

图 4.2-11 底部信息框

（6）在 Rhino 中打开 Grasshopper。

（7）定位到分类，可以看到新插件，如图 4.2-12、图 4.2-13 所示。

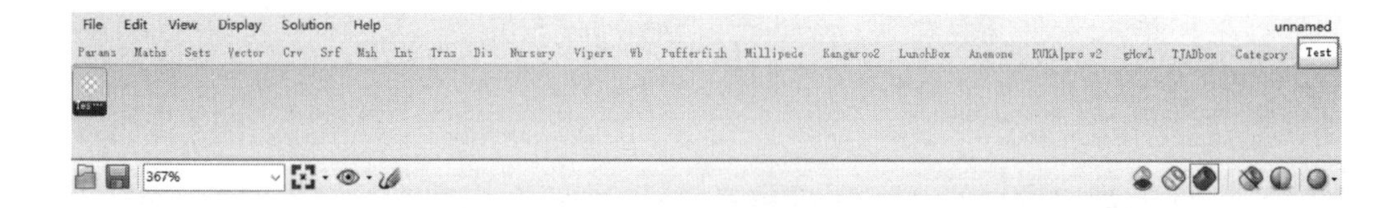

图 4.2-12 制作的新插件

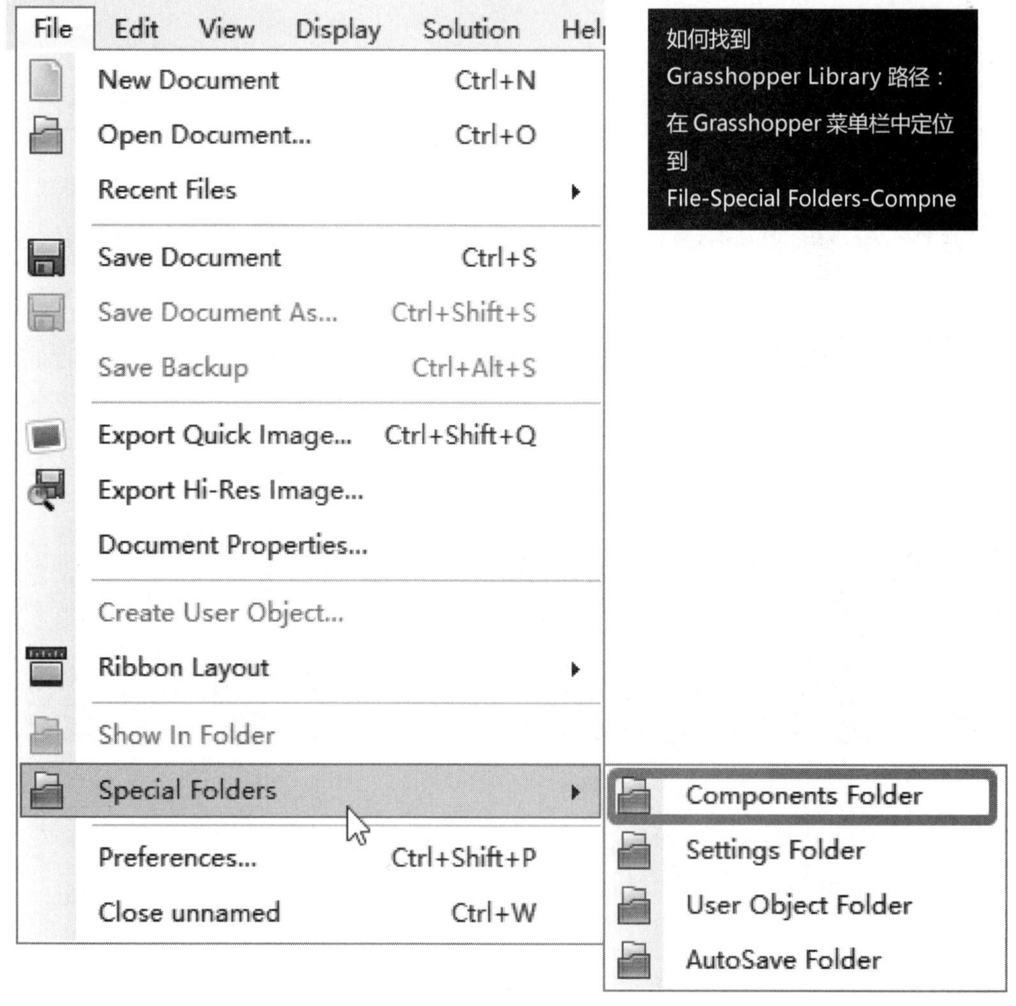

图 4.2-13 插件所在位置

4.2.4 脚本的结构

我们把注意力重新转移到我们编写的插件文件 MyComponent.cs 上来，可以看到，删除所有注释后，整个文件由以下几个部分构成（如图 4.2-14 所示）。

```
namespace MyProject1
{
    1 reference
①  public class MyComponent : GH_Component
    {
        0 references
②      public MyComponent()[...]

        0 references
        protected override void RegisterInputParams(GH_Component.GH_InputParamManager pManager)[...]
③
        0 references
        protected override void RegisterOutputParams(GH_Component.GH_OutputParamManager pManager)[...]

        0 references
④      protected override void SolveInstance(IGH_DataAccess DA)[...]

        0 references
⑤      protected override System.Drawing.Bitmap Icon[...]

        0 references
⑥      public override Guid ComponentGuid[...]
    }
}
```

图 4.2-14 程序结构

在 Myproject1 这个名称空间里：

（1）首先，可以看到 Component 继承于 GH_Component 这个类，来源于 Grasshopper.Kernel.GH_Component，包含了所有 GH_Component 的成员与功能。

```
public class Component : GH_Component
```

（2）其中，开头便是关于我们插件基础信息的构造器，每次一个新的实例被创建便会激活一次，包含了所有关于我们组件的必要信息。

```
public MyComponent():base()
```

（3）重载了两个定义输入端、输出端的方法，定义的内容包括名称、数量、数据类型、数据存储的方式。

```
1.  protected override void RegisterInputParams(GH_Component.GH_InputParamManage
    r pManager)
2.  ...
3.  protected override void RegisterOutputParams(GH_Component.GH_InputParamManag
    er pManager)
4.  ...
```

（4）真正实现插件功能的是以下这部分代码，一个运行脚本。

```
protected override void SolveInstance(IGH_DataAccess DA)
```

（5）组件图标设置：

```
protected override System.Drawing.Bitmap Icon
```

（6）独一无二的标识符 GUID，全程 Globally Unique Identifier（全局唯一标识符），这种标识符重复的可能性非常小，常用来注册表、类和接口标识、数据库等。这里，我们可以用［GUID 生成网站］（https：//www. guidgenerator. com/）生成一个，要注意的是每个插件必须要用一个新的标识符。

```
public override Guid ComponnetGuid
```

4.2.5　进一步修改插件

我们将依次对上面几项进行进一步修改来实现我们想要的功能，这次我们以一个简单的文字处理组件作为我们开发的目标。功能是在输入的所有文字前都加上“hi”，作为一个字符前缀再进行输出。

（1）在构造器中，包含了插件的名称、说明等能在 Grasshopper 中显示的信息，这里在初始设置时系统已经按我们的要求进行了设定，当然也可以在这里重新进行编辑。当光标移动到 base 字段上，可以看到圆括号内每个 string 代表的信息，来进行修改（如图 4. 2-15 所示）。

图 4. 2-15　插件信息编辑

（2）在 RegisterInputParams 方法中来指定输入端，在这个插件中我们只需要一个输入端，即输入的字符。在这里，所有的数据类型都是由 **pManager** 这个参数来管理的，所以我们访问的是 pManager. AddTextParameter（）来定义一个数据类型为 Text 的输入端。

在输入方法的圆括号（）后，即可以看到方法所需要的参数列表；同样，当光标移动到 AddTextParameter 上时，也可以看到所需要的参数，按照顺序和正确的数据类型输入即可，由于输入的字符可能是单个也可能是多个，所以我们在最后 **GH_ParamAccess. list** 将数据存储方式定为 List。

```
1. protected override void RegisterInputParams(GH_Compnent.GH_InputParamManager
    pManager)
2. {
3. pManager.AddTextParameter("InputStr", "iSt", "Input String", GH_ParamAccess.
   list);
4. }
```

（3）在 RegisterOutputParams 方法中定义输出端。同样，这个插件只需要一个输出端，即处理后的文字，数据存储方式依然为 List。

```
1. protected override void RegisterOutputParams(GH_Component.GH_OutputParamMana
   ger pManager)
2. {
3.   pManager.AddTextParameter("OutputStr", "oSt", "Output String", GH_ParamAcc
   ess.list);
4. }
```

（4）在 SolveInstance 进行功能实现。这里我们将一些必要步骤分步来讲解。

1）首先，需要定义我们所需要的变量。这次我们实现的功能很简单，所以只需要定义输入与输出的字符 List 就可以了。我们在第 2、3 步定义的输入输出端只是 Grasshopper 的数据接口，在程序内部我们仍需要重新定义所需的变量。

```
1. List<string> iStrs = new List<string>();
2. List<string> oStrs = new List<string>();
```

2）接下来，我们需要将 Grasshopper 输入端输入的数据赋给定义的输入变量，同时加入一个条件判定。如果没有输入正确的数据或没有输入数据，程序不运行。输入端的方法 DA. GetDataList（）（如果是单个数据则使用 DA. GetData）有两个重载。第一个重载需要两个参数，第一个整数为输入端的顺序，以 0 开头，第二个为赋值的变量。第二个重载略有不同，第一个参数为字符串，是输入端的名称，第二个仍然是赋值的变量。这里我们使用第一个重载。

```
if(!DA.GetDataList(0,iStrs)) return;
```

Grasshopper 中所有的数据读取都是由 **DA** 这个接口所负责的。

3）编写我们所需要的逻辑，在输入的字符 List 中，每一项都加入“hi”这个前缀，所以我们需要用到枚举 **foreach**。对于每个处理后的字符，我们需要声明一个新变量来作为容器，最后输入到 oStrs 这个 List 中。

```
1. foreach (string item in iStrs)
2. {
3. string prefix;
4. prefix ="hi" + item;
5. oStrs.Add(prefix);
6. }
```

4）最后，用 DA. SetDataList（）来将处理后的字符 oStrs 赋值给 Grasshopper 的输出端，和 DA. GetData（）的使用方法相同。

```
DA.SetDataList(0, oStrs);
```

（5）本次我们暂时跳过插件图标的设置，最后的 GUID 也已经由系统为我们生成好了。所以，这就完成了整个插件的编写。最后，完整的代码应该是这样：

```
1. using System;
```

```
2. using System.Collections.Generic;
3. using Grasshopper.Kernel;
4. using Rhino.Geometry;
5. namespace MyProject1
6. {
7.     public class MyComponent : GH_Component
8.     {
9.         public MyComponent()
10.        : base("HelloGh", "HiGh",
11.            "This is my first Component",
12.          "Test", "TestSub") {}
13.        protected override void RegisterInputParams(GH_Component.GH_InputPar
   amManager pManager)
14.        {
15.            pManager.AddTextParameter("InputStr", "iSt", "Input String", GH_
   ParamAccess.list);
16.        }
17.        protected override void RegisterOutputParams(GH_Component.GH_OutputP
   aramManager pManager)
18.        {
19.            pManager.AddTextParameter("OutputStr", "oSt", "Output String", G
   H_ParamAccess.list);
20.        }
21.        protected override void SolveInstance(IGH_DataAccess DA)
22.        {
23.            List<string> iStrs = new List<string>();
24.            List<string> oStrs = new List<string>();
25.            if (!DA.GetDataList(0, iStrs)) return;
26.            foreach (string item in iStrs)
27.            {
28.                string prefix;
29.                prefix ="hi" + item;
30.                oStrs.Add(prefix);
31.            }
32.            DA.SetDataList(0, oStrs);
33.        }
34.        protected override System.Drawing.Bitmap Icon
35.        {
36.            get
37.            {
38.                return null;
39.            }
40.        }
41.        public override Guid ComponentGuid
42.        {
43.            get { return new Guid("9a6f2b80-bb9d-4396-a38e-3fa64692f5d0"); }

44.        }
45.    }
46. }
```

4.2.6 编译并执行 Build And Run

插件编写完成，我们可以点击 Build 或者 F5 键，完成对插件的打包，在 Output 端看到成功信息后，打开 Rhinoceros 和 Grasshopper，就可以在 Test 分类中看到编写的插件了。用 Panel 输入一些字符来观察运算结果，可以看到插件正常运行（如图 4.2-16 所示）。

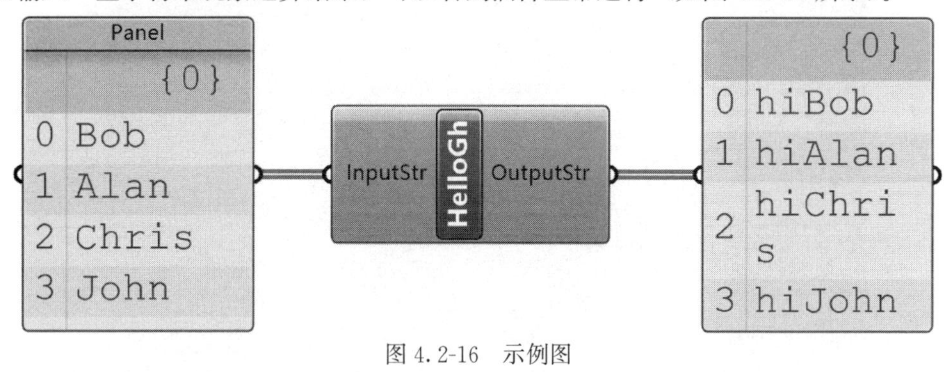

图 4.2-16 示例图

4.2.7 程序调试 Debug

Debug 是一个程序员必须且最重要的能力，可以有针对性地、快速地定位到程序出现错误的位置进行纠正。这次，我们在编写的插件中进行 Debug，来观察程序运行的过程。

（1）之前，我们点击 Start 或者键盘输入 F5 其实就是 Debug，只不过当时并没有设置 Debug 执行的程序，所以 VisualStudio 只是执行了 Build 流程，将程序打包了出来。这次，我们设置 Debug 的动作后，每次 Debug 就会自动打开 Rhino 了。

（2）在 SolveInstance 方法的 foreach 语句行设定一个 breakPoint，左键点击代码输入框左部的窄栏对应的位置，创建一个断点，如图 4.2-17 所示。

```
35      foreach (string item in iStrs)
```

图 4.2-17 创建断点

（3）双击 Properties，定位到 Debug 一项，在 Start action 一栏内设置为 Start external program，并浏览定位到 Rhinoceros 的可执行文件。这样一来，我们开始 Debug 后，Visual Studio 就会自动为我们打开 Rhinoceros。如图 4.2-18 所示。

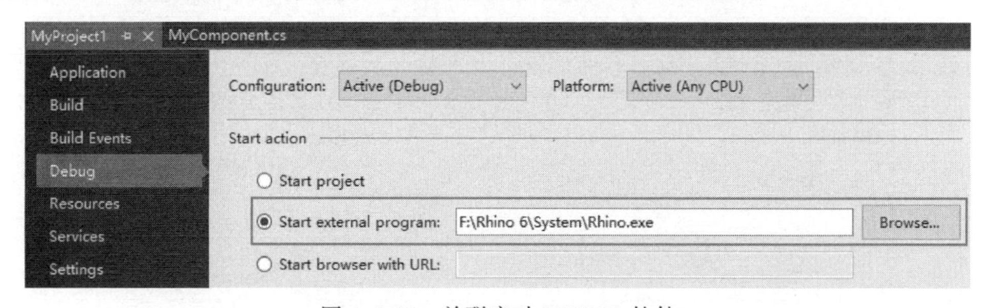

图 4.2-18 关联启动 RHINO 软件

（4）单击 Start 或键盘 F5 开始 Debug。这时，Visual Studio 会变为以下窗口，展示程序的运行状态（如图 4.2-19 所示）。

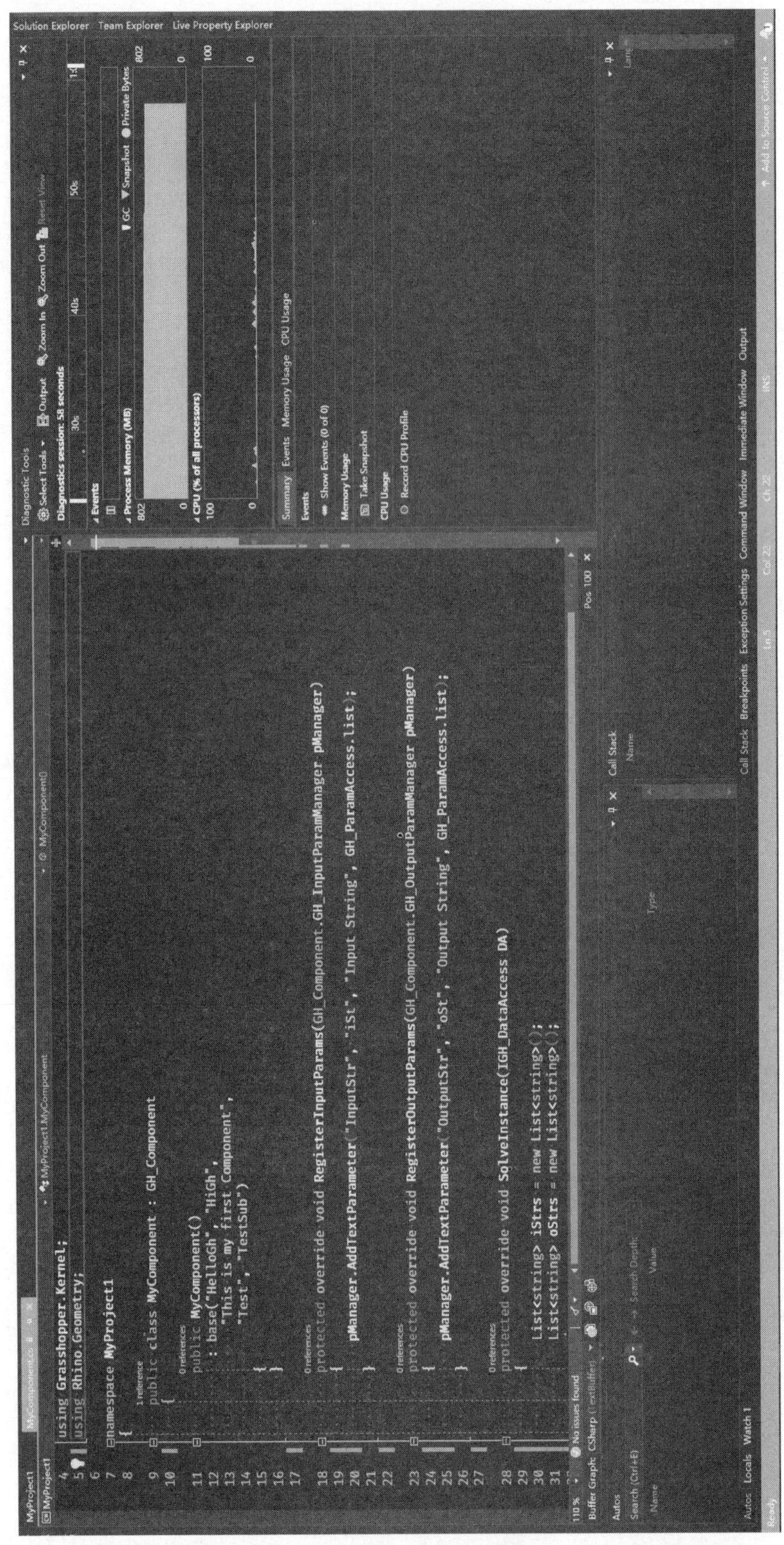

图 4.2-19　程序运行示例

（5）打开 Grasshopper，将对应运算器拖到画布上，可以看到程序在断点处停住，左下角窗口可以看到变量的值和运算结果。光标点击 iStrs 左边的三角展开，可以看到 iStrs 这个 List 已经输入了我们在 Grasshopper 中输入的四个人名（如图 4.2-20 所示）。

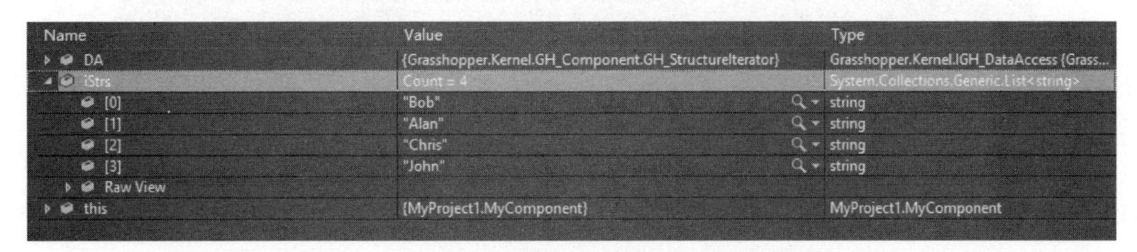

图 4.2-20　断点后当前运行的语句

（6）在 Visual Studio 菜单栏下部，有关于 Debug 的控制按钮。在 Debug 运行过程中，我们主要使用以下几个按钮（图 4.2-21）：

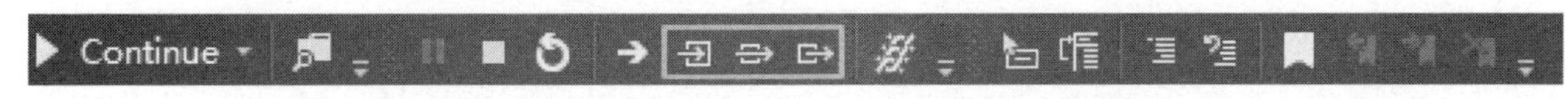

图 4.2-21　Debug 流程控制

从左起分别为 Step into（F11）、Step over（F10）、Step Out（Shift+F11），我们先点击 Step into，可以看到每点击一次 Step into，程序就进入 foreach 语句中的下一层，左下观察窗显示的内容也会不断变化。连续单击 Step into，直到光标停在 oStrs.Add（prefix）这一行（如图 4.2-22 所示）。

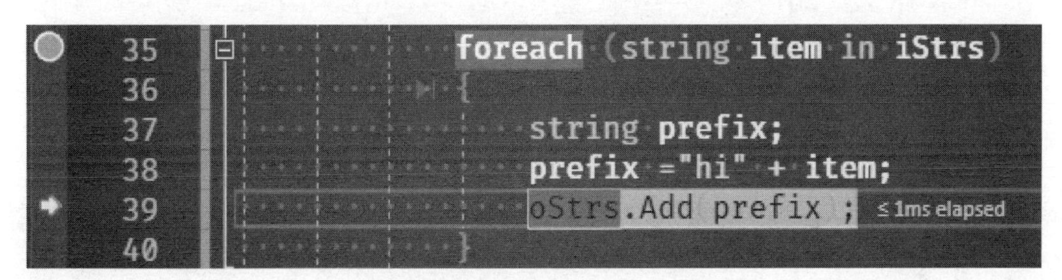

图 4.2-22　运行语句

可以看到在这里我们用 foreach 语句读取到了 iStrs 的第一项 Bob，并赋值给了 item，经过 prefix = " hi" +item 语句后，prefix 的值变成了 hiBob。

（7）继续点击 Step into，程序会跳转回 foreach 语句这一行，因为 foreach 是循环遍历语句，所以在 iStrs 中所有项都会经过 foreach 语句，也就是要循环四次。由于这里我们已经知道了程序运行的逻辑，所以直接点击 Step over，可以跳过当前循环语句。

（8）看到运行结果后，点击 Stop 按钮或者直接关闭 Rhino 来终止 Debug 过程。

4.2.8　进一步修改和 Rhinoceros 即时重载

如果我们此时对插件的功能要求发生了变化，工作流程该是怎样的？

假如我们需要这个小插件输出的文字正式一点，变为" Hi，Bob"：

（1）在 foreach 语句中，将 **prefix=" hi" +item**；改为 **prefix=" Hi，" +item**；就完成了这个需求的更改（如图 4.2-23 所示）。

```
35        foreach (string item in iStrs)
36        {
37            string prefix;
38            prefix ="Hi," + item;
39            oStrs.Add(prefix);
40        }
```

图 4.2-23 程序修改

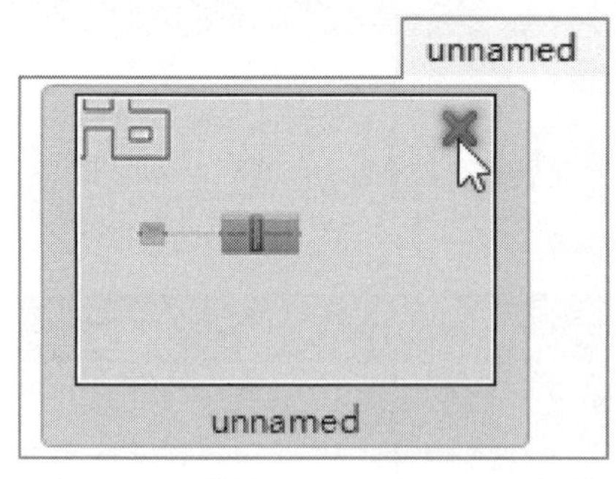

图 4.2-24 关闭 GRASSHOPPER 插件

（2）点击 Build，新的插件文件 . gha 会替代原有的文件。

（3）一般来讲我们需要重启 Rhino 才能让新的插件重载。但是由于我们之前设置了 Grasshopper-DevelopSettings，所以我们先关闭 Grasshopper 中打开的所有文件（如图 4.2-24 所示）。

（4）在 Rhino 中输入 GrasshopperReloadAssemblies（注意大小写），打开 Grasshopper 就能看到新的插件已经生效了（如图 4.2-25 所示）。

图 4.2-25 插件更新后示例

4.3 从 0 开始构建 Grasshopper 插件

在上一节，我们学习了如何通过 Rhinoceros 官方在 Visual Studio Market 上提供的 Grasshopper 模板来开发一个插件。其实，我们也可以不使用模板从 0 搭建一个 Grasshopper 插件的开发工程，实现的功能和模板相同。本节我们将从 0 开始构建一个插件，可以通过输入曲线、指定高度和厚度生成建筑墙体。

4.3.1 新建项目

（1）在 Visual Studio 的起始窗口，点击 Create a new project 创建一个新项目（如图 4.3-1 所示）。

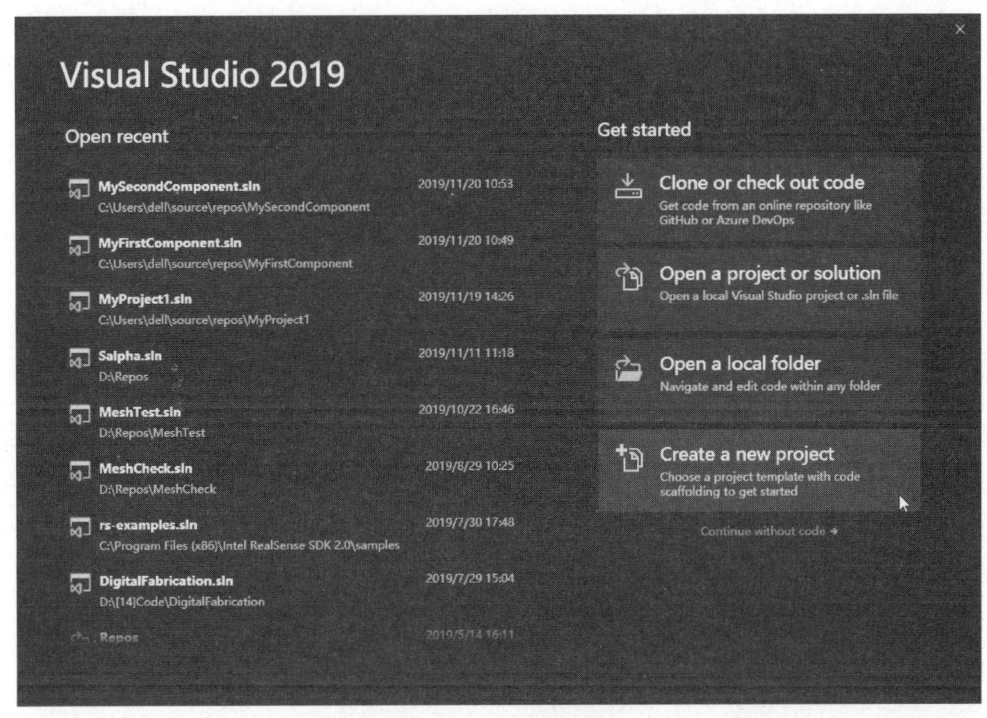

图4.3-1　创建新项目

(2) 在模板选择页面，选择Class Library (.NET Framework) 创建一个基于.NET Framework的Class Library，如图4.3-2所示。

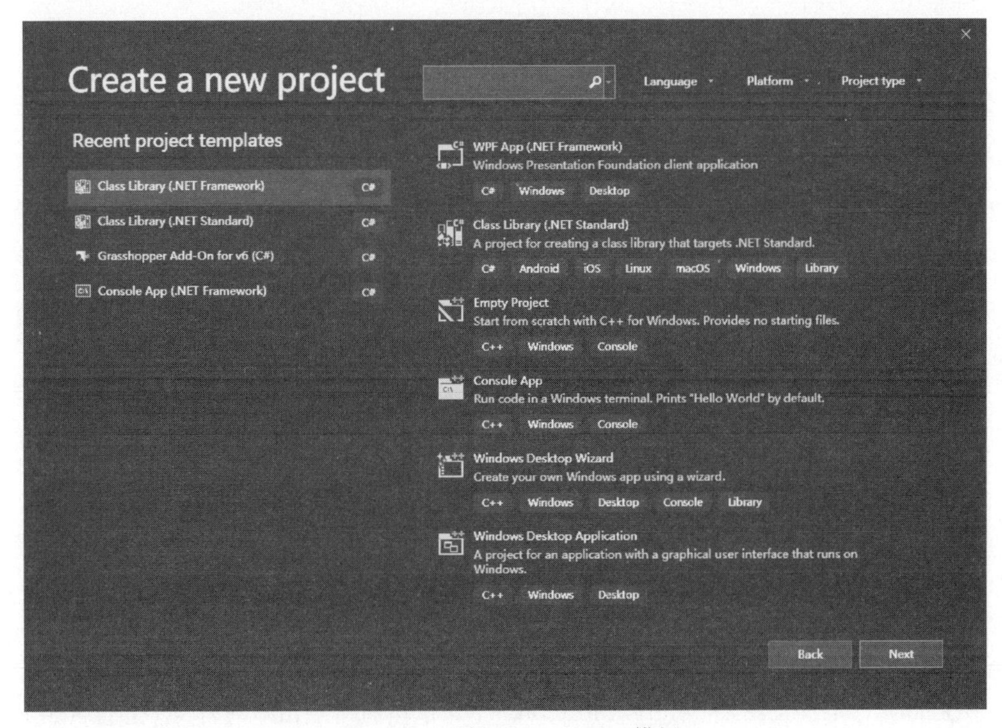

图4.3-2　选择Class Library模板

（3）将其命名为 MySecondComponent，在最后一行我们按系统默认选择，要注意的是，一般来讲，开发 Rhino5 需要 .NET 4.0 的版本，Rhino6 则需要 .NET 4.5 以上的版本（如图 4.3-3 所示）。

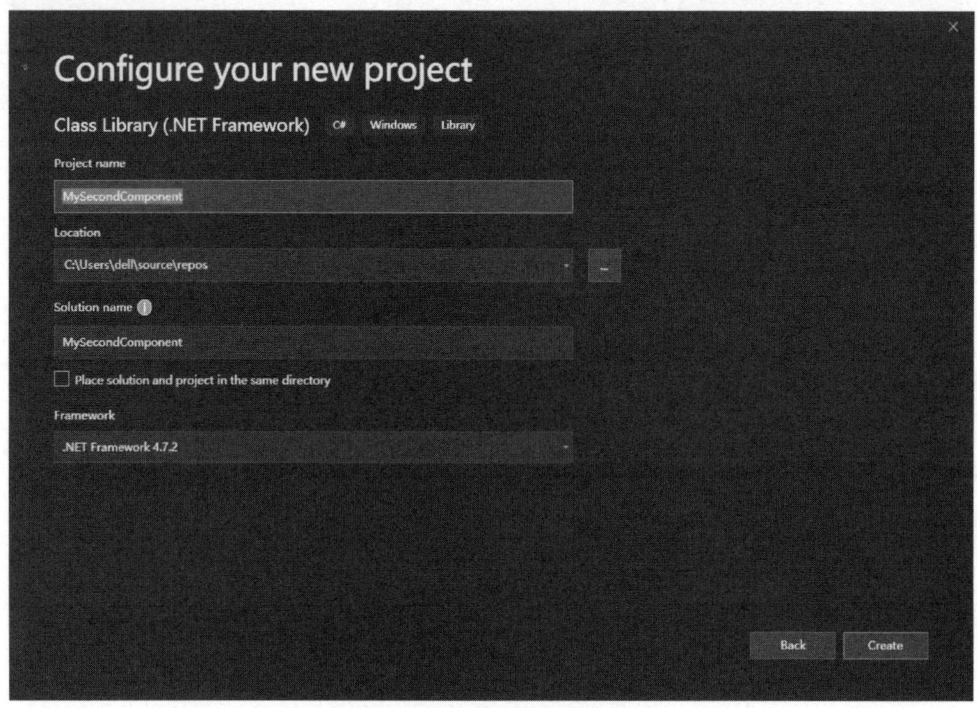

图 4.3-3　自定义项目信息

（4）点击 Create 后，会看到以下代码：

```
1. using System;
2. using System.Collections.Generic;
3. using System.Linq;
4. using System.Text;
5. using System.Threading.Tasks;
6.
7. namesapce MySecondComponent
8. {
9.     class Class1
10.    {
11.
12.    }
13. }
```

4.3.2　添加引用（Kernel.GH_Componnet）

（1）首先，定位到右栏 Solution Explorer 中，鼠标右键点击 Reference 中的 Add Reference 添加我们需要的 Rhino 和 Grasshopper 依赖库，定位到自己的 Rhino 安装目录。

（2）在 Rhino 6 \ System 目录下找到 RhinoCommon. dll 添加（如图 4. 3-4 所示）。

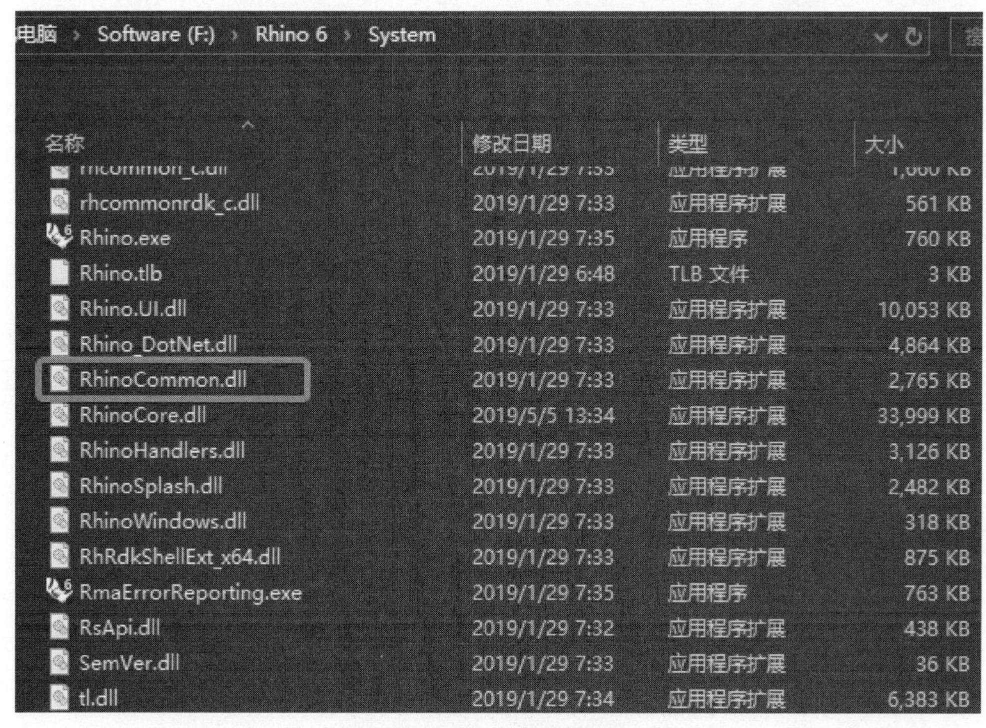

图 4. 3-4 添加引用库

（3）在 Rhino 6 \ Plug-ins \ Grasshopper 目录下找到 GH_IO、Grasshopper 两个 dll 文件添加（如图 4. 3-5 所示）。

图 4. 3-5 找到需要的库文件

（4）这三个文件将是我们调用 Grasshopper 和 Rhino 中已有的 API 方法必要步骤。

在代码编辑部分，我们在开头的引用部分添加我们要使用到的引用，并且去除我们不需要的引用，变成如下的内容：

```
1. using System;
2. using System.Collections.Generic;
3. using Grasshopper.Kernel;
4. using Rhino.Geometry;
```

4.3.3　代码修改

（1）修改类的访问级别：为了让 Grasshopper 每次启动时我们的插件都会被加载，这个插件的类就必须是 public 才能被外部访问到，这是 C# 中访问级别的概念，详细内容查阅第 3 章（如果 Visual Studio 默认已经添加了 public，就不需要添加了）。

```
1. namespace MyGrasshopperComponent
2. {
3.     public class MyComponent
4.     {
5.
6.     }
7. }
```

（2）我们需要将我们的类从 GH_Component 这个基类中派生而来，这个基类负责 Grasshopper 运算器中所有的基础逻辑和机制，比如 UI、输入输出端、错误警告等，所以我们只需要将注意力集中在算法逻辑的部分，其他组装的部分则由这个基类里的功能来完成。

```
1. namespace MySecondComponent
2. {
3.     public class MySecondComponent : GH_Component
4.     {
5.
6.     }
7. }
```

（3）这时发现类名下画了波浪线（软件中为红色波浪线），代表出现了错误，光标移动到类名上时，我们会看到以下内容（图 4.3-6）：

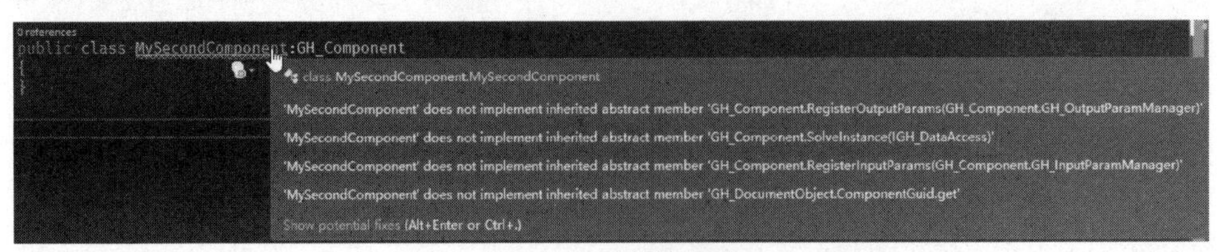

图 4.3-6　错误查看

（4）显示我们没有应用从 GH_Component 基类中继承来的抽象类成员，Visual Studio提供了很方便的代码重构功能，当鼠标右键点击MyComponent在菜单中选择Refactoring——Implement Abstract members或者使用快捷键Alt+Enter，可以看到我们的代码添加了如下内容：

```
1.  namespace MySecondComponent
2.  {
3.      public class MySecondComponent : GH_Component
4.      {
5.          public override Guid ComponentGuid => throw new NotImplementedExcept
    ion();
6.          protected override void RegisterInputParams(GH_InputParamManager pMa
    nager)
7.          {
8.              throw new NotImplementedException();
9.          }
10.         protected override void RegisterOutputParams(GH_OutputParamManager p
    Manager)
11.         {
12.             throw new NotImplementedException();
13.         }
14.         protected override void SolveInstance(IGH_DataAccess DA)
15.         {
16.             throw new NotImplementedException();
17.         }
18.     }
19. }
```

可以看到，这与我们用Grasshopper模板新建项目打开的内容基本相同。接下来，我们将对这些类成员一一进行详细讲解。

4.3.3.1 构造器 Component Constructor

在讲解上一步骤我们载入的类成员之前，我们的插件结构还缺少关键的一部分，即构造器。类的构造器是在类每次实例化时调用的成员。在这里我们的基类GH_Component包含了我们需要的构造器。

（1）在代码的行头输入ctor并连敲两下Tab键，Visual Studio会为我们自动输入构造器的格式：

```
1.  public MySecondComponent()
2.  {
3.
4.  }
```

（2）我们需要从基类 GH_Component 里继承需要的构造器，来完成对插件信息说明的功能。在 MySecondComponent （）后输入：base，可以看到这个构造器有两个重载，其中第二个包含了五个 String 参数的重载，就是我们需要的（如图 4.3-7 所示）。

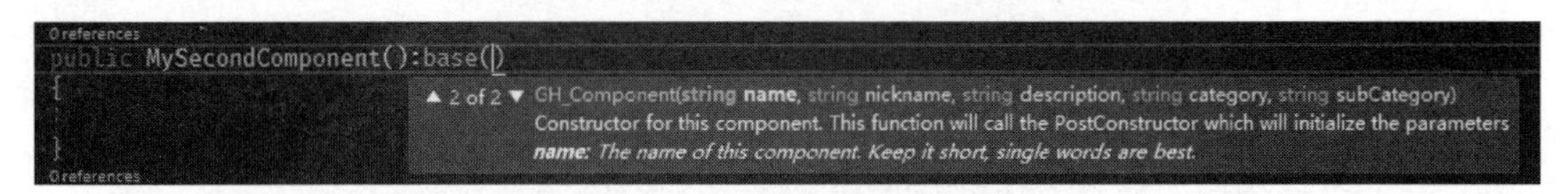

图 4.3-7 查看构造器参数

当光标在 base 上时，按↓光标键，会看到 base 方法有两个重载，其中一个需要 5 个字符串类型的参数，这其实是 Grasshopper 运算器 UI 界面的一些基础信息，这 5 个参数解释按照顺序分别为：

1）name：即运算器的全称。

2）abbreviation：运算器的缩写，在显示选项开启后即可看到。

3）description：当鼠标光标在运算器上时可以看到的运算器描述。

4）category：选项面板。

（3）我们将所需要的参数一一输入：

```
1.  using System;
2.  using Grasshopper.Kernel;
3.  using Rhino.Geometry;
4.  namespace MySecondGrasshopperComponent
5.  {
6.      public class MySecondComponent : GH_Component
7.      {
8.          public class MySecondComponent():base
9.                                  ("MyCp",
10.                                 "Mc",
11.                                 "My Second Component",
12.                                 "Test"
13.                                 "Test")
14.                                 {
15.                                 }
16.     }
17. }
```

4.3.3.2 全局唯一标识符 Component GUID

前面我们已经讲过 GUID，但是由于我们没有使用 Grasshopper 模板，所以这里我们需要自行生成一个 GUID。

（1）GUID 可以用微软的 guidgen. exe 程序或者直接使用 Visual Studio 自带的 Create GUID 工具创建（图 4.3-8）：

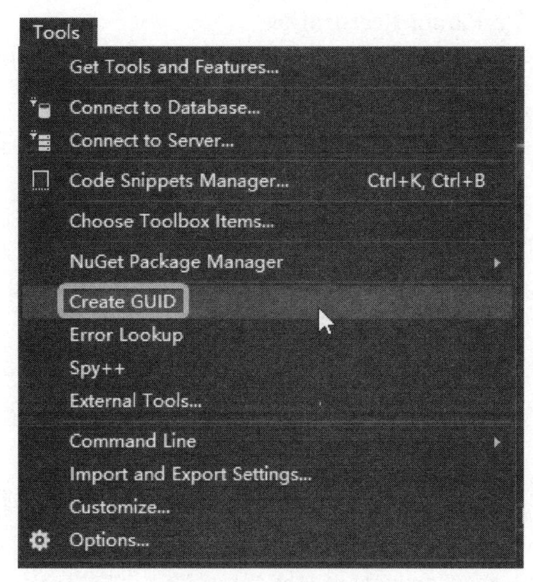

图 4.3-8 创建 GUID

（2）打开 Create GUID 工具后，选择第 5 个或第 6 个格式均可，点击复制，粘贴到 new 关键字后，如图 4.3-9 所示。

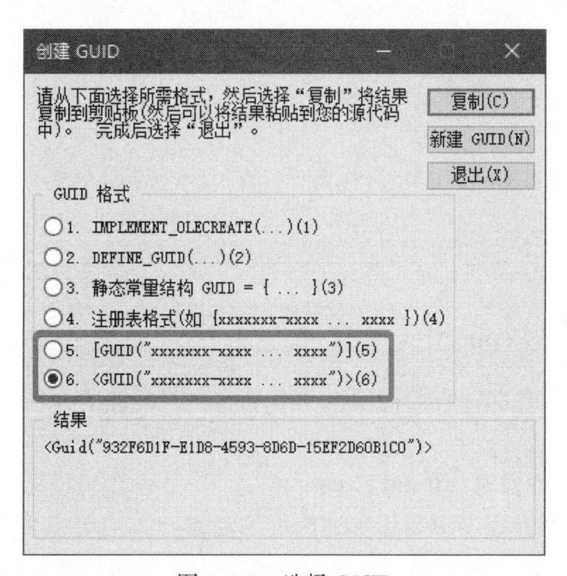

图 4.3-9 选择 GUID

（3）删除 throw 和 Guid 前的尖括号，将 Component GUID 中的代码改为以下内容：

```
1. public override Guid ComponentGuid
2. {
3.     get{return new guid("AC590B2B-BFB3-42F7-9A5F-674236D2B06A");}
4. }
```

4.3.3.3 参数定义 Param Registration

对于大部分 Grasshopper 运算器来说，都有固定数量的输入端和输出端，在 Visual Studio 中，我们将 GH _ InputParamManager、GH _ OutputParamManager 实例化为 pManager，然后通过 pManager 来添加输入端。pManager 中包含了几乎所有 Rhino 中的数据类型。

（1）添加三个输入端，分别是生成墙体的曲线、高度和厚度：

```
1. protected override void RegisterInputParams(GH_Component.GH_InputParamManage
   r pManager)
2. {
3.     pManager.AddCurveParameter("iCurve", "iC", "Input curve", GH_ParamAccess.
    list);
4.     pManager.AddNumberParameter("Height", "H", "Height of wall", GH_ParamAcc
   ess.item);
5.     pManager.AddNumberParameter("Thickness", "T", "Thickness of wall", GH_Pa
   ramAccess.item);
6. }
```

（2）生成的墙体是一个封闭实体，所以插件输出端只有一个，输出数据类型为 Brep：

```
1. protected override void RegisterOutputParams(GH_Component.GH_OutputParamMana
   ger pManager)
2. {
3.     pManager.AddBrepParameter("Wall", "W", "Created wall", GH_ParamAccess.li
   st);
4. }
```

4.3.4 属性设置 Properties

在进行进一步操作之前，我们需要在 Properties 中设置这个项目 Build 执行的操作和 Debug 的相关设定。

4.3.4.1 编译事件设置 Build Events

在这里我们可以设置程序封装后自动执行的动作，我们可以将打包好的 .gha 文件自动复制到 Grasshopper 的插件安装目录下，这样免去了我们每次手动复制覆盖的步骤（如图 4.3-10 所示）。

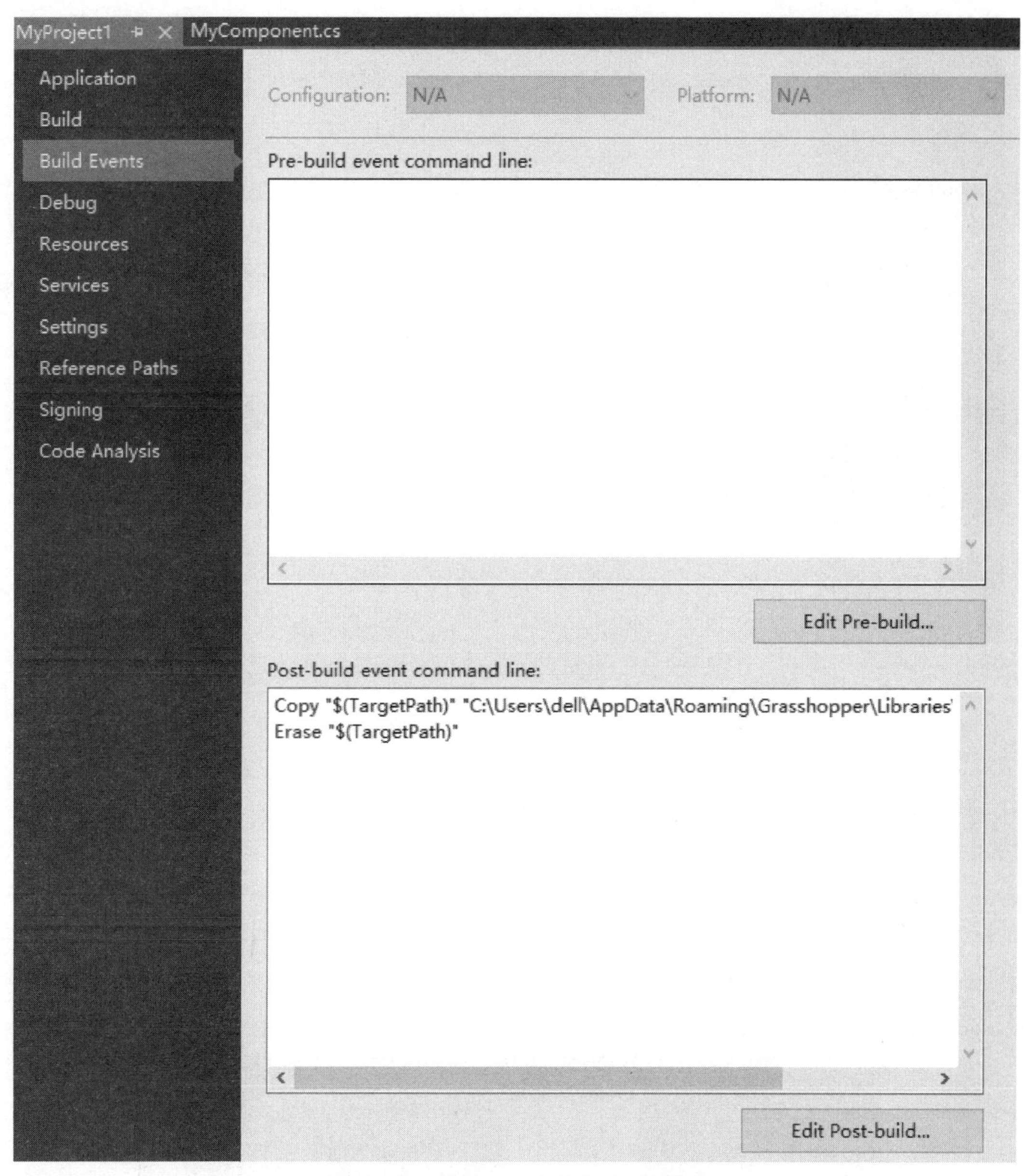

图 4.3-10　设置 Gha 文件自动覆盖路径

4.3.4.2　调试　Debug

当程序需要使用外部软件（Rhino）进行调试时，我们便可以在通过设置自动打开 Rhino，来查看我们插件运行的过程（如图 4.3-11 所示）。

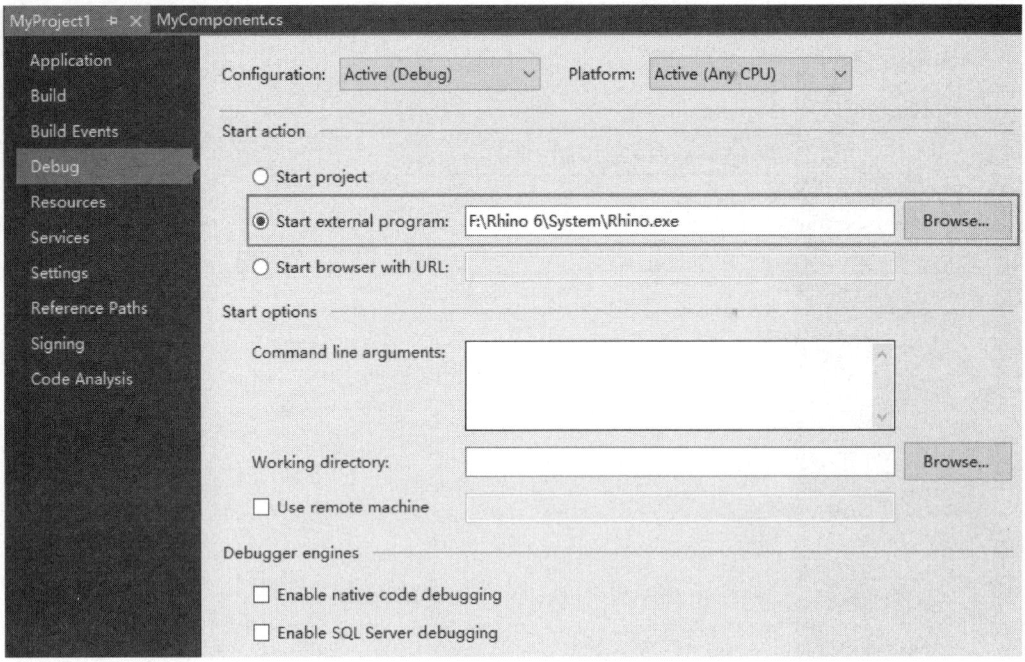

图 4.3-11 程序编译时自动运行 Rhino 软件

4.3.4.3 图标 Icon

这一次我们要为编写的插件设置一个图标。Grasshopper 图标的设计大小是像素为 24×24，96ppi，在 Adobe Illustrator 或者 Adobe Photoshop 中都可以进行设计（如图 4.3-12 所示）。

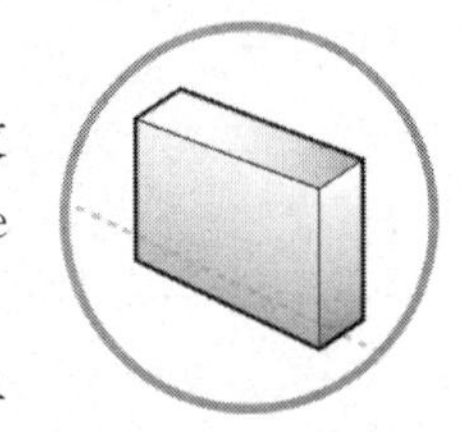

图 4.3-12 Icon 示例

（1）如图 4.3-12 所示我们用 Adobe Illustrator 设计了一个简单的图标，并按照 96ppi 分辨率导出。

（2）在 Properties-Resources 中选择上部菜单中的 Add Existing File…导入我们做好的图标（如图 4.3-13 所示）。

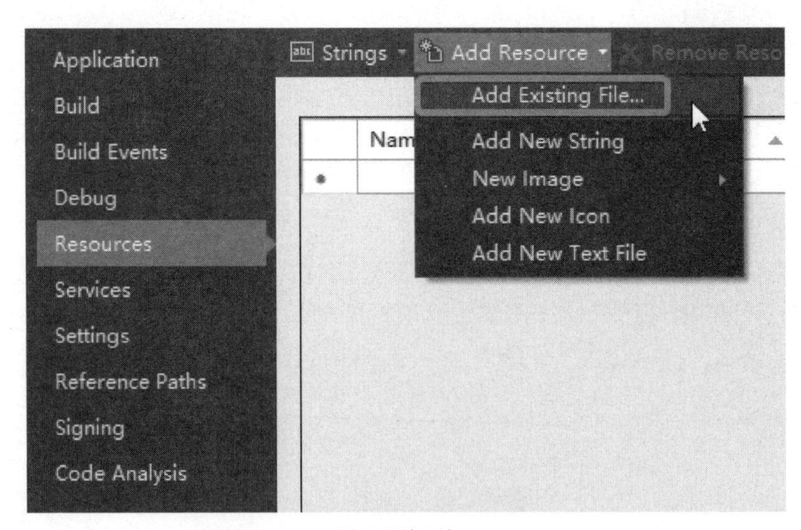

图 4.3-13 导入图标到 Visual Studio

（3）更改内容：

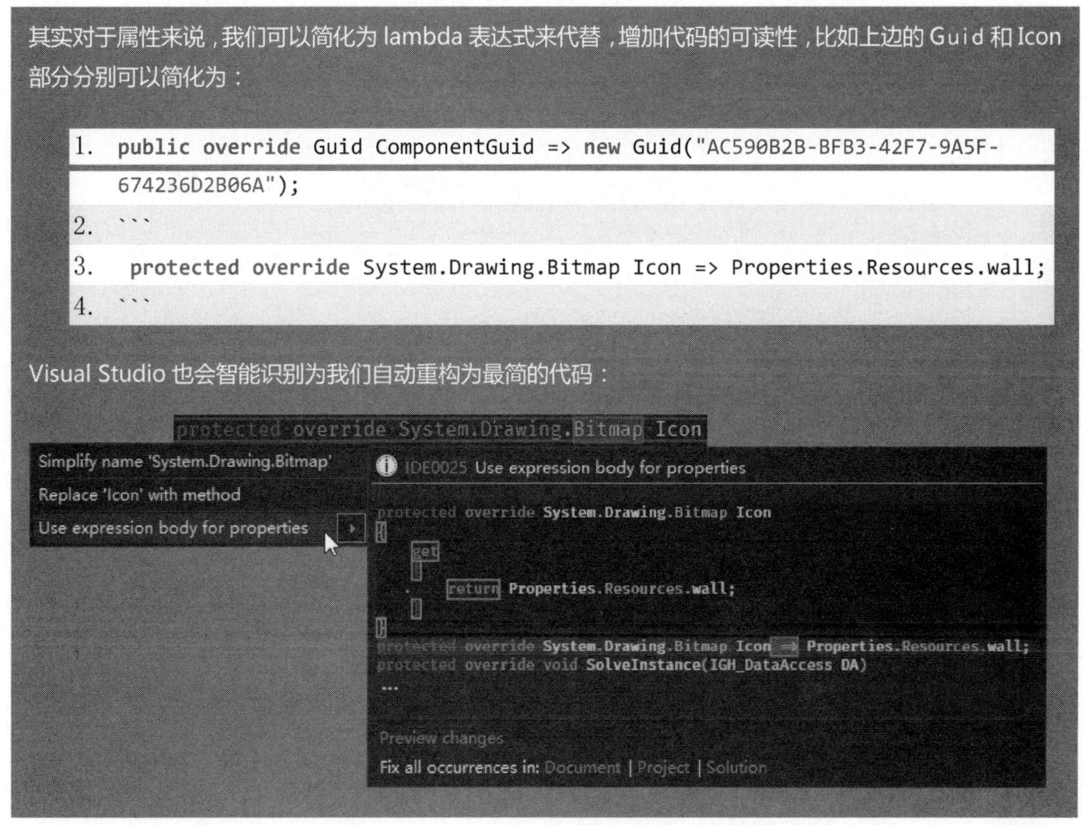

其实对于属性来说，我们可以简化为 lambda 表达式来代替，增加代码的可读性，比如上边的 Guid 和 Icon 部分分别可以简化为：

```
1. public override Guid ComponentGuid => new Guid("AC590B2B-BFB3-42F7-9A5F-
   674236D2B06A");
2. ```
3.  protected override System.Drawing.Bitmap Icon => Properties.Resources.wall;
4. ```
```

Visual Studio 也会智能识别为我们自动重构为最简的代码：


```
1. protected override System.Drawing.Bitmap Icon
2.     {
3.         get
4.         {
5.             return Properties.Resources.spray;
6.         }
7.     }
```

（4）点击 Build 后，打开 Grasshopper 即可以看到我们编写的插件已经出现了，虽然还没有实现任何功能（如图 4.3-14 所示）。

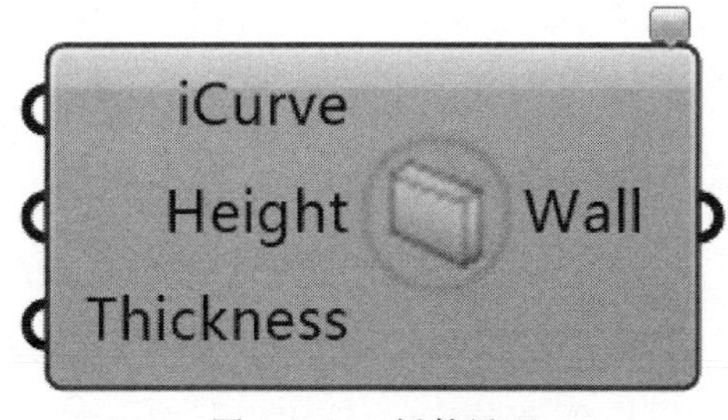

图 4.3-14　插件界面

4.3.5 编写程序逻辑

4.3.5.1 函数 Solve Instance

要使电池达到我们想要的目的，算法逻辑的实现在 Solve Instance 函数中。这个方法在输入端每次输入数据的时候便会被执行。

```
1. protected override void SolveInstace(IGH_DataAccess DA)
2. {
3.     //声明占位变量
4.     List<Curve> iCrvs = new List<Curve>();
5.     List<Brep> walls = new List<Brep>();
6.     double height=0.00;
7.     double thickness = 0.00;
8.     Interval srfDom = new Interval(0, 1);
9.
10.    //用 DA 实例从输入端读取数据
11.    //如果没有数据读取，我们要添加一个终止程序的逻辑
12.    if (!DA.GetDataList(0, iCrvs)){ return; }
13.    if (!DA.GetData(1, ref height)) { return; }
14.    if (!DA.GetData(2, ref thickness)) { return; }
15.
16.    //遍历循环:对于输入的每条曲线，向两边偏移厚度的 1/2，然后用这两条边缘线成面，并
   挤出墙的高度作为实体
17.    foreach (Curve crv in iCrvs)
18.    {
19.        Curve oCrv = crv.Offset(Plane.WorldXY, thickness / 2, 0.01, CurveOff
   setCornerStyle.Sharp)[0];
20.        Curve iCrv = crv.Offset(Plane.WorldXY, -
   (thickness / 2), 0.01, CurveOffsetCornerStyle.Sharp)[0];
21.        List<Curve> bounds = new List<Curve>() { iCrv, oCrv };
22.
23.        Brep baseSrf = Brep.CreateEdgeSurface(bounds);
24.        Brep wall = Brep.CreateFromOffsetFace(baseSrf.Faces[0], height, 0.01,
   false, true);
25.
26.        walls.Add(wall);
27.    }
28.    //最后尝试将所有的实体进行布尔并集
29.    Brep[] finalWall = Brep.CreateBooleanUnion(walls, 0.01);
30.    //用 DA 实例将运算返回的值赋给输出端
31.    DA.SetDataList(0, finalWall);
32. }
```

最后完整的代码如下：

```
1.  using System;
2.  using System.Collections.Generic;
3.  using System.Drawing;
4.  using Grasshopper.Kernel;
5.  using Rhino.Geometry;
6.
7.  namespace MySecondComponent
8.  {
9.      public class MySecondComponent : GH_Component
10.     {
11.         public MySecondComponent():base("MyCp",
12.                                         "Mc",
13.                                         "My Second Component",
14.                                         "Test",
15.                                         "Test")
16.         {
17.         }
18.         public override Guid ComponentGuid => new Guid("AC590B2B-BFB3-42F7-9
    A5F-674236D2B06A");
19.
20.         protected override void RegisterInputParams(GH_InputParamManager pMa
    nager)
21.         {
22.             pManager.AddCurveParameter("iCurve", "iC", "Input curve", GH_Par
    amAccess.list);
23.             pManager.AddNumberParameter("Height", "H", "Height of wall", GH_
    ParamAccess.item);
24.             pManager.AddNumberParameter("Thickness", "T", "Thickness of wall
    ", GH_ParamAccess.item);
25.         }
26.
27.         protected override void RegisterOutputParams(GH_OutputParamManager p
    Manager)
28.         {
29.             pManager.AddBrepParameter("Wall", "W", "Created wall", GH_ParamA
    ccess.list);
30.         }
31.
32.         protected override System.Drawing.Bitmap Icon => Properties.Resource
    s.wall;
33.         protected override void SolveInstance(IGH_DataAccess DA)
34.         {
```

```
35.             List<Curve> iCrvs = new List<Curve>();
36.             List<Brep> walls = new List<Brep>();
37.             double height=0.00;
38.             double thickness = 0.00;
39.             Interval srfDom = new Interval(0, 1);
40.
41.             if (!DA.GetDataList(0, iCrvs)){ return; }
42.             if (!DA.GetData(1, ref height)) { return; }
43.             if (!DA.GetData(2, ref thickness)) { return; }
44.
45.             foreach (Curve crv in iCrvs)
46.             {
47.                 Curve oCrv = crv.Offset(Plane.WorldXY, thickness / 2, 0.01,
   CurveOffsetCornerStyle.Sharp)[0];
48.                 Curve iCrv = crv.Offset(Plane.WorldXY, -(thickness / 2), 0.0
   1, CurveOffsetCornerStyle.Sharp)[0];
49.                 List<Curve> bounds = new List<Curve>() { iCrv, oCrv };
50.
51.                 Brep baseSrf = Brep.CreateEdgeSurface(bounds);
52.                  Brep wall = Brep.CreateFromOffsetFace(baseSrf.Faces[0], hei
   ght, 0.01, false, true);
53.
54.                  walls.Add(wall);
55.               }
56.
57.               Brep[] finalWall = Brep.CreateBooleanUnion(walls, 0.01);
58.
59.               DA.SetDataList(0, finalWall);
60.         }
61.     }
62. }
```

4.3.6 编译并运行 Build and Run

点击 Build 后，打开 Rhino 和 Grasshopper 来观察插件是否正常运行：

（1）在 Rhino 中建立如图 4.3-15 的多重直线、曲线、相交的多重直线来测试不同情况下程序的运行。

（2）将所有曲线拾取入 Grasshopper，并分别在输入端输入墙的厚度、高度（如图 4.3-16 所示）。

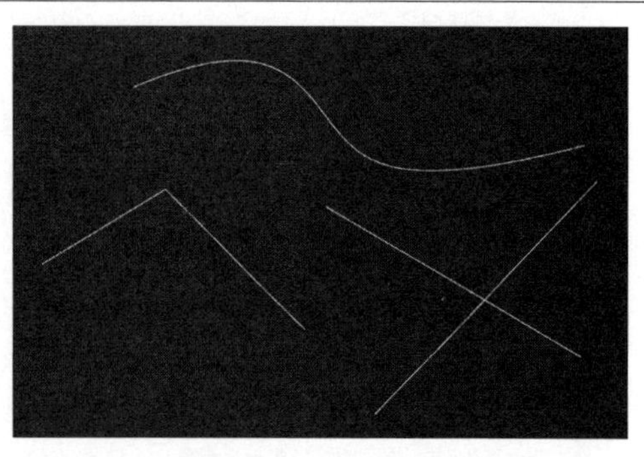

图 4.3-15 建立曲线

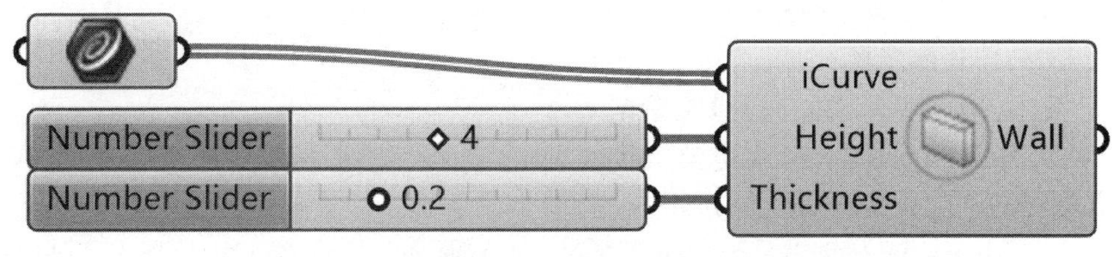

图 4.3-16　脚本示例

（3）可以看到结果，相交的多重直线布尔成了一个多重曲面墙体（如图 4.3-17 所示）。

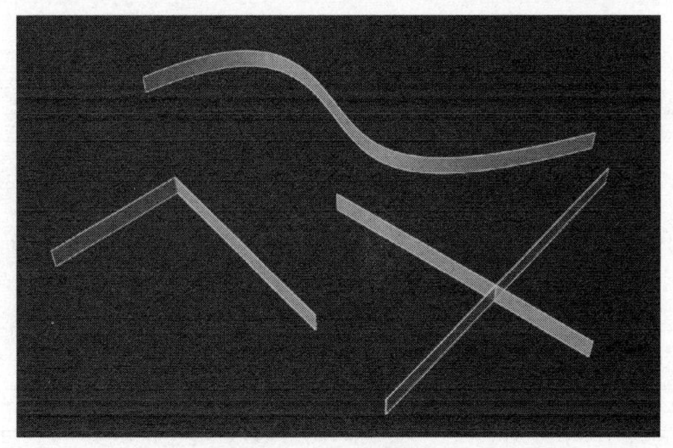

图 4.3-17　墙体生成

4.4　应用案例

本节将结合前面的知识进行案例示范，在 Rhino+Grasshopper 平台上进行二次开发，把日常工作中重复繁琐的工作凝练成 Grasshopper 插件，提高工作效率。

4.4.1　配置要求

（1）Windows 7 或更新；

（2）Rhino6；

（3）Visual Studio。

4.4.2　案例一：图像纹理转换生成

图像分割的目标是将图像区域划分为多个具有不同含义的子区域，并将最终分割的结果应用于后续的图像处理工作。

阈值分割算法是较为常用的分割处理算法，该算法根据图像的灰度直方图进行阈值选择来分割物体和背景，从而将图像分成若干有意义的类。该算法的关键在于如何根据图像灰度直方图寻找适当的灰度阈值，选择正确的阈值是阈值分割成功的关键所在。阈值分割算法是最简单的分割处理，计算代价小分割速度快，特别是图像中存在较大的灰度对比度差异的情况下，得到的分割效果较好。

本案例将图片信息数据导入 Grasshopper 平台，通过 C# 语言，实现从原始图像信息提取，自动进行多模数纹理分割。

4.4.2.1　程序步骤

1. 图像灰度值获取以及曲面 UV 分割

运用 Grasshopper 中的原生电池 Image Sampler 将二维图形映射进 Grasshopper，作为打孔图样的基础数据；同时自定义一个待映射的曲面，用户通过原生电池 Divide Surface 以及 Evaluate Surface 来分割曲面（如图 4.4-1 所示），分割的 UV 数越大，则图像的采样点越多，越接近原图。

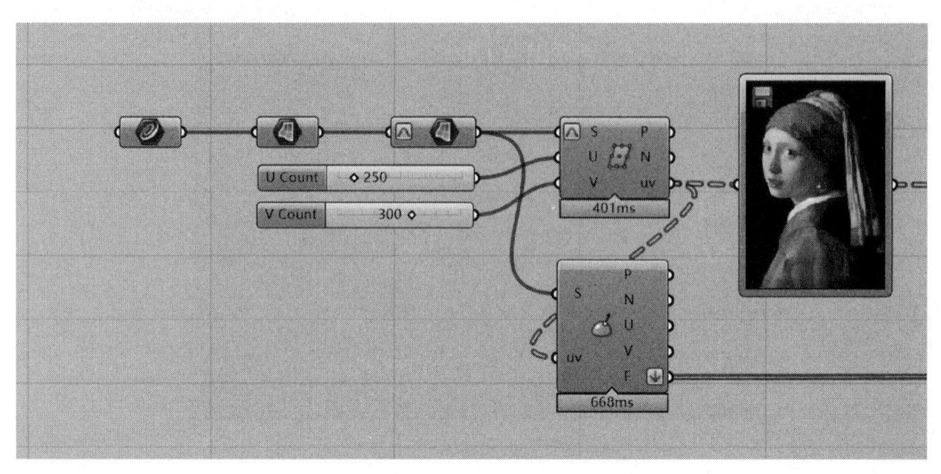

图 4.4-1　曲面 UV 分割

2. 灰度值以及圆形孔径模数分割

利用 Grasshopper 内置模块将二维图形的灰度值与打孔半径进行模数分割，并与目标曲面关联（如图 4.4-2 所示）。

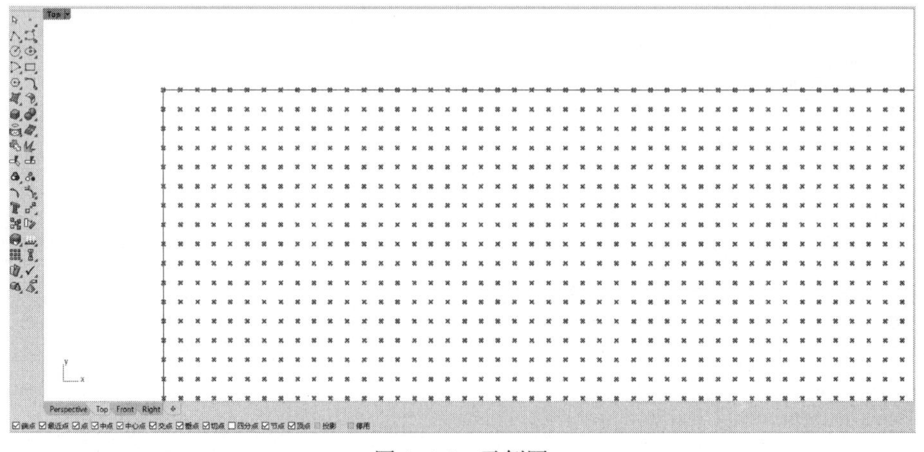

图 4.4-2　示例图

3. 模数映射

将灰度值和半径这两者对应的模数进行初步映射，搭建对图像的转译逻辑。例如图像灰度越深处的灰度值越大，对应的圆形半径也越大。其中，图像的分割模数、圆形的最大半径、最小半径都可以由用户自行定义。

4. 圆孔纹理生成

依据曲面 UV 分割点处的灰度值对应的圆形半径生成相应的圆孔（如图 4.4-3 所示）。

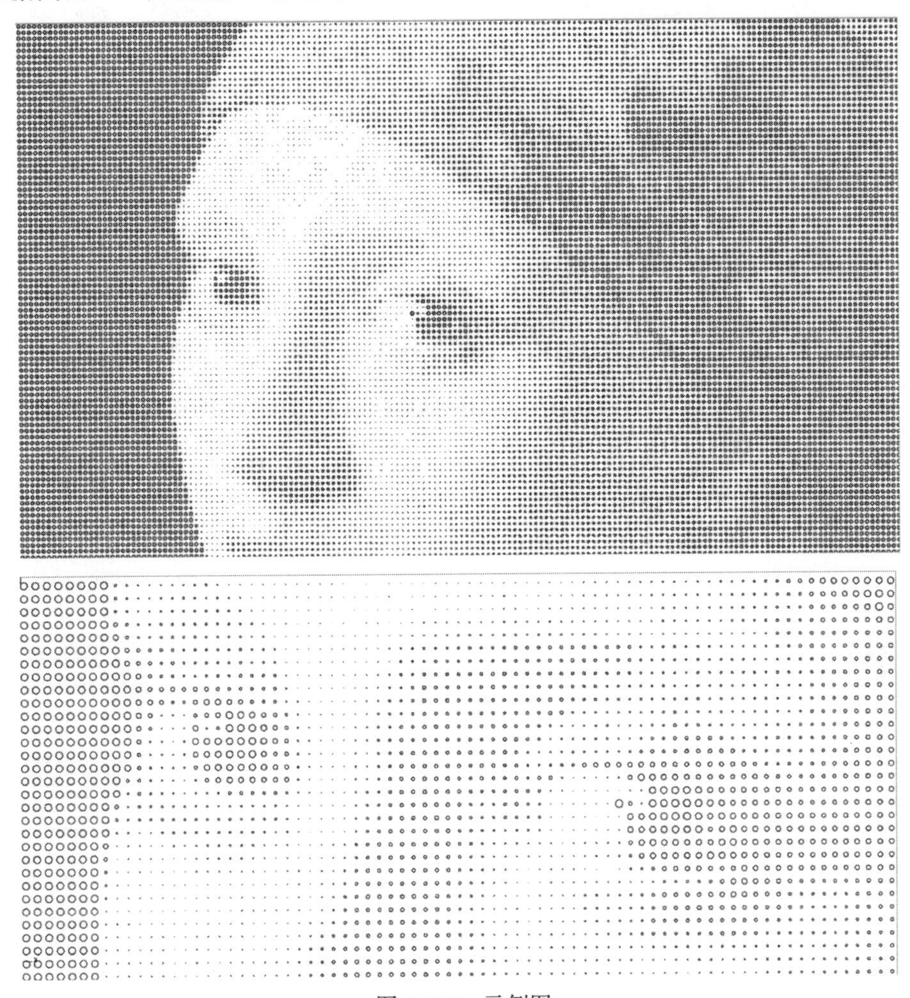

图 4.4-3 示例图

4.4.2.2 完整代码

```
1.  using Grasshopper.Kernel.Data;
2.  using Grasshopper.Kernel.Types;
3.  using System.Linq;
4.  using Rhino;
5.  using Rhino.Geometry;
6.
7.  namespace MyProject
8.  {
9.      public class MyProject Component : GH_Component
10.     {
11.         /// <summary>
12.         /// Each implementation of GH_Component must provide a public
```

```
13.         /// constructor without any arguments.
14.         /// Category represents the Tab in which the component will appear,

15.         /// Subcategory the panel. If you use non-existing tab or panel name
    s,
16.         /// new tabs/panels will automatically be created.
17.         /// </summary>
18.         public MyProject1Component()
19.           : base("MyProject1", "Nickname",
20.               "Description",
21.               "Category", "Subcategory")
22.         {
23.         }
24.
25.         /// <summary>
26.         /// Registers all the input parameters for this component.
27.         /// </summary>
28.         protected override void RegisterInputParams(GH_Component.GH_InputPar
    amManager pManager)
29.         {
30.             pManager.AddNumberParameter("Value", "V", "The image gray value",
    GH_ParamAccess.list);
31.             pManager.AddIntegerParameter("Module", "M", "The division module
    ", GH_ParamAccess.item);
32.             pManager.AddNumberParameter("MaxRadius", "MaxR", "The maximum ra
    dius", GH_ParamAccess.item);
33.             pManager.AddNumberParameter("MinRadius", "MinR", "The minimum va
    lue of radius", GH_ParamAccess.item);
34.             pManager.AddPointParameter("UVPlanes", "UV", "The UV planes of t
    he surface", GH_ParamAccess.list);
35.
36.         }
37.
38.         /// <summary>
39.         /// Registers all the output parameters for this component.
40.         /// </summary>
41.         protected override void RegisterOutputParams(GH_Component.GH_OutputP
    aramManager pManager)
42.         {
43.             pManager.AddPointParameter("Ptslist", "P", "The central points o
    f circles", GH_ParamAccess.list);
44.             pManager.AddNumberParameter("Radiuslist", "R", "The radius of ci
    rcles", GH_ParamAccess.list);
45.         }
```

```
46.
47.         /// <summary>
48.         /// This is the method that actually does the work.
49.         /// </summary>
50.         /// <param name="DA">The DA object can be used to retrieve data from
    input parameters and
51.         /// to store data in output parameters.</param>
52.         protected override void SolveInstance(IGH_DataAccess DA)
53.         {
54.             List<double> iVal = new List<double>();//灰度值
55.             int iMod=0;//模数
56.             double iMaxR=0;//最大半径
57.             double iMinR=0;//最小半径
58.             List<Point3d> iPts = new List<Point3d>();//圆圈定位点
59.
60.             //传输输入数据
61.             DA.GetDataList(0,iVal);
62.             DA.GetData(1,ref iMod);
63.             DA.GetData(2, ref iMaxR);
64.             DA.GetData(3, ref iMinR);
65.             DA.GetDataList(4, iPts);
66.
67.             double MaxVal = iVal.Max();//获取图像灰度数值中的最大值
68.             double MinVal = iVal.Min();//获取图像灰度数值中的最小值
69.             double ValUnit = 1;
70.             double RadiusUnit = 1;
71.             List<double> RList = new List<double>();
72.             List<Point3d> PointsList = new List<Point3d>();
73.             double ValueClass = 0;
74.             if (iMod > 0)
75.             {
76.                 ValUnit = Math.Abs(MaxVal - MinVal) / iMod;
77.                 RadiusUnit = Math.Abs(iMaxR - iMinR) / iMod;
78.             }
79.
80.             //求得分模数后的不同级别的半径值
81.             List<double> RadiusClassList = new List<double>();
82.             if (iMod > 1)
83.                 RadiusUnit = (iMaxR - iMinR) / (iMod - 1);// (iMod-1) 保证
   RadiusClassList 最大值能取到 iMaxR
84.             else
85.                 return;
86.             //半径级别序列按从大到小顺序排列,第一级别为 iMaxR,灰度值(黑 0~白 255),
   数值越小越黑, 对应圆半径越大
```

```
87.
88.             for (int m = iMod; m > 0; m--)
89.             {
90.                 double r = iMinR + (iMod - m) * RadiusUnit;
91.                 RadiusClassList.Add(r);
92.             }
93.
94.             for (int i = 0; i < iVal.Count(); i++)
95.             {
96.                 ValueClass = Math.Ceiling((iVal[i] - MinVal) / ValUnit);//向
    上取整，有小数都加 1,0~iMod
97.
98.                 if ((int)ValueClass == 0)
99.                 {
100.                    RList.Add(iMaxR);
101.                    PointsList.Add(iPts[i]);
102.                }
103.                if ((int)ValueClass == iMod)
104.                {
105.                    RList.Add(iMinR);
106.                    PointsList.Add(iPts[i]);
107.                }
108.                for (int j = 1; j < iMod; j++)
109.                {
110.                    if ((int)ValueClass == j)
111.                    {
112.                        RList.Add(RadiusClassList[j]);
113.                        PointsList.Add(iPts[i]);
114.                        continue;
115.                    }
116.                }
117.            }
118.            DA.SetDataList(0, PointsList);//pts
119.            DA.SetDataList(1, RList);//radius
120.        }
121.    }
122. }
```

4.4.3 案例二：地形自动生成

在建筑领域中，三维地形图是建筑设计及分析的基础，具有十分重大的意义。但是，在实际工作中，前期的 CAD 测绘图纸往往都有复杂的图层和信息，与地形无关的干扰信息过多。

建筑师往往需要利用三维建模软件进行手工建模，这种传统建模的方式十分不便于进行数据管理，一旦地形数据需要进行更新，将带来极大的不便。通过自主开发的程序将已有的高程信息自动转换为三维地形模型，能大大地提升效率。

4.4.3.1　程序步骤

（1）提取识别 Rhino 文档中的标高信息，包括高程点位置（本案例中的高程点是图块引例格式）及其对应高度（如图 4.4-4 所示）。

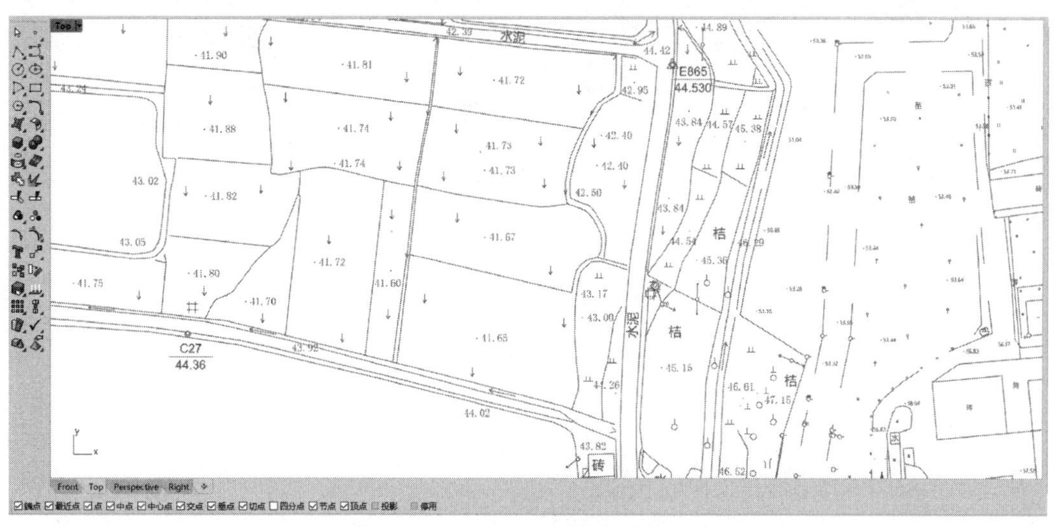

图 4.4-4　原始平面图

（2）将识别后的高程点移动到相应的高程位置上（如图 4.4-5 所示）。

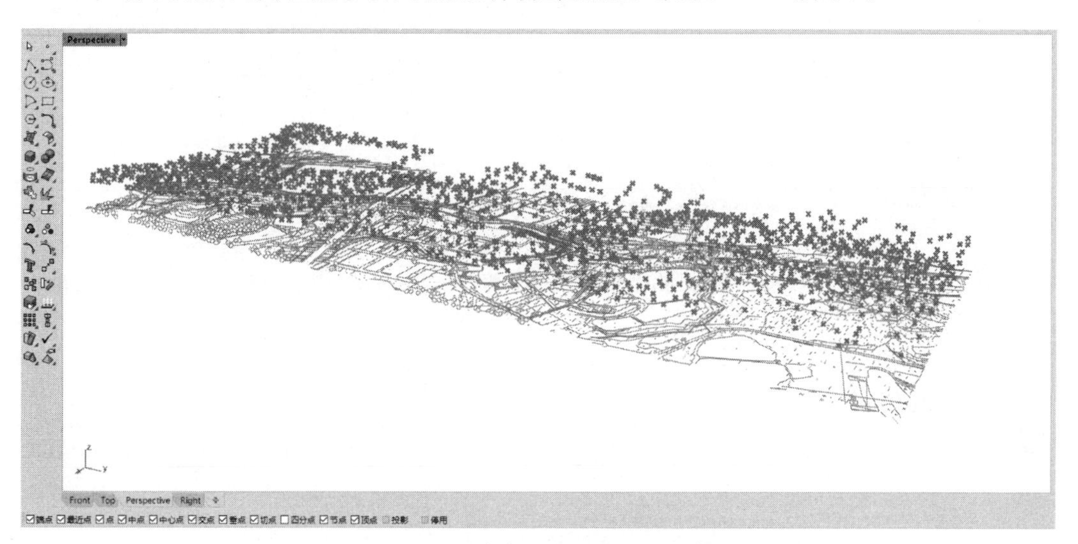

图 4.4-5　对应高程点移动到相应高度

（3）最后通过 Delaunay Mesh 电池将生成的高程点连结为三维地形（如图 4.4-6～图 4.4-8 所示）。

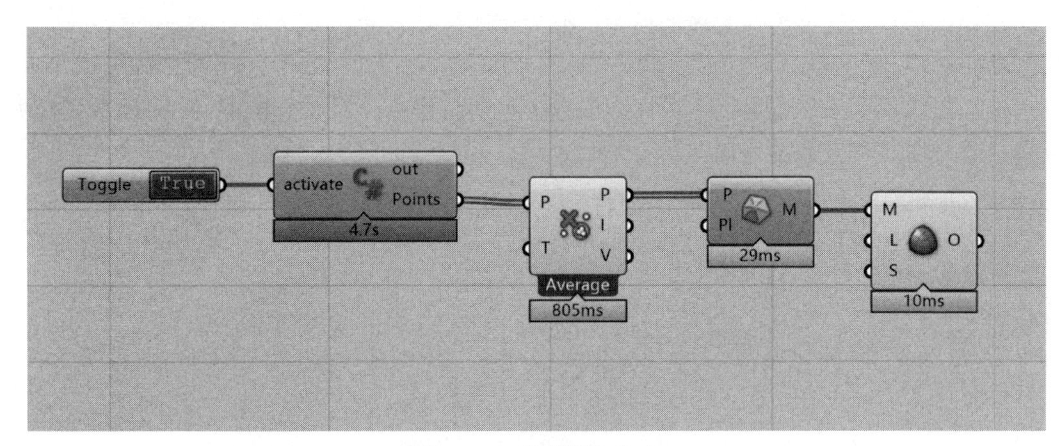

图 4.4-6 地形网格生成

图 4.4-7 地形模型示例图 1

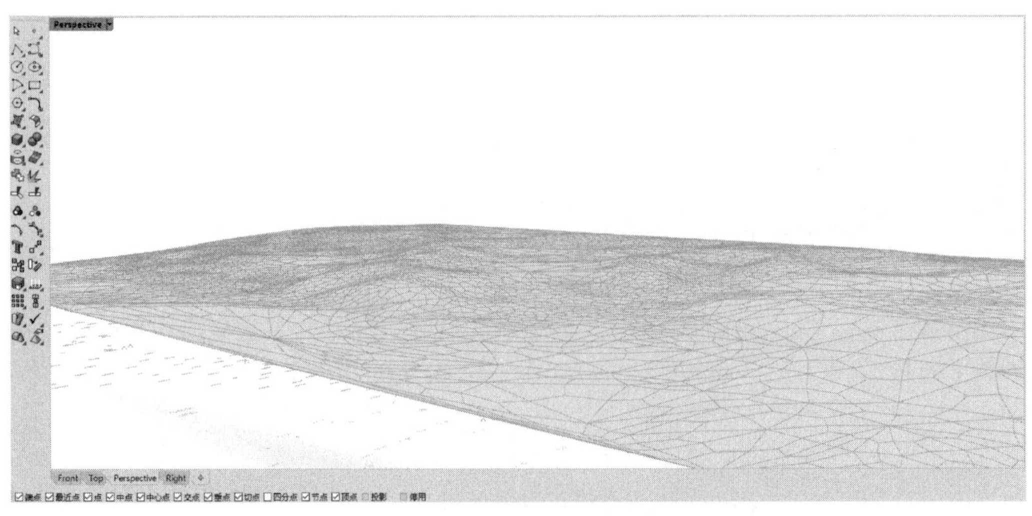

图 4.4-8 地形模型示例图 2

4.4.3.2 完整代码（基于Grasshopper内的C#电池块编写）

```
1.  using System;
2.  using System.Collections;
3.  using System.Collections.Generic;
4.
5.  using Rhino;
6.  using Rhino.Geometry;
7.
8.  using Grasshopper;
9.  using Grasshopper.Kernel;
10. using Grasshopper.Kernel.Data;
11. using Grasshopper.Kernel.Types;
12.
13. using System.IO;
14. using System.Linq;
15. using System.Data;
16. using System.Drawing;
17. using System.Reflection;
18. using System.Windows.Forms;
19. using System.Xml;
20. using System.Xml.Linq;
21. using System.Runtime.InteropServices;
22.
23. using Rhino.DocObjects;
24. using Rhino.Collections;
25. using GH_IO;
26. using GH_IO.Serialization;
27.
28. /// <summary>
29. /// This class will be instantiated on demand by the Script component.
30. /// </summary>
31. public class Script_Instance : GH_ScriptInstance
32. {
33. #region Utility functions
34.   /// <summary>Print a String to the [Out] Parameter of the Script component.</
    summary>
35.   /// <param name="text">String to print.</param>
36.   private void Print(string text) { /* Implementation hidden. */ }
37.   /// <summary>Print a formatted String to the [Out] Parameter of the Script co
    mponent.</summary>
38.   /// <param name="format">String format.</param>
39.   /// <param name="args">Formatting parameters.</param>
```

```
40.   private void Print(string format, params object[] args) { /* Implementation h
    idden. */ }
41.   /// <summary>Print useful information about an object instance to the [Out] P
    arameter of the Script component. </summary>
42.   /// <param name="obj">Object instance to parse.</param>
43.   private void Reflect(object obj) { /* Implementation hidden. */ }
44.   /// <summary>Print the signatures of all the overloads of a specific method t
    o the [Out] Parameter of the Script component. </summary>
45.   /// <param name="obj">Object instance to parse.</param>
46.   private void Reflect(object obj, string method_name) { /* Implementation hidd
    en. */ }
47. #endregion
48.
49. #region Members
50.   /// <summary>Gets the current Rhino document.</summary>
51.   private readonly RhinoDoc RhinoDocument;
52.   /// <summary>Gets the Grasshopper document that owns this script.</summary>
53.   private readonly GH_Document GrasshopperDocument;
54.   /// <summary>Gets the Grasshopper script component that owns this script.</su
    mmary>
55.   private readonly IGH_Component Component;
56.   /// <summary>
57.   /// Gets the current iteration count. The first call to RunScript() is associ
    ated with Iteration==0.
58.   /// Any subsequent call within the same solution will increment the Iteration
     count.
59.   /// </summary>
60.   private readonly int Iteration;
61. #endregion
62.
63.   /// <summary>
64.   /// This procedure contains the user code. Input parameters are provided as r
    egular arguments,
65.   /// Output parameters as ref arguments. You don't have to assign output param
    eters,
66.   /// they will have a default value.
67.   /// </summary>
68.   private void RunScript(bool activate, ref object Points)
69.   {
70.     List<Object> list_rhobj = new List<object>();
71.     List<Guid> list_guid = new List<Guid>();
72.     List<Object> list_objfromblcok = new List<Object>();
73.     // Transform[] transformArray = null;
74.     DataTree<GeometryBase> datatree_geobase = new DataTree<GeometryBase>();
```

```
75.     DataTree<BoundingBox> datatree_boundingbox = new DataTree<BoundingBox>();
76.     DataTree<string> datatree_blockname = new DataTree<string>();
77.     List<InstanceObject> list_block = new List<InstanceObject>();
78.     List<InstanceObject> list_Aimblock = new List<InstanceObject>();
79.     List<Point3d> list_BlockBasePoint = new List<Point3d>();
80.
81.     List<Point3d> list_textPosition = new List<Point3d>();
82.     List<string> list_heightStr = new List<string>();
83.
84.     List<Point3d> list_position = new List<Point3d>();
85.     List<string> list_text = new List<string>();
86.
87.     List<Point3d> list_AimPosition = new List<Point3d>();
88.     List<double> list_AimHeight = new List<double>();
89.
90.     List<double> list_MatchedHeight = new List<double>();
91.     //List<Guid> movedBlock = new List<Guid>();
92.
93.     List<Guid> list_newBlockID = new List<Guid>();
94.
95.
96.     //List<InstanceObject> finalObject = new List<InstanceObject>();
97.     if (activate)
98.     {
99.       //获取命名为"GC200"的图块引例，其中包括地形高程信息
100.      RhinoDoc doc_activate = RhinoDoc.ActiveDoc;
101.      Print("doc_activate.Objects.Count={0}", doc_activate.Objects.Count());
102.      RhinoObject[] rhobj = doc_activate.Objects.FindByObjectType(ObjectType.In
    stanceReference);//查找所有图块实例
103.      //Print(" rhobj.Count={0}", rhobj.Count());
104.      //获取每个图块引例的id
105.      foreach (RhinoObject rhobj_each in rhobj)
106.      {
107.        list_guid.Add(rhobj_each.Id);
108.      }
109.      foreach (Guid guid_each in list_guid)
110.      {
111.        //Print("======");
112.        RhinoObject rhobj_fromguid = doc.Objects.Find(guid_each);
113.        Rhino.DocObjects.InstanceObject rhobj_block = rhobj_fromguid as Rhino.D
    ocObjects.InstanceObject;//获取图块引例
114.
115.        list_block.Add(rhobj_block);
116.        //获取指定的图块引例
```

```
117.         if (rhobj_block.InstanceDefinition.Name == "GC200")
118.         {
119.           list_Aimblock.Add(rhobj_block);
120.           list_BlockBasePoint.Add(rhobj_block.InsertionPoint);
121.         }
122.       }
123.       Print(" GC200.Count={0}", list_Aimblock.Count());
124.
125.       for (int i = 0; i < list_Aimblock.Count(); i++)
126.       {
127.         Print(" GC200({0})={1}", i, list_BlockBasePoint[i]);
128.       }
129.
130.       //寻找 Rhino 文档中包含的高程数据
131.       RhinoObject[] anno_array = doc_activate.Objects.FindByObjectType(ObjectTy
    pe.Annotation);//存储 Rhino 文件中的所有注释对象
132.       RhinoObject[] text_array = doc_activate.Objects.FindByObjectType(ObjectTy
    pe.TextDot);//存储 Rhino 文件中的所有文本对象
133.       List<Guid> list_TextAnnoID = new List<Guid>();//存储所有文本及注释对象的
    ID
134.       List<double> distance = new List<double>();
135.       List<double> minDistance = new List<double>();
136.
137.       //获取所有的注释及文本对象的 ID
138.       for (int i = 0; i < anno_array.Length; i++)
139.       {
140.         list_TextAnnoID.Add(anno_array[i].Id);
141.       }
142.       for (int j = 0; j < text_array.Length; j++)
143.       {
144.         list_TextAnnoID.Add(text_array[j].Id);
145.       }
146.       //获取所有的注释及文本对象的位置
147.       if (list_TextAnnoID.Count != 0)
148.       {
149.         for (int k = 0; k < list_TextAnnoID.Count; k++)
150.         {
151.           RhinoObject rhinoObject = doc_activate.Objects.Find(list_TextAnnoID[k]
    );
152.           //获取文本对象的位置和文字
153.           if (rhinoObject.ObjectType == ObjectType.TextDot)
154.           {
155.             TextDot textDot = (TextDot) rhinoObject.Geometry;
156.             list_textPosition.Add(textDot.Point);
```

```
157.                list_heightStr.Add(textDot.Text);
158.              }
159.              //获取注释对象的位置和文字
160.              if (rhinoObject.ObjectType == ObjectType.Annotation)
161.              {
162.                TextEntity textEntity = (TextEntity) rhinoObject.Geometry;//获取当前
    注释的 entity 属性（文本和其位置 base point）
163.                list_textPosition.Add(textEntity.Plane.Origin);//当前注释对象所在的平
    面属性
164.                list_heightStr.Add(textEntity.PlainText);//当前注释对象的文字属
    性,PlaneText(无 RTF 格式), RichText（有 RTF 格式）
165.
166.              }
167.            }
168.            list_position = list_textPosition;//所有文本的位置坐标点数据
169.            list_text = list_heightStr; //所有文本的文字数据
170.            int i = 0;
171.            while (i < list_text.Count)
172.            {
173.              if (list_text[i].Contains("."))
174.              {//排除相同位置的数据
175.                if(!(list_AimPosition.Contains(list_position[i])))
176.                {
177.                  list_AimHeight.Add(double.Parse(list_text[i]));//将高程文本强制转换
    为 double 类型
178.                  list_AimPosition.Add(list_position[i]);
179.                }
180.              }
181.              i++;
182.            }
183.          }
184.          else
185.          {
186.            Print("NO TEXT or ANNOTATION!!!");
187.          }
188.
189.          //寻找每个 GC200 图块引例所匹配的高程数据
190.          int m = 0;//当前 block 的序号
191.          //找到距离每个图块最近的高程文本
192.          int dist_Index = 0;
193.          foreach (Point3d blockPosition in list_BlockBasePoint)
194.          {
195.            distance.Clear();
196.            //求出各个图块引例和所有文本的距离
```

```
197.            for (int i = 0; i < list_AimPosition.Count; i++)
198.            {
199.              distance.Add(blockPosition.DistanceTo(list_AimPosition[i]));
200.            }
201.            //得到距离列表中的最小值
202.            minDistance.Add(distance.Min());
203.            //找到该最小值所在的索引位置，从而得到对应的高程信息
204.            dist_Index = distance.FindIndex(item => item.Equals(minDistance[m]));
205.            list_MatchedHeight.Add(list_AimHeight[dist_Index]);
206.            m++;
207.          }
208.          Point3d aimHeightPt = new Point3d(0, 0, 0);
209.          Vector3d moveVec = aimHeightPt - Point3d.Origin;
210.          for (int i = 0; i < list_Aimblock.Count; i++)
211.          {
212.            aimHeightPt = new Point3d(0, 0, list_MatchedHeight[i]);
213.            moveVec = aimHeightPt - Point3d.Origin;
214.            Transform move = Transform.Translation(moveVec);
215.            //将图块引例移动到对应的高程位置上
216.            list_Aimblock[i].InsertionPoint.Transform(move);
217.          }
218.
219.          if (m_first)
220.          {
221.            m_first = false;
222.            EraseOldShapes();
223.          }
224.
225.          List<Point3d> list_BlockPts = new List<Point3d>();
226.          list_BlockPts = list_BlockBasePoint;//图块引例的位置
227.          List<Point3d> list_movedPoints = new List<Point3d>();
228.          List<Plane> newPlanes = new List<Plane>();
229.
230.          InstanceDefinition def = doc_activate.InstanceDefinitions.Find("GC200");
231.          if (def == null)
232.            return;
233.          ObjectAttributes atts = doc_activate.CreateDefaultAttributes();//获取此文
      档的默认对象属性
234.          atts.SetUserString("Ground", Component.ComponentGuid.ToString());//将用户
      字符串（键、值组合）附加到此文档的属性中
235.          for (int i = 0; i < list_BlockPts.Count; i++)
236.          {
237.            Point3d point = new Point3d(list_BlockPts[i].X, list_BlockPts[i].Y, lis
      t_MatchedHeight[i]);
```

```
238.        list_movedPoints.Add(point);
239.      }
240.      Points = list_movedPoints;
241.    }
242.
243.  }
244.
245.  // <Custom additional code>
246.  private bool m_first;
247.  public override void BeforeRunScript()
248.  {
249.    m_first = true;
250.  }
251.
252.  private void EraseOldShapes()
253.  {
254.    if (RhinoDocument == null)
255.      return;
256.    if (Component == null)
257.      return;
258.    RhinoObject[] objs = RhinoDocument.Objects.FindByUserString("Ground", Compo
    nent.ComponentGuid.ToString(), false, false, true, ObjectType.InstanceReference
    );
259.    if (objs == null)
260.      return;
261.
262.    foreach (RhinoObject obj in objs)
263.    {
264.      if (obj == null)
265.        continue;
266.
267.      RhinoDocument.Objects.Delete(obj, true);
268.    }
269.  }
270.
271.  // </Custom additional code>
272.}
```

4.4.4 案例三：连廊自动生成

廊子是园林建筑的主要形式之一。廊造型轻巧秀美，一般都由坡顶、柱枋栏杆与台基三个部分组成。在形式上有直廊、曲廊、波形廊等。不同廊子的基本构造大体相同，主要由廊顶、廊柱、扶手、栏杆、台基几个部分组成，所以程序主要针对这几个部分进行建模。最终用户只需要提供廊体的中心线、廊高及廊宽即可通过本程序一键生成完整的建筑廊子模型。

4.4.4.1　程序步骤

1. 用户绘制廊体中心线（如图 4.4-9 所示）。

图 4.4-9　绘制中心线

2. 以廊体中心线为基准，将廊体拆分为台基、廊顶、廊柱、扶手、栏杆，逐个生成建筑构件；根据用户输入的廊高和廊宽得到尺度基准线，最终以线成面、以面成体，组合成廊体整体，如图 4.4-10 所示。

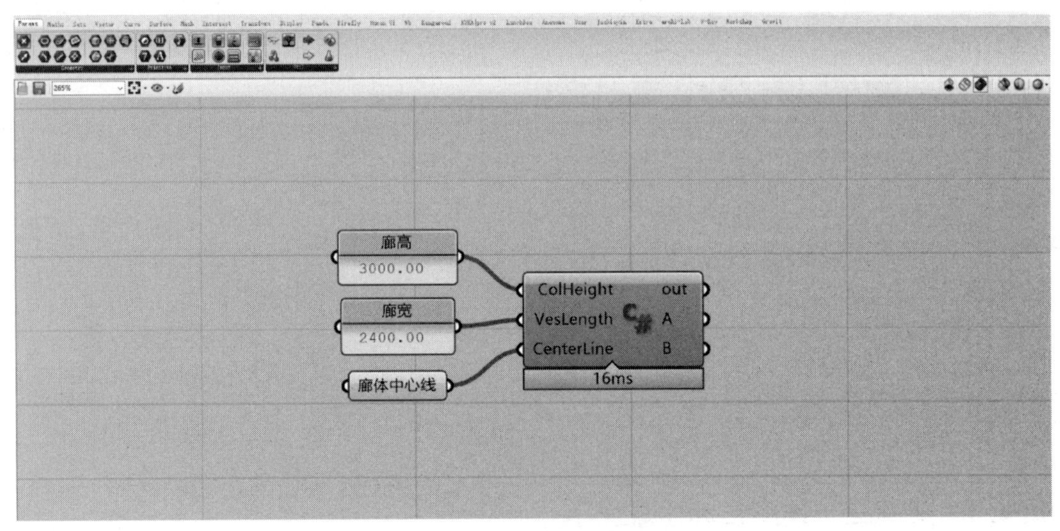

图 4.4-10　输入廊高及廊宽

4.4.4.2　连廊三维模型展示

图 4.4-11　生成模型示意图

4.4.4.3 完整代码

```
1.  using System;
2.  using Rhino.Input;
3.  using System.Collections.Generic;
4.  using System.Collections;
5.  using Grasshopper;
6.  using Grasshopper.Kernel;
7.  using Grasshopper.Kernel.Types;
8.  using Grasshopper.Kernel.Data;
9.  using Rhino;
10. using Rhino.Geometry;
11. using Rhino.Geometry.Collections;
12. using System.Drawing;
13. using System.Linq;
14.
15. namespace MyProject1
16. {
17.     public class Archi : GH_Component
18.     {
19.         /// <summary>
20.         /// Each implementation of GH_Component must provide a public
21.         /// constructor without any arguments.
22.         /// Category represents the Tab in which the component will appear,
23.         /// Subcategory the panel. If you use non-existing tab or panel names,

24.         /// new tabs/panels will automatically be created.
25.         /// </summary>
26.
27.         //Grasshopper 电池块信息
28.         public Archi()
29.           : base("Vestibule", "Vestibule Building",
30.               "Vestibule Building",
31.               "SFAB CODER", "Archi")
32.         {
33.         }
34.
35.         /// <summary>
36.         /// Registers all the input parameters for this component.
37.         /// </summary>
38.
39.         //输入端
40.         protected override void RegisterInputParams(GH_Component.GH_InputParamM
    anager pManager)
```

```
41.         {
42.             //item:0      list: 1       tree: 2
43.             pManager.AddCurveParameter("Vestibule Center Line", "C", "The Cente
   r Line of Vestibule", GH_ParamAccess.item);//廊子中心线
44.             pManager.AddNumberParameter("Vestibule Length", "VL", "The Length o
   f the Vestibule",GH_ParamAccess.item);//廊宽
45.             pManager.AddNumberParameter("Column Height", "CH", "The Height of t
   he Column", GH_ParamAccess.item);//柱高
46.         }
47.
48.         /// <summary>
49.         /// Registers all the output parameters for this component.
50.         /// </summary>
51.         protected override void RegisterOutputParams(GH_Component.GH_OutputPara
   mManager pManager)
52.         {
53.             pManager.AddBrepParameter("BaseBrep", "Base", "BaseBrep", GH_ParamA
   ccess.item);
54.         }
55.
56.         /// <summary>
57.         /// This is the method that actually does the work.
58.         /// </summary>
59.         /// <param name="DA">The DA object can be used to retrieve data from in
   put parameters and
60.         /// to store data in output parameters.</param>
61.         protected override void SolveInstance(IGH_DataAccess DA)
62.         {
63.             List<Point3d> pts = new List<Point3d>();
64.             pts.Add(Point3d.Origin);
65.             pts.Add(new Point3d(0, 0, 1));
66.             NurbsCurve CenterLine = NurbsCurve.Create(false, 3, pts);
67.
68.             double VesLength = 0;//廊宽
69.             double ColHeight = 0;//柱高
70.             double Distance = 0;
71.             DA.GetData(0, ref CenterLine);
72.             DA.GetData(1, ref VesLength);
73.             DA.GetData(2, ref ColHeight);
74.
75.             List<Brep> TotalBrep = new List<Brep>();//所有Brep构件
76.             List<Box> TotalBox = new List<Box>();//所有Box构件
77.
78.             Curve[] BorderLine1;
```

```
79.             Curve[] BorderLine2;
80.             VesLength = 2400;
81.
82.             Distance = VesLength / 2 + 200;
83.             BorderLine1 = CenterLine.Offset(Plane.WorldXY, Distance, 0.01, Curv
    eOffsetCornerStyle.Sharp);//中心线正向偏移
84.             BorderLine2 = CenterLine.Offset(Plane.WorldXY, -Distance, 0.01, Cur
    veOffsetCornerStyle.Sharp);//中心线反向偏移
85.
86.             List<Curve> BorderLineList1 = BorderLine1.ToList();//数组转 list
87.             List<Curve> BorderLineList2 = BorderLine2.ToList();
88.
89.             //BorderLineList1 和 BorderLineList2 合并
90.             List<Curve> BorderLine = BorderLineList1;
91.             foreach (Curve c in BorderLineList2)
92.             {
93.                 BorderLine.Add(c);
94.             }
95.
96.             //得到偏移后边界线生成的面
97.             Brep BaseBrep = Brep.CreateEdgeSurface(BorderLine);
98.             List<BrepFace> BaseBrepFace = BaseBrep.Faces.ToList();
99.
100.            //face 直接挤出
101.            List<Brep> BaseBrepBox = new List<Brep>();//基底体块
102.            Point3d p = new Point3d(0, 0, -200);//方向
103.            List<Point3d> PathPoint = new List<Point3d>();
104.            PathPoint.Add(Point3d.Origin);
105.            PathPoint.Add(p);
106.            foreach (BrepFace bf in BaseBrepFace)
107.            {
108.                Curve ExtrudePath = Curve.CreateControlPointCurve(PathPoint);
109.                BaseBrepBox.Add(bf.CreateExtrusion(ExtrudePath, true));//true 加
    盖
110.            }
111.
112.            List<double> GrilleHeightList = new List<double>();
113.            double DistanceGrille = VesLength / 2;
114.            //得到格栅底面的两条线
115.
116.            Curve[] GrilleL1 = CenterLine.Offset(Plane.WorldXY, DistanceGrille,
    0.01, CurveOffsetCornerStyle.Sharp);
117.            Curve[] GrilleL2 = CenterLine.Offset(Plane.WorldXY, DistanceGrille,
    0.01, CurveOffsetCornerStyle.Sharp);
```

```
118.            Curve[] GrilleL3 = CenterLine.Offset(Plane.WorldXY, DistanceGrille,
    0.01, CurveOffsetCornerStyle.Sharp);
119.            Curve[] GrilleL4 = CenterLine.Offset(Plane.WorldXY, DistanceGrille,
    0.01, CurveOffsetCornerStyle.Sharp);
120.            Curve[] GrilleR1 = CenterLine.Offset(Plane.WorldXY, -DistanceGrille
   , 0.01, CurveOffsetCornerStyle.Sharp);
121.            Curve[] GrilleR2 = CenterLine.Offset(Plane.WorldXY, -DistanceGrille
   , 0.01, CurveOffsetCornerStyle.Sharp);
122.            Curve[] GrilleR3 = CenterLine.Offset(Plane.WorldXY, -DistanceGrille
   , 0.01, CurveOffsetCornerStyle.Sharp);
123.            Curve[] GrilleR4 = CenterLine.Offset(Plane.WorldXY, -DistanceGrille
   , 0.01, CurveOffsetCornerStyle.Sharp);
124.
125.            Curve[] GrilleOffsetL1 = new Curve[] { };
126.            Curve[] GrilleOffsetL2 = new Curve[] { };
127.            Curve[] GrilleOffsetL3 = new Curve[] { };
128.            Curve[] GrilleOffsetL4 = new Curve[] { };
129.            Curve[] GrilleOffsetR1 = new Curve[] { };
130.            Curve[] GrilleOffsetR2 = new Curve[] { };
131.            Curve[] GrilleOffsetR3 = new Curve[] { };
132.            Curve[] GrilleOffsetR4 = new Curve[] { };
133.
134.            for (int m = 0; m < 4; m++)
135.            {
136.                double h = ColHeight - 150 * (m + 1);
137.                GrilleHeightList.Add(h);
138.            }
139.            int i = 0;
140.            foreach (Curve c in GrilleL1)
141.            {
142.                c.Translate(0, 0, GrilleHeightList[i]);
143.                GrilleOffsetL1 = GrilleOffsetL1.Concat(c.Offset(Plane.WorldXY,
   100, 0.01, CurveOffsetCornerStyle.Sharp)).ToArray();
144.            }
145.            foreach (Curve c in GrilleR1)
146.            {
147.                c.Translate(0, 0, GrilleHeightList[i]);
148.                GrilleOffsetR1 = GrilleOffsetR1.Concat(c.Offset(Plane.WorldXY,
   -100, 0.01, CurveOffsetCornerStyle.Sharp)).ToArray();
149.            }
150.            i++;
151.            foreach (Curve c in GrilleL2)
152.            {
153.                c.Translate(0, 0, GrilleHeightList[i]);
```

```
154.                GrilleOffsetL2 = GrilleOffsetL2.Concat(c.Offset(Plane.WorldXY,
    100, 0.01, CurveOffsetCornerStyle.Sharp)).ToArray();
155.            }
156.            foreach (Curve c in GrilleR2)
157.            {
158.                c.Translate(0, 0, GrilleHeightList[i]);
159.                GrilleOffsetR2 = GrilleOffsetR3.Concat(c.Offset(Plane.WorldXY,
    -100, 0.01, CurveOffsetCornerStyle.Sharp)).ToArray();
160.            }
161.            i++;
162.            foreach (Curve c in GrilleL3)
163.            {
164.                c.Translate(0, 0, GrilleHeightList[i]);
165.                GrilleOffsetL3 = GrilleOffsetL3.Concat(c.Offset(Plane.WorldXY,
    100, 0.01, CurveOffsetCornerStyle.Sharp)).ToArray();
166.            }
167.            foreach (Curve c in GrilleR3)
168.            {
169.                c.Translate(0, 0, GrilleHeightList[i]);
170.                GrilleOffsetR3 = GrilleOffsetR3.Concat(c.Offset(Plane.WorldXY,
    -100, 0.01, CurveOffsetCornerStyle.Sharp)).ToArray();
171.            }
172.            i++;
173.            foreach (Curve c in GrilleL4)
174.            {
175.                c.Translate(0, 0, GrilleHeightList[i]);
176.                GrilleOffsetL4 = GrilleOffsetL4.Concat(c.Offset(Plane.WorldXY,
    100, 0.01, CurveOffsetCornerStyle.Sharp)).ToArray();
177.            }
178.            foreach (Curve c in GrilleR4)
179.            {
180.                c.Translate(0, 0, GrilleHeightList[i]);
181.                GrilleOffsetR4 = GrilleOffsetR4.Concat(c.Offset(Plane.WorldXY,
    -100, 0.01, CurveOffsetCornerStyle.Sharp)).ToArray();
182.            }
183.
184.            //合并要成面的两条底线
185.            List<Curve> GrilleL1List = GrilleL1.ToList();
186.            List<Curve> GrilleL2List = GrilleL2.ToList();
187.            List<Curve> GrilleL3List = GrilleL3.ToList();
188.            List<Curve> GrilleL4List = GrilleL4.ToList();
189.            List<Curve> GrilleR1List = GrilleR1.ToList();
190.            List<Curve> GrilleR2List = GrilleR2.ToList();
191.            List<Curve> GrilleR3List = GrilleR3.ToList();
```

```
192.            List<Curve> GrilleR4List = GrilleR4.ToList();
193.            foreach (Curve c1 in GrilleOffsetL1.ToList())
194.                GrilleL1List.Add(c1);
195.            foreach (Curve c2 in GrilleOffsetL2.ToList())
196.                GrilleL2List.Add(c2);
197.            foreach (Curve c3 in GrilleOffsetL3.ToList())
198.                GrilleL3List.Add(c3);
199.            foreach (Curve c4 in GrilleOffsetL4.ToList())
200.                GrilleL4List.Add(c4);
201.
202.            foreach (Curve d1 in GrilleOffsetR1.ToList())
203.                GrilleR1List.Add(d1);
204.            foreach (Curve d2 in GrilleOffsetR2.ToList())
205.                GrilleR2List.Add(d2);
206.            foreach (Curve d3 in GrilleOffsetR3.ToList())
207.                GrilleR3List.Add(d3);
208.            foreach (Curve d4 in GrilleOffsetR4.ToList())
209.                GrilleR4List.Add(d4);
210.
211.            Brep GrilleBrepL1 = Brep.CreateEdgeSurface(GrilleL1List);
212.            Brep GrilleBrepL2 = Brep.CreateEdgeSurface(GrilleL2List);
213.            Brep GrilleBrepL3 = Brep.CreateEdgeSurface(GrilleL3List);
214.            Brep GrilleBrepL4 = Brep.CreateEdgeSurface(GrilleL4List);
215.            Brep GrilleBrepR1 = Brep.CreateEdgeSurface(GrilleR1List);
216.            Brep GrilleBrepR2 = Brep.CreateEdgeSurface(GrilleR2List);
217.            Brep GrilleBrepR3 = Brep.CreateEdgeSurface(GrilleR3List);
218.            Brep GrilleBrepR4 = Brep.CreateEdgeSurface(GrilleR4List);
219.
220.            List<BrepFace> GrilleFaceL1List = GrilleBrepL1.Faces.ToList();
221.            List<BrepFace> GrilleFaceL2List = GrilleBrepL2.Faces.ToList();
222.            List<BrepFace> GrilleFaceL3List = GrilleBrepL3.Faces.ToList();
223.            List<BrepFace> GrilleFaceL4List = GrilleBrepL4.Faces.ToList();
224.
225.            List<BrepFace> GrilleFaceR1List = GrilleBrepR1.Faces.ToList();
226.            List<BrepFace> GrilleFaceR2List = GrilleBrepR2.Faces.ToList();
227.            List<BrepFace> GrilleFaceR3List = GrilleBrepR3.Faces.ToList();
228.            List<BrepFace> GrilleFaceR4List = GrilleBrepR4.Faces.ToList();
229.
230.            List<Brep> GrilleBrepBox = new List<Brep>();//基底体块
231.            Point3d GrillePt = new Point3d(0, 0, 50);//方向
232.            List<Point3d> GrillePathPtList = new List<Point3d>();
233.            GrillePathPtList.Add(Point3d.Origin);
234.            GrillePathPtList.Add(GrillePt);
235.            Curve GrilleExtrudePath = Curve.CreateControlPointCurve(GrillePathP
    tList);
```

```
236.            foreach (BrepFace hf in GrilleFaceL1List)
237.                GrilleBrepBox.Add(hf.CreateExtrusion(GrilleExtrudePath, true)); //true 加盖
238.            foreach (BrepFace hf in GrilleFaceL2List)
239.                GrilleBrepBox.Add(hf.CreateExtrusion(GrilleExtrudePath, true)); //true 加盖
240.            foreach (BrepFace hf in GrilleFaceL3List)
241.                GrilleBrepBox.Add(hf.CreateExtrusion(GrilleExtrudePath, true)); //true 加盖
242.            foreach (BrepFace hf in GrilleFaceL4List)
243.                GrilleBrepBox.Add(hf.CreateExtrusion(GrilleExtrudePath, true)); //true 加盖
244.            foreach (BrepFace hf in GrilleFaceR1List)
245.                GrilleBrepBox.Add(hf.CreateExtrusion(GrilleExtrudePath, true)); //true 加盖
246.            foreach (BrepFace hf in GrilleFaceR2List)
247.                GrilleBrepBox.Add(hf.CreateExtrusion(GrilleExtrudePath, true)); //true 加盖
248.            foreach (BrepFace hf in GrilleFaceR3List)
249.                GrilleBrepBox.Add(hf.CreateExtrusion(GrilleExtrudePath, true)); //true 加盖
250.            foreach (BrepFace hf in GrilleFaceR4List)
251.                GrilleBrepBox.Add(hf.CreateExtrusion(GrilleExtrudePath, true)); //true 加盖
252.
253.            Curve[] HandrailUpL1 = null;
254.            Curve[] HandrailUpL2 = null;
255.            Curve[] HandrailUpR1 = null;
256.            Curve[] HandrailUpR2 = null;
257.            Curve[] HandrailOffsetL1 = null;
258.            Curve[] HandrailOffsetL2 = null;
259.            Curve[] HandrailOffsetR1 = null;
260.            Curve[] HandrailOffsetR2 = null;
261.
262.            double DistanceHandrail = VesLength / 2;
263.            HandrailUpL1 = CenterLine.Offset(Plane.WorldXY, DistanceHandrail, 0.01, CurveOffsetCornerStyle.Sharp); //中心线正向偏移
264.            HandrailUpL2 = CenterLine.Offset(Plane.WorldXY, DistanceHandrail, 0.01, CurveOffsetCornerStyle.Sharp);
265.            HandrailUpR1 = CenterLine.Offset(Plane.WorldXY, -DistanceHandrail, 0.01, CurveOffsetCornerStyle.Sharp); //中心线反向偏移
266.            HandrailUpR2 = CenterLine.Offset(Plane.WorldXY, -DistanceHandrail, 0.01, CurveOffsetCornerStyle.Sharp);
267.
268.            //获得扶手高度线
```

```
269.            foreach (Curve a1 in HandrailUpL1)
270.            {
271.                bool x1 = a1.Translate(0, 0, 200);
272.            }
273.            foreach (Curve a2 in HandrailUpL2)
274.            {
275.                bool x2 = a2.Translate(0, 0, 800);
276.            }
277.            foreach (Curve b1 in HandrailUpR1)
278.            {
279.                bool y1 = b1.Translate(0, 0, 200);
280.            }
281.            foreach (Curve b2 in HandrailUpR2)
282.            {
283.                bool y2 = b2.Translate(0, 0, 800);
284.            }
285.
286.            //获得扶手横向偏移宽度
287.            foreach (Curve c in HandrailUpL1)
288.            {
289.                HandrailOffsetL1 = c.Offset(Plane.WorldXY, -100, 0.01, CurveOff
    setCornerStyle.Sharp);
290.            }
291.            foreach (Curve d in HandrailUpL2)
292.            {
293.                HandrailOffsetL2 = d.Offset(Plane.WorldXY, -100, 0.01, CurveOff
    setCornerStyle.Sharp);
294.            }
295.            foreach (Curve e in HandrailUpR1)
296.            {
297.                HandrailOffsetR1 = e.Offset(Plane.WorldXY, 100, 0.01, CurveOffs
    etCornerStyle.Sharp);
298.            }
299.            foreach (Curve f in HandrailUpR2)
300.            {
301.                HandrailOffsetR2 = f.Offset(Plane.WorldXY, 100, 0.01, CurveOffs
    etCornerStyle.Sharp);
302.            }
303.
304.            List<Curve> HandrailUpL1List = HandrailUpL1.ToList();//数组转 list
305.            List<Curve> HandrailUpL2List = HandrailUpL2.ToList();
306.            List<Curve> HandrailUpR1List = HandrailUpR1.ToList();
307.            List<Curve> HandrailUpR2List = HandrailUpR2.ToList();
308.            List<Curve> HandrailOffsetL1List = HandrailOffsetL1.ToList();
309.            List<Curve> HandrailOffsetL2List = HandrailOffsetL2.ToList();
```

```
310.            List<Curve> HandrailOffsetR1List = HandrailOffsetR1.ToList();
311.            List<Curve> HandrailOffsetR2List = HandrailOffsetR2.ToList();
312.
313.            //BorderLineList1和BorderLineList2合并
314.            List<Curve> HandrailL1List = HandrailUpL1List;
315.            foreach (Curve c1 in HandrailOffsetL1List)
316.            {
317.                HandrailL1List.Add(c1);
318.            }
319.
320.            List<Curve> HandrailL2List = HandrailUpL2List;
321.            foreach (Curve c2 in HandrailOffsetL2List)
322.            {
323.                HandrailL2List.Add(c2);
324.            }
325.
326.            List<Curve> HandrailR1List = HandrailUpR1List;
327.            foreach (Curve c3 in HandrailOffsetR1List)
328.            {
329.                HandrailR1List.Add(c3);
330.            }
331.
332.            List<Curve> HandrailR2List = HandrailUpR2List;
333.            foreach (Curve c4 in HandrailOffsetR2List)
334.            {
335.                HandrailR2List.Add(c4);
336.            }
337.
338.            Brep HandrailBrepL1 = Brep.CreateEdgeSurface(HandrailL1List);
339.            Brep HandrailBrepL2 = Brep.CreateEdgeSurface(HandrailL2List);
340.            Brep HandrailBrepR1 = Brep.CreateEdgeSurface(HandrailR1List);
341.            Brep HandrailBrepR2 = Brep.CreateEdgeSurface(HandrailR2List);
342.
343.            List<BrepFace> HandrailFaceL1List = HandrailBrepL1.Faces.ToList();
344.            List<BrepFace> HandrailFaceL2List = HandrailBrepL2.Faces.ToList();
345.            List<BrepFace> HandrailFaceR1List = HandrailBrepR1.Faces.ToList();
346.            List<BrepFace> HandrailFaceR2List = HandrailBrepR2.Faces.ToList();
347.            List<Brep> HandrailBrepBox = new List<Brep>();//基底体块
348.            Point3d HandrailPt = new Point3d(0, 0, 50);//方向
349.            List<Point3d> HandrailPathPtList = new List<Point3d>();
350.            HandrailPathPtList.Add(Point3d.Origin);
```

```
351.            HandrailPathPtList.Add(HandrailPt);
352.            foreach (BrepFace hf in HandrailFaceL1List)
353.            {
354.                Curve ExtrudePath = Curve.CreateControlPointCurve(HandrailPathP
    tList);
355.                HandrailBrepBox.Add(hf.CreateExtrusion(ExtrudePath, true));//tr
    ue 加盖
356.            }
357.            foreach (BrepFace hf in HandrailFaceL2List)
358.            {
359.                Curve ExtrudePath = Curve.CreateControlPointCurve(HandrailPathP
    tList);
360.                HandrailBrepBox.Add(hf.CreateExtrusion(ExtrudePath, true));//tr
    ue 加盖
361.            }
362.            foreach (BrepFace hf in HandrailFaceR1List)
363.            {
364.                Curve ExtrudePath = Curve.CreateControlPointCurve(HandrailPathP
    tList);
365.                HandrailBrepBox.Add(hf.CreateExtrusion(ExtrudePath, true));//tr
    ue 加盖
366.            }
367.            foreach (BrepFace hf in HandrailFaceR2List)
368.            {
369.                Curve ExtrudePath = Curve.CreateControlPointCurve(HandrailPathP
    tList);
370.                HandrailBrepBox.Add(hf.CreateExtrusion(ExtrudePath, true));//tr
    ue 加盖
371.            }
372.            Curve[] RailL = null;
373.            Curve[] RailR = null;
374.            //左右偏移至扶手中心
375.            foreach (Curve c in HandrailUpL1)
376.            {
377.                RailL = c.Offset(Plane.WorldXY, -50, 0.01, CurveOffsetCornerSty
    le.Sharp);
378.            }
379.            foreach (Curve c in HandrailUpR1)
380.            {
381.                RailR = c.Offset(Plane.WorldXY, 50, 0.01, CurveOffsetCornerStyl
    e.Sharp);
```

```
382.            }
383.            //升高到栏杆中心位置
384.            double[] RailDivL = null;
385.            double[] RailDivR = null;
386.            Point3d[] RailPtL = null;
387.            Point3d[] RailPtR = null;
388.            foreach (Curve d in RailL)
389.            {
390.                bool m = d.Translate(0, 0, 325);
391.                RailDivL = d.DivideByLength(200, true, out RailPtL);
392.            }
393.            foreach (Curve d in RailR)
394.            {
395.                bool n = d.Translate(0, 0, 325);
396.                RailDivR = d.DivideByLength(200, true, out RailPtR);
397.            }
398.
399.            List<Box> RailBox = new List<Box>();
400.
401.            foreach (Point3d pt in RailPtL)
402.            {
403.                Plane pl = new Plane(pt, new Vector3d(0, 0, 1));
404.                Interval int1 = new Interval(-25, 25);
405.                Interval int2 = new Interval(-275, 275);
406.                RailBox.Add(new Box(pl, int1, int1, int2));
407.            }
408.            foreach (Point3d pt in RailPtR)
409.            {
410.                Plane pl = new Plane(pt, new Vector3d(0, 0, 1));
411.                Interval int1 = new Interval(-25, 25);
412.                Interval int2 = new Interval(-275, 275);
413.                RailBox.Add(new Box(pl, int1, int1, int2));
414.            }
415.
416.            Curve[] PillarlL = new Curve[] { };
417.            Curve[] PillarlR = new Curve[] { };
418.            Curve[] PillarlL1 = new Curve[] { };
419.            Curve[] PillarlR1 = new Curve[] { };
420.            foreach (Curve c in HandrailUpL1)
421.            {
422.                PillarlL1 = c.Offset(Plane.WorldXY, -50, 0.01, CurveOffsetCorne
    rStyle.Sharp);
423.            }
424.            foreach (Curve c in HandrailUpL1)
425.            {
```

```
426.                    PillarlR1 = c.Offset(Plane.WorldXY, 50, 0.01, CurveOffsetCorner
    Style.Sharp);
427.                }
428.
429.                double[] PillarPara = new double[] { };
430.                Point3d[] PillarPtsL = new Point3d[] { };
431.                Point3d[] PillarPtsR = new Point3d[] { };
432.                List<Curve> PillarPtsLList = new List<Curve>();
433.                List<Curve> PillarPtsRList = new List<Curve>();
434.                List<Point3d> PillarPtsList1 = new List<Point3d>();
435.                List<Point3d> PillarPtsList2 = new List<Point3d>();
436.                List<Point3d> PillarPtsDelList1 = new List<Point3d>();
437.                List<Point3d> PillarPtsDelList2 = new List<Point3d>();
438.
439.                foreach (Curve c in PillarlL1)
440.                {
441.                    PillarlL = PillarlL.Concat(c.DuplicateSegments()).ToArray();
442.
443.                }
444.                foreach (Curve c in PillarlR1)
445.                {
446.                    PillarlR = PillarlR.Concat(c.DuplicateSegments()).ToArray();
447.                }
448.                PillarPara = PillarlL.First().DivideByLength(3000, true, out Pillar
    PtsL);
449.                PillarPtsList1 = PillarPtsL.ToList();
450.
451.                for (int j = 0; j < PillarlL.Count(); j++)
452.                {
453.                    bool a = PillarlL[j].Translate(0, 0, ColHeight / 2 - 200);
454.                    PillarPara = PillarlL[j].DivideByLength(3000, true, out PillarP
    tsL);
455.                    PillarPtsList1.AddRange(PillarPtsL);
456.                    PillarPtsList1.Add(PillarlL[j].PointAtEnd);
457.                }
458.                PillarPara = PillarlR.First().DivideByLength(3000, true, out Pillar
    PtsR);
459.                PillarPtsList2 = PillarPtsR.ToList();
460.                for (int j = 0; j < PillarlR.Count(); j++)
461.                {
462.                    bool a = PillarlR[j].Translate(0, 0, ColHeight / 2 - 200);
463.                    PillarPara = PillarlR[j].DivideByLength(3000, true, out PillarP
    tsR);
464.                    PillarPtsList2.AddRange(PillarPtsR);
465.                    PillarPtsList2.Add(PillarlR[j].PointAtEnd);
```

```
466.            }
467.
468.            //剔除 list 里的重复数据
469.            for (int j = 0; j < PillarPtsList1.Count; j++)
470.            {
471.                if (!PillarPtsDelList1.Contains(PillarPtsList1[j]))
472.                    PillarPtsDelList1.Add(PillarPtsList1[j]);
473.            }
474.
475.            for (int j = 0; j < PillarPtsList2.Count; j++)
476.            {
477.                if (!PillarPtsDelList2.Contains(PillarPtsList2[j]))
478.                    PillarPtsDelList2.Add(PillarPtsList2[j]);
479.            }
480.            //若前后两点距离<1000,剔除后一个点
481.            for (int j = 0; j < PillarPtsDelList1.Count; j++)
482.            {
483.                if (j > 0)
484.                {
485.                    if (PillarPtsDelList1[j].DistanceTo(PillarPtsDelList1[j - 1]
    ) < 1000)
486.                        PillarPtsDelList1.RemoveAt(j - 1);
487.                }
488.            }
489.
490.            for (int j = 0; j < PillarPtsDelList2.Count; j++)
491.            {
492.                if (j > 0)
493.                {
494.                    if (PillarPtsDelList2[j].DistanceTo(PillarPtsDelList2[j - 1
    ]) < 1000)
495.                        PillarPtsDelList2.RemoveAt(j - 1);
496.                }
497.            }
498.
499.            PillarPtsDelList1.RemoveAll(x => x.Z != ColHeight / 2);
500.            PillarPtsDelList2.RemoveAll(y => y.Z != ColHeight / 2);
501.
502.            List<Box> PillarBox = new List<Box>();
503.
504.            Interval interval1 = new Interval(-120, 120);
505.            Interval interval2 = new Interval(-ColHeight / 2, ColHeight / 2);
506.           foreach  (Point3d pt in PillarPtsDelList1)
507.            {
508.                Plane pl = new Plane(pt, new Vector3d(0, 0, 1));
```

```
509.                PillarBox.Add(new Box(pl, interval1, interval1, interval2));
510.            }
511.            foreach (Point3d pt in PillarPtsDelList2)
512.            {
513.                Plane pl = new Plane(pt, new Vector3d(0, 0, 1));
514.                PillarBox.Add(new Box(pl, interval1, interval1, interval2));
515.            }
516.            Curve[] CorniceL1 = new Curve[] { };
517.            Curve[] CorniceR1 = new Curve[] { };
518.            Curve[] CorniceL2 = new Curve[] { };
519.            Curve[] CorniceR2 = new Curve[] { };
520.            Curve[] CorniceL = new Curve[] { };
521.            Curve[] CorniceR = new Curve[] { };
522.
523.            Curve[] MinCorniceL1 = new Curve[] { };
524.            Curve[] MinCorniceR1 = new Curve[] { };
525.            Curve[] MinCorniceL2 = new Curve[] { };
526.            Curve[] MinCorniceR2 = new Curve[] { };
527.            Curve[] MinCorniceL = new Curve[] { };
528.            Curve[] MinCorniceR = new Curve[] { };
529.            foreach (Curve c in HandrailUpL1)
530.            {
531.                CorniceL1 = c.Offset(Plane.WorldXY, -350, 0.01, CurveOffsetCorn
    erStyle.Sharp);
532.                CorniceL2 = c.Offset(Plane.WorldXY, 550, 0.01, CurveOffsetCorne
    rStyle.Sharp);
533.                MinCorniceL1 = c.Offset(Plane.WorldXY, -350, 0.01, CurveOffsetC
    ornerStyle.Sharp);
534.                MinCorniceL2 = c.Offset(Plane.WorldXY, 350, 0.01, CurveOffsetCo
    rnerStyle.Sharp);
535.            }
536.            foreach (Curve c in HandrailUpR1)
537.            {
538.                CorniceR1 = c.Offset(Plane.WorldXY, 350, 0.01, CurveOffsetCorne
    rStyle.Sharp);
539.                CorniceR2 = c.Offset(Plane.WorldXY, -550, 0.01, CurveOffsetCorn
    erStyle.Sharp);
540.                MinCorniceR1 = c.Offset(Plane.WorldXY, 350, 0.01, CurveOffsetCo
    rnerStyle.Sharp);
541.                MinCorniceR2 = c.Offset(Plane.WorldXY, -350, 0.01, CurveOffsetC
    ornerStyle.Sharp);
542.            }
543.
544.            //大檐口
545.            foreach (Curve d in CorniceL1)
```

```
546.            {
547.                bool m = d.Translate(0, 0, ColHeight - 100);
548.            }
549.            foreach (Curve d in CorniceL2)
550.            {
551.                bool n = d.Translate(0, 0, ColHeight - 100);
552.            }
553.            foreach (Curve d in CorniceR1)
554.            {
555.                bool m = d.Translate(0, 0, ColHeight - 100);
556.            }
557.            foreach (Curve d in CorniceR2)
558.            {
559.                bool n = d.Translate(0, 0, ColHeight - 100);
560.            }
561.            CorniceL = CorniceL1.Concat(CorniceL2).ToArray();
562.            CorniceR = CorniceR1.Concat(CorniceR2).ToArray();
563.
564.            //小檐口
565.            foreach (Curve d in MinCorniceL1)
566.            {
567.                bool m = d.Translate(0, 0, ColHeight - 200);
568.            }
569.            foreach (Curve d in MinCorniceL2)
570.            {
571.                bool n = d.Translate(0, 0, ColHeight - 200);
572.            }
573.            foreach (Curve d in MinCorniceR1)
574.            {
575.                bool m = d.Translate(0, 0, ColHeight - 200);
576.            }
577.            foreach (Curve d in MinCorniceR2)
578.            {
579.                bool n = d.Translate(0, 0, ColHeight - 200);
580.            }
581.            MinCorniceL = MinCorniceL1.Concat(MinCorniceL2).ToArray();
582.            MinCorniceR = MinCorniceR1.Concat(MinCorniceR2).ToArray();
583.
584.            Brep CorniceBrepL1 = Brep.CreateEdgeSurface(CorniceL.ToList());
585.            Brep CorniceBrepR1 = Brep.CreateEdgeSurface(CorniceR.ToList());
586.
587.            Brep MinCorniceBrepL2 = Brep.CreateEdgeSurface(MinCorniceL.ToList()
    );
588.            Brep MinCorniceBrepR2 = Brep.CreateEdgeSurface(MinCorniceR.ToList()
    );
```

```
589.
590.            List<BrepFace> CorniceFaceL1List = CorniceBrepL1.Faces.ToList();
591.            List<BrepFace> CorniceFaceR1List = CorniceBrepR1.Faces.ToList();
592.            List<BrepFace> MinCorniceFaceL2List = MinCorniceBrepL2.Faces.ToList
   ();
593.            List<BrepFace> MinCorniceFaceR2List = MinCorniceBrepR2.Faces.ToList
   ();
594.
595.            List<Brep> CorniceBrepBox = new List<Brep>();
596.            Point3d CornicePt = new Point3d(0, 0, 150);//方向
597.            List<Point3d> CornicePathPtList = new List<Point3d>();
598.            CornicePathPtList.Add(Point3d.Origin);
599.            CornicePathPtList.Add(CornicePt);
600.            Curve CorniceExtrudePath = Curve.CreateControlPointCurve(CornicePat
   hPtList);
601.
602.            Point3d MinCornicePt = new Point3d(0, 0, 100);//方向
603.            List<Point3d> MinCornicePathPtList = new List<Point3d>();
604.            MinCornicePathPtList.Add(Point3d.Origin);
605.            MinCornicePathPtList.Add(MinCornicePt);
606.            Curve MinCorniceExtrudePath = Curve.CreateControlPointCurve(MinCorn
   icePathPtList);
607.
608.            foreach (BrepFace hf in CorniceFaceL1List)
609.                CorniceBrepBox.Add(hf.CreateExtrusion(CorniceExtrudePath, true)
   );//true 加盖
610.            foreach (BrepFace hf in CorniceFaceR1List)
611.                CorniceBrepBox.Add(hf.CreateExtrusion(CorniceExtrudePath, true)
   );//true 加盖
612.
    //小檐口
613.            foreach (BrepFace hf in MinCorniceFaceL2List)
614.                CorniceBrepBox.Add(hf.CreateExtrusion(MinCorniceExtrudePath, tr
   ue));//true 加盖
615.            foreach (BrepFace hf in MinCorniceFaceR2List)
616.                CorniceBrepBox.Add(hf.CreateExtrusion(MinCorniceExtrudePath, tr
   ue));//true 加盖
617.
618.            Curve[] RoofL = new Curve[] { };
619.            Curve[] RoofR = new Curve[] { };
620.            Curve CenterL = CenterLine.DuplicateCurve();
621.            foreach (Curve c in HandrailUpL1)
622.                RoofL = c.Offset(Plane.WorldXY, -50, 0.01, CurveOffsetCornerSty
   le.Sharp);
623.            foreach (Curve c in HandrailUpR1)
```

```
624.                RoofR = c.Offset(Plane.WorldXY, 50, 0.01, CurveOffsetCornerStyl
    e.Sharp);
625.
626.            bool center = CenterL.Translate(0, 0, ColHeight + 850);
627.
628.            foreach (Curve c in RoofL)
629.            {
630.                bool b = c.Translate(0, 0, ColHeight + 50);
631.            }
632.            foreach (Curve c in RoofR)
633.            {
634.                bool b = c.Translate(0, 0, ColHeight + 50);
635.            }
636.
637.            List<Curve> RoofLList = new List<Curve>();
638.            List<Curve> RoofRList = new List<Curve>();
639.
640.            RoofLList.Add(CenterL);
641.            RoofRList.Add(CenterL);
642.            RoofLList.AddRange(RoofL);
643.            RoofRList.AddRange(RoofR);
644.
645.            Brep RoofBrepL = Brep.CreateEdgeSurface(RoofLList);
646.            Brep RoofBrepR = Brep.CreateEdgeSurface(RoofRList);
647.
648.            List<BrepFace> RoofFaceLList = RoofBrepL.Faces.ToList();
649.            List<BrepFace> RoofFaceRList = RoofBrepR.Faces.ToList();
650.
651.            List<Brep> RoofBrepBox = new List<Brep>();
652.            Point3d RoofPt = new Point3d(0, 0, -120);//方向
653.            List<Point3d> RoofPathPtList = new List<Point3d>();
654.            RoofPathPtList.Add(Point3d.Origin);
655.            RoofPathPtList.Add(RoofPt);
656.            Curve RoofExtrudePath = Curve.CreateControlPointCurve(RoofPathPtLis
    t);
657.
658.            foreach (BrepFace hf in RoofFaceLList)
659.                RoofBrepBox.Add(hf.CreateExtrusion(RoofExtrudePath, true));//tr
    ue 加盖
660.            foreach (BrepFace hf in RoofFaceRList)
661.                RoofBrepBox.Add(hf.CreateExtrusion(RoofExtrudePath, true));//tr
    ue 加盖
662.
663.            TotalBrep.AddRange(BaseBrepBox);
664.            TotalBrep.AddRange(HandrailBrepBox);
```

```
665.                TotalBrep.AddRange(GrilleBrepBox);
666.                TotalBrep.AddRange(CorniceBrepBox);
667.                TotalBrep.AddRange(RoofBrepBox);
668.
669.                TotalBox.AddRange(RailBox);
670.                TotalBox.AddRange(PillarBox);
671.
672.                DA.SetDataList(0, TotalBrep);
673.                DA.SetDataList(1, TotalBox);
674.            }
675.        }
676.}
```

参考文献

[1] Colin R. The Mathematics of the Ideal Villa and Other Essays [J]. 1976.

[2] Schumacher P. Parametricism 2. 0: Rethinking Architecture's Agenda for the 21st Century [M]. John Wiley & Sons, 2016.

[3] Schumacher P. Parametricism as style-Parametricist manifesto [J]. 11th Architecture Biennale, Venice, 2008: 17-20.

[4] Frazer J. Parametric computation: History and future [J]. Architectural Design, 2016, 86 (2): 18-23.

[5] Carpo M. Parametric Notations: The Birth of the Non-Standard [J]. Architectural Design, 2016, 86 (2): 24-29.

[6] Burry M. Essential Precursors to the Parametricism Manifesto: Antoni Gaudí [J]. Architectural Design, 2016, 2: 30-35.

[7] Tedeschi A, Lombardi D. The Algorithms-Aided Design (AAD) [M] //Informed Architecture. Springer, Cham, 2018: 33-38